U0274281

航天科技图书出版基金资助出版

# 星地一体化卫星设计与农业遥感应用

陆春玲　王利民　等　编著

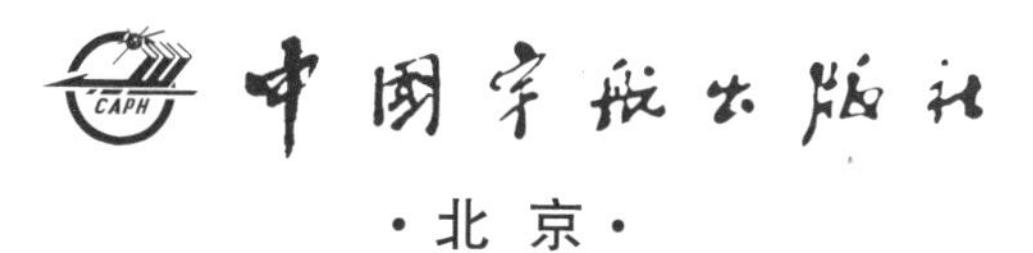

中国宇航出版社

·北京·

图书在版编目（CIP）数据

星地一体化卫星设计与农业遥感应用 / 陆春玲等编著. -- 北京 : 中国宇航出版社, 2024. 12. -- ISBN 978-7-5159-1757-3

Ⅰ. S127

中国国家版本馆CIP数据核字第2024U33D27号

责任编辑　臧程程　　封面设计　王晓武

出 版 发 行　中国宇航出版社

社 址　北京市阜成路8号　邮 编　100830

(010)68768548

网 址　www.caphbook.com

经 销　新华书店

发行部　(010)68767386　(010)68371900

(010)68767382　(010)88100613（传真）

零售店　读者服务部　(010)68371105

承 印　天津画中画印刷有限公司

版 次　2024年12月第1版

2024年12月第1次印刷

规 格　787×1092

开 本　1/16

印 张　19.75　彩 插　48面

字 数　554千字

书 号　ISBN 978-7-5159-1757-3

定 价　128.00元

# 航天科技图书出版基金简介

航天科技图书出版基金是由中国航天科技集团公司于2007年设立的，旨在鼓励航天科技人员著书立说，不断积累和传承航天科技知识，为航天事业提供知识储备和技术支持，繁荣航天科技图书出版工作，促进航天事业又好又快地发展。基金资助项目由航天科技图书出版基金评审委员会审定，由中国宇航出版社出版。

申请出版基金资助的项目包括航天基础理论著作，航天工程技术著作，航天科技工具书，航天型号管理经验与管理思想集萃，世界航天各学科前沿技术发展译著以及有代表性的科研生产、经营管理译著，向社会公众普及航天知识、宣传航天文化的优秀读物等。出版基金每年评审2次，资助30～40项。

欢迎广大作者积极申请航天科技图书出版基金。可以登录中国航天科技国际交流中心网站，点击“通知公告”专栏查询详情并下载基金申请表；也可以通过电话、信函索取申报指南和基金申请表。

网址：http：//www.ccastic.spacechina.com

电话：(010) 68767205，68767805

# 《星地一体化卫星设计与农业遥感应用》

## 作者名单

第 1 章作者：陆春玲，王利民，王雪，季富华，高建孟，李映祥，滕飞，姚保民

第 2 章作者：陆春玲，刘佳，王利民，季富华，高建孟

第 3 章作者：陆春玲，李志武，霍德聪，巩巍，马磊，刘伟，郭琪

第 4 章作者：陆春玲，马磊，李志武，巩巍，刘伟

第 5 章作者：王利民，姚保民，刘佳，季富华，高建孟，杨福刚，李映祥，杨玲波，滕飞，李丹丹

第 6 章作者：王利民，陆春玲，刘佳，季富华，李映祥，滕飞，姚保民，杨福刚

# 前　言

纵观我国农业遥感应用的发展过程，正经历着被动应用到主动设计的转变。20世纪末，国外遥感数据在我国农业遥感应用中占据主导地位，我国只能被动依赖国外卫星数据和监测技术开展具体应用，这在一定程度上制约了我国农业遥感技术的自主创新和发展。进入21世纪以来，国产卫星数量快速增长，多星组网能力显著提升，国产卫星遥感数据已经成为我国农业遥感应用的主要数据源，大幅提高了农业遥感应用的数据安全性、技术稳定性。同时，卫星设计发展到根据用户应用需求进行卫星研制的阶段。

随着国产卫星高精度定位、高稳定姿态控制、高时间同步精度控制、微振动隔振和减震等技术能力的不断提高，国产卫星图像的几何质量、辐射质量、光谱质量等得到了全面提升。同时，为满足农业遥感应用的特定需求，我国卫星设计更加贴近农业遥感实际应用场景，如高分六号卫星通过增加农作物敏感谱段、量化位数、提高覆盖频率和空间分辨率，更好地满足了区域尺度农业遥感监测应用的需求。因此，设计卫星时需充分考虑用户的应用需求，并通过灵活多样的配置和定制化服务，提供符合用户期望的遥感数据和服务，这已成为重要趋势之一。星地一体化卫星设计理念是以卫星遥感应用需求为核心，建立以用户需求驱动的任务分析、卫星系统设计及遥感数据星地协同处理机制，将用户的需求转化为卫星的设计指标，开展遥感卫星设计。星地一体化卫星设计理念兼顾卫星—地面—应用全链条的迭代优化，确保卫星具有优质的成像质量和高效的数据获取能力，从而实现遥感数据“好用”“易用”的目的。

出于深化国产卫星设计与农业遥感应用有机结合的目的，在以往卫星设计与农业遥感应用工作和经验总结的基础上编写了本书，全书共分为6章。首先对卫星遥感基础、遥感卫星发展现状和发展趋势进行了概述（第1章），在此基础上，系统地介绍了星地一体化卫星设计理念（第2章）；全面阐述了卫星系统任务分析（第3章），介绍了卫星系统方案设计（第4章）；最后，在农业遥感应用的主要内容及基本原理和国内外常用的卫星遥感数据基础上，对农作物种植面积、长势、产量、耕地土壤墒情、农业设施和农村环境要素等的监测进行了示例说明（第5章）；并在当前卫星指标与农业遥感应用基础上，结合卫星发展水平和农业遥感应用的限制因素，展望了面向农业应用的星地一体化卫星设计（第6章）。

本书是关于星地一体化卫星设计与农业遥感应用的一部技术专著，包括基于成像链的星地一体化卫星设计与农业遥感应用两大部分，对卫星的相关技术、原理、任务分析方法及农业遥感应用的原理、方法、典型应用案例进行了较全面的论述。本书是从研究、工程实践、农业遥感特色应用中归纳和总结的研究成果，内容实用性较强，可以供卫星研制及农业遥感应用等领域的技术人员阅读参考，也可以作为高等院校相关专业的教学参考书。本书得以顺利出版，得益于诸多方面的帮助。在此，诚挚感谢作者单位的大力支持，感谢各位作者为本书付出的辛勤努力，感谢各位审稿专家的认真把关。限于作者水平，不足之处请读者批评指正。

作　者

2024年12月

# 目　录

# 第1章　遥感卫星发展现状与趋势

遥感技术指“不接触物体本身，用遥感器收集目标物的电磁波信息，经处理、分析后，识别目标物，揭示几何、物理特征和相互关系及其变化规律的现代科学技术”（马丽聪等，2009）。卫星遥感技术则是以卫星作为遥感器的载体，获取地表特征信息的一种方式，也是现代遥感技术的主要形式。作为一种观测技术，遥感技术的应用既是其出发点，也是其最终目标。经过近60年的发展，卫星遥感技术由技术探索与初步应用阶段，逐步过渡到技术发展与广泛应用阶段，并趋于成熟，发展到高分辨率与精细化应用的新阶段。本章在卫星遥感过程及卫星载荷、遥感卫星发展现状的基础上，总结了遥感卫星的发展趋势，为后续星地一体化卫星设计理念、卫星指标设计及农业遥感应用的阐述奠定理论基础。

## 1.1　卫星遥感基础

### 1.1.1　卫星遥感原理

卫星遥感依托可见光、红外线、微波等电磁波，利用不同地物对电磁波响应不同的特点，通过卫星上搭载的传感器，获取地物电磁辐射数据。通过对这些电磁波数据的分析和处理，可以获取目标地物的有用信息。

### 1.1.2　卫星遥感的基本过程

卫星遥感的基本过程如图1-1所示，首先是对地观测遥感卫星获取穿过大气的来自目标发射、反射和散射的电磁辐射，然后经光电转换和处理变成数据，数据通过无线传输方式传回地面。在此基础上，用户通过数据处理，根据数据与真实世界的参数、特征相关的特性，在图像上进行测量及分析、判读，以获取目标信息。例如，可见光图像可以获取与人眼认知较为一致的地物特征，热红外谱段图像可以计算表面温度，微波图像可以获取地表结构特征等。卫星遥感的目的在于获取目标信息，遥感数据获取、处理及分析过程可分为正演和反演。遥感数据获取和处理属于正演过程，应用遥感信息模型分析遥感数据获得目标信息为反演过程。

对于对地观测光学遥感卫星，电磁波经过大气时，会受到大气散射、吸收、折射、湍流和偏振等的影响，从而衰减了辐射强度。通常情况下，把太阳辐射受到大气衰减作用较轻、透射率较高的谱段区域称为大气窗口，常见的非大气窗口（吸收窗口）主要有水气吸收区、二氧化碳吸收区、臭氧吸收区等。光学遥感器选择的探测谱段应在大气窗口之内，而非大气吸收窗口，图1-2给出了常用的遥感大气窗口。

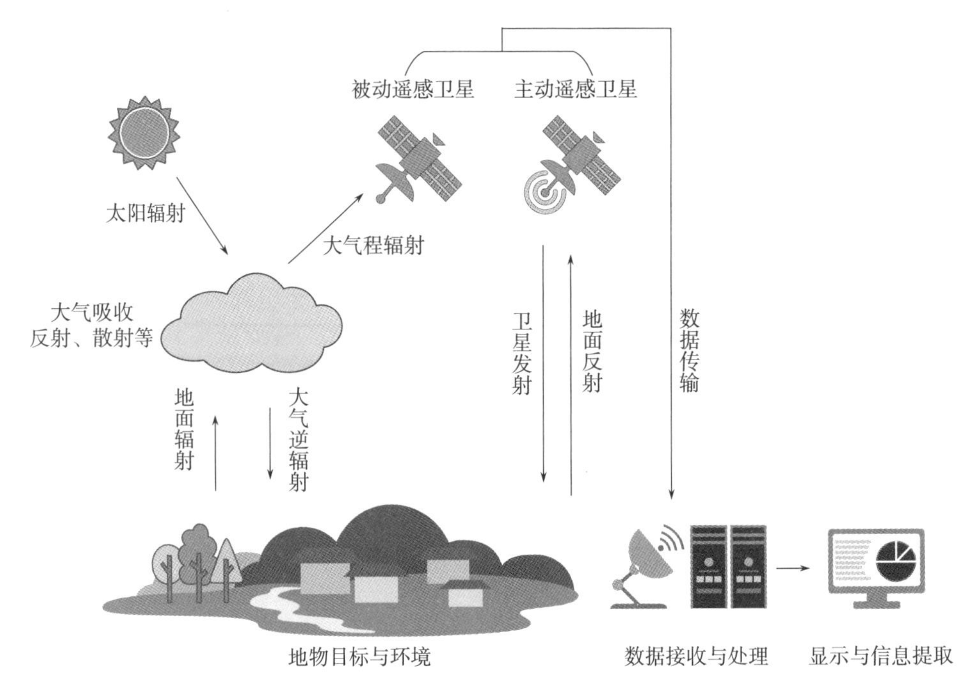


图 1-1 卫星遥感的基本过程示意图

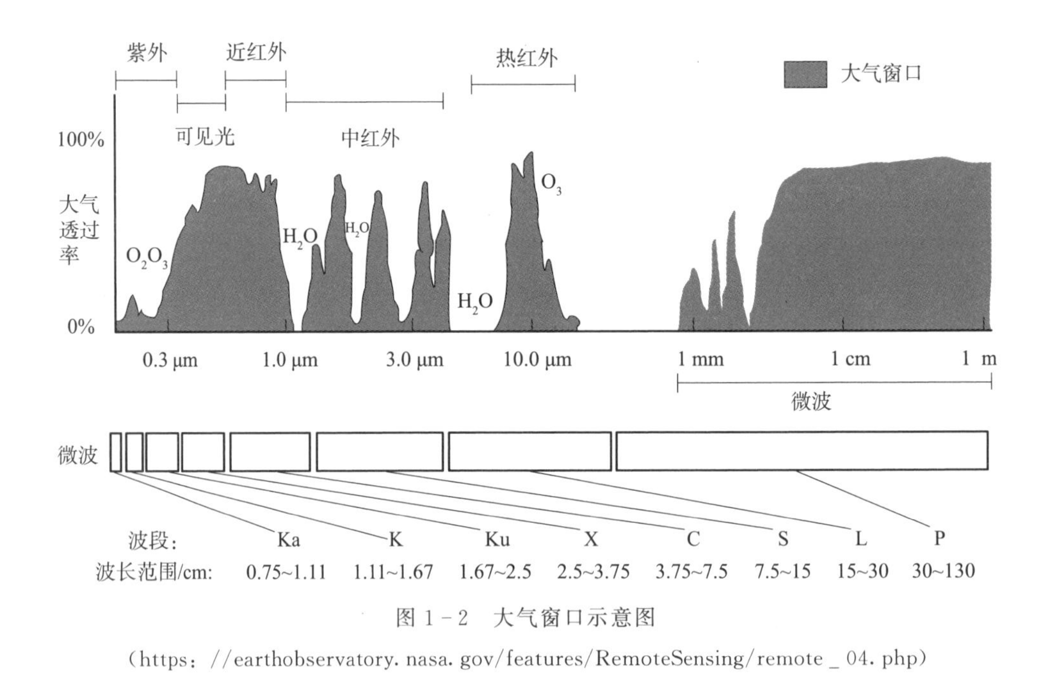


图 1-2 大气窗口示意图

(https://earthobservatory.nasa.gov/features/RemoteSensing/remote_04.php)

### 1.1.3 遥感卫星系统的遥感器

有效载荷是航天器的重要组成部分，说它重要，是因为有效载荷的选择和设计及其最终功能和性能的品质将直接影响最终特定航天任务的实现。航天器平台装载了有效载荷，就成为完整的能完成特定空间任务的航天器。因此，航天器由平台和有效载荷两部分组成。

卫星载荷是遥感数据获取最为关键的环节，载荷用途不同、各个国家技术发展能力的差异，使得卫星载荷的形式、成像方式、光谱获取方式也各有不同。本节主要从遥感卫星载荷类别、常用谱段范围、典型成像方式、光谱获取方式、卫星载荷指标等五个方面对遥感卫星载荷做扼要分析。

（1）遥感卫星载荷类别

遥感卫星载荷分类指将用于遥感数据获取和处理的卫星载荷按照其功能和用途进行分类。遥感卫星载荷主要包括光学遥感载荷和微波遥感载荷等。光学载荷主要利用可见光至红外波段的反射和辐射进行遥感数据获取，可以获取高分辨率的地表影像，其中红外载荷可以用于探测地表温度和大气成分等信息。微波载荷则利用微波波束的反射和散射特性获取地表信息，可以在夜晚和云层遮挡下获取数据。这些不同类型的载荷可以相互补充，提供多种遥感数据获取的方式，用于地球观测、环境监测、资源调查等应用。

光学遥感载荷搭载的各种光学遥感器主要包括全色/多光谱成像仪、红外成像仪、高光谱成像仪；微波遥感载荷搭载的各种微波遥感器主要包括合成孔径雷达、微波辐射计、干涉合成孔径雷达（InSAR）等。与光学遥感载荷相比，微波遥感载荷具有全天时、全天候的观测能力，同时能穿透一定深度的地表或植被，获取被植被覆盖的地面信息，甚至地表下一定深度目标的信息。根据各载荷的特点和优势，陆地遥感卫星可能同时装载多种载荷，利用多种手段进行综合观测。

遥感器可以从不同角度进行多种分类。按照工作原理分类，可以划分为主动式光学遥感器（如激光雷达）、被动式光学遥感器（如光电型遥感器）。按成像方式分类，可以划分为扫描成像类型遥感器、线阵推扫成像类型遥感器、面阵推扫成像类型遥感器等。图 1-3 给出了主被动遥感器分类方式所包括的类别。

按光学系统形式分类，一般分为透射式光学系统和全反射式光学系统。传统小视场的可见光相机常用透射式光学系统，但为覆盖更大的光谱范围，往往不能选择透射式光学系统，因为传统光学玻璃不能透过长波红外谱段（LWIR），而能透过长波红外谱段的透镜往往不能透过可见光谱段。因此对地光学遥感系统越来越多地选择全反射式光学系统，优点是光能损失少且重量轻，可使所有谱段通过同一光学系统。缺点是很难做到全口径，总有光学遮拦。因此全反射式光学系统一般是主镜有通孔，且离轴或偏场放置焦平面。

按照是否成像分类，可以划分为成像型光学遥感器、非成像型光学遥感器，前者如光电成像型遥感器（采样成像型光学遥感器），后者如光谱仪和辐射计。其中，典型光电成像型遥感器又可以划分为单谱段成像仪、单谱段成像辐射计、成像光谱仪（多光谱、高光谱、超光谱）、成像光谱辐射计（多光谱、高光谱、超光谱）、偏振成像仪、多角度成像辐射计等。图 1-4 给出了成像仪、光谱仪与辐射计之间的关系。

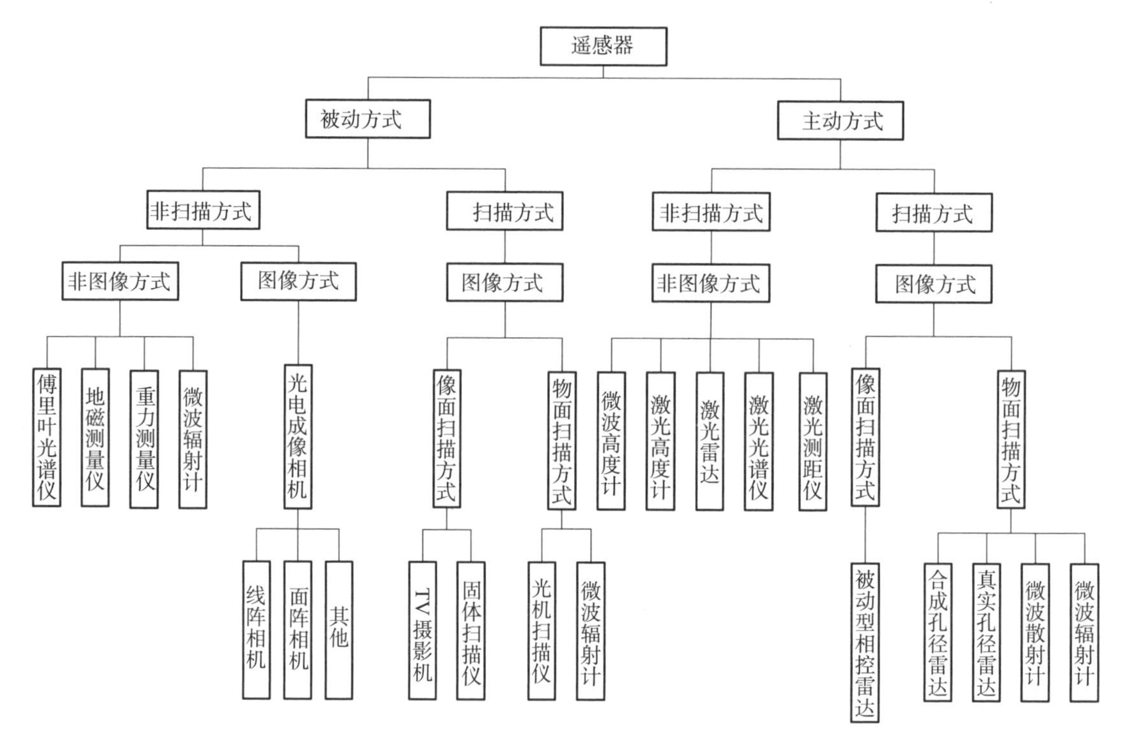


图 1-3　主被动分类方式的遥感器

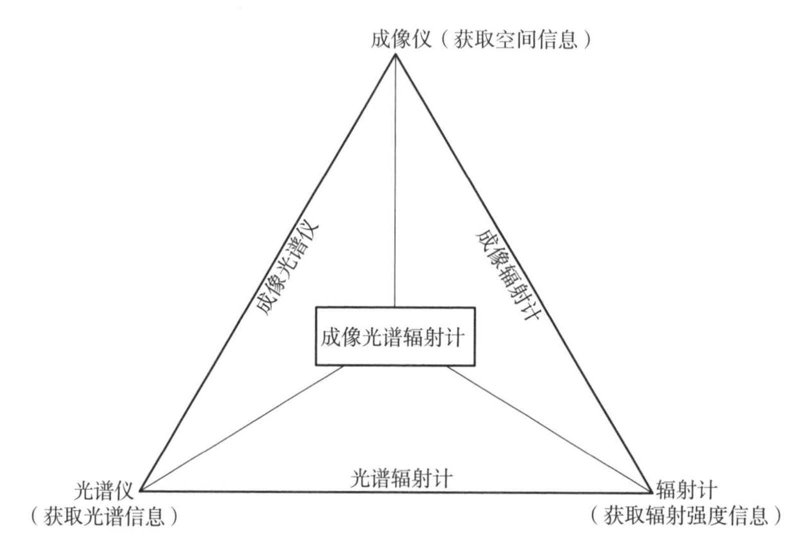


图 1-4　成像仪、光谱仪与辐射计的区别与联系示意图

（2）常用谱段范围

常见的谱段划分包括可见光、短波红外、中波红外和长波红外等谱段范围，图 1-5 展示了遥感谱段划分及光谱特征的关系，按波长从短到长分别利用地物不同的反射、辐射、散射特性。遥感器的具体谱段选择还需考虑地面辐射源/目标特性、大气窗口及探测

器响应特性等因素综合确定。

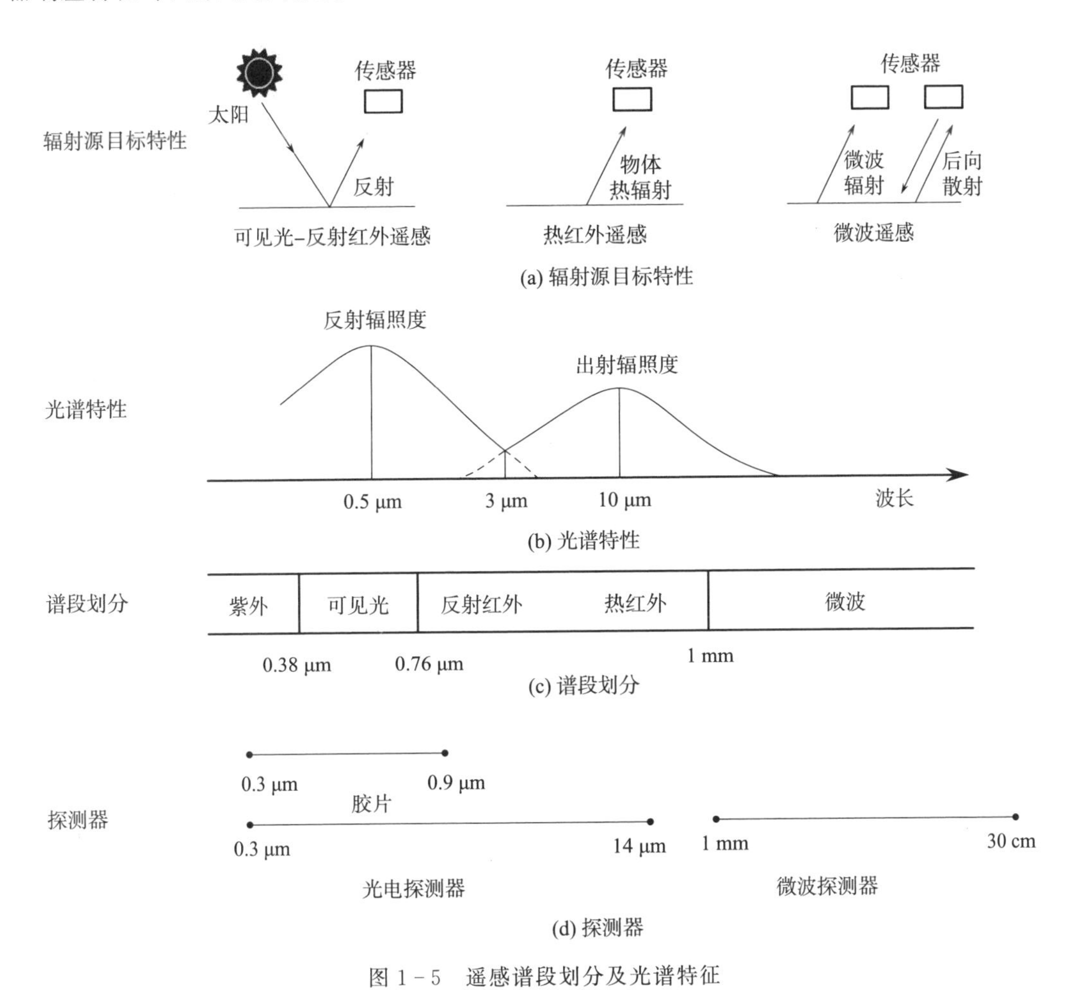


图 1-5　遥感谱段划分及光谱特征

其中，可见光谱段范围通常为 0.38～0.76 μm。人眼对可见光谱段的电磁辐射具有连续响应的能力，可感应不同地物的可见光谱段辐射特性，将不同地物区分出来；可见光是遥感中鉴别物质特征的主要谱段，主要来自太阳反射，只能在日照的情况下工作，很难透过云、雨、烟雾等。短波红外谱段范围通常为 0.76～3.0 μm。短波红外在性质上与可见光相似，主要来自太阳反射，反映地物的反射辐射特性，也称为反射红外，是遥感技术中常用的谱段。中红外谱段范围通常为 3.0～6.0 μm，中红外属于热辐射红外，其辐射能量的强度和波谱分布位置与物质表面状态有关，这一谱段对高温目标敏感，常用于捕捉野火等高温信息，进行各类火灾、活火山、火箭发射等高温目标的识别、检测。中波红外利用地物本身的热辐射特性，不仅白天可以工作，晚上也可以工作。短波红外（SWIR）谱段在野火响应方面具有竞争优势，对热辐射很敏感，可捕获烟雾中的火点，以高亮的颜色显示。长波红外谱段范围通常为 6.0～15.0 μm，属于热辐射，以热感应方式探测地物本身的辐射，不受黑夜限制。由于长波红外线波长较长，在大气中穿透力强，探测中低温物体的灵敏度更高，透过较厚的大气层仍能拍摄到地面相对清晰的图像。

（3）典型成像方式

低轨卫星光学遥感器的典型成像方式包括摆扫式、线阵推扫式和面阵推扫式。表1-1是三种典型成像方式遥感器的比较。

**表1-1 三种典型成像方式遥感器特性对比一览表**

| 项目 | 摆扫式(whisk broom)遥感器 | 线阵推扫式(push broom)遥感器 | 面阵遥感器 |
| --- | --- | --- | --- |
| 焦面器件 | 多元分立元件组成焦面，器件长度方向平行于扫描方向 | CCD、TDI CCD、CMOS等线阵器件组成焦面，线阵长度方向垂直于推扫方向 | CMOS等面阵器件 |
| 曝光方式 | 一组分立元件同时曝光，多中心投影 | 线阵所有像元同时曝光，单中心投影 | 面阵像元同时曝光，单中心投影 |
| 匹配性要求 | $N$个分立元件的驻留时间须与(星下点地速/GSD/$N$)相匹配 | 推扫积分时间须与(星下点地速/GSD)相匹配 | 曝光时间比(星下点地速/GSD)的时间长，须有凝视成像条件 |
| 地面图像特性 | 两边比中间分辨率低，两次相邻扫描之间有一定的重叠，有“蝴蝶结”效应；有横向和纵向的条带非均匀性 | 有纵向的条带非均匀性 | 画幅图像间有分界感 |
| 优缺点 | 优点：器件规模小，易于制造；幅宽较宽<br>缺点：有活动部件，易卡滞，可靠性低 | 优点：器件规模大，可多片拼接；幅宽较宽；无活动部件，几何稳定性和精度高，可靠性高<br>缺点：有条带噪声 | 优点：曝光时间长，信噪比高；画幅成像，内部几何精度高<br>缺点：需卫星提供凝视成像条件；较难实现多片拼接，幅宽较窄 |
| 适用场景 | 适用于海洋、气象等分辨率不高，幅宽要求上千公里的遥感器 | 适用性广，适用于各类遥感器，有极性要求(推扫方向要与卫星运动方向平行) | 适用于视频、高帧频成像 |

摆扫式（whisk broom）遥感器也称为跨轨扫描式遥感器，典型代表是Terra卫星的MODIS（John等，2006，见图1-6）遥感器，由多元分立元件组成的像面探测器，每个谱段的分立元件数量较少、尺寸较大；成像原理是利用扫描镜旋转，使每组探测器依次成像，是多中心投影获得大幅宽图像。

线阵推扫式（push broom）遥感器是目前最常见的遥感器，其成像原理是探测器长度方向垂直于卫星飞行方向，卫星向前运动，线阵探测器逐行曝光成像，形成二维图像。焦面上的探测器可以采用“一字”或“品字”拼接，扩大线视场，增大成像幅宽（见图1-7），并利用多组滤光片形成多个谱段。推扫式成像是单中心投影成像，无活动部件，成像效果较扫描式成像稳定。

面阵推扫式遥感器的探测器是面阵成像器件，成像原理是卫星向前运动并提供凝视成像条件，面阵探测器逐幅曝光，形成画幅图像。

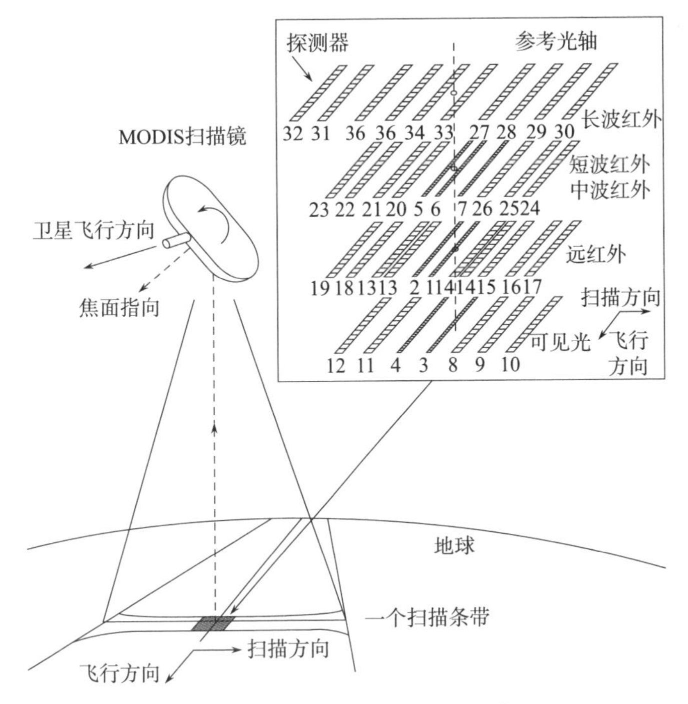


图 1－6　MODIS 光机扫描成像（John 等，2006）

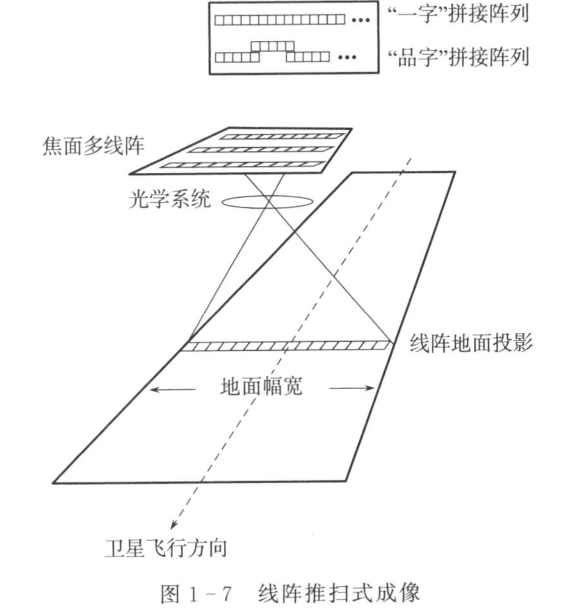


图 1－7　线阵推扫式成像

（4）光谱获取方式

光谱获取方式指遥感器获取不同谱段所采取的分光方式。常用的分光方式有：二向色镜分光、带通滤光片分光、色散分光。其中：1）二向色镜分光是对一个谱段的光高反射率反射，对另一个谱段的光高透射率透射，实现半反半透分光。2）带通滤光片分光是将光谱特性曲线带内透射而带外截止的滤光片粘贴在线阵探测器上，形成不同的多光谱谱段。3）色散分光包括三棱镜分光或光栅分光。白光通过三棱镜后，同一种介质对不同色光的折射率不同，各单色光的偏折角不同，色散将各单色光分开；光栅由大量相互平行、等宽、等距的狭缝（或刻痕）构成，光栅分光是利用光的衍射原理，光束经光栅各狭缝衍射，并发生干涉而在透镜焦平面上形成偏转方向不同的谱线，按偏转的大小分解为各级光谱。色散分光不仅适用于可见光谱段，也适合于紫外、红外甚至远红外的所有光谱谱段。几种分光原理如图 1-8 所示。几种分光方式适用场景的比较见表 1-2。

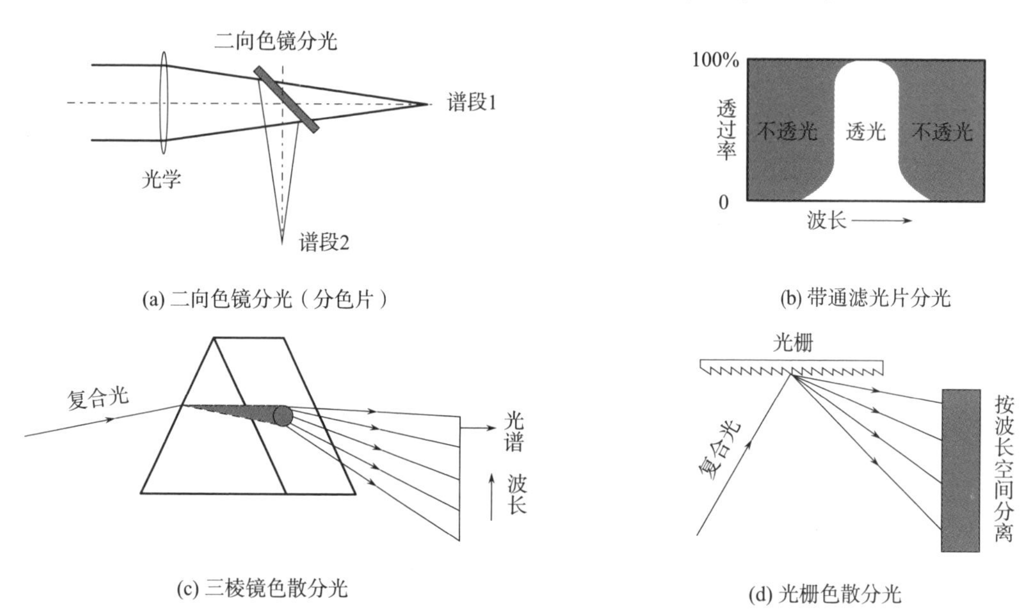


图 1-8　几种分光原理示意图

**表 1-2　不同分光方式的比较**

| 分光方式 | 二向色镜分光 | 带通滤光片分光 | 色散分光 |
| --- | --- | --- | --- |
| 适用场景 | 适用于谱段数量较少的遥感器 | 适用于整机规模适中、谱段适中、焦面拼接器件数量较多的遥感器 | 适用于高光谱等谱段数量较多且光谱连续的遥感器 |
| 缺点 | 半反半透损失能量 | 仅滤光，有光谱串扰的风险 | 设计、装调较复杂，某些谱段信噪比低 |
| 优点 | 集滤光、分束功能于一体 | 简单易实施、工艺成熟 | 分光光谱数量多，光谱连续 |

（5）卫星载荷指标

就遥感观测成像特征而言，其对地物的识别能力，可以从时间分辨率、几何/空间分辨率、辐射分辨率、光谱分辨率等四个方面来分析。这四个方面相互独立，又相互关联，如空间分辨率与观测刈幅之间的关系，空间分辨率越高则刈幅越窄，空间分辨率越低则刈幅越宽，图 1-9 给出了 WorldView、IKONOS 和 SPOT 等卫星空间分辨率与刈幅之间的关系。

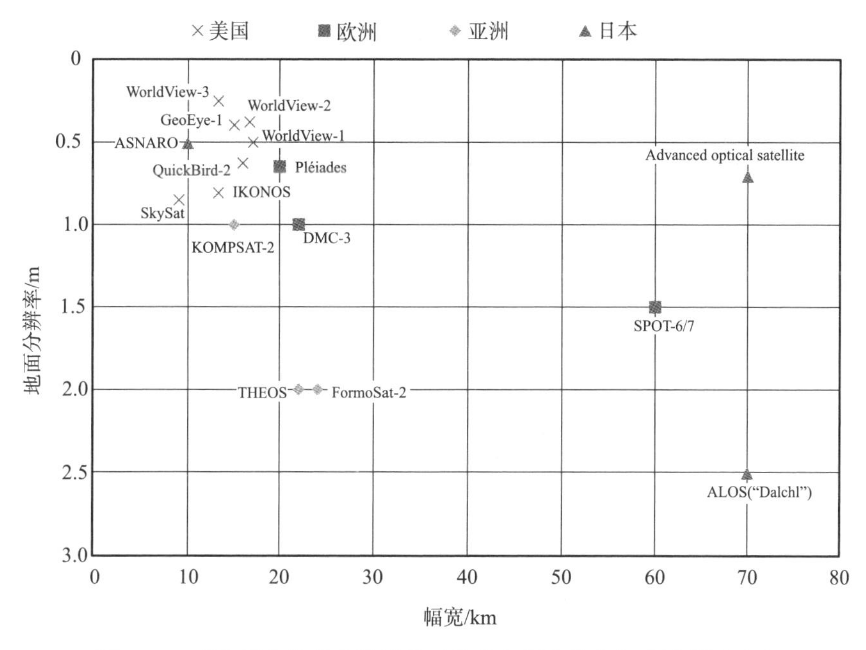


图 1-9　高空间分辨率光学影像卫星的空间分辨率与观测刈幅对比

遥感卫星常用重访周期表示时间分辨率，重访周期是对同一目标重复观测的最小时间间隔。重访周期不同于回归周期，回归周期是轨道设计参数，表示星下点轨迹重复的时间间隔。而重访周期取决于轨道参数、目标所在纬度、遥感器视场、侧摆指向能力。高时间分辨率有利于提高观测次数和快速响应应急事件观测。

空间分辨率指两相邻目标的最小角间隔或线间隔，常用地面采样间距（Ground Sample Distance，GSD）表示。

辐射分辨率指遥感器能分辨目标反射或辐射强度的最小变化量，是衡量遥感器区分两种辐射强度最小差别的能力，以便辨认在辐射度和反射率上稍有差异的地物特征。

光谱分辨率指遥感器所划分谱段的最小波长间隔，常用遥感器的谱段宽度和数目来表征。

### 1.1.4　遥感卫星成像链路

卫星遥感的目的是从遥感数据中提取出有用的地物信息，为后续的应用研究提供支持。而遥感观测成像链路是遥感技术应用的核心环节，对于实现遥感数据的高质量处理和地物特征信息的提取具有重要作用。因此从遥感观测成像链路的角度分析，遥感过程可以划分为数据获取、数据传输、数据接收与处理、数据显示与提取等，这样的划分更有利于对卫星成像过程及其影响要素的理解。以光学遥感卫星的遥感观测成像链路为例（见图 1-10），对于对地观测光学遥感卫星，用户最终得到的遥感信息不仅取决于光学遥感器，还受遥感链路中照明源、大气、卫星平台、数据处理及分析等其他环节的影响，特别是数据处理及分析，在用户得到有效的遥感信息中发挥了重要作用。

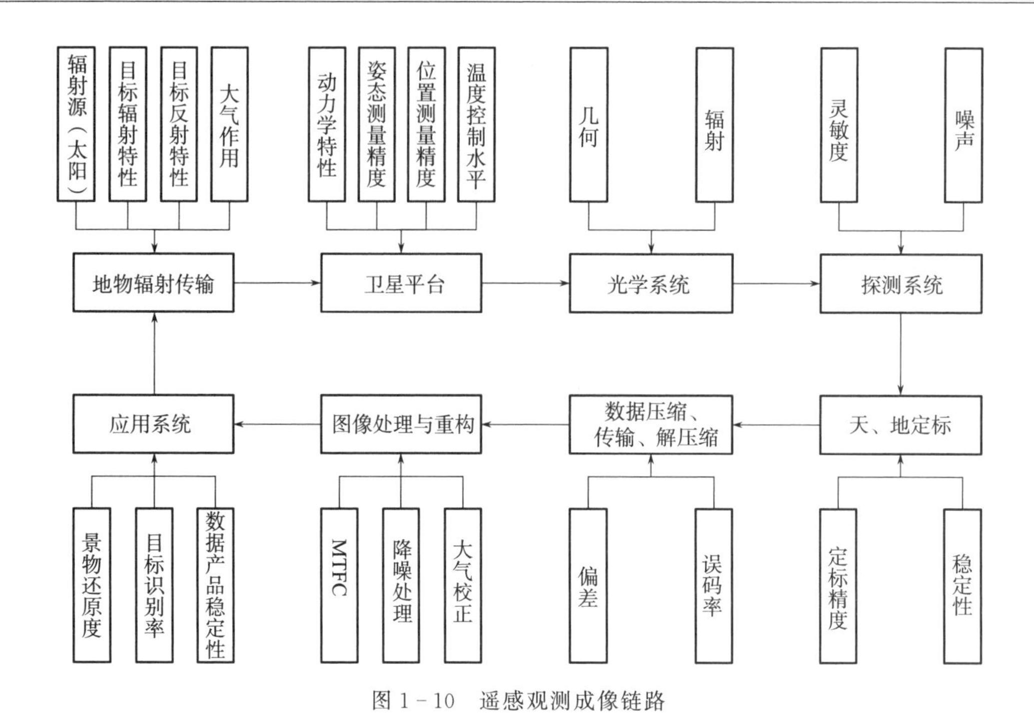


图 1-10　遥感观测成像链路

## 1.2　遥感卫星发展现状

星地一体化卫星设计思路经历了逐步完善的过程。尽管以往的遥感卫星设计思路对一体化的要求不明确，但出于客观应用的需要，对遥感卫星发展现状做一个系统总结，已成为构建星地一体化卫星设计理念的重要基础，同时也为航天遥感卫星设计提供有价值的参考依据。“Space-Track”网站（www.space-track.org）、“UCS Satellite Database”网站（https：//www.ucsusa.org/resources/satellite-database）、“自然资源云服务平台”（http：//www.sasclouds.com/chinese/home）三个网站对全球卫星有相对较为系统的统计，以下就以这三个网站上的数据资料为主，结合各卫星网站资料的说明，从遥感卫星类型、在轨现状及发展历史等方面对全球卫星现状做简要论述。

### 1.2.1　遥感卫星类型及在轨情况

（1）遥感卫星类型

遥感卫星分类方式主要包括按照运行轨道类型分类、按照遥感器类型分类、按照应用领域分类等。其中，按照遥感器类型分类时，遥感卫星通常分为光学卫星和微波卫星两类。

光学卫星通过光学遥感器为农业、气象、林业、环境、资源、生态、水利、海洋、大气、水文、灾害、全球变化等领域提供了重要的遥感手段。光学卫星的遥感器获取地物自身辐射或反射太阳光电磁波信息，可以认为是被动遥感，一般在白天工作。常用的国外光学卫星有 Landsat 系列卫星、SPOT 系列卫星和 WorldView 系列卫星等。随着遥感技术和航天技术的发展，光学卫星从可见光、近红外谱段发展到了热红外谱段。其中，可见光、近红外谱段的光学卫星，随着光谱分辨率的不断提高，发展过程可分为：全色（Panchromatic）→多光谱（Multispectral）→高光谱（Hyperspectral），其区别在于全色图像是单通道的，多光谱图像通常有几个到十几个谱段，高光谱图像可能有数百个谱段。其中，全色图像为可见光范围的混合图像，全色遥感图像一般空间分辨率高，突出地物的形状、纹理等细节信息，但无法提供丰富的色彩和光谱信息；多光谱遥感图像可以得到地物的信息，由于谱段数量相对较少且宽度较宽，只能获取地物在特定光谱范围内的信息；而高光谱由更窄的谱段组成，具有较高的光谱分辨率，可以检测物体的光谱特征曲线。另外，热红外卫星能够利用地球表面的长波红外辐射，通过搭载的热红外遥感器接收和测量这些辐射信号，并转化为数字信号，进而推算出地球表面的温度、热通量、辐射等物理量，从而为气象、环境和农业生产等领域提供数据支撑。具有热红外谱段的卫星包括 Landsat-8、MODIS、GOES 系列等。

微波卫星主要用于捕捉微波辐射信息，可以分为主动和被动两种。主动微波卫星需要向地表发送微波信号并接收反射回来的信号，获取高分辨率的地表图像和相关数据，常见的如合成孔径雷达（SAR）；被动微波卫星则直接接收来自地表的微波辐射信号，如微波辐射计。以载有合成孔径雷达（SAR）的卫星为典型代表，由于其不受光照和天气条件的限制，能够实现全天候、全天时的对地观测，为气象、海洋、农业、环境、城市规划、灾害等领域提供数据支撑。常用合成孔径雷达卫星包括 RADARSAT 系列、TerraSAR-X、ALOS、Sentinel-1、GF-3 等。微波辐射计卫星利用微波技术，通过接收地球表面微波辐射并测量其特性，以获取大气温度、降水量、海表面风速、海面温度、陆表面温度等数据，为气象、海洋、农业、环境等领域提供了重要的遥感手段。常见微波辐射计卫星包括热带降雨测量任务（Tropical Rainfall Measuring Mission，TRMM）卫星、高级微波扫描辐射计（AMSR-E）卫星和土壤湿度和海洋盐度（SMOS）观测卫星等。

（2）卫星在轨情况

卫星与传统监测技术相比，可以利用卫星所携带的各种遥感器对地进行观测，获取全天候、全方位的地球空间信息（谢金华，2005），具有多谱段、多时相、全天候、监测范围广等优势。

“Space-Track 网站”（www.space-track.org）、“UCS Satellite Database”网站（https://www.ucsusa.org/resources/satellite-database#.XCcxUVAzbDd）统计的数据显示，截至 2023 年 1 月 8 日，全球在轨卫星（包括已停用卫星）总数有 9 960 颗，在轨运行卫星总数有 4 852 颗，美国是拥有卫星数量最多的国家，其卫星数量超过了全球卫星总数的一半，其次分别是中国、英国和俄罗斯等国家。不同国家（地区组织）拥有的卫星数量见表 1-3。

**表 1-3 不同国家（地区组织）拥有的卫星数量**

| 序号 | 国家或地区组织 | 在轨卫星数量(颗) | 在轨运行卫星数量(颗) |
|---|---|---|---|
| 1 | 美国 | 5 461 | 2 955 |
| 2 | 俄罗斯 | 1 573 | 169 |
| 3 | 中国 | 602 | 500 |
| 4 | 英国 | 555 | 452 |
| 5 | 日本 | 206 | 92 |
| 6 | 印度 | 111 | 58 |
| 7 | 欧空局 | 96 | 62 |
| 8 | 其他 | 1 356 | 564 |
| 9 | 合计 | 9 960 | 4 852 |

### 1.2.2 遥感卫星发展历程

遥感卫星的发展历程可以追溯到苏联发射了世界上第一颗人造地球卫星斯普特尼克 1 号，标志着卫星遥感技术的开端。1972 年，美国发射了第一颗陆地观测卫星 Landsat-1，标志着陆地遥感新时代的到来。随着技术的不断进步，遥感卫星应用逐渐普及，遥感卫星从中低分辨率卫星发展到（亚）米级光学卫星，从光学卫星发展到微波卫星，并形成了卫星体系进行联合观测。本小节从中低分辨率光学卫星、（亚）米级光学卫星、SAR 卫星、卫星体系以及我国遥感卫星五个部分论述遥感卫星发展历程。

（1）中低分辨率光学卫星发展情况

全球遥感应用卫星的发展可以追溯到美国的科罗娜（Corona）项目，科罗娜项目是美国军方于 1959—1972 年秘密开展的卫星项目。由于后续学者在地球环境研究中对卫星影像的需求越来越强烈，该项目中的数据在 1995 年后逐渐向公众开放。

在民用领域中，卫星最早应用于气象领域，TIROS（Television Infrared Observation Satellite）1961 年成功发射，1970 年后，TIROS 项目被更名为 NOAA（National Oceanic and Atmospheric Administration）项目，截至目前，NOAA 卫星的 AVHRR（Advanced Very High-Resolution Radiometer）遥感器仍在不断获取可见光、近红外和热红外谱段的图像信息。陆地卫星计划 Landsat 项目开启了陆地观测的新纪元，遥感卫星数据应用在多领域全面铺开。Landsat 系列卫星是全球综合对地观测体系中最重要的组成部分，具有最长的对地观测连续数据集，也是目前应用最广的对地观测卫星数据之一。该计划于 1966 年发起，当时称为“地球资源卫星计划”，1972 年发射了该系列卫星的第一颗星，后来在 1975 年改名为“陆地卫星计划（Landsat）”，目前共发射 9 颗（Landsat-6 发射失败）。

Landsat-1、2、3，所携带的遥感器为多光谱扫描仪（Multi-Spectral Scanner，MSS）。Landsat-4、5，增加了主题制图仪（Thematic Mapper，TM），谱段范围变宽、谱段数增加，在地面分辨率提高至 30 m 的同时，增加了分辨率为 120 m 的热红外谱段。Landsat-7 携带了增强主题制图仪改进型（Enhanced Thematic Mapper PLUS，

ETM+），具有 8 个光谱谱段，不仅增加了地面分辨率为 15 m 的全色谱段，热红外谱段处的地面分辨率也提高到 60 m。Landsat－8 所携带的陆地成像仪（Operational Land Imager，OLI）相比于遥感器 ETM+，多提供了 2 个可以监测云和海岸带的谱段；并且调整了谱段 5 的宽度，排除了水汽吸收的影响；全色谱段的谱段范围变窄，可以更好地区分植被与非植被区域；携带的热红外遥感器（Thermal Infrared Sensor，TIRS）提供两个热红外通道，用来测量地表温度并跟踪陆地和水资源的使用情况。Landsat 系列卫星的主要参数见表 1－4（LSDS－1574 _ L8 _ Data _ Users _ Handbook－v5.0；LSDS－2082 _ L9－Data－Users－Handbook _ v1）。

**表 1－4　Landsat 系列卫星的主要参数**

<table>
<tr><th>卫星名称</th><th>发射时间/年</th><th>有效载荷</th><th>幅宽/km</th><th>谱段范围/μm</th><th>谱段个数/个</th><th>空间分辨率/m</th></tr>
<tr><td>Landsat－1</td><td>1972</td><td rowspan="3">MSS</td><td rowspan="6">185</td><td rowspan="2">0.5～1.1</td><td rowspan="2">4</td><td rowspan="3">78</td></tr>
<tr><td>Landsat－2</td><td>1975</td></tr>
<tr><td>Landsat－3</td><td>1978</td><td>0.5～12.6</td><td>5</td></tr>
<tr><td>Landsat－4</td><td>1982</td><td rowspan="2">TM/MSS</td><td rowspan="3">0.45～12.5</td><td rowspan="2">7</td><td rowspan="2">30/120</td></tr>
<tr><td>Landsat－5</td><td>1984</td></tr>
<tr><td>Landsat－7</td><td>1999</td><td>ETM+</td><td>8</td><td>15/30/60</td></tr>
<tr><td>Landsat－8</td><td>2013</td><td>OLI/TIRS</td><td>190</td><td>0.435～12.51</td><td>11</td><td>15/30/100</td></tr>
<tr><td>Landsat－9</td><td>2021</td><td>OLI－2/TIRS－2</td><td>190</td><td>0.435～12.51</td><td>11</td><td>15/30/100</td></tr>
</table>

受 Landsat 项目的启发，诸多其他地球观测任务陆续开展，如 1985 年苏联开展的 Resurs 系列卫星项目、1988 年印度开展的 IRS（Indian Remote Sensing）项目和 1996 年日本开展的 ADEOS（Advanced Earth Observing Satellite）项目。法国在 1978 年确定发展自己的地球观测项目，并最终造就了 SPOT 系列卫星的发展。SPOT－1 在 1986 年成功发射，后续共发射了 7 颗卫星，经历了四代。SPOT－1、2、3 上载有两台完全相同的高分辨率可见光遥感器（Haute Resolution Visible，HRV），采用电荷耦合器件（Charge Coupled Device，CCD）线阵推扫式成像，其空间分辨率全色谱段为 10 m、多光谱谱段为 20 m（https：//regards. cnes. fr/user/swh/modules/60）。第二代卫星 SPOT－4 的有效载荷增加了宽视场植被探测仪（VGT），可以对自然植被和农作物进行连续监测，其幅宽为 2 250 km，空间分辨率为 1.15 km，且 2 台 HRVIR（Haute Resolution Visible et Infra－Rouge）增加了一个短波红外谱段，HRVIR 和 VGT 可以同时对同一区域成像。SPOT－6、7 所载有的遥感器为新型“天体卫星”光学成像模块仪（New AstroSat Optical Modular Instrument，NAOMI），这两颗卫星目前仍在轨运行，并且与两颗昴宿星（Pléiades）卫星组成四星星座。卫星的主要参数见表 1－5（https：//www. eoportal. org/satellite－missions/pleiades#hiri－high－resolution－imager）。

**表 1-5　SPOT 卫星和 Pléiades 卫星的主要参数**

| 卫星名称 | 发射时间/年 | 有效载荷 | 幅宽/km | 谱段范围/μm | 谱段个数/个 | 空间分辨率/m |
|---|---|---|---|---|---|---|
| SPOT-1 | 1986 | HRV | 60 | 0.5～0.89 | 4 | 10/20 |
| SPOT-2 | 1990 | HRV | 60 | 0.5～0.89 | 4 | 10/20 |
| SPOT-3 | 1993 | HRV | 60 | 0.5～0.89 | 4 | 10/20 |
| SPOT-4 | 1998 | HRVIR/VGT | 60/2 250 | 0.43～1.75 | 6 | 10/20/1 150 |
| SPOT-5 | 2002 | HRG/HRS/VGT | 60/120/2 250 | 0.43～1.75 | 6 | 2.5/5/10/20/1 000 |
| SPOT-6 | 2012 | NAOMI | 60 | 0.45～0.89 | 5 | 1.5/6 |
| SPOT-7 | 2014 | NAOMI | 60 | 0.45～0.89 | 5 | 1.5/6 |
| Pléiades-1A | 2011 | HiRI(High-Resolution Imager) | 20 | 0.43～0.915 | 4 | 0.7/2.8 |
| Pléiades-1B | 2012 | HiRI(High-Resolution Imager) | 20 | 0.43～0.915 | 4 | 0.7/2.8 |

1984 年 NASA 提出的地球观测系统（EOS）计划是一项具有里程碑意义的计划，其目的是建立基于空间的综合观测系统和全球数据库。Terra 与 Aqua 卫星双星联立，分别于 1999 年和 2002 年成功发射，卫星携带的遥感器为中分辨率成像光谱仪（MODIS），数据被广泛应用于农作物估产、土壤调查等领域，时至今日，MODIS 仍在被各国广泛使用，连续数十年的数据积累使其具备了其他卫星数据所不具备的优势。

（2）（亚）米级光学卫星发展情况

随着遥感卫星应用的不断深入，对遥感影像空间分辨率的要求也越来越高。1999 年发射的 IKONOS 卫星是第一颗高空间分辨率卫星，随后，2001 年 QuickBird 的成功发射，使卫星地面分辨率进入 1 m 时代，2008 年发射的 GeoEye-1 将地面分辨率成功提高到 0.41 m。其后发射的 WorldView 系列卫星均为亚米级卫星（https：//www.eoportal.org/satellite-missions/worldview-3＃learning-on-the-job）。2013 年开始发射 SkySat 系列卫星（https：//www.eoportal.org/satellite-missions/skysat＃eop-quick-facts-section），截至 2020 年已成功发射 21 颗，前 15 颗均为太阳同步轨道，第16～21 颗为非太阳同步轨道，以增加南北纬 52°之间的重访频次。SkySat-16～21 因为轨道高度的降低，全色和多光谱的分辨率均有所提高，多光谱的地面分辨率已达到 0.75 m，且 SkySat 系列卫星组网观测，可在日内平均完成对地球的 6～7 次观测。（亚）米级卫星主要参数见表 1-6。

**表 1-6　（亚）米级卫星主要参数**

| 卫星名称 | 发射时间/年 | 有效载荷 | 幅宽/km | 谱段范围/μm | 谱段个数/个 | 空间分辨率/m |
|---|---|---|---|---|---|---|
| IKONOS | 1999 | OSA | 11.3 | 0.45～0.93 | 5 | 1/4 |
| QuickBird | 2001 | BGI | 16.5 | 0.45～0.90 | 5 | 0.61/2.44 |
| GeoEye-1 | 2008 | Pan/MS | 15.2 | 0.45～0.92 | 5 | 0.41/1.65 |
| WorldView-1 | 2007 | Pan | 17.6 | 0.40～0.90 | 1 | 0.45 |

**续表**

| 卫星名称 | 发射时间/年 | 有效载荷 | 幅宽/km | 谱段范围/μm | 谱段个数/个 | 空间分辨率/m |
|---|---|---|---|---|---|---|
| WorldView－2 | 2009 | Pan/MS | 16.4 | 0.45～1.04 | 9 | 0.46/1.84 |
| WorldView－3 | 2014 | Pan/MS/SWIR/CAVIS | 13.1 | 0.45～2.37 | 29 | 0.31/1.24/3.70/30 |
| WorldView－4 | 2016 | Pan/MS | | 0.45～0.92 | 5 | 0.31/1.24 |
| SkySat－1～2 | 2013～2014 | CMOS 相机 | 8 | 0.45～0.9 | 5 | 0.86/1 |
| SkySat－3～15 | 2016～2018 | | 5.9 | 0.45～0.9 | 5 | 0.65/0.81 |
| SkySat－16～21 | 2020 | | 5.5 | 0.45～0.9 | 5 | 0.57/0.75 |

（3）SAR 卫星发展情况

1991 年欧空局（European Space Agency，ESA）成功发射的第一颗卫星为 ERS－I，该卫星搭载了 C 波段的主动微波设备 AMI，是第一颗影响较为广泛的雷达卫星，ERS 卫星设计之初主要应用于海洋监测，后来也被广泛应用于森林监测。1995 年和 2002 年，欧空局又陆续发射了 ERS－2 和 Envisat－1 卫星，其中，名为 ASAR（Advanced Synthetic Aperture Radar）的合成孔径雷达遥感器获取的数据被全球各国接收和应用。2006 年日本发射了 L 频段 ALOS/PALSAR 卫星。当前在轨运行的高分辨率雷达卫星包括德国的 TerraSAR－X、意大利的 COSMO－SkyMed 及加拿大的 RADARSAT－2。RADARSAT 卫星系列是欧空局和加拿大政府共同研制的一组雷达遥感卫星。该系列卫星主要用于进行海洋观测、灾害监测、资源勘探等任务，具有重要的经济和战略价值。其中，RADARSAT－1 发射于 1995 年，是第一颗采用星载合成孔径雷达（SAR）技术的商业卫星。该卫星搭载了 C 波段 SAR 系统，可以对地面进行高分辨率成像，广泛应用于各领域。RADARSAT－2 发射于 2007 年，是 RADARSAT 卫星系列的第二颗卫星。该卫星采用了先进的数字化技术和新型的成像模式，可以对地面进行更高精度、更高频次的成像。此外，该卫星还具备多项新功能，包括增强的海洋观测能力和高速数据传输等。RADARSAT Constellation 是于 2019 年发射的一组卫星，由三颗于地球同步轨道运行的卫星组成。这些卫星将继承 RADARSAT－2 卫星的技术，并具有更高的数据获取能力和更广泛的应用范围。该卫星将为极地海洋、陆地环境、自然灾害监测等提供重要支持。

总体来讲，雷达遥感卫星系统已完成多频段（X－C－S－L）覆盖、低分辨率向高分辨率过渡、单极化到全极化突破，为各行业领域应用提供更为丰富的数据源，进一步扩大雷达遥感应用范围。SAR 卫星主要参数见表 1－7。

**表 1－7　SAR 卫星主要参数**

| 卫星载荷名称 | 发射时间 | 极化方式 | 幅宽 | 波段 | 空间分辨率 |
|---|---|---|---|---|---|
| ERS－1/ AMI－SAR | 1991 | VV | 100 km | C 波段 | 30 m |
| JERS－1/SAR | 1992 | HH | 75 km | L 波段 | 18 m×24 m |
| ERS－2/ AMI－SAR | 1995 | VV | 100 km | C 波段 | 30 m |

**续表**

| 卫星载荷名称 | 发射时间 | 极化方式 | 幅宽 | 波段 | 空间分辨率 |
|---|---|---|---|---|---|
| RADARSAT - 1/SAR | 1995 | HH | 50～500 km | C 波段 | 8～100 m |
| Envisat/ASAR | 2002 | 成像模式：VV 或 HH<br>交替极化模式：HH/VV，HH/HV，VV/VH | 50～100 km | C 波段 | 30m |
| ALOS/PALSAR | 2006 | HH，VV，HH+HV，VV+VH，HH+HV+VH+VV | 20～350 km | L 波段 | 7～100 m |
| RADARSAT - 2/SAR | 2007 | HH，HV，VV，VH | 50～530 km | C 波段 | 8～100 m |
| TerraSAR - X | 2007 | HH/VV/HV/VH | 10 km（宽）×5 km（长）～100 km × 150 km | X 波段 | 1～16 m |
| COSMO - SkyMed | 2007 | HH 或 VV 或 HV 或 VH | 10～200 km | X 波段 | 1～100 m |
| Sentinel - 1/SAR | 2014 | VV，HH，HH+HV，VV+VH | 20～400 km | C 波段 | 5～40 m |
| GF - 3 | 2016 | HH/VV/HV/VH | 10～650 km | C 波段 | 1～500 m |
| RADARSAT Constellation/SAR | 2019 | HH，VV，HV，VH，Compact Polarimetry | 20～500 km | C 波段 | 3～100 m |

（4）卫星体系发展情况

欧空局在 2003 年提出了哥白尼计划，希望对现有和未来的卫星数据进行整理和集成，方便实现环境与安全的实时动态监测。哨兵（Sentinel）系列卫星是哥白尼计划对地观测任务的专用卫星，共计划发射 17 颗，目前已成功发射 8 颗，均在轨运行。哨兵系列数据的最大特点是不同类型的遥感器相互组网，其中，Sentinel - 1A、Sentinel - 1B 是两颗执行 C 谱段合成孔径雷达成像卫星，组成星座，可以昼夜运行，有效载荷为一台 C - SAR 遥感器，可以监测土地应用类型和海冰应用，具有四种成像方式，幅宽最高可达400 km，最小空间分辨率为 5 m。Sentinel - 2A、Sentinel - 2B 是高分辨率光学卫星，彼此相距 180°分布在同一太阳轨道上，可提供植被、土壤和水覆盖、内陆水路及海岸区域等图像，有效载荷为多光谱成像仪（Multispectral Imager，MSI），具有 13 个光谱谱段，其波长范围为 0.44～2.19 μm，幅宽为 280 km，空间分辨率最小为 10 m。Sentinel - 3A、Sentinel - 3B 既有雷达成像仪，又有光学成像仪，不仅支持陆地监测，还支持海洋监测，其所携带有效载荷有 7 种。其余两颗已发射的卫星用于气象与海洋监测，哨兵系列卫星主要参数见表1 - 8。

**表 1 - 8 哨兵系列卫星主要参数**

| 卫星名称 | 发射时间/年 | 有效载荷 | 幅宽/km | 谱段范围/μm | 谱段个数/个 | 空间分辨率/m |
|---|---|---|---|---|---|---|
| Sentinel - 1A | 2014 | C - SAR | 250 | IW | — | 5×20 |
| | | | 20 | WV | | 5×5 |
| Sentinel - 1B | 2016 | | 80 | SM | | 5×5 |
| | | | 400 | EW | | 20×40 |

**续表**

| 卫星名称 | 发射时间/年 | 有效载荷 | 幅宽/km | 谱段范围/μm | 谱段个数/个 | 空间分辨率/m |
|---|---|---|---|---|---|---|
| Sentinel - 2A | 2015 | MSI | 290 | 0.443～2.19 | 13 | 10/20/60 |
| Sentinel - 2B | 2017 | | | | | |
| Sentinel - 3A | 2016 | OLCI | 1 270 | 0.40～1.02 | 21 | 300 |
| | | SLSTR | 1 420(最低点)/750(向后) | 0.55～12 | 9 | 500/1 000 |
| Sentinel - 3B | 2018 | SRAL | — | Ku 波段和 C 波段 | — | 300 |
| | | MWR | — | — | — | — |
| Sentinel - 5P | 2017 | TROPOI | 2 600 | 0.27～2.385 | 8 | 7 000 |
| Sentinel - 6 | 2020 | SAR /AMR/HRMR | — | — | — | — |

（5）我国遥感卫星发展情况

中国的卫星事业发端于1970年的第一颗人造地球卫星“东方红”1号，在发展早期，卫星研究的重心集中在通信、气象和导航领域。从20世纪80年代起，中国已经将陆地遥感卫星列为国家科技攻关重大项目。1999年，中国成功发射的首颗陆地卫星资源一号，填补了自主遥感卫星数据的空白。经过20年的发展，截至2024年4月，根据“自然资源云服务平台”（http：//www. sasclouds. com/chinese/home）统计，中国在轨运行的主要陆地卫星有213颗。随着资源（ZY）、环境（HJ）、高分（GF）等系列卫星的陆续发射，中国的对地观测卫星系统逐渐完善，且技术发展趋势与全球的遥感卫星发展趋势相吻合。单个卫星在提高空间分辨率、光谱分辨率的同时保证时间分辨率，并且同一个卫星具备不同的成像模式，可以提供不同的时间分辨率与不同的幅宽。多星协同监测的模式，缩短重访周期，提高监测效率。同一监测体系，也尽量完善，具备不同监测目标。下文按照不同卫星系列，对中国常用的对地观测卫星系列进行介绍。

①资源系列卫星

中国的首个陆地观测卫星是在1999年与巴西联合研制发射的中巴地球资源卫星01星（CBERS - 01），它也是资源系列卫星的第一颗卫星。目前资源系列卫星共有11颗，包括中巴联合研制发射的CBERS - 01、中巴地球资源卫星02星（CBERS - 02）、中巴地球资源卫星02B星（CBERS - 02B）、中巴地球资源卫星04星（CBERS - 04）和中巴地球资源卫星04A星（CBERS - 04A）等5颗卫星，以及中国独立发射的资源一号02C星（ZY - 1 02C）、资源一号02D星（ZY - 1 02D）、资源一号02E星（ZY - 1 02E）、资源三号01星（ZY - 3 01）、资源三号02星（ZY - 3 02）和资源三号03星（ZY - 3 03）等6颗卫星，卫星主要参数见表1 - 9。

其中，CBERS - 01星所携遥感器为广角成像仪（WFI）、红外扫描仪（IRMSS）。中国独立发射的ZY - 1 02C卫星载有1台5 m/10 m分辨率的全色多光谱相机和2台2.36 m高分辨率的红外相机，可以满足国土资源监测的需求，为国土资源业务卫星体系建设创造了条件。ZY－1 02D是中国首颗民用高光谱业务卫星。ZY－3系列卫星采用组网观测，可以获取覆盖全国的2.1 m的高分辨率立体影像和6 m的多光谱影像。

**表1－9　资源系列卫星主要参数**

| 卫星名称 | 发射时间/年 | 有效载荷 | 幅宽/km | 谱段范围/μm | 谱段个数/个 | 空间分辨率/m |
|---|---|---|---|---|---|---|
| CBERS－01 | 1999 | CCD/WFI/IRMSS | 113/119.5/890 | 0.45～12.5 | 11 | 19.5/78/156/258 |
| CBERS－02 | 2003 | | | | | |
| CBERS－02B | 2007 | CCD/HR/WFI | 113/27/89 | 0.45～0.89 | 8 | 2.36/20/258 |
| CBERS－04 | 2014 | WPM/MUX/IRS/WFI | 60/120/866 | 0.45～12.5 | 16 | 5/10/20/40/80/73 |
| CBERS－04A | 2019 | WPM/MUX/WFI | 95/92/685 | 0.45～0.9 | 16 | 2/8/17/60 |
| ZY－1 02C | 2011 | HR/PMS | 27/54/60 | 0.45～0.89 | 5 | 2.36/5/10 |
| ZY－1 02D | 2019 | VNIC/AHSI | 115/≥60 | 0.4～2.5 | 9/76 | 2.5/10/≤30 |
| ZY－1 02E | 2021 | VNIC/AHSI | 115/≥60 | 0.4～2.5 | 9/76 | 2.5/10/≤30 |
| ZY－3 01 | 2012 | TDI CCD/MUX | 51 | 0.45～0.89 | 7 | 2.1/3.5/5.8 |
| ZY－3 02 | 2016 | TDI CCD/MUX | 51 | 0.45～0.89 | 7 | 2.1/2.5/5.8 |
| ZY－3 03 | 2020 | TDI CCD/MUX | >50 | 0.45～0.89 | 7 | 2.1/2.7/6 |

②环境系列卫星

环境（HJ）系列卫星是我国专门用于环境与灾害监测的遥感卫星系统，旨在提供高效的地球环境监测和灾害应急服务。目前已发射7颗卫星，其主要参数见表1－10。其中，HJ－1A、1B和HJ－2A、2B为光学卫星，HJ－1A搭载了中国首个100 m分辨率的宽覆盖高光谱相机；HJ－1B搭载了超光谱成像仪和红外相机；HJ－2A、2B则进一步升级，搭载了16 m多光谱相机、高光谱成像仪和红外相机，显著提升了数据获取能力。HJ－1C、HJ－2E和HJ－2F为雷达卫星，搭载的S频段合成孔径雷达，具有条带和扫描两种工作模式，能够在复杂条件下实现全天候监测。这些卫星共同构建了覆盖广、分辨率高、响应迅速的遥感监测系统，为我国的环境保护和灾害管理提供了强有力的数据支持。

**表1－10　环境系列卫星主要参数**

| 卫星名称 | 发射时间/年 | 有效载荷 | 幅宽/km | 谱段范围/μm | 空间分辨率/m |
|---|---|---|---|---|---|
| HJ－1A | 2008 | CCD/HSI | 50/700 | 0.43～0.95 | 30/100 |
| HJ－1B | 2008 | CCD/ IRS | 700/720 | 0.43～12.5 | 30/150/300 |
| HJ－1C | 2012 | SAR | 40/100 | S波段 | 5/20 |
| HJ－2A、2B | 2020 | CCD/HSI/IRS | 96/720/800 | 0.45～12.5 | 16/48/96 |
| HJ－2E | 2022 | SAR | 35/95 | S波段 | 5/25 |
| HJ－2F | 2023 | SAR | 35/95 | S波段 | 5/25 |

③高分系列卫星

中国于2010年5月启动“高分专项”，计划建成自主的陆地、大气和海洋观测系统，实现时空协调、全天候、全天时对地观测的目标。可以用于农情监测、资源调查、防灾减灾、城市化精细管理等多个领域，是一个具有高时空分辨率、高光谱与高精度的全面对地观测系统。

GF-1卫星是高分专项的首发光学遥感卫星，单星上同时实现高空间分辨率、高时间分辨率与大幅宽的结合，2 m/8 m多光谱相机具有60 km成像幅宽，16 m分辨率多光谱相机具有800 km成像幅宽，适应多种空间分辨率、多种光谱分辨率、多源遥感数据综合需求，满足土地利用监测、城市规划、资源调查、环境保护等不同领域的应用要求，还可实现境外时段的测控与管理。

GF-2卫星是中国首颗空间分辨率优于1 m的民用光学遥感卫星，星下点空间分辨率可达0.8 m，这标志着中国遥感卫星进入了亚米级时代，并且卫星在侧摆±23°的情况下，可实现全球任意地区重访周期不大于5天。

GF-3卫星是中国首颗分辨率达到1m的C频段多极化合成孔径雷达（SAR）卫星，卫星具备12种成像模式，涵盖传统的条带成像模式和扫描成像模式，以及面向海洋应用的波成像模式和全球观测成像模式，具有高分辨率、大成像幅宽、多成像模式、长寿命运行等特点，既能实现大范围普查，也能特定区域详查。

GF-4卫星是中国第一颗地球同步轨道遥感卫星，搭载了一台高光谱相机和一台红外相机，能够提供丰富的地球表面信息。它能够对地表进行高分辨率的成像观测，并可以捕捉可见光、近红外和中红外光谱范围内的光谱信息，为环保、海洋、农业、水利等行业提供高质量的地球观测数据。

GF-5卫星运行于太阳同步轨道，是世界上第一颗同时对陆地和大气进行综合观测的卫星，搭载了大气痕量气体差分吸收光谱仪（EMI）、大气主要温室气体监测仪（GMI）、大气气溶胶多角度偏振探测仪（DPC）、大气环境红外甚高光谱分辨率探测仪（AIUS）、可见短波红外高光谱相机（AHSI）、全谱段光谱成像仪（VIMS）共6台载荷。其中可见短波红外高光谱相机有318个光谱通道，可见光谱段光谱分辨率为5 nm，短波红外光谱段光谱分辨率为10 nm，可对多个环境要素进行监测，对内陆水体、陆表生态环境等进行有效探测，为环境监测、资源勘查、防灾减灾等行业提供高光谱数据。

GF-6卫星是首颗致力于精准农业观测的低轨光学遥感卫星，国内首次增加了能够有效反映作物特有光谱特性的“红边”谱段，并具备高分辨率、宽覆盖、高质量成像等特点。与GF-1卫星组网运行后，将使遥感数据获取的时间分辨率从4天缩短到2天，为农业农村发展、生态文明建设、林业资源调查等重大需求提供遥感数据支撑。

GF-7卫星是我国首颗民用亚米级高分辨率光学传输型立体测绘卫星，卫星运行于太阳同步轨道，搭载的立体相机和激光测高仪可以复合测绘，服务于自然资源调查监测、基础测绘、全球地理信息资源建设等应用需求，为住房与城乡建设、国家调查统计等领域提供高精度的卫星遥感影像。

高分多模卫星（GFDM）是我国首颗民用分辨率为亚米级同时具有多种敏捷成像模式的光学遥感卫星，其最高分辨率达到 0.42 m，成像模式灵活且丰富，满足相关行业用户部门对高精度遥感影像数据的需求。高分系列卫星主要参数见表 1－11。

**表 1－11　高分系列卫星主要参数**

| 卫星名称 | 发射时间/年 | 有效载荷 | 幅宽/km | 谱段范围/μm | 空间分辨率/m |
|---|---|---|---|---|---|
| GF－1 | 2013 | PMS/WFV | 70/800 | 0.45～0.90 | 2/8/16 |
| GF－1B/C/D | 2018 | PMS | 66 | 0.45～0.89 | 2/8 |
| GF－2 | 2014 | PAN/MSS | 45 | 0.45～0.90 | 0.8/3.2 |
| GF－3 | 2016 | C－SAR | 10～650 | C 波段 | 1～500 |
| GF－3B | 2021 | | | | |
| GF－3C | 2022 | | | | |
| GF－4 | 2015 | VNIR/MNIR | 400 | 0.45～4.1 | 50/400 |
| GF－5 | 2018 | AHSI/VIMS/EMI/GMI/DPC/AIUS | 60 | 0.4～12.5 | 20/30/40 |
| GF－5B | 2021 | AHSI/VIMI/GMI/EMI/ DPC/POSP/AAS | 60 | 0.4～22.9 | 4/10/20/30/40 |
| GF－5(01A) | 2022 | AHSI/WTI/ EMI | 60/1 500 | 0.4～12.5 | 24/30/100 |
| GF－6 | 2018 | PMS/WFV | 90/800 | 0.45～0.90 | 2/8/16 |
| GF－7 | 2019 | BWD/DLC | 20 | 0.45～0.90 | 0.65/2.6 |
| GFDM | 2020 | PMS | 15 | 0.45～0.90 | 0.42/1.68 |

## 1.3　遥感卫星发展趋势

遥感卫星的发展得益于需求的增长、技术的进步、数据应用需求的提高以及国家发展战略等多种因素，这些因素共同推动着遥感卫星技术的不断发展和应用的拓展。遥感卫星的发展是全方位的，近年来卫星数据源越来越多，这主要得益于各类卫星的相继发射与平稳运行。卫星数据的网络下载也变得越来越便捷，这与卫星系统的存储、传输能力以及地面系统分发能力的长足进步息息相关。同时，卫星数据的质量也变得越来越高，这也充分体现了遥感卫星系统在传感器、姿态控制、电源供应等方面的综合进步。

作为卫星系统的核心组件，卫星载荷的发展和进步是最显而易见的，随着先进卫星载荷被不断突破和迭代，卫星数据质量得到不断提升，最为直观的感受是卫星数据越来越清晰、卫星数据的获取频率越来越高、数据种类越来越丰富；在卫星系统的顶层设计环节，卫星用途的设计日趋目标化、精准化和集中化，即卫星设计之初选定目标用户，重点面向某一特定行业（兼顾其他行业）开展卫星设计，这是“用户需求驱动”和遥感监测“专业化、精细化、个性化”发展的必然结果；在卫星系统的顶层设计方面，另一个典型趋势是多星组网，通过同一轨道上多颗卫星的协同观测，能够在保证数据质量的前提下大大提高数据采集频率；在卫星平台的发展趋势上，由大卫星为主逐渐发展成为大卫星和小卫星并行发展，小卫星具有研制周期短、研制成本低等优势，可以在某些方面与大卫星及其他商业卫星形成良好的互补。

### 1.3.1　卫星载荷的参数系统性更强

对于农业遥感应用，卫星载荷的核心参数主要包括空间分辨率、时间分辨率、光谱分辨率和辐射分辨率等4项，4项参数的发展趋势呈现出明显的高空间分辨率、高时间分辨率、高光谱分辨率、高辐射分辨率特点，即空间上遥感器所能识别的最小地面目标更精细，时间上遥感器对同一地点重复成像时间间隔更短，光谱上遥感器的谱段范围更广、谱段数更多、带宽更窄，另外遥感器区分目标反射或辐射电磁波强度变化量的能力越来越强。

(1) 向高空间分辨率发展

遥感器技术的进步，使得遥感数据的空间分辨率得到了极大的提高，加之近十年来各国遥感卫星发射频率越来越高，使得各国在轨的遥感卫星数量也越来越多，提供了海量的中高分辨率的遥感数据，到目前已经形成了大于1 km、100 m、10 m、米级、亚米级以上空间分辨率的数据系列。为描述方便，经常把卫星遥感数据按照空间分辨率划分为高、中、低三个分辨率尺度，即空间分辨率小于等于2 m为高空间分辨率数据，大于2 m小于等于50 m为中空间分辨率数据，大于50 m为低空间分辨率数据。以陆地监测卫星为例，20世纪70年代，常用的遥感数据以低空间分辨率数据为主，如78 m空间分辨率的美国陆地卫星Landsat-1～Landsat-3/MSS数据；到20世纪末，常用的遥感数据以空间分辨率30 m左右中空间分辨率数据为主，如30 m空间分辨率的Landsat-5/TM、Landsat-7/ETM数据与20 m空间分辨率的法国SPOT1-4/HRV数据；到如今，常用的遥感数据以空间分辨率为30 m到优于2 m的中、高分辨率数据为主，除了传统的30 m多光谱、15 m全色谱段的Landsat-8～Landsat-9/OLI数据，6 m多光谱、1.5 m全色SPOT6～SPOT7/NAOMI数据外，许多新兴的中高分辨率数据也得到了广泛应用，如欧空局Sentinel-1A/1B/2A/2B卫星10 m多光谱数据（MSI），我国GF-1和GF-6卫星16 m宽幅数据（WFV）、8 m多光谱数据（PMS）、2 m全色数据（PAN），GF-2卫星3.2 m的多光谱数据（PMS）与0.8m的全色数据（PAN），美国SkySat16～21卫星0.75m多光谱数据（CMOS）等。图1-11给出了河北省廊坊市局部观测点上获取的系列遥感数据，展示了500 m、50 m、40 m、30 m、16 m、10 m、8 m、5 m、4 m、2 m、1 m、0.08 m等空间分辨率，不同谱段合成的目视效果。

(2) 向高时间分辨率发展

不同空间分辨率尺度上遥感器数量增多，特定遥感器针对指定区域的重访周期都有不同程度的提高（重访周期指卫星再次看到同一地区的时间间隔，单位为天），使遥感数据向高时间分辨率发展。在1 km低空间分辨率水平上，重访周期也由20世纪80年代末的

(a) Terra/Aqua/MODIS标准反射率数据RGB谱段合成

(b) GF-4/PMS的NIR、R、G谱段合成

(c) GF-5/AHSI的R(59)、G(38)、B(20)谱段合成

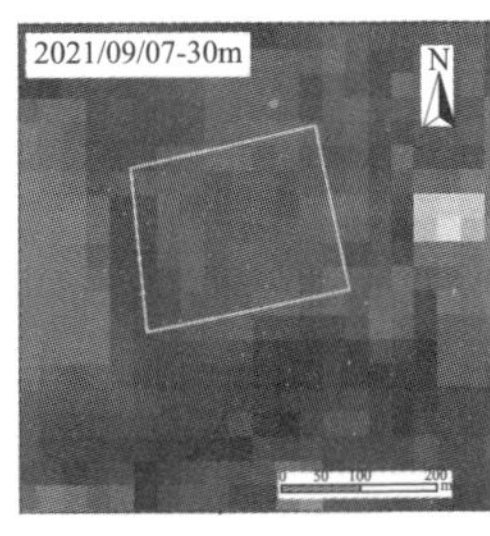


(d) Landsat-8/OLI的NIR、R、G谱段合成

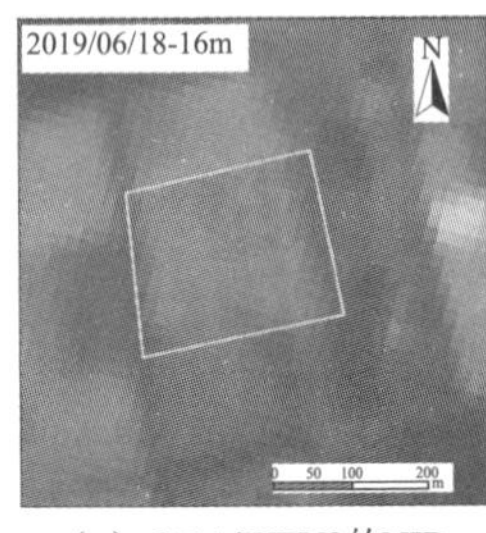


(e) GF-1/WFV3的NIR、R、G谱段合成

(f) Sentinel-2A/MSS的NIR、R、G谱段合成

(g) GF-1/PMS2的NIR、R、G谱段合成

(h) RapidEye/MSS的NIR、R、G谱段合成

(i) GF-2/PMS1的NIR、R、G谱段合成

(j) WorldView-2/MSS的NIR、R、G谱段合成

(k) GF-2卫星PMS1的Pan1数据

(l) 无人机航拍数据RGB谱段合成

图 1-11　河北省廊坊市局部区域不同空间分辨率卫星数据示例（见彩插）

NOAA-11/AVHRR 的 6 天（纬度±15°），达到了 21 世纪初左右的 Terra/Aqua-MODIS 的 1 天，在多星组网情况下能够达到每天覆盖全球 1 次以上的能力。在空间分辨率 10～30 m 中空间分辨率水平上，Landsat 系列卫星的重访周期由 Landsat-1～3 的 MSS 数据的 18 天缩短到 Landsat-8～9 双星组网的 8 天。Sentinel-2A/2B 单星重访周期为 10 天，2A/2B 双星组成星座的重访周期缩短到 5 天。在空间分辨率小于 2 m 这个高、中空间分辨率过渡范围内，重访周期也由 20 世纪末 IKONOS 的 3 天达到了现在的 WorldView-3 的不到 1 天，以及 GF-1 与 GF-6 组网的 2 天。

(3) 向高光谱分辨率发展

首先，光谱谱段位置向不同电磁波属性范围上拓展，在 20 世纪 70 年代，中空间分辨率 Landsat MSS 数据只有绿、红、近红外谱段的数据，而现在，中空间分辨率如 Landsat OLI 数据有海岸蓝、蓝、绿、红、近红外、短波红外、全色、卷云、热红外（TIRS 1、

TIRS 2）等谱段的数据；WorldView-2 数据有蓝、绿、红、近红外、海岸蓝、黄色、红边、近红外 2 等谱段的数据；RapidEye 数据有蓝、绿、红、红边、近红外等谱段的数据。其次，光谱谱段的宽度越来越窄。美国在 20 世纪末和 21 世纪初发射的 Terra 和 Aqua 卫星搭载的中分辨率成像光谱仪 MODIS，谱段范围为 0.405～0.965 μm（可见光和近红外谱段）、3.66～7.475 μm（中红外）、8.4～14.385 μm（热红外），具有 36 个谱段的高光谱数据，谱段宽度在可见光和近红外谱段为 20～50 nm、中红外谱段为 30～360 nm、热红外谱段为 300～500 nm。到 21 世纪初 NASA 发射的 EO-1 卫星搭载的高光谱成像光谱仪（Hyperion），谱段范围为 0.4～2.5 μm，提供 242 个谱段的高光谱数据，谱段宽度为 10 nm，通道数目比常用的 4 谱段多光谱相机多了近 60 倍。我国 2008 年发射的 HJ-1A 卫星搭载 HSI 遥感器，谱段范围为 0.45～0.95 μm，谱段宽度为 5 nm 左右，具有 115 个谱段的高光谱数据；我国 2018 年发射的 GF-5 卫星搭载的可见短波红外高光谱相机 AHSI，谱段范围为 0.4～2.5 μm，具有 330 个谱段的高光谱数据，谱段宽度在可见光近红外谱段为 5 nm、在短波红外谱段为 10 nm，通道数目比常用的多光谱相机多了近 100 倍。

（4）向高辐射分辨率发展

遥感卫星的辐射分辨率（Radiometric Resolution）指遥感器能分辨目标反射或辐射电磁波强度的最小变化量。在遥感影像上表现为每一像元的辐射量化级。早期的遥感卫星辐射量化级多为 6 bit 和 8 bit，如 Landsat-1～3 MSS 的辐射量化级为 6 bit，Landsat-4～5 TM、CBERS-01、CBERS-02、HJ-1A/B/C 等卫星的辐射量化级为 8 bit。随着遥感器性能的提升，遥感器的辐射量化级逐步提高至 10 bit、11 bit，如 ZY-3 01/02/03、GF-1、GF-2 和 GF-4 等卫星的辐射量化级为 10 bit，WorldView 系列卫星、GF-7 等卫星的辐射量化级为 11 bit。随着定量遥感的不断发展，应用精度需求不断提升，对遥感卫星的辐射分辨率的要求也越来越高，目前多数光学遥感卫星辐射量化级为 12 bit，如我国的 ZY-1 02D/02E、HJ-2A/2B、GF-6、GFDM，以及美国的 Landsat-8 OLI 等卫星。目前，随着探测系统整体质量的提高和辐射定标技术的改进，辐射分辨率能达到 14 bit，如 Landsat-9 OLI-2 卫星。

（5）向多遥感器方向发展

大型综合性卫星上所携带遥感器数量越来越多，种类越来越全，性能越来越好，在保证监测范围的同时也没有降低监测质量，在满足高分辨率的同时也可满足大幅宽，可以满足同一卫星监测不同目标的需求。监测领域和观测目标更加多样化，观测范围更加广泛。如 ALOS 卫星所携带的三种遥感器中，PALSAR 用于全天候陆地观测，AVNIR-2 用于精确陆地覆盖观测，PRISM 用于数字高程立体测绘，ALOS-2 在此基础上还能够及时监测到一些自然灾害（洪水、滑坡、暴风雨和飓风等），并会定期对热带雨林地区进行观测。Sentinel-3 是一个极轨、多遥感器卫星系统，包括海洋和陆地彩色成像光谱仪（OLCI）、海洋和陆地表面温度辐射计（SLSTR）2 个光学仪器，合成孔径雷达高度计（SRAL）、微波辐射计（MWR）和精确定轨（POD）系统 3 个地形学仪器，不仅支持陆地监测，还支持海洋监测。

### 1.3.2 “一星多用”趋势明显

随着航天技术和传感器水平的不断提升，同一卫星数据应用领域日益广泛，卫星设计和研发的趋势逐渐向“通用性高、普适性强”的方向发展。如高分系列卫星中的GF-3卫星，就是一颗全极化卫星，有多达12种成像方式。在传统的条带、扫描模式基础上增加了聚束、波浪、全球观测等多种成像模式，并且可以在不同的模式之间进行自由切换，观测目标不仅包括陆地，还可以对海洋进行观测，是“一星多用”的典范。

### 1.3.3 单星观测到多星组网观测

双星联合监测、多星组成星座监测的模式越来越广泛，在多个国家都有应用，双星、多星组网监测既可以提高卫星监测的时间分辨率，还可以提高监测的整体效率。如：EOS计划的Terra与Aqua卫星双星协同，可以对陆地、海洋和气象进行同时监测；由4颗太阳同步轨道SAR卫星组成的意大利COSMO-SkyMed星座，可以全天候进行资源与灾害的监测，最大幅宽为100 km，最高空间分辨率为1 m，并且重访周期缩短至几个小时之内；法国SPOT-6、7与昴宿卫星Pléiades组网观测，具有每日两次的重访能力，SPOT卫星负责大幅宽普查图像，Pléiades再针对特定目标区域提供0.7 m的详查图像。欧洲哥白尼计划的哨兵“Sentinel”系列卫星，Sentinel-1A、Sentinel-1B有效载荷为C-SAR遥感器的雷达卫星，它们相互组成星座，可以昼夜运行，监测土地应用类型和海冰应用。Sentinel-2A、Sentinel-2B是在同一太阳轨道上彼此相位差为180°的高分辨率光学卫星，可提供植被、土壤和水覆盖、内陆水路及海岸区域等图像。

### 1.3.4 大卫星与小卫星协同发展

根据卫星的质量，通常将小于1 000 kg的卫星称为广义的小卫星。小卫星是随着卫星技术与应用的不断发展而产生的，具有成本低、集成度高、研制周期短的特点。可以是单一任务的专用卫星，也可以是组网卫星，是近年来发展较为迅速的卫星形式。

目前遥感卫星实现对地观测的途径主要有，利用综合型对地观测卫星、利用多个中小型卫星平台分别装设不同的遥感仪器实施单一目标任务、多个小卫星组成星座协同观测（高峰等，2006）3种。

与大卫星相比，小卫星具有研发周期短、研制成本低、设计冗余少、功能密度高、机动性强、发射与使用灵活等特点。目前全球发射的对地观测卫星中，小卫星的增长趋势是最高的，已成为世界航天活动的重要构成部分。目前卫星的发展呈现出以下特点：第一是大卫星小型化、小卫星微型化趋势明显；第二是小卫星业务能力不断提升；第三是商用对地观测小卫星发展势头强劲（张召才和朱鲁青，2015）。

### 1.3.5 卫星设计理念趋向星地一体化

随着遥感技术的不断进步和应用需求的增长，传统的遥感卫星设计模式已经无法满足日益增长的需求。因此，星地一体化设计理念在遥感卫星领域得到了广泛认可并逐渐成为发展方向。星地一体化的主要目标是实现卫星系统与地面系统之间的紧密集成和优化，提高遥感卫星系统的灵活性、自主性和任务响应能力。这种集成优化的设计理念可以使卫星系统更加高效地获取、处理和应用遥感数据，促进了卫星与地面系统的协同工作和数据互通，这将为环境监测、资源管理、灾害预警等领域的应用提供更强大的支持。随着技术的不断进步和创新，星地一体化的设计理念将在遥感卫星领域得到更广泛的应用和推广。

（本章作者：陆春玲，王利民，王雪，季富华，高建孟，李映祥，滕飞，姚保民）

# 参考文献


[1] 高峰，冯筠，侯春梅，等．世界主要国家对地观测技术发展策略［J］．遥感技术与应用，2006(6)：565-576.

[2] 马丽聪，兀伟，宋耀东，等．摄影测量与遥感术语：GB/T 14950—2009［S］．北京：中国标准出版社，2009.

[3] 谢金华．遥感卫星轨道设计［D］．郑州：中国人民解放军信息工程大学，2005.

[4] 陈求发．世界航天器大全［M］．北京：中国宇航出版社，2012：325.

[5] 张召才，朱鲁青．对地观测小卫星最新发展研究［J］．国际太空，2015(11)：46-51.

[6] JOHN J QU，WEI GAO，MENAS KAFATOS. Earth Science Satellite Remote Sensing，Vol. 1：Science and Instruments［M］. Beijing：TSINGHUA University Press，Springer，2006：53-54.

# 第 2 章　星地一体化卫星设计理念

卫星设计和卫星应用两者既相互独立又紧密联系，我国的卫星设计理念经历了从“对标国外卫星”到“用户需求驱动”的转变，在卫星研发的早期，参考国外同类卫星的参数设置，可以最大限度地减少试错成本，是一种较为有效的追赶策略。随着卫星事业的不断进步和发展，单纯采用对标参数的方式已越来越难以适应我国卫星应用领域的实际，“以用户需求为中心”的卫星设计理念（即星地一体化卫星设计）表现得越来越重要。星地一体化卫星设计可以确保实现卫星设计与业务应用的紧密结合，解决业务应用中的实际问题，同时提高卫星设计与研发的效率，具有重要的现实意义。目前，星地一体化卫星设计的研发思路已应用于实际的卫星设计工作中，但关于星地一体化卫星设计理念的论述却很少，缺乏系统性介绍。本章在星地一体化卫星设计理念提出的背景下，对星地一体化的解析、卫星设计的原则和设计的思路进行详细论述，并以高分六号卫星的研制过程为例进行了案例说明。

## 2.1　星地一体化卫星设计背景

我国的卫星发展事业经历了从无到有、从粗放到精细的过程，在早期，我国自主知识产权的卫星数据非常少，直接导致了对外国数据的过度依赖。早期的卫星设计中，主要采用了“对标国外同类卫星”的方式，逐渐摸索和验证卫星参数设置的可靠性。在早期的卫星应用方面，中巴资源 01 星（CBERS－1）数据在不同行业不同领域都得到了较为广泛的应用，实现了国产数据由无到有的突破。

随着我国卫星事业的不断发展，不同行业之间的需求差异逐渐得到重视，基于行业用户需求的卫星设计方式得到了较为普遍的推广，如我国的资源系列卫星、环境系列卫星、风云系列卫星和海洋系列卫星，分别侧重满足了国土资源、环境减灾、气象和海洋领域的用户需求。国内的主要卫星用户在长期的探索中，逐渐发现了特定谱段在特定应用场景中的巨大应用潜力，并逐渐反馈至上游的卫星设计环节，卫星成功发射后，用户可以通过卫星平台提供的数据对原有的结论进行进一步验证和深化，从而形成了“用户需求驱动，需求端和研制端良性互动”的良好格局，结合我国的具体国情，以国内卫星用户需求为驱动的卫星设计理念逐渐成熟。如张润宁和姜秀鹏（2014）以 HJ－1C 星为例，用户提出了在观测时相方面要尽量与光学卫星实现均匀分布，因此选择了 499.226 km 高度的太阳同步的晨昏轨道；在面对用户提出的应急监测需求时，通过对卫星的轨道特性、SAR 天线侧摆能力及其可视幅宽进行综合优化设计，最终确定了重访周期的各项设计参数。在高分一号卫星的设计中，为了解决各行业中对于高重访周期和高空间分辨率的迫切需求，高分一号卫星采用了多镜头模块、视场拼接的方法，在保证高空间分辨率前提下实现了影像的宽覆盖，实际幅宽可达 840 km，4 天就可实现全球覆盖观测，高重访和高空间分辨率的兼顾极大地促进了高分一号数据在各领域的应用（白照广，2014）。GF－3 卫星设计时，重点征求了海洋、减灾、水利和气象等部门的需求，为了尽可能满足各部门的实际需求，GF－3 卫星共设计了 12 种工作模式，不同模式下的空间分辨率为 1～500 m，幅宽为 10～650 km，同时卫星具有双通道、多极化等功能，极大地扩展了卫星的观测能力和应用能力，提升了突发事件快速响应能力，填补了我国民用自主高分辨多极化 SAR 遥感数据空白（张庆君，2017）。为了满足自然资源监测业务由“数量”监测向“质量、含量”监测的变化，GF－5 卫星设置了高光谱载荷，高光谱分辨率和丰富的谱段为自然资源遥感应用提供了有力支撑（于峻川等，2019）。面向污染减排、环境质量监管、大气成分与气候变化监测、国土资源调查等需求，GF－5 卫星搭载了大气主要温室气体监测仪在内的 4 台大气监测设备，为开展环境空气质量、大气成分、气候变化等监测应用奠定了基础（孙允珠等，2019）。针对用户对同一目标多个角度观测或立体成像需求，高分多模（GFDM）卫星采用了高精度敏捷机动控制技术，在国内首次实现了 2 视/3 视立体成像，以及对同轨同一目标 12 次以上多角度观测，为应急测绘、突发灾害区域多角度观测等提供了更为丰富的观测信息（范立佳，2021）。

相较于对标国外同类卫星参数的方式，以用户需求驱动的方式可以更好地保障卫星数据后期的应用示范，并且以用户为中心的设计研发理念，还可以使得研制的国产卫星更符合国内的应用现状，体现出典型的“本地化”特点，也可以规避国外同类卫星参数出现“水土不服”的现象。将用户需求前置，可以针对用户应用中面临的实际难题进行有目的性的研判和设计，针对性地改善相应卫星参数指标，精准解决用户需求的同时能大大降低费效比，提高卫星设计和研发的效率。因此理清星地一体化卫星设计理念，提出星地一体化设计的原则和技术思路，可以为提高卫星应用效益奠定基础。

## 2.2 星地一体化理念解析

星地一体化理念应用于卫星设计中，其中“星”指的是卫星遥感系统即遥感器与卫星平台，“地”指的是地面系统和应用系统，“一体化”的含义是将两个或两个以上的互不相同、互不协调的事项，采取适当的方式、方法或措施，有机地融合为一个整体，形成协同效力（方创琳，2011）。据此理解，星地一体化指将卫星遥感系统、地面系统和应用系统看作一个有机的整体，综合考虑应用需求、卫星设计能力、数据处理能力、应用能力以及经济成本，以实现更高应用效益的卫星设计流程。

星地一体化的对象包含工程总体、卫星平台、有效载荷、地面接收、地面处理、应用系统等方面。星地一体化卫星设计的实现，从工程总体、卫星平台、有效载荷、地面接收、地面处理、应用系统等方面进行系统梳理，聚焦星地一体化指标体系中的薄弱和关键环节，针对性地安排研究项目，与卫星工程研制和在轨测试同步开展，打通从卫星研制到用户应用的技术链路；联合各方开展共性技术、关键技术攻关，最终通过集成、验证以确保成果支持工程实际应用（郭丁等，2022）。

## 2.3　星地一体化卫星设计原则

星地一体化卫星设计需要充分考虑用户需求、性能平衡，确保卫星系统能够提供满足用户需求的高质量、高可靠性的地球观测数据。为此，应遵循以下原则开展星地一体化卫星设计工作，在保障卫星系统稳定输出优质数据的同时，推动遥感技术的应用和创新发展。

### 2.3.1　用户导向原则

首先需要充分了解用户的需求，包括应用领域、数据类型、精度要求等方面。根据不同用户的需求，设计相应的观测能力和数据处理方案，确保卫星系统能够提供满足用户需求的数据产品。但也要避免为了迎合用户需求而枉顾设计能力的情况。从用户角度来看，更高的空间分辨率、更大的幅宽、更多的谱段、更短的重访周期、更实时的数据获取能力是用户永远追求的目标，但卫星是一个综合系统，在卫星设计和研发时需要综合考虑电源系统、存储能力、数据传输能力、遥感器研发能力等多方面因素，制定一个在现有技术能力下能够实现的协调、匹配方案。不同用户对数据的应用能力差异巨大，不同的应用场景中的应用情况也多有不同。例如，对于全国尺度亚米级空间分辨率数据，用户在使用中往往面临数据传输慢、数据分析算力不足等问题。因此，用户的实际需求是建立在软硬件处理能力基础上的“理性需求”，是理想需求与现实应用能力相互妥协的结果。

### 2.3.2　综合性能平衡原则

在设计过程中，需综合考虑卫星的观测能力、数据处理能力、资源管理能力等多个方面，平衡各项性能指标，确保卫星系统能够在多个方面取得较好的整体表现。卫星的设计中要遵循科学和实事求是的原则，片面追求高空间、高时间、高光谱的数据并不一定符合当下的应用需求。一方面，过高的指标条件提高了数据分析和处理的门槛和难度；另一方面，不同应用场景中，其最优的应用数据是不同的，这也可以解释为何 MODIS 数据在全球遥感监测中仍然占据十分重要地位。提高了空间分辨率，会带来诸如数据量激增、几何校正难度增大等新的问题，因此在诸如全球尺度研究方面，空间分辨率并非最优先提升的指标。

## 2.4　星地一体化卫星设计思路

星地一体化设计需要在厘清用户、卫星设计方、卫星发射与测控方、地面系统方等参与方目前的应用需求和应用能力基础上开展，做好各个环节的沟通与衔接。在统筹规划和设计的前提下，制定最优的设计方案，最大限度地提升卫星设计和研制的科学性和效率。卫星设计的总流程包括用户需求分析与卫星指标确定、卫星系统设计、卫星发射与地面测控、地面系统接口设计、用户应用与反馈，如图 2－1 所示。

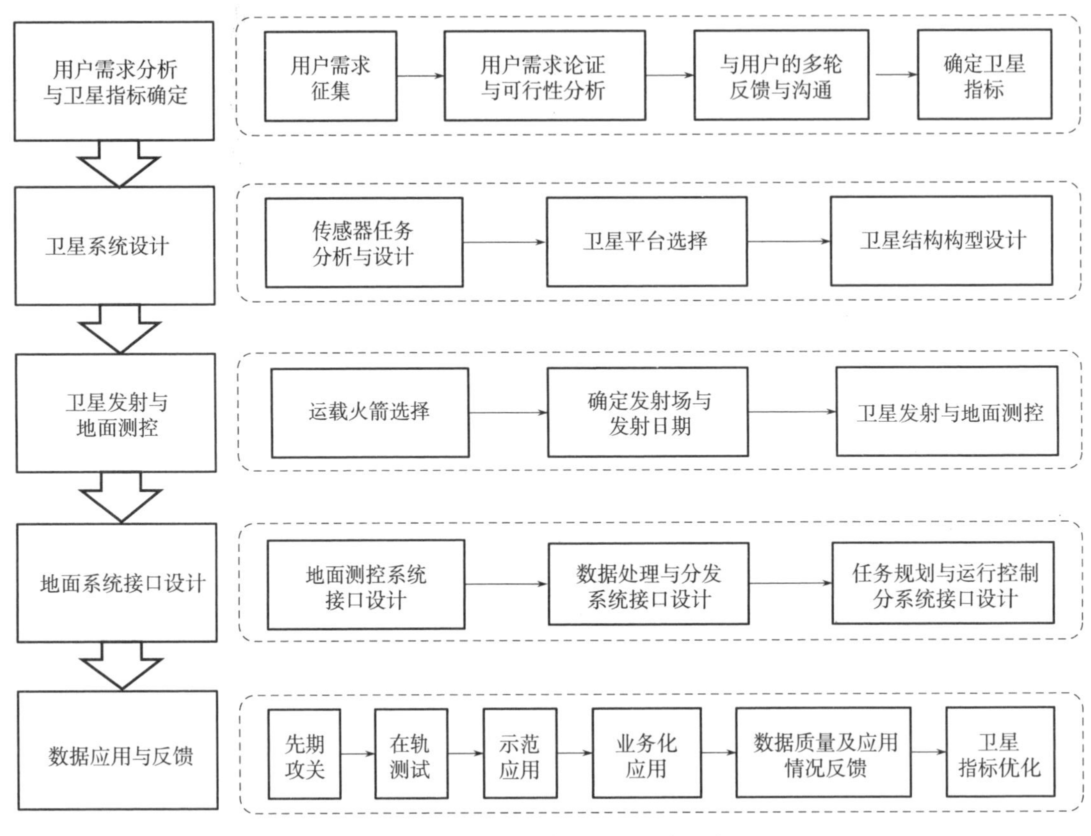


图 2－1　星地一体化卫星设计思路

从图 2－1 中可以看出，卫星设计是由用户需求出发，经过用户应用，并针对应用中存在的问题提出卫星指标优化的完整闭环。用户需求分析与卫星指标确定是卫星设计和研制前的重要步骤，是“用户驱动”的卫星设计理念的重要抓手，是保障卫星数据能够得到最广泛应用的关键举措。该步骤需要在传感器类型、空间分辨率、幅宽、重访周期等参数方面进行用户需求征集，在用户需求论证与可行性分析的基础上对各项参数进行初步设定，通过与用户的多轮反馈与沟通，以“在保障卫星可靠性的前提下最大限度满足用户需求”为原则，最终确定卫星的各项指标；卫星系统设计是卫星设计和研制的核心环节，需要基于确定的各项卫星指标进行任务分析与设计，研制出符合应用需求的传感器、选定合适的卫星平台、设计合理的卫星结构构型；地面发射与地面测控主要包括运载火箭的选择、确定发射场和发射日期、卫星发射以及发射过程中的地面测控等内容，该步骤覆盖从卫星研制完成至卫星入轨的全过程，该步骤的顺利开展是卫星进入预定轨道并稳定持续提供数据的重要前提；卫星入轨并且热控、配电、信息传输等各项功能正常运转后，任务重心便转移至地面系统，地面系统主要包括数据接收、存储、编目、加工、质量评价、分发，以及卫星数据的地面定标等内容，地面系统是卫星稳定运行后日常运维的重要主体，是保障卫星数据及时分发到各用户的重要支撑；用户单位利用地面系统分发的数据在各自领域开展数据应用，根据技术成熟情况，应用过程可以分为先期攻关、在轨测试、示范应用和业务化应用阶段。通过不同层次的应用可以针对卫星的数据质量进行全方位综合评价，根据应用情况总结在本领域中卫星指标的优化方向，并反馈至卫星设计和研制单位，实现卫星设计与用户应用之间的闭环与良性互动。

## 2.5　星地一体化卫星设计应用实例

在以往的卫星设计和研制过程中，基于星地一体化卫星设计理念开展了多次实践。高分六号卫星的设计、研制和应用是星地一体化应用的一个非常典型的成功案例。

与以往的高分系列卫星数据相比，高分六号卫星通常被形象地称为“农业卫星”，其大幅宽、高重访、多谱段等特征十分适用于区域尺度农业遥感监测应用需求，也更适合农业的业务化应用。高分六号卫星于 2018 年 6 月在酒泉卫星发射中心成功发射，卫星载有一台高分相机和一台宽幅相机。高分相机拥有 2 m 空间分辨率的全色和 8 m 空间分辨率的 4 谱段多光谱（PMS）的成像能力，宽幅相机有 16 m 空间分辨率的 8 谱段多光谱（WFV）图像产品。其中，PMS 的 4 个谱段分别为蓝、绿、红和近红外，WFV 则是在 PMS 频段基础上增加了红边 1、红边 2、海岸蓝和黄四个谱段。高分相机和宽幅相机的幅宽分别为 95 km 和 860 km（刘佳等，2020）。

红边谱段是波长介于红和近红外谱段之间、通常位于 660～770 nm 范围的谱段。在这一谱段，植被反射率急剧增加，这与表征植物健康状况的生化参数存在良好的相关性。此外，红边谱段与植被覆盖度和叶面积指数正相关，植被覆盖度越高，叶面积指数越大，红边斜率也就越大。研究发现，作物快成熟时，其叶绿素吸收边（即红边）向长波方向移动，即“红移”。当植被因为缺水而发生叶子枯萎时，红边位置将向短波方向移动，产生“蓝移”现象。综上所述，红边波段在植被遥感中具有重要的应用价值，是农业遥感卫星的敏感谱段。

在高分六号卫星设计之初，并没有红边谱段，卫星研制单位与农业应用单位进行了充分的沟通，了解到农业应用中目前面临以下几个方面的问题：1）对于破碎地块的监测效果不佳；2）省级及省级以上尺度的监测，单独高分一号数据的满足率仍不足；3）常规的 4 波段多光谱数据难以满足作物的精细识别的需求，夏季作物易错分漏分，因此需要增加红边谱段。此外，红边谱段位于硅探测器截止波长内，遥感器可以在不增加光学通道、不增加焦面探测器数量的前提下，利用多谱合一的 CMOS 器件实现增加谱段的分光探测。

针对上述问题，在卫星的指标设计方面进行了针对性改善。在空间分辨率方面，高分六号相机搭载的高分相机全色波段的空间分辨率可达 2 m，通过与 8 m 多光谱数据进行融合，可以实现对破碎地块边界的识别，能够胜任地块尺度上的精细监测。对于省级和国家级的监测任务，高分六号卫星的宽幅相机优于 860 km 的幅宽，可以实现大尺度范围内的卫星数据全覆盖，单相机比多相机拼接更有像元分辨率连续、一致性好的优势。WFV 相机的 16 m 空间分辨率相较于 MODIS 和 Landsat 等国外数据具有非常明显的优势，能够满足全国范围内的大多数区域的面积监测需求。在重访周期方面，由于农业监测中，作物的关键生育时期对于遥感监测至关重要，考虑到云雨等因素影响，高频重访是农业应用中的必要条件之一，根据刘佳等（2020）的估算，GF－6/WFV 数据月平均覆盖次数可达 7.3 次，考虑云雨等因素影响后，平均每月可以覆盖全国 3.87 次，该频次的重访能力能够满足多数的农业应用需求。并且高分一号与高分六号组网观测，月平均覆盖次数可重回 7.3 次。在新增的光谱波段方面，高分六号相较于传统的多光谱相机新增了红边 1、红边 2、海岸蓝和黄 4 个波段，更多的波段使得高分六号卫星数据对相似地物的识别能力得到了极大的提升，尤其对于农业应用中普遍存在的夏季作物易于混淆的难题，新增的波段可以帮助研究人员发现统计作物中的细微差异，进而实现作物的识别和提取。姚保民等（2020）分析了高分六号卫星新增波段对于农作物面积提取精度的提升作用，认为新增的红边 2 波段对于作物识别的提升作用最大，总体精度提升了 8.6%以上。高分六号卫星完美契合了以农作物面积监测为代表的农业应用。

（本章作者：陆春玲，刘佳，王利民，季富华，高建孟）

# 参考文献


[1] 白照广．高分-1卫星设计与特点［J］．国际太空，2014（3）：12-19．

[2] 范立佳，王跃，杨文涛，等．高分多模卫星方案设计与技术特点［J］．航天器工程，2021，30（3）：10-19．

[3] 方创琳．面向国家未来的中国人文地理学研究方向的思考［J］．人文地理，2011，26（4）：1-6．

[4] 郭丁，孟令杰，于龙江，等．高分多模卫星星地一体化专项工程研究与应用［J］．航天器工程，2022，31（1）：24-30．

[5] 刘佳，王利民，滕飞，等．高分六号卫星在农业资源遥感监测中的典型应用［J］．卫星应用，2020（12）：18-25．

[6] 姚保民，王利民，王铎，等．高分六号卫星WFV新增谱段对农作物识别精度的改善［J］．卫星应用，2020（12）：31-34．

[7] 于峻川，甘甫平，闫柏琨，等．面向自然资源遥感应用的高分五号卫星应用系统设计［J］．上海航天，2019，36（S2）：192-198．

[8] 孙允珠，蒋光伟，李云端，等．高分五号卫星方案设计与技术特点［J］．上海航天，2019，36（S2）：1-13．

[9] 张庆君．高分三号卫星总体设计与关键技术［J］．测绘学报，2017，46（3）：269-277．

[10] 张润宁，姜秀鹏．环境一号C卫星系统总体设计及其在轨验证［J］．雷达学报，2014，3（3）：249-255．

# 第 3 章　卫星系统任务分析

卫星是一个复杂的系统工程，在用户提出需求后，卫星总体首先要进行任务分析，开展星地一体化顶层设计，使卫星与地面、卫星平台与有效载荷之间匹配协调。卫星任务分析是将用户需求转换为卫星技术要求的分析过程。在各种约束下，通过任务分析，分解设计与迭代，提出卫星系统解决方案。本章首先简要介绍了遥感卫星的系统组成、轨道基础，进行轨道任务分析；进而进行光学遥感器任务分析；在有效载荷的分析基础上，再进行卫星平台的姿轨控、能源与供配电、上下行测控及星务管理等的任务分析；最后是卫星系统与工程大系统支撑性分析等内容，任务分析流程如图 3-1 所示。通过以上任务分析，其结果可转换为对卫星各功能组成部分的技术要求。卫星总体设计最重要的工作就是任务分析，定方向、定大局、定功能和性能，为第 4 章卫星系统方案设计奠定基础，做到卫星设计服从于应用需求，平台围绕着载荷设计。

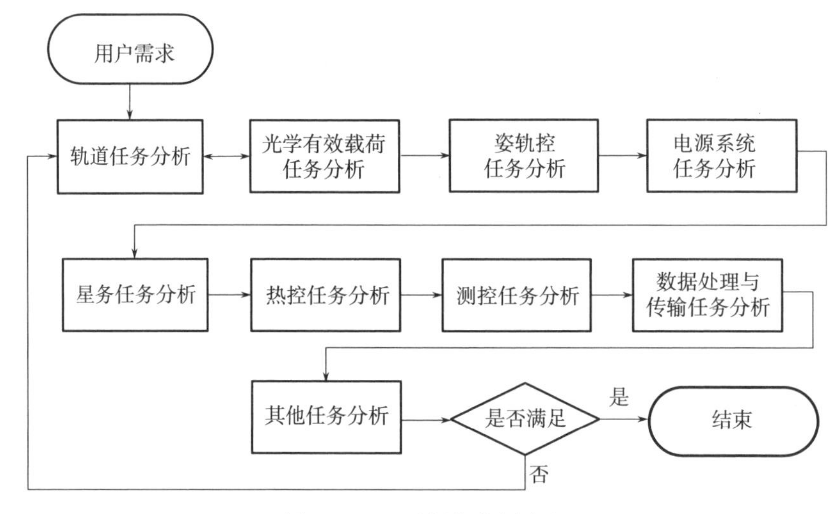


图 3-1　卫星任务分析流程

## 3.1　遥感卫星系统组成

通过了解卫星系统组成，加深对卫星系统整体工作原理的理解，可以更好地理解各个部分的功能和相互关系，从而在设计阶段考虑到各个方面的需求和要求，根据载荷类型、通信需求、姿态控制要求等因素进行系统配置和优化，确保卫星能够有效地实现其任务目标。

遥感卫星系统一般由卫星平台和有效载荷两部分组成。其中：1）卫星平台是为有效载荷提供支持和服务的组合体，实际上是指除了有效载荷以外的卫星其余部分。平台由提供结构承载、能源供应、姿态轨道控制、测控通信、内务管理（星务）以及温度控制等功能的部组件、单机、分系统组成。卫星平台不仅为遥感器提供各种承载、资源及服务保障，通常还借助卫星运动来实现遥感器推扫成像，如线阵 CCD 相机利用卫星圆周运动＋线阵视场采样成像，实现二维图像获取。卫星平台的高精度、高稳定性和高可靠性是确保卫星在太空中长期稳定运行的基础。2）有效载荷指直接执行特定卫星任务的设备或分系统，是遥感卫星系统的核心部分，决定卫星的性质、功能和用途。有效载荷的种类很多，根据观测手段的不同，可以划分为光学有效载荷和微波有效载荷，用于接收、记录和传输地球表面不同波长的辐射、反射或散射数据。常见的光学有效载荷有多光谱扫描仪、红外相机、可见光相机、超光谱相机等；常见的微波有效载荷有合成孔径雷达、微波辐射计、微波散射计、雷达高度计等。需要说明的是，数传分系统既可划归卫星平台，也可划归有效载荷。

具体的卫星系统组成示例如图 3－2 所示，卫星平台通常包括结构和机构分系统、热控分系统、姿轨控分系统、星务管理分系统、测控分系统、电源分系统、总体电路分系统和天线分系统。随着卫星小型化的发展，这些分系统未必以单机、分系统的形式出现，往往会打破单机设备分界线，以板级功能模块组装成高集成度的综合电子单机，将星务管理、姿控运算、热控功能、测控功能、GNSS 导航定位、电源管理与控制等功能集成于综合电子单机。

随着航天技术的不断发展，越来越多的卫星采用公用平台或柔性平台的设计思路，使卫星平台具有通用性、可扩展性，能够在一定范围内适应不同有效载荷的要求。这种设计方法利用成熟技术，减少关键技术攻关项目，针对变化内容优化总体设计，可以缩短卫星

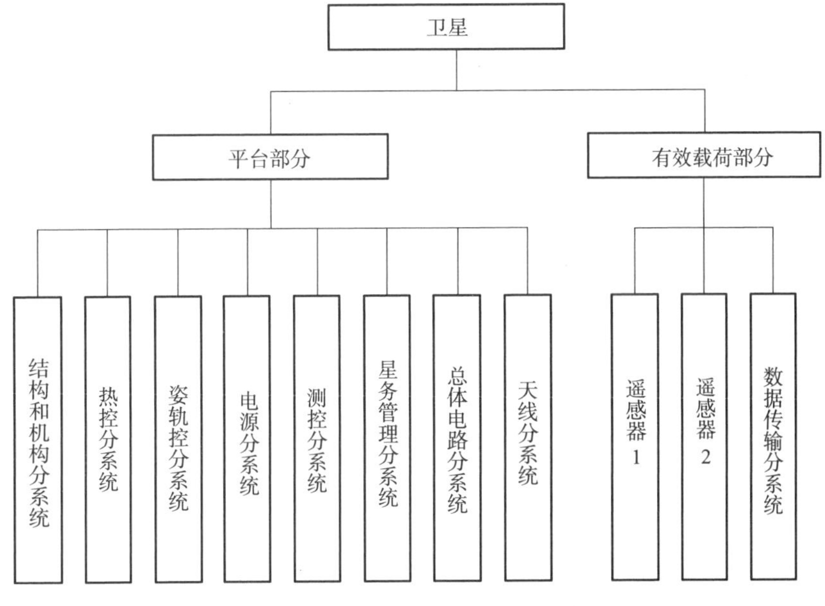


图 3－2　卫星系统组成示意图

研制周期，节省研制经费，并提高卫星的可靠性。

## 3.2 卫星轨道基础

本节围绕航天器绕地球做轨道运动，对开普勒运动定律、卫星宇宙速度、轨道六要素、卫星轨道类型和卫星常用轨道等内容做系统阐述。

### 3.2.1 开普勒运动定律

开普勒定律指行星在宇宙空间绕太阳公转所遵循的定律，也称“行星运动定律”，轨道定律、面积定律、周期定律是开普勒三大定律，同样适用于航天器围绕地球的运动。开普勒三大定律运用到地球轨道（见图 3－3）的描述如下：

（1）轨道定律

所有航天器绕地球运动的轨道都是椭圆，地心位于椭圆轨道的一个焦点上。

（2）面积定律

对任意一个航天器来说，它与地球的连线在相等的时间内扫过相等的面积。卫星运行速度在近地点处最大，在远地点处最小。这就容易理解大椭圆轨道的远地点附近常用于通信，半长轴长，速度低，可通信的时间长。而在近地点附近，半长轴短，速度快，可以快速掠过近地点，使通信中断的时间尽量短。该大椭圆轨道的经典案例是闪电卫星轨道，卫星经过近地点的时间很短，而到达和离开远地点的过程很长，使得卫星对远地点下方地面区域可以长时间通信。

（3）周期定律

航天器运行周期的平方与轨道半长轴的立方成正比。该定律可以很好地解释轨道周期只与轨道半长轴有关，与偏心率等参数无关。

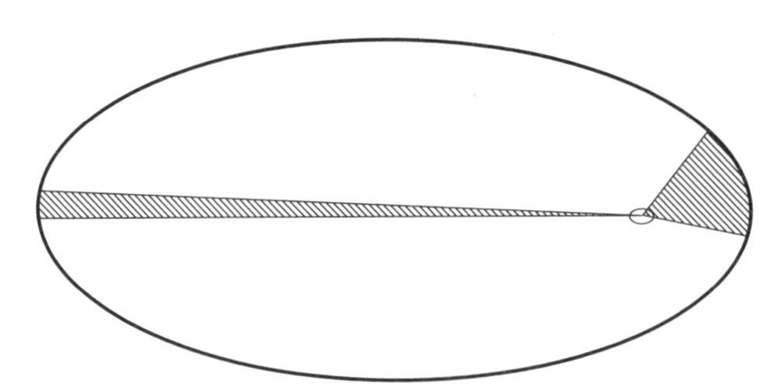

图 3－3　开普勒定律描述的卫星轨道

### 3.2.2 卫星宇宙速度

一个自由下落的球和在同一高度被水平抛出的球同时落地，这是因为水平运动和垂直运动是相互独立的。重力同样作用在两个球上，以相同加速度 9.8 $m/s^2$ 将它们拉向地面，唯一的区别就是被投掷的那个球还有水平方向的速度，将会在着地以前在水平方向移动一段距离。卫星的轨道运动也是同样的原理，借助地球引力的作用，给卫星足够大的水平速度（第一宇宙速度 7.9 km/s），它就可以环绕地球表面做轨道运动，轨道运动规律服从开普勒运动定律。

钱学森定义“航天”指大气层外，太阳系内活动；“宇航”指冲出太阳系，在银河系乃至河外星系整个宇宙空间的活动，各宇宙速度如图 3－4 所示。当卫星做圆周运动时产生离心力，离心力的大小与转速相关，转速越大，离心力越大，当离心力与地心引力平衡时卫星可以实现环绕地球不停地运转，该绕地飞行的速度要求为 7.9 km/s。同理，当卫星的速度达到第二宇宙速度 11.2 km/s 时，卫星就可脱离地球引力束缚；达到第三宇宙速度 16.7 km/s 时，卫星就可飞出太阳系。

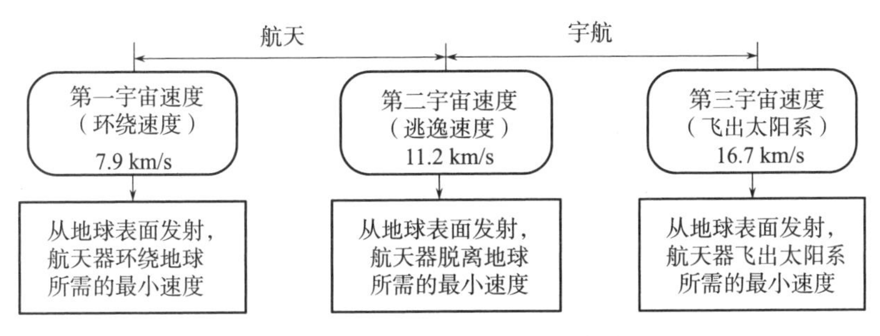


图 3－4　卫星轨道宇宙速度

### 3.2.3　轨道六要素

轨道要素是一组用来描述卫星轨道形状、位置及运动等属性的参数，也可称其为轨道根数。轨道要素共有 6 个，常称为“轨道六要素”。它们决定轨道的大小、形状和空间的方位，同时给出计量运动时间的起算点。轨道名词如图 3－5 所示。表 3－1 给出了轨道六要素的名称及作用。

**表 3－1　轨道六要素的名称及作用**

| 序号 | 轨道六要素 | 定义 | 作用 |
| --- | --- | --- | --- |
| 1 | 半长轴 $a$/km | 轨道椭圆长轴的一半，也是近地点与远地点距离之和的一半 | 描述轨道椭圆的大小，轨道运行周期只与轨道半长轴有关 |
| 2 | 偏心率 $e$ | 轨道椭圆两焦点之间的距离 $c$ 与半长轴 $a$ 的比值 | 描述轨道形状、非圆度。偏心率为 0 时轨道是圆轨道；偏心率在 0～1 之间时轨道是椭圆轨道。偏心率越大，椭圆越扁 |
| 3 | 轨道倾角 $i$/(°) | 轨道平面与地球赤道平面的夹角 | 决定轨道平面在空间的取向 |
| 4 | 升交点赤经 $\Omega$/(°) | 轨道平面与地球赤道有两个交点，卫星从南向北穿过赤道的交点为升交点。在地球绕太阳的公转中，太阳从南到北穿过赤道的点称为春分点。在赤道面上由春分点逆时针度量到升交点的地心张角为升交点赤经 | |

续表

| 序号 | 轨道六要素 | 定义 | 作用 |
|---|---|---|---|
| 5 | 近地点幅角 $\omega$/(°) | 沿着航天器运动方向从升交点度量到近地点的地心张角，范围为 0°～360° | 轨道拱点在轨道平面内的取向 |
| 6 | 过近地点时刻或真近点角 $f$ | 过近地点时刻是航天器经过近地点的时刻。真近点角($f$)是从近地点沿运动方向度量到航天器的地心夹角 | 航天器在轨道上的位置 |

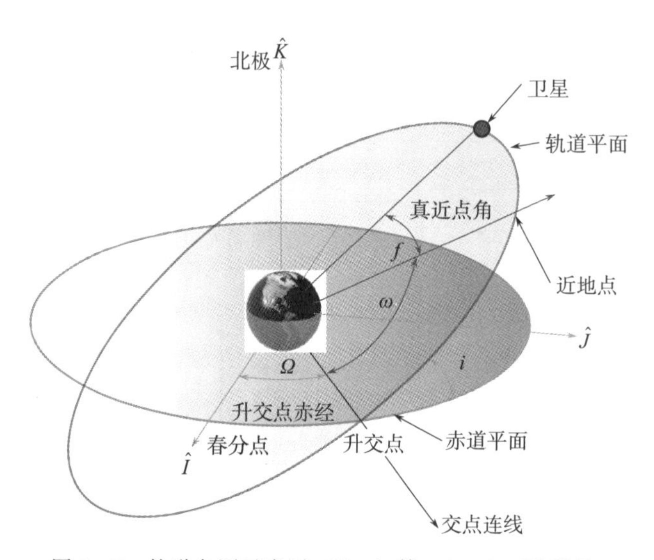


图 3－5　轨道名词示意图（Singh 等，2020）（见彩插）

### 3.2.4　卫星轨道类型

卫星轨道有多种分类方式，按形状可分为椭圆轨道和圆轨道；按轨道倾角可以分为倾角接近 0°的赤道轨道、倾角接近±90°的极地轨道和倾角不为 0°或±90°的倾斜轨道；按卫星绕地球公转周期可分为太阳同步轨道和地球同步轨道；按高度可分为低轨道、中轨道和高轨道，其轨道高度范围、周期、速度见表 3－2（https：//www. electronics － notes. com/articles/satellites/basic － concepts/satellite － orbits － types － definitions. php），熟悉不同轨道高度对应的轨道周期，在实际工作中很有意义（见图 3－6）。

表 3－2　不同轨道高度对应的轨道周期、速度

| 轨道 | 缩写 | 轨道高度范围/km | 轨道周期/h | 轨道速度/(km/s) | 备注 |
|---|---|---|---|---|---|
| 低轨道 | LEO | 200～2 000 | 1.5～2.1 | 7.5～5.3 | 常用于通信和遥感卫星系统 |
| 中轨道 | MEO | 2 000～35 786 | 2.1～23.9 | 5.3～0.47 | 常用于导航系统 |
| 高轨道 | HEO | ＞35 786 | ＞24 | ＜0.47 | 常用于通信、卫星无线电、遥感和其他应用 |

**续表**

| 轨道 | 缩写 | 轨道高度范围/km | 轨道周期/h | 轨道速度/(km/s) | 备注 |
| --- | --- | --- | --- | --- | --- |
| 地球同步轨道 | GSO | 35 786 | 23.9 | 0.47 | 周期近似 24 h,倾角和偏心率不为零,常用于通信卫星系统 |
| 地球静止轨道 | GEO | 35 786 | 23.9 | 0.47 | 倾角为零的圆形地球同步轨道,常用于通信和气象遥感卫星 |

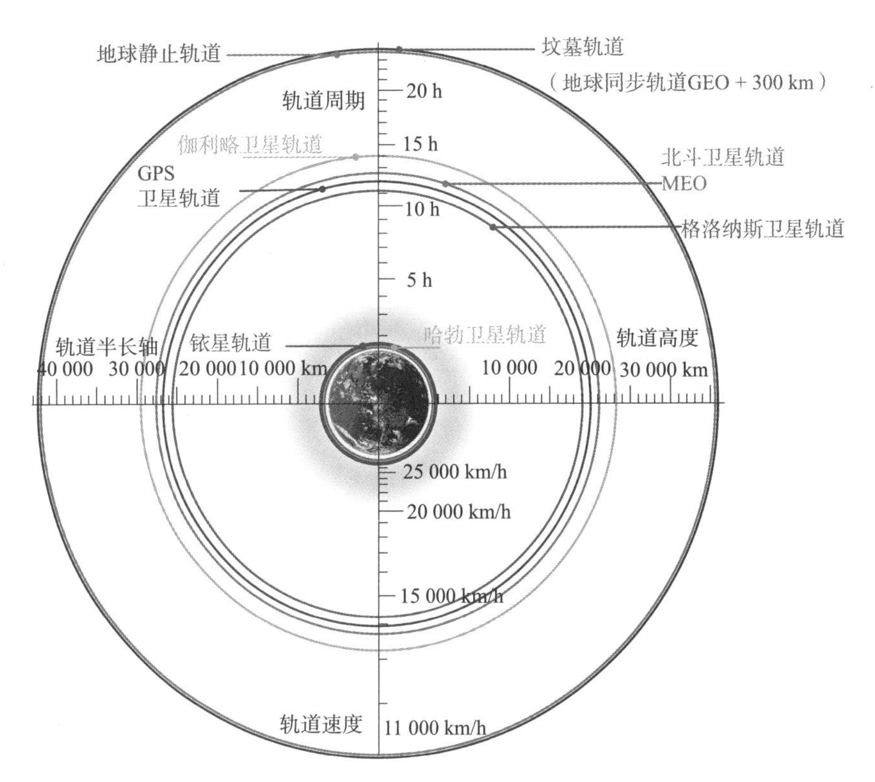


图 3－6　不同轨道高度（半长轴）对应的轨道周期、轨道速度（见彩插）

图 3－7 给出了常见的轨道分类方式。地球同步轨道卫星，其同时具有高轨道、赤道轨道、圆轨道等几类特征。椭圆轨道与低、中、高圆轨道示意图如图 3－8 所示。

不同轨道具有不同特征，也具有不同的优势。低倾角航天器宜在低纬度地区发射，可利用较多的地球自转速度；倾角大于 90°的逆行轨道宜在较高纬度发射。低纬度地区可以发射高倾角轨道，但高纬度地区不能直接发射低倾角轨道，需要卫星通过变轨修正倾角，而改变倾角需要较大的能量，耗费更多的燃料。因此，航天器的轨道倾角分类也是选择发射场的一项指标，即航天器宜选择发射场纬度小于等于轨道倾角的发射场。

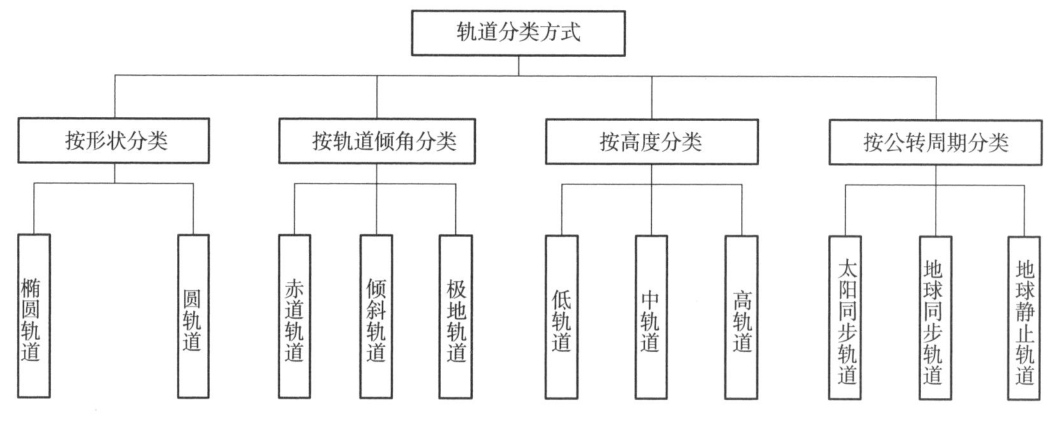


图 3-7　卫星轨道常见分类方式

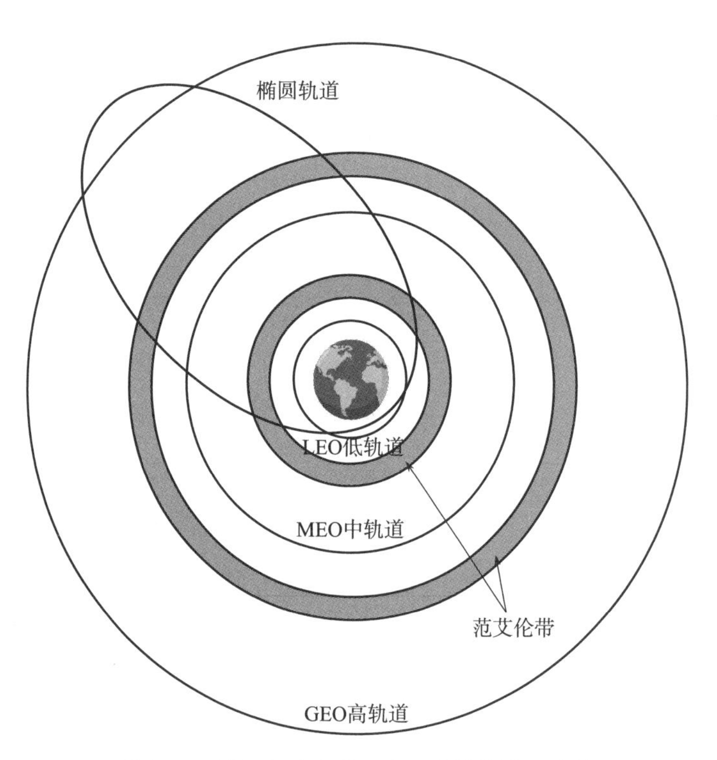


图 3-8　椭圆轨道与低、中、高圆轨道示意图

### 3.2.5　卫星常用轨道

地球同步轨道、地球静止轨道、太阳同步轨道、临界倾角轨道、回归轨道、冻结轨道是当前卫星较为常用的轨道，表 3-3 给出了这些轨道的主要特点。

**表 3－3　遥感卫星常用轨道总结**

| 特殊轨道 | 轨道特点 | 设计要点 | 应用领域 |
| --- | --- | --- | --- |
| 地球同步轨道 | 包括倾斜地球同步轨道、地球静止轨道和太阳同步轨道，其中倾斜地球同步轨道的卫星在赤道上空沿南北方向往复运行，有一定的轨道倾角和很小的偏心率，地面轨迹呈 8 字形 | 周期近似 24 h，$a=42\ 164$ km，倾角和偏心率不为零，且向东运动 | 遥感、通信、导航、气象 |
| 地球静止轨道 | 地球同步轨道的特例，卫星位于赤道上空，卫星相对地球静止，地面轨迹近似为赤道上的一个点 | 周期近似 24 h，$a=42\ 164$ km，倾角和偏心率近似为零，且向东运动 | 遥感、通信、导航、气象 |
| 太阳同步轨道 | 太阳光与轨道面的夹角基本不变，经过相同纬度的当地时间保持不变 | 轨道倾角与轨道半长轴结合，满足太阳同步轨道公式（3－1） | 遥感、通信、气象 |
| 临界倾角轨道 | 轨道倾角为 63.41°或 116.59°时，由于摄动引起轨道的近地点幅角和偏心率的平均变化率均为零，轨道拱线短时期表现为停止转动 | 近地点幅角 $\omega$ 可以指向轨道面内任意位置，北极圈国家在远地点获得较长过顶时间，例如闪电卫星的 Molniya 轨道 | 高纬度地区通信、遥感、编队 |
| 回归轨道 | 星下点轨迹在一定天数后周期性重复 | 卫星经过 $D$ 天运行 $N$ 圈后，正好满足 $\frac{N}{D}=\frac{1\ 440}{T_\Omega}$，其中 $T_\Omega$ 为交点周期，$N$ 与 $D$ 为正整数 | 满足目标动态变化观测、立体成像、测绘 |
| 冻结轨道 | 在不考虑短周期摄动的条件下，其近地点幅角和偏心率都“冻结”了，理论上轨道形状不变，且拱线在面内也不再旋转 | 轨道近地点幅角 $\omega=90°$ 且偏心率 $e_f=-\frac{J_3R_e\cdot\sin i}{2J_2a}$，极少部分轨道 $\omega=270°$ | 遥感、高精度空间探测与测绘、编队 |

各类轨道具有不同适用场合，例如，为使对地观测达到一定的分辨率，可采用低轨近圆轨道；为使太阳光照保持基本恒定，可采用太阳同步轨道；为满足高纬度全球覆盖，可采用轨道倾角接近 90°的近极地轨道；为使卫星距地面高度在同一地区保持近乎不变，可采用冻结轨道。以下重点介绍太阳同步轨道、地球同步轨道两种轨道。

（1）太阳同步轨道

太阳同步轨道指轨道平面进动角度与地球绕太阳公转角度相同的轨道。地球围绕太阳公转的角速度为 360（°）/365 d=0.985 6（°）/d，约等于 1（°）/d。为使轨道平面与太阳保持相对固定的角度，卫星轨道平面需每天向西进动 0.985 6°，与太阳在地球表面移动速度同步，产生出一条向西倒退的轨迹（见图 3－9）。

太阳同步轨道每天经过赤道和各个纬度的当地时间相同，即同一纬度在同一季节成像的光照条件一致。卫星在相同地方时通过同一纬度，太阳的入射角也几乎是固定的，可提供不变的光照条件，因此这种轨道的卫星有利于光学遥感观测。太阳同步轨道倾角一般为 98°左右，近似极轨轨道，所以又称为近极地太阳同步轨道。为使轨道面每天进动约 1°，太阳同步轨道的轨道倾角和轨道半长轴需满足以下公式：

$$\cos i = -0.0982\left(\frac{a}{R_e}\right)^{3.5}(1-e^2)^2 \tag{3-1}$$

$$a = R_e + H \tag{3-2}$$

式中，$i$ 为轨道倾角（°），太阳同步轨道 $i>90°$；$a$ 为轨道半长轴（km）；$R_e$ 为地球平均半径，通常取 6 371.004 km；$e$ 为偏心率；$H$ 为卫星轨道高度（km）。

在偏心率 $e=0$ 的近圆轨道时，每一个轨道半长轴，都对应一个倾角 $i$，且 $i>90°$逆行轨道。

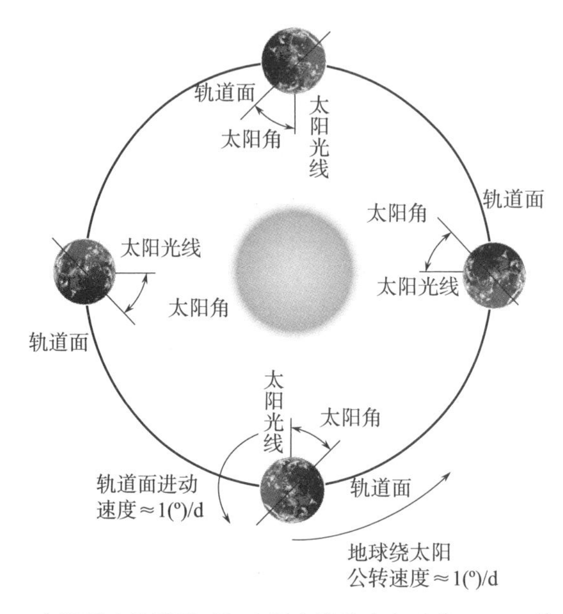


图 3-9　太阳同步轨道平面与太阳光线的夹角示意（Paek 等，2020）

①太阳同步回归轨道

既满足太阳同步轨道的半长轴与倾角关系，又满足星下点轨迹周期性重复的太阳同步轨道称为太阳同步回归轨道。理论上地面轨迹出现完全重复的时间间隔（天数）为回归周期。每经过一个回归周期，航天器重新依次经过各地上空。当前设计的太阳同步轨道卫星一般均采用太阳同步回归轨道。

②太阳同步冻结轨道

太阳同步冻结轨道是通过冻结偏心率迭代计算，且采用高阶引力场模型，计算得到轨道面内拱线不再旋转的轨道（见图 3-10）。优点是偏心率及近地点幅角不会缓慢变化，卫星在飞经同一纬度时的高度（地心距）将保持恒定，速高比变化尽可能小，避免在轨运行时因存在偏心率误差而导致图像不能拼接的问题，或利用冻结特性实现高精度成像干涉，有利于组网的工程实施和高精度任务实现。Pléiades-1、TanDEM-X、Landsat-9、国内“资源一号”等卫星均采用太阳同步冻结轨道。

（2）地球同步轨道

地球同步轨道指卫星绕地球一圈所需的时间等于地球自转周期的轨道。轨道周期正好

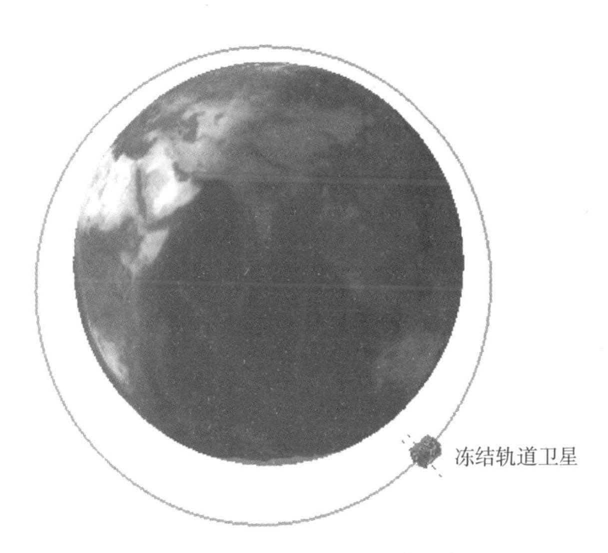


图 3-10　太阳同步冻结轨道示意图

是 1 个恒星日（1 436.1 min，即 23.935 h），轨道高度 $h$=35 786 km，轨道速度与地球的自转速度相匹配。地球同步轨道卫星有很小的轨道倾角和偏心率，卫星的覆盖区或服务区差不多是地球表面的 1/3（从南纬 75°到北纬 75°），因此最少用 3 颗地球同步卫星即可完成对全球的覆盖。

地球静止轨道是地球同步轨道的一种特例，轨道倾角和偏心率均为 0，星下点轨迹为一个点。轨道上的卫星绕地球旋转时相对于地球表面的观测者静止，始终固定在地球表面的上方。由于轨道摄动，地球静止轨道卫星不可能完全静止，会发生漂移。需定期进行轨道位置保持控制，将漂移限制在允许的范围内（例如±0.1°）。轨道保持分为南北位保和东西位保，南北位保控制轨道倾角，东西位保控制轨道高度。

地球静止轨道参数、赤道往返方向、星下点轨迹等之间关系描述如下。当轨道倾角 $i\approx 0$ 且偏心率 $e\neq 0$ 时，每天在赤道东西方向往返一次，星下点轨迹为一字；当偏心率 $e\approx 0$ 且轨道倾角 $i\neq 0$ 时，每天沿南北向往返一次，星下点轨迹为 8 字；当周期 $T$ 比同步周期大时，航天器西漂，反之东漂。图 3-11 给出了地球同步轨道的几种情况。

## 3.3　卫星轨道任务分析

轨道分析与设计的主要任务是分析不同轨道对观测效果的影响，选择确定适合该观测任务的轨道类型和轨道参数，开展轨道特性分析、效能分析、发射窗口分析等，轨道参数的选择应满足观测区域范围、遥感器地面像元分辨率、幅宽和重访需求。

### 3.3.1　轨道任务分析的主要内容

在明确轨道类型的情况下，需要对轨道基本参数、星下点轨迹和重访周期、轨道光照条件、星下点或摄影区光照条件、轨道测控及数据接收条件、发射场条件、运载火箭飞行

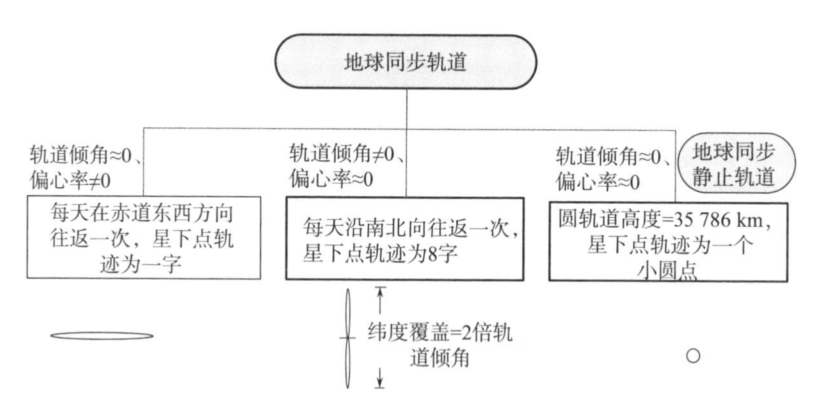


图 3-11　地球同步轨道的几种情况（Wiley 等，1999）

弹道、入轨后控制要求等内容做深入分析并得出相应的结论。

1）轨道基本参数分析：包括轨道类型、轨道高度、降交点地方时、轨道倾角等。

2）星下点轨迹和重访周期分析：给出卫星星下点轨迹图，并给出卫星回归周期，如果有整星侧摆，给出卫星重访周期和可视范围。

3）轨道光照条件分析：包括太阳光与轨道面夹角变化规律、轨道阴影区变化规律。

4）星下点或摄影区光照条件分析：给出一年内不同纬度星下点或侧摆、前后视摄影区的太阳高度角变化情况。

5）轨道测控及数据接收条件分析：给出星下点、侧摆、前后视等姿态下，每天单站及多站可测控及数据接收的弧段和时间分析。

6）发射场条件分析：根据轨道倾角值和工程大系统既有资源情况，给出发射场的选择建议。

7）运载火箭飞行弹道分析：分析卫星的发射窗口和点火时间。

8）入轨后控制要求分析：入轨后根据初轨偏差评估是否需要初轨修正，必要时给出修正的控制策略。

### 3.3.2　主要轨道参数设计

以太阳同步轨道为例说明。

（1）轨道半长轴和倾角

轨道设计是在一定约束条件下进行的，轨道类型一般选择太阳同步、近圆、回归或冻结等多种类型组合的轨道。太阳同步轨道高度要满足分辨率和一定相邻轨迹的覆盖要求，确定步骤如下：

1）根据分辨率要求确定最长的轨道半长轴 $a_1$。

2）根据幅宽要求确定最短的轨道半长轴 $a_2$。

3）在 $[a_1, a_2]$ 区间内，根据所选轨道类型得到若干种轨道半长轴 $a$、偏心率和倾角的组合方案。

4）根据覆盖带宽度和重叠率选择最优的方案，得到相应的轨道高度、倾角、偏心率、回归圈数、回归周期等轨道参数。

5）结合任务需求、载荷类型、载荷特点和用户意向等多种因素，选择降交点地方时的具体时刻。

轨道高度选择与遥感器地面像元分辨率（GSD）及瞬时视场角的关系如下：

$$H \leqslant \frac{\mathrm{GSD}}{\mathrm{IFOV}} = \frac{\mathrm{GSD}}{d/f} \tag{3-3}$$

式中，$H$ 为轨道高度（km）；GSD 为地面像元分辨率（m）；$d$ 为像元尺寸（m）；$f$ 为焦距（m）；IFOV 为瞬时视场角，IFOV 等于像元尺寸与焦距之比。

例如，瞬时视场角 IFOV＝3.3 mrad 的遥感器，要保证星下点地面像元分辨率优于 2 m，轨道高度 $H$ 必须满足：$H \leqslant$ 地面像元分辨率/IFOV＝660 km，即轨道高度需低于 660 km，相机的星下点地面像元分辨率才可优于 2 m。

回归轨道指地面轨迹经过一段时间后出现重复的轨道。太阳同步回归轨道的设计要点是通过回归特性来确定轨道的半长轴或高度。由遥感器幅宽、搭接率要求和分辨率约束等得到对轨道高度的大致要求，由系统任务对地面覆盖要求（如：重访周期、时间分辨率等），确定轨道的回归特性。对要求实现全球覆盖的对地观测卫星，其回归圈数基本取决于有效载荷的对地观测幅宽。假设对地观测卫星的观测幅宽为 $W$，重叠率为 $\eta$，则实现全球覆盖的最少回归圈数 $N$ 可用赤道周长与考虑重叠后的幅宽之比得到：

$$N = \frac{2\pi R_e}{W(1-\eta)} \tag{3-4}$$

当航天器在整数天内运行了整数圈时，就可得到重复的地面轨迹，这个天数就是回归周期 $D$，这个圈数就是回归所需的圈数 $N$，$D$ 和 $N$ 为互质的正整数。卫星轨道的交点周期按下式计算：

$$T_\Omega = \frac{D \cdot 86\ 400}{N} \tag{3-5}$$

式中，$T_\Omega$ 为轨道交点周期（s）；$D$ 为回归天数（天）；$N$ 为回归周期内的总圈数。

例如，已知遥感器大致幅宽为 70 km，为保证无漏缝覆盖，根据式（3－4），回归圈数应≥571，因此回归圈数基本是由幅宽决定的。对于 600～900 km 高度的轨道，轨道周期为 96.5～103 min，一天内连续两圈轨道的西退角度约为 0.43 rad，对应赤道间距约为 2 800 km，对于幅宽为 70 km 的卫星，粗略计算所需回归天数 $D > 2\ 800/W$，即需要 40 天左右才能轨迹回归。为了尽量减少回归的天数，将幅宽与回归周期进行匹配设计，可选择每天运行圈数为 $14+n/39$，$14+n/40$，$14+n/41$ 等（$n$ 与分母互质），化成假分数后，分子是回归圈数，分母是回归天数。

如果要设计 1 天回归的轨道，即 $D=1$，则每天绕地球圈数 $N$ 为 14、15 和 16 的轨道周期分别为 103 min、96 min 和 90 min，对应轨道高度分别为 894 km、568 km 和 275 km。这几个轨道高度是比较特殊的，宜熟记。

卫星太阳同步轨道特性利用了地球形状摄动中的主要部分 $J_2$ 项，使卫星轨道的升交点赤经的长期变化率等于地球绕太阳公转的平均角速度，从而实现太阳同步。考虑到 $J_2$

和 $J_4$ 阶带谐项的影响，升交点赤经的变化率 $\frac{d\Omega}{dt}$ 按下式计算：

$$\frac{d\Omega}{dt} = -\frac{3}{2}J_2\left(\frac{R_e}{a}\right)^2\sqrt{\frac{\mu}{a^3}}\cos i\left\{1+\frac{J_2}{16}\left(\frac{R_e}{a}\right)^2\left[-16+76\cos^2 i+\frac{10J_4}{J_2^2}(3-7\cos^2 i)\right]\right\} \tag{3-6}$$

式中，$J_2$ 为地球引力势的二阶带谐系数，$J_2=1.082\ 63\times10^{-3}$；$R_e$ 为地球赤道半径，$R_e=6\ 378.137$ km；$a$ 为轨道半长轴（m）；$\mu$ 为地心引力常数，$\mu=398\ 600.5\ \text{km}^3/\text{s}^2$；$i$ 为轨道倾角（°或 rad）；$J_4$ 为地球引力势的四阶带谐系数，$J_4=-1.610\ 99\times10^{-6}$。

对于太阳同步轨道，升交点赤经的变化率应与平太阳在赤道上移动的角速率相等，即

$$\frac{d\Omega}{dt}=n_{\oplus} \tag{3-7}$$

式中，$n_{\oplus}$ 为平太阳在赤道上移动的角速率，$n_{\oplus}=1.991\times10^{-7}$ rad/s。

由于地球存在扁率，卫星相邻两次经过升交点（或降交点）的周期（称为交点周期）按下式计算：

$$T_{\Omega}=2\pi\sqrt{\frac{a^3}{\mu}}\left[1+\frac{3}{2}J_2\left(\frac{R_e}{a}\right)^2(1-4\cos^2 i)\right] \tag{3-8}$$

式中，$T_{\Omega}$ 为轨道交点周期（s）；$J_2$ 为地球引力势的二阶带谐系数，$J_2=1.082\ 63\times10^{-3}$；$R_e$ 为地球赤道半径，$R_e=6\ 378\ 137$ m；$a$ 为半长轴（m）；$\mu$ 为地心引力常数，$\mu=398\ 600.5\ \text{km}^3/\text{s}^2$；$i$ 为轨道倾角（°或 rad）。

根据式（3-5）确定的交点周期 $T_{\Omega}$，联立式（3-6）和式（3-8）即可确定出满足回归特性的太阳同步轨道半长轴和倾角。太阳同步轨道的倾角与半长轴一一对应，且相互约束。

（2）偏心率和近地点幅角设计

以太阳同步冻结轨道为例说明。

低轨遥感卫星常采用太阳同步近圆或冻结轨道设计。对于近圆轨道，偏心率的设计值为 0，对近地点幅角没有要求；对于冻结轨道，近地点幅角取为 90°或 270°（对于 1 000 km 高度以下的近地轨道只有当倾角小于 2°时才取近地点幅角为 270°，其余倾角均取近地点幅角为 90°）。冻结轨道使卫星距地面的高度在同一地区几乎保持不变，即轨道半长轴的拱线不动。一般而言，受摄动因素影响，偏心率实际上无法自然长期保持为 0 的状态，当近地点幅角的平均值为 90°且偏心率为满足下式的特定值时，轨道的拱线不动，卫星经过相同纬度时具有相同的成像高度，称为太阳同步冻结轨道。偏心率的计算公式如下：

$$e_f=-\frac{J_3R_e\cdot\sin i}{2J_2a} \tag{3-9}$$

式中，$e_f$ 为冻结轨道偏心率；$J_3$ 为地球引力势的三阶带谐系数，$J_3=-2.532\ 15\times10^{-6}$；$R_e$ 为地球赤道半径，$R_e=6\ 378\ 137$ m；$a$ 为半长轴（m）；$i$ 为轨道倾角（°或 rad）。

例如轨道半长轴 $a=6\ 866.208$ km，倾角 $i=97.38°$，近地点幅角$=90°$的太阳同步冻

结轨道，用式（3-9）计算，其偏心率应为0.001 1，可实现轨道拱线不动的冻结轨道。对于冻结轨道偏心率的形成，一般需要通过多次轨道控制实现，若还附带高度控制，则可采用半长轴、偏心率和近地点幅角协调控制方法。

（3）降交点地方时设计

以太阳同步冻结轨道为例说明。

设计太阳同步卫星轨道时，降交点地方时的选取考虑两种因素。一是考虑地面光照条件和轨道光照条件，应选择合适的地方时以满足用户与载荷的需求，例如雷达卫星采用：06：00AM或18：00PM的晨昏轨道，太阳翼平行于轨道面布放，太阳翼法线的电池片面朝太阳方向，太阳翼无须转动即可获得良好的充电条件；而光学卫星一般选择10：30AM或13：30PM等降交点地方时，可使全年太阳高度角大于15°的天数最多，成像的光照条件好，但太阳翼需有转动机构控制其跟踪太阳。二是考虑太阳引力对卫星的摄动影响，太阳引力可引起轨道倾角变化，大气阻力可引起升交点赤经改变，这两个因素共同引起降交点地方时变化，前者影响占主要因素。可以采用倾角偏置小角度的策略降低对降交点地方时的影响。

（4）入轨参数偏置设计

以太阳同步冻结轨道为例说明。

考虑到入轨误差和太阳引力等因素，有时需要在标称轨道参数的基础上进行偏置设计；常见的偏置设计包括半长轴偏置和轨道倾角偏置。

1）半长轴偏置常用于冻结轨道卫星。对于太阳同步回归冻结轨道而言，一般轨控发动机安装在$-X$面，若不调姿进行升轨控制，为了进行冻结轨道捕获，半长轴的偏置量需满足：

$$\delta a \geqslant a \cdot (e_f + |\Delta e|) + |\Delta a| \tag{3-10}$$

式中，$\delta a$为半长轴的偏置量（m）；$a$为半长轴（m）；$|\Delta e|$为入轨偏心率偏差的边界值；$e_f$为冻结轨道偏心率；$|\Delta a|$为入轨半长轴偏差的边界值（m）。

2）对降交点地方时要求严格的卫星，常对入轨倾角进行偏置，以保证卫星寿命期内降交点地方时相对标称值的振幅尽可能小。降交点地方时漂移主要由太阳引力对轨道倾角长期摄动造成，轨道倾角偏置计算方法，是根据任务轨道高度，计算考虑$J_4$项太阳同步轨道标称倾角的降交点地方时初值，使用迭代方法，计算不同倾角偏置量$\Delta i$下的降交点地方时和倾角；最终以寿命期内降交点地方时相对标称降交点地方时漂移量最小为目标，得到的倾角偏置量$\Delta i$即为最优方案。

（5）星下点南北纬观测范围

轨道倾角$i$是卫星运行轨道平面与赤道面的夹角，它决定了星下点轨迹能达到的南北纬最大值。一般要求对纬度$a$地区内的地面目标进行覆盖，而覆盖带的纬度范围取决于轨道倾角。因此为了确保对给定纬度的覆盖，可以取$i=a$，或者$i=\pi-a$。当$i>90°$时，覆盖的纬度范围是（北纬$180°-i$，南纬$180°-i$）；当$i<90°$，覆盖带的纬度范围为（北纬$i$，南纬$i$）。太阳同步圆轨道卫星的有效载荷星下点南北纬可观测范围由轨道倾角决

定，按式（3－11）计算：

$$\varepsilon = \pm(180° - i) \tag{3-11}$$

式中，$\varepsilon$ 为星下点南北纬观测范围（°）；$i$ 为轨道倾角（°）。

低轨太阳同步轨道的倾角约为 98°，因此可覆盖观测南北纬 82°之间的区域，但无法覆盖南北极的极点区域。因此要设计极地观测卫星，其极地轨道的倾角宜接近 90°，辅以卫星的侧摆功能，可覆盖南北极的极点区域，因此遥感卫星应根据观测区域的纬度范围，预估所需的轨道倾角。示例如下：

35°侧摆角对应的地心角：$\alpha_{35°} = \arcsin\left(\dfrac{a\sin 35°}{R_e}\right) - 35° = 4.176°$。

侧摆 35°后南北纬覆盖范围增加到 $\varphi_{\pm 35°} = 180° - i + \alpha_{35°} = 82° + 4.176° = 86.176°$。

（6）轨道周期

太阳同步轨道的周期对应卫星星下点连续两次（升段或降段）通过同一标准纬圈的时间间隔。轨道周期由轨道半长轴决定，按下式计算：

$$T = 2\pi\sqrt{\frac{a^3}{\mu}} = 9.952 \times 10^{-3} a^{3/2} \tag{3-12}$$

式中，$T$ 为轨道周期（s）；$a$ 为轨道半长轴（km）；$\mu$ 为地心引力常数（$km^3/s^2$），$\mu = 398\ 600.5\ km^3/s^2$。

（7）每天运行圈数

卫星每天运行圈数与轨道半长轴有关，按式（3－13）计算：

$$C_{day} = \frac{86\ 164}{2\pi}\sqrt{\frac{\mu}{a^3}} \tag{3-13}$$

式中，$\mu$ 为地心引力常数（$km^3/s^2$），$\mu = 398\ 600.5\ km^3/s^2$；$a$ 为轨道半长轴（km）；$C_{day}$ 为每天运行圈数。

（8）同一天内相邻轨迹间距

同一天内相邻圈在赤道上的轨迹间距用赤道周长（约 40 000 km）与每天运行圈数之比按式（3－14）计算：

$$L_{n,n+1} = 2\pi R_e / C_{day} \tag{3-14}$$

式中，$L_{n,n+1}$ 为同一天内相邻圈在赤道上的轨迹间距（km）；$R_e$ 为地球赤道半径（km）；$C_{day}$ 为每天运行圈数。

例如，500～800 km 高度的轨道，每天运行圈数均为 15 圈左右，赤道周长约为 40 000 km，则该卫星运行 1 天 15 圈的轨迹间距为 40 000 km/15＝2 667 km。如果卫星的幅宽为 700 km 且采用可见光载荷，仅在降轨弧段（或仅在升轨弧段）对地面成像，则至少需要 4 颗卫星才能 1 天内无缝拼接覆盖。以上公式可以用于简单估算卫星的幅宽与星座数量。

（9）回归周期内相邻轨迹间距

回归周期内相邻轨迹在赤道上的间距用赤道周长与回归周期内总圈数之比按式（3－15）计算：

$$L_{pass} = 2\pi R_e / Q \tag{3-15}$$

式中，$L_{pass}$ 为回归周期内相邻轨迹在赤道上的间距（km）；$R_e$ 为地球赤道半径（km）；$Q$ 为回归周期内总圈数。

注：对于全球覆盖的任务需求，遥感器的幅宽或航天器侧摆的可视幅宽需大于 $L_{pass}$ 。

举例：如果幅宽 100 km，每天运行 15 圈，则理论上无缝覆盖赤道区域所需的回归天数至少为 40 000 km/100 km/15 圈/天=27 天。

（10）卫星轨道角速度

卫星轨道角速度用于计算卫星星下点地速，与轨道半长轴有关，按式（3-16）或式（3-17）计算：

$$\omega = \sqrt{\frac{\mu}{a^3}} \tag{3-16}$$

$$\omega = \frac{2\pi}{T} \tag{3-17}$$

式中，$\omega$ 为卫星轨道角速度（rad/s）；$\mu$ 为地心引力常数，$\mu = 398\,600.5\ \text{km}^3/\text{s}^2$；$a$ 为轨道半长轴（km）；$T$ 为轨道周期（s）。

（11）卫星星下点地速

卫星星下点地速是计算遥感器像元采样时间的重要输入参数，与轨道半长轴有关，不考虑地球自转时，星下点地速按式（3-18）或式（3-19）计算：

$$V_n = R\sqrt{\frac{\mu}{a^3}} \tag{3-18}$$

$$V_n = R\omega \tag{3-19}$$

式中，$V_n$ 为不考虑地球自转的星下点地速（km/s）；$R$ 为地球平均半径，通常取 6 371.004 km；$\mu$ 为地心引力常数，$\mu = 398\,600.5\ \text{km}^3/\text{s}^2$；$a$ 为轨道半长轴（km）；$\omega$ 为卫星轨道角速度（rad/s）。

代入 $\mu$、$R$ 参数后，卫星星下点地速亦可简化为式（3-20）。可见星下点地速只与轨道半长轴有关：

$$V_n = \frac{4\,022\,321.657}{a^{1.5}} \tag{3-20}$$

式中，$V_n$ 为不考虑地球自转的星下点地速（km/s）；$a$ 为轨道半长轴（km）。

（12）卫星摄影点地速

当考虑地球自转时，卫星光学有效载荷成像时摄影点的地速与纬度有关，无侧摆时摄影点地速按式（3-21）计算：

$$V_g = \sqrt{(R\omega - R\omega_e \cos i)^2 + \left[R\omega_e \sin i\sqrt{1 - \left(\frac{\sin\delta}{\sin i}\right)^2}\right]^2} \tag{3-21}$$

式中，$V_g$ 为成像摄影点相对地球表面的速度，即摄影点地速（km/s）；$R$ 为地球平均半径，通常取 6 371.004 km；$\omega_e$ 为地球自转角速度，$\omega_e = 7.292\,115\,8 \times 10^{-5}\ \text{rad/s} = 4.178\,074\,6 \times 10^{-3}\,(°)/\text{s}$；$\omega$ 为卫星轨道角速度（rad/s），见式（3-16）；$i$ 为轨道倾角（°）；$\delta$ 为摄影点

所处纬度（°）。

（13）速高比

速高比定义为摄影点地速与卫星至摄影点斜距之比。当卫星侧摆 $\theta$ 角时，在一定的精度允许条件下，可用星下点地速表示侧摆后摄影点地速，则速高比按式（3－22）计算：

$$\left.\begin{aligned}\frac{V_g}{L}&=\frac{V_g}{\left(\dfrac{\sin\alpha}{\sin\theta}R\right)}\\ \alpha&=\arcsin\left[\frac{(H+R)\sin\theta}{R}\right]-\theta\end{aligned}\right\}\tag{3-22}$$

式中，$\dfrac{V_g}{L}$ 为速高比（1/s）；$V_g$ 为成像摄影点相对地球表面的速度，即摄影点地速(km/s)，见式（3－21）；$\alpha$ 为侧摆角所对应的地心角（°）；$\theta$ 为侧摆角的绝对值（°）；$R$ 为地球平均半径，通常取 6 371.004 km；$H$ 为卫星轨道高度（km）。

（14）地面光照条件分析

以 6 月 1 日为时间起点，降交点地方时 10：30 的轨道在一年内南北半球的太阳高度角如图 3－12 所示，中间空白线表示赤道。北半球（北纬 80°至 0°）的太阳高度角高于南半球，表明北半球地面光照条件要略好于南半球。

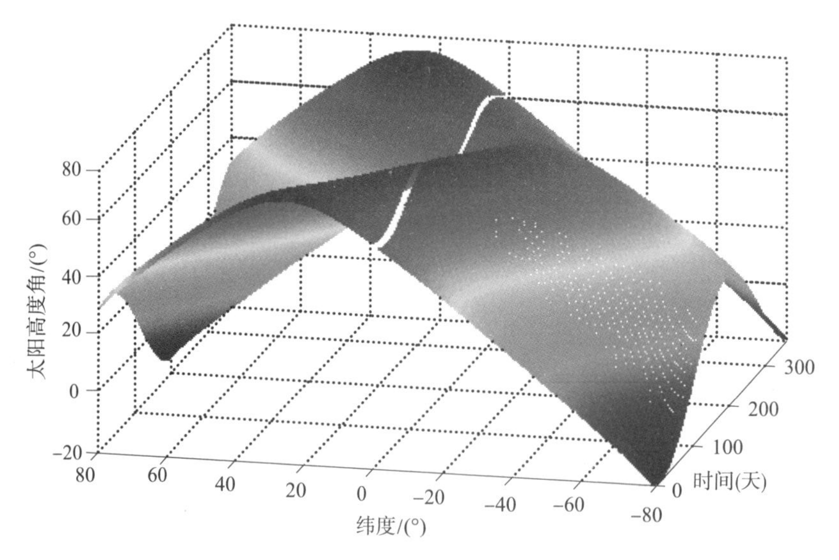


图 3－12　一年内南北半球太阳高度角变化（见彩插）

星下点光照条件体现出如下特性：

星下点光照条件与纬度相关，纬度越高，光照条件越差。

星下点光照条件与季节（即地球环绕太阳的运动）有关，夏季北半球的光照条件好，冬季南半球的光照条件好，而春秋两季基本上南北半球光照条件接近。

### 3.3.3　发射窗口

为了保证航天器轨道要素所需的发射时间的区间称为发射窗口（Launch Window）。太阳同步轨道卫星发射窗口计算主要与入轨时刻的降交点地方时、轨道倾角、火箭弹道（包括主动段飞行时间、发射场位置、入轨位置）有关。

太阳同步轨道卫星通常为降轨发射，在降交点附近发射入轨，发射方向为西南。图3-13所示为向西南降轨发射太阳同步卫星的球面三角形。

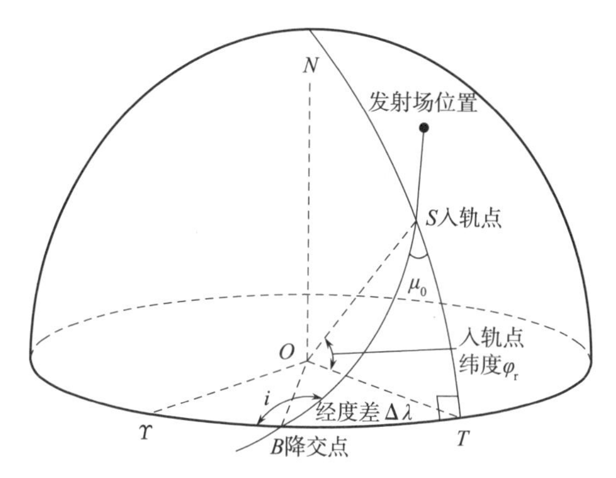


图3-13　向西南发射太阳同步卫星的球面三角形

输入条件：已知轨道参数（倾角 $i$，升交点赤经 $\Omega$，入轨点 $S$ 的地理经度 $\lambda_r$、地心纬度 $\varphi_r$）。

利用球面三角形 $STB$ 的余弦定理，可以得到三角形两边和两角的边角关系，先求入轨方位角 $\mu_0$：

$$\cos(180^\circ - i) = -\cos 90^\circ \cos\mu_0 + \sin 90^\circ \sin\mu_0 \cos\varphi_r \tag{3-23}$$

$$\sin\mu_0 = \frac{\cos i}{\cos\varphi_r} \tag{3-24}$$

接着可以通过球面的三角关系得到入轨点和升交点的经度差 $\Delta\lambda$：

$$\sin i \cos\Delta\lambda = \cos\mu_0 \sin 90^\circ + \sin\mu_0 \cos 90^\circ \cos\varphi_r \tag{3-25}$$

$$\cos\Delta\lambda = \frac{\cos\mu_0}{\sin i} \tag{3-26}$$

那么降交点的经度：

$$\lambda_j = \lambda_r \pm \Delta\lambda \tag{3-27}$$

根据要求的降交点地方时计算对应的世界时：

$$t_s = t_d - \lambda_j \cdot 180^\circ/\pi/15 \tag{3-28}$$

由发射段飞行时间得到发射时刻北京时间，即发射窗口前沿：

$$t_b = t_s - t_{fr}/3\ 600 + 8 \tag{3-29}$$

火箭发射窗口计算示例的输入参数示例见表3-4，计算火箭发射窗口前沿时间为北京时间 12 时 12 分 31 秒。结果保留至分钟，通常太阳同步轨道卫星发射窗口范围选择 5 分钟，因此火箭发射窗口为北京时间 12 时 13 分～12 时 18 分。

**表 3-4　主要符号、名称、单位及示例**

| 序号 | 符号 | 名称 | 单位 | 示例 |
|---|---|---|---|---|
| 1 | $\lambda_r$ | 入轨点的经度 | ° | 92.617 73 |
| 2 | $\varphi_r$ | 入轨点的纬度 | ° | 10.547 84 |
| 3 | $t_d$ | 目标轨道的降交点地方时 | h | 10.5 |
| 4 | $t_{fr}$ | 运载火箭飞行时间 | s | 781.537 64 |
| 5 | $i$ | 航天器的轨道倾角 | ° | 98.021 44 |
| 6 | $\mu_0$ | 入轨方位角:入轨处指北方向与火箭速度水平方向的顺时针角 | ° | −8.159 89 |
| 7 | $\Delta\lambda$ | 入轨点与降交点的经度差 | ° | 1.503 55 |
| 8 | $\lambda_j$ | 降交点的经度 | ° | 91.114 18 |
| 9 | $t_b$ | 发射时刻北京时间 | h | 12.208 63 |

### 3.3.4　轨道保持

轨道保持（orbit keeping）利用航天器上的动力装置调整航天器的速度，修正轨道参数，使航天器运行轨道与标准轨道的偏离量限制在给定范围内（常以星下点的偏离值来表征）。

近地观测卫星常采用太阳同步、回归轨道，为使航天器的地面轨迹实现回归，要求航天器的运行周期（即半长轴）保持不变。但由于大气阻力影响，轨道的半长轴逐渐减小，轨道周期逐渐缩短。轨道保持（即地面轨迹保持）的任务是将地面轨迹控制在以标称位置为中心的一定宽度的回归区内。这个宽度范围常以回归周期内相邻轨迹幅宽重叠宽度来确定。

这种控制常以抬高轨道半长轴的方式实现，以标称地面轨迹保持控制环（见图 3-14）来描述调整过程如下：

例如，遥感器幅宽 $W=95$ km，不侧摆无漏缝覆盖的轨迹间距为 $L=67$ km，则轨迹漂移最大允许范围 $\pm\Delta L$，计算公式如下：

$$\pm\Delta L=\pm\frac{W-L}{2}=\pm\frac{95-67}{2}=\pm 14 \tag{3-30}$$

考虑余量后，$\pm\Delta L$ 取 $\pm 10$ km 为宜。轨迹再次回到东边界时的半长轴控制量为 $2\Delta a$，其中 $\Delta a$ 为：

$$\Delta a=\sqrt{-\frac{2a_0\dot{a}\Delta L}{3\pi R_e}} \tag{3-31}$$

式中，$\Delta a$ 为半长轴控制量（km）；$a_0$ 为半长轴标称值（km）；$\dot{a}$ 为半长轴衰减率；$R_e$ 为地球

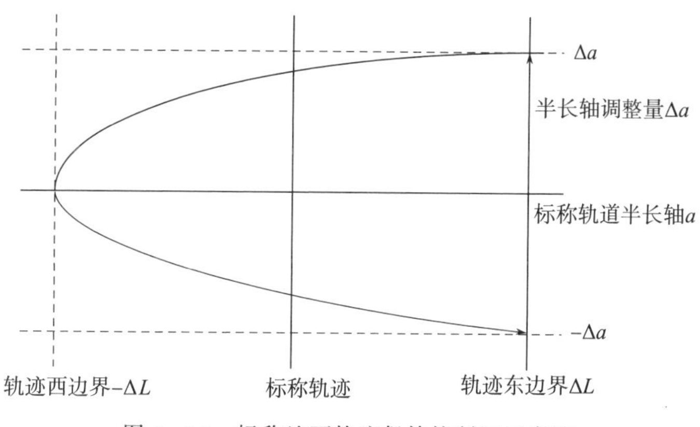


图3-14　标称地面轨迹保持控制环示意图

平均半径（km）。

影响地面轨迹保持精度的主要参数是半长轴误差及半长轴衰减率预估误差。当星下点轨迹在赤道上向东漂移到允许边界时，进行轨控，使卫星产生速度增量，抬高轨道，使修正后的轨道半长轴和相应的轨道周期大于标准值。这样，在赤道上的星下点轨迹将离开东边界而向西漂移。当赤道上的星下点轨迹漂移到西边界时，半长轴继续减小，轨迹不再向西漂移，转而向东漂移，当到达东边界时再次轨控抬高轨道。

### 3.3.5　降交点地方时保持

降交点地方时保持是为了修正倾角变化对升交点赤经和降交点地方时的影响，而进行的倾角控制。控制策略有两种：1）预先对发射轨道进行倾角偏置，在整个寿命期间不再进行倾角调整。2）入轨后进行多次倾角调整，适合于超寿命运行的卫星，或对降交点地方时有高精度要求的轨道。

调整轨道倾角一般在升降轨弧段经过赤道上空进行，如果点火总长为10 min，则点火的第300 s应恰好经过赤道。由于我国大陆架最南位置约为三亚的18°，因此对于我国进行倾角控制，若卫星有中继测控条件，可以通过中继卫星上注控制参数并监测卫星调姿、点火、熄火等全过程；若卫星本身不具备中继测控条件，则原则上一般应在境内先进行第一次试变轨控制，可以选择改变倾角的点火时长为1 min的试变轨，确认正常后，卫星过境时注入控制参数，采用程控的方式使卫星在境外过赤道附近时自主开展调姿、点火和恢复姿态过程等动作，入境后确认卫星状态并进行相关状态设置或继续开展后续控制指令的上注等工作。倾角控制需要的燃料量远超轨道保持的燃料量，控制批次多，耗时周期长。

### 3.3.6　星座组网分析

（1）星座规模

由多颗卫星通过不同或相同轨道组成全球覆盖或一定区域覆盖的卫星网称为星座。常见的三种类型为：第一类是由几颗升交点赤经均布，倾角和高度都相同的圆轨道卫星所形成的星座，实现全球实时覆盖，轨道高度分高、中、低三种，称为均匀对称星座。第二类是由偏心率、轨道倾角和周期都相同，而升交点赤经、近地点幅角和初始时刻的平近点角按一定规律分布的多颗卫星所形成的星座，称为椭圆轨道星座。第三类是一种编队飞行的卫星群，即由两颗或两颗以上卫星保持近距离编队飞行，称为编队星座。

星座规模由系统建设成本、发射费用、卫星研制费用等因素决定。对于中小型的星座系统，建成时间主要受制于卫星研制进度和发射安排等约束；对于大型星座和建设周期比较长的星座系统，例如美国的GNSS，还需要按阶段进行部署并考虑接替补星，以便突出短时期内最佳的任务效能。

（2）星座部署

星座部署的过程一般需要有顶层的星座构型设计作为指导，部署过程需要充分利用发射条件，尤其是运载火箭的发射窗口选择，将调整各星轨道面的代价降到最低，再结合入轨误差进行轨道面角度差和高度误差的精确调整。星座部署过程常伴随单星轨道漂移过程，相同的控制量要求下，部署完成时间的长短与控制量大小（即燃料用量）相关，一般需要在部署完成的时间和控制量之间选择可以接受的折中点，也可以说如果卫星控制能力有限时，需要通过时间换燃料的方式完成各型部署。

（3）星座维持

星座维持主要依据任务需求开展，一般分为星间相对控制和卫星绝对控制，前者通常可能由复杂大型星座或高精度载荷要求等需求决定，例如Starlink星座的轨道面差异在0.1°量级（由星间链路通信要求和防撞安全设计因素决定），而一般常规维持仅需要各星的相对关系且允许较宽的漂移范围，例如不同时期发射的两颗卫星组成星座，升交点赤经差异可以达到7.5°（降交点地方时相差30 min），此时可以调整轨道面内的相位差获得轨迹平分的效果。因此星座的维持与星座规模、用户使用期望和精度要求等因素密切相关，策略应紧密围绕任务需求进行设计。

## 3.4 光学有效载荷任务分析

光学有效载荷任务分析是计算置于卫星平台的遥感器成像参数及成像有关的分析，包括成像几何特性参数、光学系统参数、光谱特性参数、辐射特性参数、成像对姿轨控要求的分析、辅助数据需求分析、与数传链路有关的分析等，这些参数确定后，遥感器及其相关接口的参数就确定了。

### 3.4.1 光学有效载荷任务分析的主要内容

与地面相机静态成像不同，运行在轨道上的遥感器随卫星运动，其成像参数自然与轨道参数相关，分析计算往往需要不断迭代。

1）几何特性参数计算。如：卫星下视角、星下点及侧视条件下的地面像元分辨率、幅宽、可视范围等。

2）光学系统参数计算。如：对于推扫遥感器，需要计算焦距、相对孔径、像元数、瞬时视场角、视场角、积分时间、光学系统焦深等；对于圆周扫描或摆扫的遥感器，需要计算扫描周期、扫描镜转速。

3）光谱特性参数计算。如：谱段范围、中心波长、光谱带外响应。

4）辐射特性参数计算。如：信号输出电压、信噪比、噪声等效反射率差、动态范围、奈奎斯特空间频率、静态调制传递函数等。

5）光学遥感器成像对姿控要求分析。根据偏流角控制误差对 CCD 光学遥感器的像移量进行分析，给出对姿控指向精度的要求；根据姿态稳定度对配准及卫星动态传函的要求，明确姿态稳定度要求。有活动部件的光学遥感器，应注意角动量对姿态控制的影响。

6）辅助数据需求分析。根据图像定位精度要求，进行辅助数据种类、精度、刷新频率、时间同步及插入格式等分析。

7）光学遥感器与数传接口分析。根据遥感器像元数、量化比特、光学遥感器行周期、谱段、探测器片数等计算分析遥感器原始码速率，确定压缩比、数传码速率、存储器容量等。

### 3.4.2　几何特性参数计算

（1）地面像元分辨率

①星下点地面像元分辨率

卫星遥感器以像元为单位进行地面采样成像，星下点地面像元分辨率是在轨道高度上一个像元对应的地面尺寸，常用地面采样距离 GSD（Ground Sample Distance）表示；对遥感器而言，需转换为角度，用瞬时视场角 IFOV 表示，瞬时视场角是遥感器固有的角分辨率，只与遥感器的焦距和像元尺寸有关，瞬时视场角 IFOV 用式（3－32）计算：

$$\mathrm{IFOV}=\frac{d}{f} \tag{3-32}$$

式中，IFOV 为瞬时视场角（rad）；$d$ 为像元尺寸（$\mu$m）；$f$ 为焦距（mm）。

星下点地面像元分辨率 GSD 与瞬时视场角和轨道高度有关，用下式计算：

$$\mathrm{GSD}=\mathrm{IFOV}\cdot H=\frac{d}{f}H \tag{3-33}$$

式中，GSD 为星下点地面像元分辨率（m）；IFOV 为瞬时视场角（rad）；$d$ 为像元尺寸（$\mu$m）；$f$ 为焦距（mm）；$H$ 为卫星轨道高度（km）。对遥感卫星而言，提高星下点地面像元分辨率的途径可以是降低轨道高度、缩小像元尺寸或增加相机焦距。

②任意指向的地面像元分辨率

随着卫星姿态机动能力的增强，可以任意指向对地成像。那么卫星以任意指向角 $\theta$ 对地成像的地面像元分辨率按式（3－34）计算，此式也适用于计算视场边缘（此时 $\theta$ 表示遥感器半视场角）的地面像元分辨率，如图 3－15 所示。

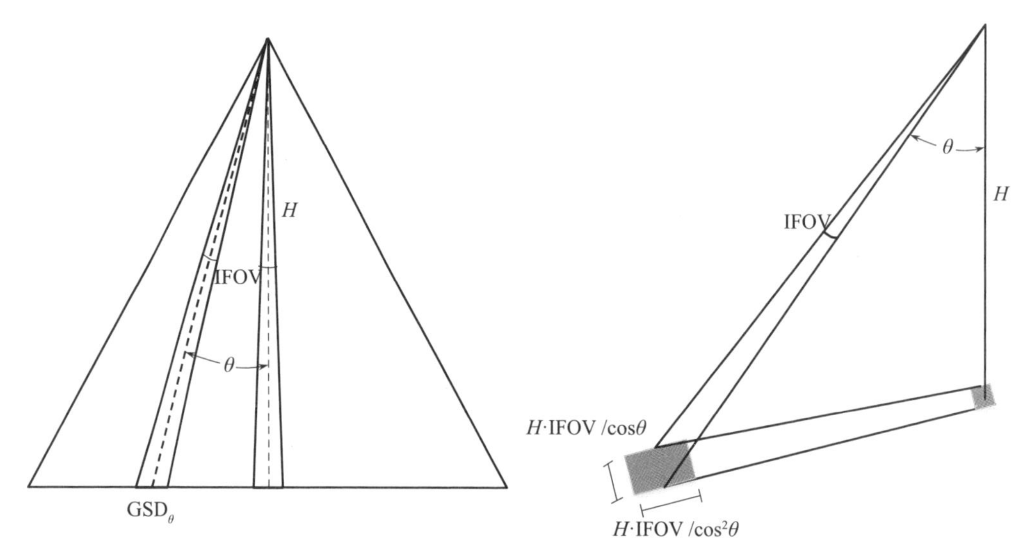


图 3-15　任意指向角 $\theta$ 对地成像的地面像元分辨率示意图

(Engineering and design Remote Sensing [M]. US Army Corps of Engineering. 2003)

$$GSD_{\theta}=H[\tan(\theta+IFOV/2)-\tan(\theta-IFOV/2)] \quad (3-34)$$

式中，$GSD_{\theta}$ 为任意指向角 $\theta$ 时的地面像元分辨率（m）；$H$ 为卫星轨道高度（km）；$\theta$ 为遥感器偏离星下点（含姿态指向角）的角度（rad）。

为便于理解，也可用表 3-5 的三角几何原理计算视场中心及边缘的地面像元分辨率。

**表 3-5　地面像元分辨率简化计算方法**

| 视场中心 GSD | 视场边缘沿飞行方向 $GSD_x$ | 视场边缘垂直飞行方向 $GSD_y$ |
|---|---|---|
| $GSD=H\frac{d}{f}$ | $GSD_x=\frac{GSD}{\cos\theta}=\frac{H\frac{d}{f}}{\cos\theta}$ | $GSD_y=\frac{GSD}{\cos^2\theta}=\frac{H\frac{d}{f}}{\cos^2\theta}$ |
| GSD 为中心视场在沿飞行方向或垂直飞行方向的地面像元分辨率(m) | $GSD_x$ 为视场边缘的沿飞行方向地面像元分辨率(m)；$\theta$ 为偏离中心的指向角(°) | $GSD_y$ 为视场边缘的垂直飞行方向地面像元分辨率(m)；$\theta$ 为偏离中心的指向角(°) |

以中心视场地面像元分辨率 2 m×2 m 为例，偏离中心 35°的地面像元分辨率为 2.44 m ×2.98 m，沿飞行方向和垂直飞行方向的地面像元分辨率下降比例分别为 $1/\cos\theta$ 和 $1/\cos^2\theta$ 倍。

图 3-16 展示了 Geoeye-1 卫星偏离星下点不同角度时的地面像元分辨率及可视范围变化，0.41 m 地面像元分辨率的遥感器，在偏离星下点 50°成像时，其地面像元分辨率下降到 0.63 m，相对星下点成像下降了 1.56 倍。

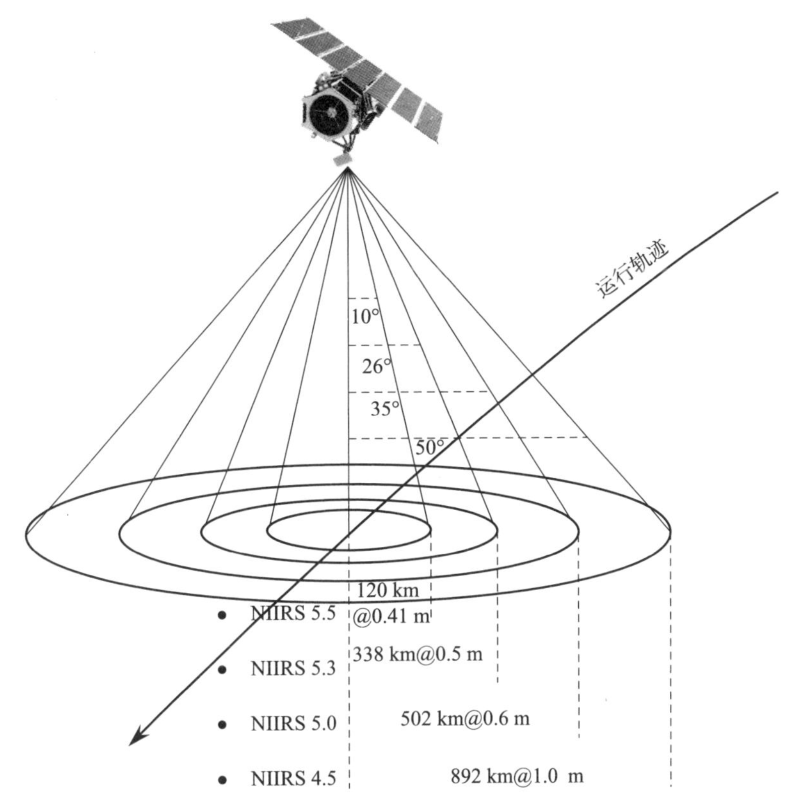


图 3-16　Geoeye-1 偏离星下点的地面像元分辨率及可视范围变化（Singh 等，2020）（见彩插）

（2）幅宽

①不考虑地球曲率时的幅宽

若已知瞬时视场角 IFOV 和总像元数 $n$，星下点的地面幅宽可按如下公式计算：

$$W = 2H\tan\left(\frac{\mathrm{IFOV}\cdot n}{2}\right) \tag{3-35}$$

式中，$W$ 为卫星正视时的地面幅宽（km）；$H$ 为卫星轨道高度（km）；IFOV 为瞬时视场角（rad）；$n$ 为像元数。

当遥感器视场角较小、不考虑地球曲率影响时，任意指向时视场角 FOV 对应的地面幅宽按下式计算：

$$W_\theta = H\left[\tan\left(\theta + \frac{\mathrm{FOV}}{2}\right) - \tan\left(\theta - \frac{\mathrm{FOV}}{2}\right)\right] \tag{3-36}$$

式中，$W_\theta$ 为卫星任意指向的地面幅宽（km）；$H$ 为卫星轨道高度（km）；FOV 为视场角（°）。

②考虑地球曲率的幅宽

当遥感器视场角较大时，需考虑地球曲率影响，先用如下公式计算视场角对应的地心角 $\beta$（见图 3-17），再用地心角对应的地表弧长计算成像幅宽、可视幅宽等。

$$\beta = \arcsin\left[\frac{(H+R)}{R}\sin\left(\frac{\mathrm{FOV}}{2}\right)\right] - \frac{\mathrm{FOV}}{2} \tag{3-37}$$

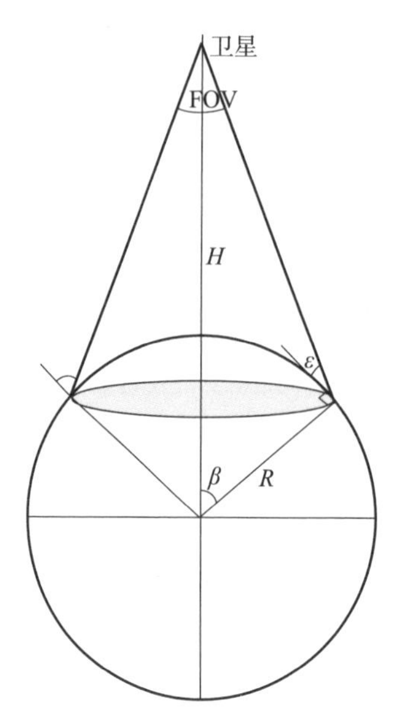


图 3-17 地心角几何关系图

$$\varepsilon = \arccos\left[\frac{(H+R)}{R}\sin\left(\frac{\mathrm{FOV}}{2}\right)\right] - \frac{\mathrm{FOV}}{2} \tag{3-38}$$

式中，$\beta$ 为地心角（rad）；$\varepsilon$ 为地面观测仰角（rad）；$H$ 为卫星轨道高度（km）；FOV 为遥感器视场角（rad）；$R$ 为地球平均半径，通常取 6 371.004 km。

用地心角对应的弧长按如下公式计算地面幅宽：

$$W = 2R\left\{\arcsin\left[\frac{(H+R)}{R}\sin\left(\frac{\mathrm{FOV}}{2}\right)\right] - \frac{\mathrm{FOV}}{2}\right\} \tag{3-39}$$

式中，$W$ 为卫星正视时的地面幅宽（km）；$R$ 为地球平均半径，通常取 6 371.004 km；$H$ 为卫星轨道高度（km）；FOV 为视场角（°）。

③卫星侧摆后幅宽

卫星侧摆后的幅宽计算应考虑地球曲率的影响，侧摆后的幅宽如图 3-18 所示，按如下公式计算，其原理是通过计算地心角，再求弧长得到幅宽。

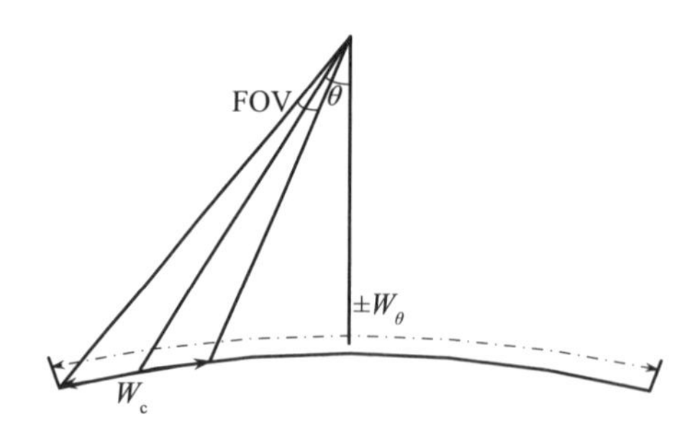


图 3-18 侧摆后的幅宽及可视范围示意图

$$W_c = R\left\{\arcsin\left[\frac{(H+R)}{R}\sin\left(\theta+\frac{\mathrm{FOV}}{2}\right)\right]-\arcsin\left[\frac{(H+R)}{R}\sin\left(\theta-\frac{\mathrm{FOV}}{2}\right)\right]-\mathrm{FOV}\right\} \tag{3-40}$$

式中，$W_c$ 为侧摆 $\theta$ 角成像的对地幅宽（km）；$R$ 为地球平均半径，通常取 6 371.004 km；$H$ 为卫星轨道高度（km）；$\theta$ 为侧摆角的绝对值（°）；FOV 为视场角（°）。

④卫星侧摆可视范围

当卫星或遥感器左右侧摆角 $\theta$ 成像时，可视范围 $W_\theta$（见图 3－19）常用地心角的方法按如下公式计算，可视幅宽常用于分析卫星的重访周期：

$$W_\theta = \pm R\left\{\arcsin\left[\frac{(H+R)}{R}\sin\left(\theta+\frac{\mathrm{FOV}}{2}\right)\right]-\left(\theta+\frac{\mathrm{FOV}}{2}\right)\right\} \tag{3-41}$$

式中，$W_\theta$ 为可视幅宽，即侧摆 $\pm\theta$ 角成像时可观测的宽度总范围（km）；$R$ 为地球平均半径，通常取 6 371.004 km；$H$ 为卫星轨道高度（km）；$\theta$ 为侧摆角的绝对值（°）；FOV 为视场角（°）。

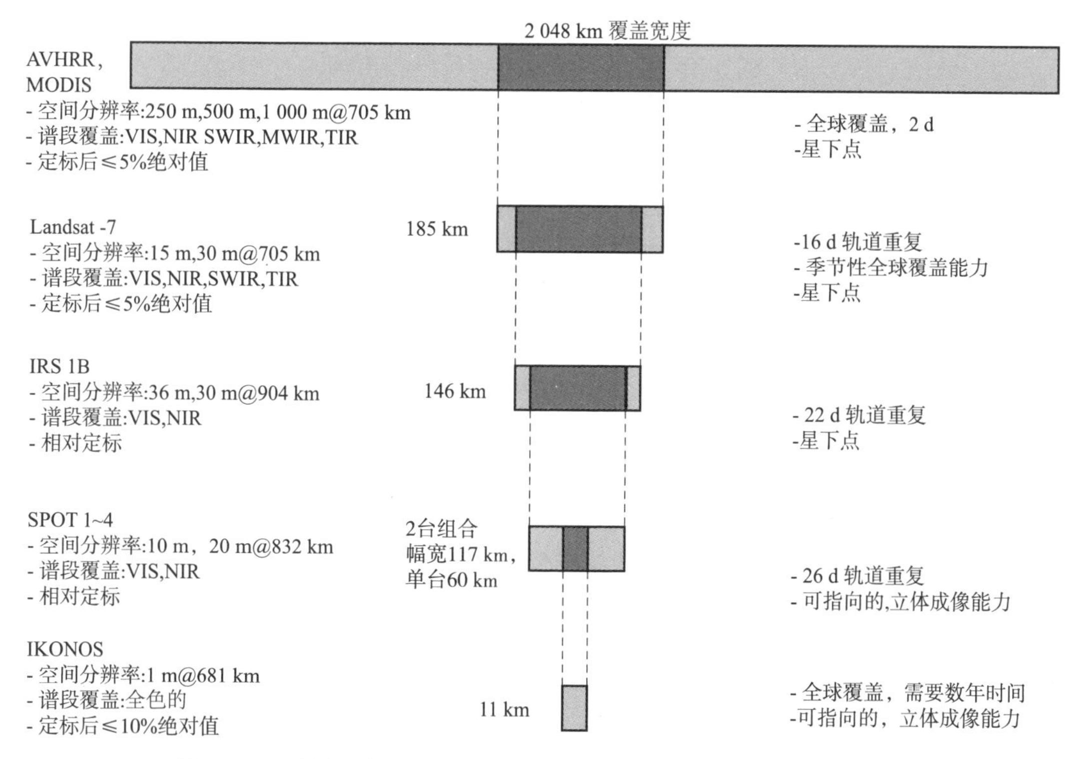


图 3－19　不同遥感器幅宽特征［根据 Vaughn（2019）修改］（见彩插）

### 3.4.3　光学系统参数计算

（1）焦距与口径

焦距是光学系统的重要参数，当已知地面像元分辨率、轨道高度时，可按式（3－42）计算焦距：

$$f=\frac{d}{\mathrm{GSD}}H \tag{3-42}$$

式中，$f$ 为焦距（mm）；$d$ 为像元尺寸（μm）；$H$ 为卫星轨道高度（km）；GSD 为地面像元分辨率（m）。

光学系统口径按光学系统衍射极限进行计算，公式如下：

$$D=\frac{1.22\lambda \cdot H}{\mathrm{GSD}}$$

式中，$D$ 为光学口径（mm）；$\lambda$ 为工作波长（μm）；$H$ 为轨道高度（km）；GSD 为地面像元分辨率（m）。例如，对于中波波长 $\lambda=4$ μm 谱段，在 500 km 轨道高度，要求地面像元分辨率为 50 m 时，计算光学系统口径应大于 48.8 mm，结合焦距计算结果，可以选择出光学系统相对口径 $F$。

（2）视场角

已知幅宽和轨道高度时，遥感器视场角按式（3-43）计算：

$$\mathrm{FOV}=2\arctan\left(\frac{W}{2H}\right) \tag{3-43}$$

式中，FOV 为视场角（°）；$W$ 为卫星正视时的地面幅宽（km）；$H$ 为卫星轨道高度（km）。

已知遥感器焦面探测器片数和重叠像元时，有效线阵长度按如下公式计算：

$$L=[Pn-(P-1)n_{重}]d \tag{3-44}$$

式中，$L$ 为有效线阵长度，指扣除片与片间重叠像元后总的焦面探测器线阵长度（mm）；$P$ 为单谱段焦面探测器片数（片）；$n$ 为垂直于卫星飞行方向上每片探测器的像元数量（元）；$n_{重}$ 为两片探测器之间的重叠像元数（元）；$d$ 为像元尺寸（μm）。

通过有效线视场按如下公式计算视场角：

$$\mathrm{FOV}=2\arctan\left(\frac{L}{2f}\right) \tag{3-45}$$

式中，FOV 为视场角（°）；$L$ 为有效线视场，指扣除片与片间重叠像元后总的焦面探测器线阵长度（mm）；$f$ 为焦距（mm）。

（3）像元数

在已知幅宽和地面像元分辨率情况下，按如下公式预估遥感器所需的像元数量。由像元数除以每片焦面器件像元数就可预估焦面需要拼接的焦面器件数量，若为奇数片，则需协调与数传的接口，避免将整数片的一半分配在不同的数据下传通道。若为偶数片，则需考虑向上取整，增大幅宽；抑或是舍弃小数片探测器数量，适当减小幅宽，避免器件像元数的浪费。

$$n=\frac{W}{\mathrm{GSD}} \tag{3-46}$$

式中，$n$ 为遥感器像元数；$W$ 为卫星正视时的地面幅宽（km）；GSD 为中心视场在沿飞行方向或垂直飞行方向的地面像元分辨率（m）。

在已知视场角和瞬时视场角情况下，按式（3 - 47）预估遥感器所需的最少像元数量：

$$n=\frac{\mathrm{FOV}}{\mathrm{IFOV}} \tag{3-47}$$

式中，$n$ 为遥感器像元数；FOV 为视场角（°）；IFOV 为瞬时视场角（°）。

（4）光学系统焦深

焦深是光学系统成像清晰的范围，当离焦量超过焦深范围时，需要调焦来保证焦面位于最佳焦面位置。预估调焦范围时需要按式（3 - 48）计算光学系统焦深，调焦范围往往是数倍至数十倍焦深。

$$\pm\Delta l=\pm 2\lambda\left(\frac{f}{D}\right)^{2} \tag{3-48}$$

式中，$\Delta l$ 为光学系统焦深（$\mu$m）；$\lambda$ 为平均波长（$\mu$m）；$f$ 为焦距（mm）；$D$ 为遥感器入瞳口径（mm）。

卫星成像存在物像共轭关系，由于轨道偏心率及地球非球形等原因，卫星的轨道高度往往有 20 km 变化范围，物距变化，则像距也发生变化，产生离焦量 $\Delta f$ ，计算公式如下所示：

$$\Delta f=\frac{f^{2}}{H\cos\theta} \tag{3-49}$$

式中，$\Delta f$ 为离焦量；$f$ 为焦距（mm）；$H$ 为卫星轨道高度（km）；$\theta$ 为成像时的视轴指向角（°）。

可以看出，由于几百公里的轨道高度远大于米级焦距的平方，因此轨道高度变化引起的离焦量微乎其微，可以不考虑轨道高度变化引起的离焦。

（5）积分时间、行周期及帧频

积分时间是成像器件接收外界光信号，在器件内部累计电荷的时长，类似于曝光时间。行周期是电子学处理一行到下一行所需的时间间隔。线阵探测器行周期的物理含义是采样 1 个地面像元分辨率的时间要与卫星飞过 1 个地面采样距离的时间匹配，按式（3 - 50）计算。此公式非常简单、重要，对于低轨卫星星下点地速约 7 km/s，2 m 地面像元分辨率，可以迅速估算出行周期约 0.285 ms 左右。行周期包含积分时间及电子学处理时间，因此行周期略大于积分时间。线阵器件的帧频是行周期的倒数，按式（3 - 51）计算：

$$T_{\mathrm{int}}=\frac{\mathrm{GSD}}{V_{\mathrm{n}}} \tag{3-50}$$

$$f_{l}=\frac{1}{T_{\mathrm{int}}} \tag{3-51}$$

式中，$T_{\mathrm{int}}$ 为行周期（ms）；GSD 为地面像元分辨率（m）；$V_{\mathrm{n}}$ 为不考虑地球自转的星下点地速（km/s）；$f_{l}$ 为帧频，表示每秒钟推扫成像的行数（行/s）。

（6）扫描周期及扫描镜转速

对于圆周光机扫描式遥感器，常用扫描周期表示单个或单组并扫像元扫描一周的时间，扫描周期及扫描镜转速按如下公式计算。多元并扫的目的是降低扫描转速，增大像元的驻留时间。

$$T_l = \frac{2\pi}{\omega_s} \tag{3-52}$$

式中，$T_l$ 为扫描周期（s）；$\omega_s$ 为扫描镜转速（rad/s）。

$$\omega_s = \frac{2\pi V_n(1-\eta)}{n_{并}\mathrm{GSD}} \tag{3-53}$$

式中，$\omega_s$ 为扫描镜转速（rad/s）；$\eta$ 为回扫时间比率，大于且接近于0；$V_n$ 为不考虑地球自转的星下点地速（m/s）；$n_{并}$ 为并扫像元总数（元）；GSD为中心视场在沿飞行方向或垂直飞行方向的地面像元分辨率（m）。例如，4元并扫探测器，1.1 km地面像元分辨率，在7 km/s星下点地速、回扫时间比例2%情况下，其扫描周期约0.64 s，转速约9.8 rad/s。

（7）数据速率

①线阵推扫式遥感器数据速率

线阵推扫式遥感器的数据速率是预估遥感器与数传接口的重要参数，线阵器件所有像元同时曝光并在行周期时间内完成数据输出，因此若已知卫星轨道高度（即已知星下点地速）、幅宽和地面像元分辨率，预估数据速率按如下公式计算：

$$R_b = \frac{V_n}{\mathrm{GSD}} \cdot n \cdot n_{bit} \cdot N \tag{3-54}$$

式中，$R_b$ 为线阵推扫遥感器数据速率（kbit/s）；$V_n$ 为不考虑地球自转的星下点地速（km/s）；GSD为中心视场在沿飞行方向或垂直飞行方向的地面像元分辨率（m）；$n$ 为像元数；$n_{bit}$ 为量化位数（bit）；$N$ 为谱段数。

若已知线阵推扫遥感器的行周期和实际的像元数，数据率按如下公式计算：

$$R_b = n \cdot n_{bit} \cdot N / T_{int} \tag{3-55}$$

式中，$R_b$ 为线阵推扫遥感器数据速率（kbit/s）；$n$ 为像元数；$n_{bit}$ 为量化位数（bit）；$N$ 为谱段数；$T_{int}$ 为行周期（ms）。

②光机扫描式遥感器数据速率

数据速率按如下公式计算：

$$R_b = \frac{V_n \cdot n_{采} \cdot n_{并} \cdot n_{bit} \cdot N}{\mathrm{GSD}} \tag{3-56}$$

式中，$R_b$ 为光机扫描式遥感器数据速率（kbit/s）；$V_n$ 为不考虑地球自转的星下点地速（km/s）；$n_{采}$ 为采样点数；$n_{并}$ 为并扫像元总数；$n_{bit}$ 为量化位数（bit）；$N$ 为谱段数；GSD为中心视场在沿飞行方向或垂直飞行方向的地面像元分辨率（m）。

### 3.4.4 光谱特性参数计算

（1）谱段范围

谱段范围（见图3-20）指半功率点（50%峰值响应 $P$）对应的最大最小工作波长范围。光谱带宽为最大、最小工作波长之差，谱段范围按式（3-57）计算：

$$\Delta\lambda = \lambda_{max} - \lambda_{min} \tag{3-57}$$

式中，$\Delta\lambda$ 为谱段范围（$\mu$m）；$\lambda_{max}$ 为 0.5 峰值响应时工作谱段最大波长（$\mu$m）；$\lambda_{min}$ 为 0.5 峰值响应时工作谱段最小波长（$\mu$m）。

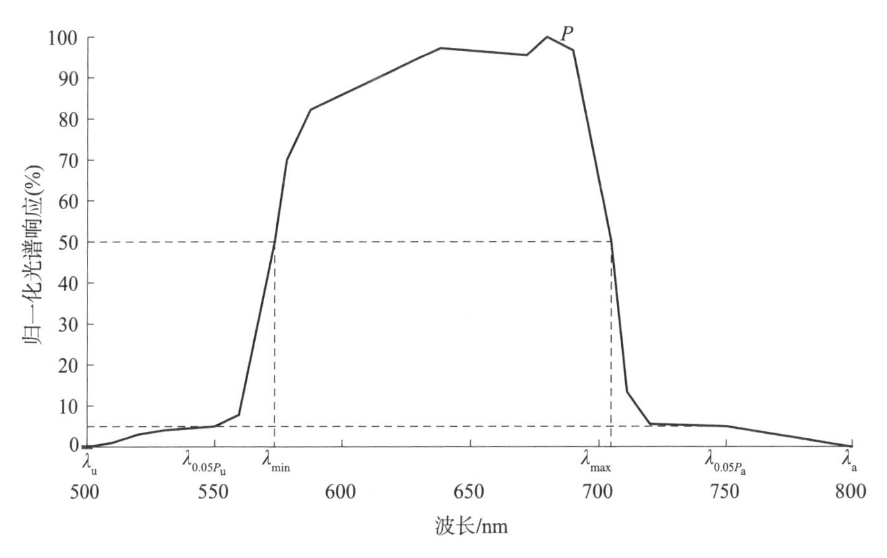

图 3-20　谱段范围及带外响应示意图

（2）中心波长

光谱带宽内的中心波长按如下公式计算：

$$\lambda_{中}=\frac{\lambda_{max}+\lambda_{min}}{2} \tag{3-58}$$

式中，$\lambda_{中}$ 为光谱带宽内的中心波长（$\mu$m）；$\lambda_{max}$ 为工作谱段最大波长（$\mu$m）；$\lambda_{min}$ 为工作谱段最小波长（$\mu$m）。

（3）光谱带外响应

光谱带外响应如图 3-20 所示，其光谱带外响应按如下公式计算：

$$\eta_e=\frac{\int_{\lambda_u}^{\lambda_{0.05P_u}}R(\lambda)\mathrm{d}\lambda+\int_{\lambda_{0.05P_a}}^{\lambda_a}R(\lambda)\mathrm{d}\lambda}{\int_{\lambda_{min}}^{\lambda_{max}}R(\lambda)\mathrm{d}\lambda} \tag{3-59}$$

式中，$\eta_e$ 为光谱带外响应；$\lambda_u$ 为下限截止波长（$\mu$m）；$\lambda_a$ 为上限截止波长（$\mu$m）；$\lambda_{0.05P_u}$ 为 0.05 峰值响应时的下限波长（$\mu$m）；$\lambda_{0.05P_a}$ 为 0.05 峰值响应时的上限波长（$\mu$m）；$R(\lambda)$ 为系统光谱响应函数。

### 3.4.5　辐射特性参数计算

（1）信号输出电压

CCD 遥感器的信号输出电压按如下公式计算：

$$
\left.\begin{aligned}
V_{\mathrm{s}} &= \frac{100(1-A^2)}{4F^2} \cdot \pi \cdot T_{\mathrm{int}} \cdot \int_{\lambda_{\min}}^{\lambda_{\max}} L(\lambda) \cdot \tau_0(\lambda) \cdot R_{\mathrm{CCD}}(\lambda)\mathrm{d}\lambda \\
F &= \frac{f}{D}
\end{aligned}\right\} \qquad (3-60)
$$

式中，$V_{\mathrm{s}}$ 为 CCD 遥感器的输出信号电压（mV）；$A$ 为镜头的面遮拦比；$T_{\mathrm{int}}$ 为积分时间（ms）；$F$ 为镜头相对孔径的倒数；$L(\lambda)$ 为遥感器入瞳光谱辐亮度［W/（$\mathrm{m}^2 \cdot \mathrm{sr} \cdot \mu\mathrm{m}$）］；$\tau_0(\lambda)$ 为遥感器光谱透过率；$R_{\mathrm{CCD}}(\lambda)$ 为 CCD 的光谱响应度［V/（$\mu\mathrm{J/cm}^2$）］；$f$ 为焦距（mm）；$D$ 为遥感器入瞳口径（mm）。从公式可以看出，$V_{\mathrm{s}}$ 与 $F^2$ 成反比，因此遥感器相对孔径的大小对输出信号的幅值有显著影响。

（2）信噪比

①模拟信号的信噪比

模拟信号的信噪比按如下公式计算：

$$
\mathrm{SNR} = \frac{V_{\mathrm{s}}}{V_0} \qquad (3-61)
$$

式中，SNR 为信噪比；$V_{\mathrm{s}}$ 为遥感器输出信号电压（mV）；$V_0$ 为噪声均方根电平（mV）。

②数字图像的信噪比

若已获得均匀数字图像，则按式（3－62）计算出均匀图像各列像元灰度的列均值；按式（3－63）计算出各列像元灰度的标准偏差；按式（3－64）计算出各列像元信噪比；按式（3－65）计算出多列像元信噪比的平均值，得到图像信噪比。

$$
\overline{\mathrm{DN}_i} = \frac{\sum_{j=1}^{q} \mathrm{DN}_{ij}}{q} \qquad (3-62)
$$

式中，$\overline{\mathrm{DN}_i}$ 为单个像元的列灰度均值；$i$ 为第 $i$ 列；$j$ 为第 $j$ 行；$q$ 为采样行数。

$$
\sigma_i = \sqrt{\frac{1}{q} \sum_{j=1}^{q} (\mathrm{DN}_{ij} - \overline{\mathrm{DN}_i})^2} \qquad (3-63)
$$

式中，$\sigma_i$ 为单个像元的列灰度标准偏差；$\mathrm{DN}_{ij}$ 为单个像元的列灰度值；$\overline{\mathrm{DN}_i}$ 为单个像元的列灰度均值；$i$ 为第 $i$ 列；$j$ 为第 $j$ 行；$q$ 为采样行数。

$$
\mathrm{SNR}_i = \frac{\overline{\mathrm{DN}_i}}{\sigma_i} \qquad (3-64)
$$

式中，$\mathrm{SNR}_i$ 为单个像元的列信噪比；$\overline{\mathrm{DN}_i}$ 为单个像元的列灰度均值；$\sigma_i$ 为单个像元的列灰度标准偏差。

$$
\overline{\mathrm{SNR}} = \frac{\sum_{i=1}^{m} \mathrm{SNR}_i}{m} \qquad (3-65)
$$

式中，$\overline{\mathrm{SNR}}$ 为图像信噪比；$m$ 为图像均匀区的列数；$i$ 为第 $i$ 列；$\mathrm{SNR}_i$ 为单列像元的信噪比。

值得注意的是，国外 IKONOS 卫星的信噪比定义是均匀地物图像（0 空间频率）的信号均值除以 3 倍的信号标准偏差（见表 3－6），即认为噪声是 3 倍的信号标准偏差，如

IKONOS 卫星全色谱段 PAN 的信噪比＝946.8/(3×3.55)＝88.9，这也是国内与国外计算信噪比的差异之处。

表 3-6　IKONOS 卫星的信噪比与 MTF

| 均匀地物图像的信噪比（0 空间频率）SNR | | | | 奈奎斯特频率处的 MTF | |
|---|---|---|---|---|---|
| 谱段 | 信号(DN) | 信号标准偏差(DN) | SNR | MTF | MTF 验证方法 |
| 全色 | 946.8 | 3.55 | 88.9 | 0.17 | 在轨测试 |
| 蓝 | 1406 | 5 | 93.7 | 0.266 | 分析 |
| 绿 | 1933 | 4.5 | 143.2 | 0.284 | 分析 |
| 红 | 1395 | 4.5 | 103.4 | 0.290 | 分析 |
| 近红 | 751.4 | 3.75 | 66.8 | 0.277 | 分析 |

（3）噪声等效反射率差

噪声等效反射率差按如下公式计算：

$$\mathrm{NE}\Delta\rho=\frac{\Delta\rho}{\dfrac{\Delta V_s}{V_n}} \tag{3-66}$$

式中，$\mathrm{NE}\Delta\rho$ 为噪声等效反射率差；$\Delta\rho$ 为目标与背景的反射率差；$\Delta V_s$ 为目标与背景的信号电平差（mV）；$V_n$ 为噪声均方根电平（mV）。

（4）动态范围及设置

景物输入动态范围按如下公式计算：

$$\mathrm{DR}=\frac{L_{\max}}{L_{\min}} \tag{3-67}$$

式中，DR 为遥感器系统的动态范围；$L_{\max}$ 为最大入瞳光谱辐亮度［W/（$\mathrm{m}^2$·sr·$\mu$m）］；$L_{\min}$ 为最小入瞳光谱辐亮度［W/（$\mathrm{m}^2$·sr·$\mu$m）］。光谱辐亮度可根据卫星观测时太阳高度角、地表反射率、大气模型、气溶胶类型、能见度等条件，采用 6S 或 modtran 等辐射传输模型软件计算得到。

对于 TDI CCD 为接收器件的遥感器，设置不同级数及增益使景物输入动态范围对应不同的输出动态范围。从在轨经验看，大气程辐射会导致图像过亮，入轨后成像参数往往需向下调整。因此遥感器地面定标设置输出动态范围时，一般应设置低级数档，使最大入瞳光谱辐亮度条件下（如 70°太阳高度角、0.65 反射率）的输出灰度值接近满量程的 85%左右，并保留至少有 1 档向下调整参数的能力。这样才能保证在轨调整图像的输出动态范围有足够的余量。

（5）奈奎斯特空间频率

奈奎斯特空间频率按如下公式计算：

$$f_{ny}=\frac{1}{2d} \tag{3-68}$$

式中，$d$ 为像元尺寸（mm）；$f_{ny}$ 为光学系统奈奎斯特空间频率（lp/mm，线对/毫米）。

（6）艾里斑直径

假设一个成像光学系统没有像差，则点源图像取决于衍射效应，将点源光强在物镜焦平面的二维分布称为艾里斑。第一暗环的直径 $d$ 通过下式计算：

$$d=\frac{2.44\lambda f}{D}=2.44\lambda F \tag{3-69}$$

式中，$d$ 为艾里斑直径（$\mu$m）；$D$ 为入瞳直径（mm）；$f$ 为焦距（mm）；$\lambda$ 为波长（$\mu$m）。艾里斑直径与光学系统 $F$ 数有关，在衡量光学系统分辨率等方面有着关键作用。

（7）系统调制传递函数

①光学系统理论 MTF

不含遮拦的光学系统理论 MTF 按如下公式计算：

$$\left.\begin{aligned}\mathrm{MTF}_{光}&=\frac{2}{\pi}\left[\arccos\left(\frac{f_{ny}}{f_0}\right)-\sqrt{\frac{f_{ny}}{f_0}\left(1-\frac{f_{ny}}{f_0}\right)^2}\,\right]\\ f_0&=\frac{1}{\lambda F},\frac{f_{ny}}{f_0}\leqslant 1\end{aligned}\right\} \tag{3-70}$$

式中，$\mathrm{MTF}_{光}$ 为不含遮拦的光学系统理论调制传递函数；$f_{ny}$ 为光学系统奈奎斯特空间频率（lp/mm）；$f_0$ 为光学系统截止空间频率（lp/mm）；$\lambda$ 为平均波长（$\mu$m）；$F$ 为镜头相对孔径的倒数。

②遥感器静态 MTF

调制传递函数描述了遥感器对不同空间频率的物方调制度降低到像方调制度的程度。系统调制传递函数是各单独组分的乘积。遥感器静态调制传递函数按如下公式计算：

$$\mathrm{MTF}_s(u_i)=\mathrm{MTF}_o(u_i)\mathrm{MTF}_{CCD}(u_i)\mathrm{MTF}_E(u_i)\mathrm{MTF}_e(u_i) \tag{3-71}$$

式中，$\mathrm{MTF}_s$ 为遥感器静态系统调制传递函数；$u_i$ 为空间频率；$\mathrm{MTF}_o$ 为光学系统调制传递函数；$\mathrm{MTF}_{CCD}$ 为探测器调制传递函数；$\mathrm{MTF}_E$ 为电子电路调制传递函数（一般取 0.98～1）；$\mathrm{MTF}_e$ 为 其他因素的调制传递函数（包括温度、离焦、调焦等因素的影响）。

③在轨动态 MTF

卫星在轨飞行方向动态调制传递函数 $\mathrm{MTF}_{飞行}(v)$ 和垂轨方向动态调制传递函数 $\mathrm{MTF}_{垂轨}(v)$ 按式（3－72）、式（3－73）计算。

$$\begin{aligned}\mathrm{MTF}_{飞行}(v)=&\mathrm{MTF}_{大气}\cdot\mathrm{MTF}_{相机}(v)\cdot\mathrm{MTF}_{推扫}\cdot\mathrm{MTF}_{力热}\cdot\mathrm{MTF}_{杂光}\cdot\\&\mathrm{MTF}_{积分时间}\cdot\mathrm{MTF}_{姿态稳定度}\cdot\mathrm{MTF}_{微振动}\end{aligned} \tag{3-72}$$

$$\begin{aligned}\mathrm{MTF}_{垂轨}(v)=&\mathrm{MTF}_{大气}\cdot\mathrm{MTF}_{相机}(v)\cdot\mathrm{MTF}_{力热}\cdot\mathrm{MTF}_{杂光}\cdot\mathrm{MTF}_{偏流角}\cdot\\&\mathrm{MTF}_{姿态稳定度}\cdot\mathrm{MTF}_{微振动}\end{aligned} \tag{3-73}$$

式中，$\mathrm{MTF}_{飞行}(v)$ 为飞行方向动态调制传递函数；$\mathrm{MTF}_{垂轨}(v)$ 为垂轨方向动态调制传递函数；$v$ 为空间采样频率（lp/mm）；$\mathrm{MTF}_{大气}$ 为大气调制传递函数；$\mathrm{MTF}_{相机}(v)$ 为相机静态调制传递函数（含调焦影响因子）；$\mathrm{MTF}_{推扫}$ 为推扫对调制传递函数的影响因子；$\mathrm{MTF}_{力热}$ 为力热环境对调制传递函数的影响因子；$\mathrm{MTF}_{杂光}$ 为在轨杂光对调制传递函数的影响因子；$\mathrm{MTF}_{积分时间}$ 为积分时间误差对调制传递函数的影响因子；$\mathrm{MTF}_{偏流角}$ 为偏流角修正误差对调制传递函数的影响因子；$MTF_{姿态稳定度}$ 为姿态稳定度误差对调制传递函数的影响因子；$MTF_{微振动}$ 为微振动对调制传递函数的影响因子。

其中，大气调制传递函数和力热、杂光对调制传递函数的影响因子一般按经验取值。

在奈奎斯特频率处，积分时间误差对调制传递函数的影响因子按以下公式计算：

$$MTF_{积分时间} = \mathrm{sinc}(N\Delta t_{int}/(2t_{int})) \tag{3-74}$$

式中，$N$ 为积分级数；$\Delta t_{int}$ 为积分时间误差（ms）；$t_{int}$ 为积分时间（ms）。

在奈奎斯特频率处，偏流角修正误差对调制传递函数的影响因子按以下公式计算：

$$MTF_{偏流角} = \mathrm{sinc}\left(\frac{N\tan\theta}{2}\right) \tag{3-75}$$

式中，$\theta$ 为偏流角修正残差（°）。

在奈奎斯特频率处，姿态稳定度对调制传递函数的影响因子按以下公式计算：

$$MTF_{姿态稳定度} = \mathrm{sinc}\left(\frac{f}{2d}\tan(\omega \cdot Nt_{int})\right) \tag{3-76}$$

式中，$\omega$ 为姿态稳定度（（°）/s）；$d$ 为像元大小（$\mu$m）。

微振动对图像质量的影响与振动频率有关。记相机积分时间为 $t_{int}$，振动周期为 $t_{vib}$，如果 $t_{vib} < t_{int}$，在一个积分时间内存在一个或几个周期的微振动，称为高频微振动；如果 $t_{vib} > t_{int}$，一次微振动要经历几个积分时间，称为低频微振动。微振动对调制传递函数的影响因子按以下公式计算：

$$MTF_{微振动} = MTF_{低频振动} \cdot MTF_{高频振动} \tag{3-77}$$

式中，$MTF_{高频振动}$ 为高频振动影响因子；$MTF_{低频振动}$ 为低频振动影响因子。

在奈奎斯特频率处，高频和低频微振动影响按式（3－78）计算：

$$\left.\begin{aligned} MTF_{低频振动} &= \mathrm{sinc}(\Delta d_{vibl}/(2d)) \\ MTF_{高频振动} &= e^{-2\pi^2(\Delta d_{vibh}/(2d))^2} \end{aligned}\right\} \tag{3-78}$$

式中，$\Delta d_{vibh}$ 为高频振动引起的像移量（$\mu$m）；$\Delta d_{vibl}$ 为低频振动引起的像移量（$\mu$m）；$d$ 为像元大小（$\mu$m）。

在地面分析在轨动态 MTF 时，需进行动态 MTF 指标分解和地面试验验证来复核在轨动态 MTF，复核流程如图 3－21 所示，尤其是在轨长曝光时间下的微振动影响、大气对 MTF 影响要引起重视。

### 3.4.6　遥感器性能折中

以上描述的信噪比、MTF 和 GSD 是遥感器性能的重要指标，但具有相似性能特征的光学遥感器如何评价其质量差异？对于遥感器，可用三个基本值描述质量：信噪比、奈奎斯特频率下的 MTF（高 MTF 对应在零和奈奎斯特频率之间有高信息采样率）和地面采样距离 GSD（小 GSD 对应高信息含量）。定义相对质量指数（RQI），以便与参考仪器（下角标为 ref）进行直接的定量比较。

$$RQI = \frac{SNR}{SNR_{ref}} \cdot \frac{MTF}{MTF_{ref}} \cdot \frac{GSD_{ref}}{GSD} \tag{3-79}$$

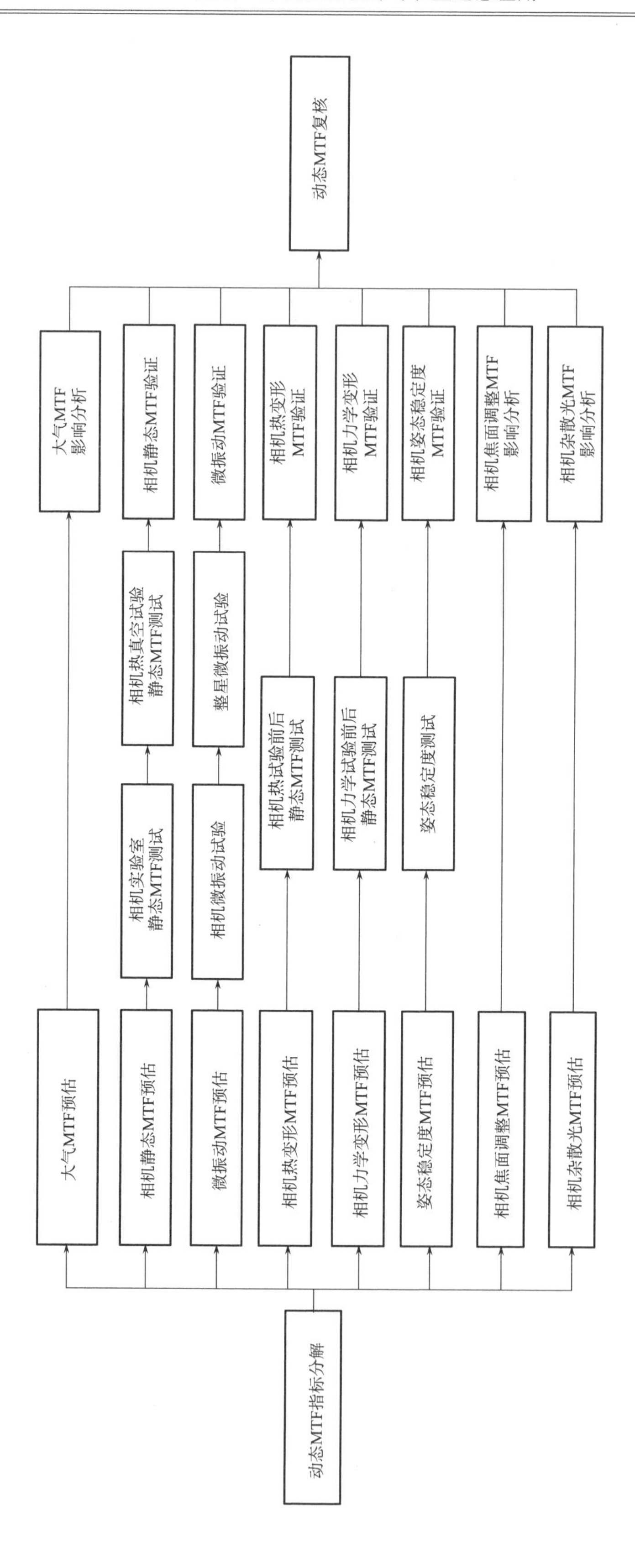


图3-21　MTF复核流程示例

式中，RQI 为相对质量指数；SNR 为信噪比；$SNR_{ref}$ 为参考仪器的信噪比；MTF 为调制传递函数；$MTF_{ref}$ 为参考仪器的调制传递函数；GSD 为地面像元分辨率；$GSD_{ref}$ 为参考仪器的地面像元分辨率。

这个相对的质量指数允许设计师权衡彼此。例如，较高的 SNR 可以补偿奈奎斯特处较低的 MTF，这样的比较可以权衡遥感器的复杂性、性能和成本之间的关系。例如，假设定义了一个参考遥感器，信噪比为 512，MTF 为 0.5，GSD 为 25 m。设计了一个新遥感器，信噪比为 705.2，MTF 为 0.47，GSD 为 30 m 的情况下，该系统的 RQI 将是 108%，性能会比参考仪器好。该指数提供了一种简单的方法，用三个关键性能指标来比较不同遥感器的方案。

### 3.4.7　参数计算示例

光学有效载荷参数计算步骤和公式示例见表 3-7。

**表 3-7　光学有效载荷参数计算**

| 参数 | 计算公式 | 计算结果 | 备注 |
|---|---|---|---|
| 步骤 1:计算太阳同步圆轨道参数 | | | |
| 已知轨道高度 | $H=644$ km | — | — |
| 轨道半长轴 | $a=R+H$ | $a=7\,015.574$ km | $R=6\,371.004$ km |
| 轨道倾角 | $\cos i=-0.098\,2\left(\frac{a}{R}\right)^{3.5}(1-e^2)^2$ | $i=97.9°$ | $e=0$ |
| 星下点南北纬观测范围 | $\varepsilon=\pm(180-i)$ | $\varepsilon=\pm 82.1°$ | — |
| 轨道周期 | $T=2\pi\sqrt{\frac{a^3}{\mu}}$ | $T=5\,847.978$ s | 即 97.466 min |
| 每天运行圈数 | $C_{day}=\frac{86\,164}{2\pi}\sqrt{\frac{\mu}{a^3}}$ | $C_{day}=14.73$ 圈 | — |
| 同一天内相邻圈在赤道上的轨迹间距 | $L_{n,n+1}=2\pi R_e/C_{day}$ | $L_{n,n+1}=2\,719.9$ km | $R_e=6\,378.140$ km |
| 回归周期内相邻轨迹在赤道上的间距 | $L_{pass}=2\pi R_e/Q$ | $L_{pass}=66.24$ km | 已知回归圈数 $Q=605$ 圈 |
| 卫星轨道角速度 | $\omega=\sqrt{\frac{\mu}{a^3}}$ | $\omega=0.001\,074$ rad/s | 即 $\omega=0.061\,56(°)/s$ |
| 卫星星下点地速 | $V_n=R\sqrt{\frac{\mu}{a^3}}$ | $V_n=6.845$ km/s | — |
| 卫星摄影点地速 | $V_g=\sqrt{(R\omega-R\omega_e\cos i)^2+\left[R\omega_e\sin i\sqrt{1-\left(\frac{\sin\delta}{\sin i}\right)^2}\right]^2}$ | $V_g=6.917$ km/s | 设摄影点纬度 $\delta=45°$ |

**续表**

| 参数 | 计算公式 | 计算结果 | 备注 |
| --- | --- | --- | --- |
| 速高比 | $\left.\begin{array}{l}\dfrac{V_g}{L}=\dfrac{V_g}{\left(\dfrac{\sin\alpha}{\sin\theta}R\right)}\\ \alpha=\arcsin\left[\dfrac{(H+R)\sin\theta}{R}\right]-\theta\end{array}\right\}$ | $\dfrac{V_g}{L}=1.07\times10^{-4}\ 1/\mathrm{s}$ | 设侧摆 $\theta=25°$ |
| 步骤 2:计算观测几何参数 | | | |
| 卫星下视角 | $\beta=\arcsin\left(\dfrac{R}{H+R}\right)$ | $\beta=65.25°$ | 卫星赋型天线的波束覆盖范围应超过±65.25° |
| 正视时中心视场地面像元分辨率 | $\mathrm{GSD}=H\dfrac{d}{f'}$ | GSD=15.517m | 已知 $d=6.5\ \mu\mathrm{m}$，$f'=270\ \mathrm{mm}$ |
| 正视时视场边缘地面像元分辨率 | $\phi=\dfrac{1}{2}\mathrm{FOV},\mathrm{GSD}_{\phi x}=\dfrac{\mathrm{GSD}}{\cos\phi},\mathrm{GSD}_{\phi y}=\dfrac{\mathrm{GSD}}{\cos^2\phi}$ | $\mathrm{GSD}_{fx}=15.679\ \mathrm{m}$<br>$\mathrm{GSD}_{fy}=15.841\mathrm{m}$ | 已知 FOV=16.44°，则 $\phi=8.22°$ |
| 侧视时中心视场地面像元分辨率 | $\mathrm{GSD}_c=R\left[\arcsin\dfrac{(H+R)\sin\left(\theta+\dfrac{\mathrm{IFOV}}{2}\right)}{R}-\arcsin\dfrac{(H+R)\sin\left(\theta-\dfrac{\mathrm{IFOV}}{2}\right)}{R}-\mathrm{IFOV}\right]\times\dfrac{\pi}{180°}\times10^{-3}$ | $\mathrm{GSD}_c=19.564\ \mathrm{m}$ | 设侧摆 $\theta=25°$ |
| 不考虑地球曲率的幅宽 | $W=2H\cdot\tan\left(\dfrac{\mathrm{FOV}}{2}\right)$<br>$W=2H\cdot\tan\left(\dfrac{\mathrm{IFOV}\times n}{2}\right)$ | 两式计算的幅宽 $W$ 分别为 35.5 km 和 35.6 km | 已知 FOV=3.155°，IFOV=$3.03\times10^{-6}$ rad，$n$=18 232 |
| 考虑地球曲率的幅宽 | $W=2R\left\{\arcsin\left[\dfrac{(H+R)\sin\left(\dfrac{\mathrm{FOV}}{2}\right)}{R}\right]-\dfrac{\mathrm{FOV}}{2}\right\}\times\dfrac{\pi}{180°}$ | $W$=186.4 km | 已知 FOV=16.44° |
| 卫星侧摆后幅宽 | $W_c=R\left[\arcsin\dfrac{(H+R)\sin\left(\theta+\dfrac{\mathrm{FOV}}{2}\right)}{R}-\arcsin\dfrac{(H+R)\sin\left(\theta-\dfrac{\mathrm{FOV}}{2}\right)}{R}-\mathrm{FOV}\right]\times\dfrac{\pi}{180°}$ | $W_c$=236.7 km | 已知 FOV=16.44°，$\theta=25°$ |
| 卫星侧摆可视范围 | $W_\theta=\pm R\left[\arcsin\left(\dfrac{(H+R)\sin\left(\theta+\dfrac{\mathrm{FOV}}{2}\right)}{R}\right)-\left(\theta+\dfrac{\mathrm{FOV}}{2}\right)\right]\times\dfrac{\pi}{180°}$ | $W_\theta$=±432 km | 已知 FOV=16.44°，$\theta=25°$ |
| 步骤 3:计算成像系统参数 | | | |
| 焦距 | $f'=d\cdot\dfrac{H}{\mathrm{GSD}}$ | $f'$=261.9mm | 已知 $d=6.5\ \mu\mathrm{m}$，GSD=16 m |
| 像元数 | $n=\dfrac{W}{\mathrm{GSD}}$ | $n$=18 205 像元 | 已知 $W$=35.5 km，GSD=1.95 m |

**续表**

| 参数 | 计算公式 | 计算结果 | 备注 |
| --- | --- | --- | --- |
| 光学系统焦深 | $\pm\Delta l' = \pm 2\lambda \left(\frac{f'}{D}\right)^2$ | $\pm\Delta l' = \pm 135\ \mu m$ | 已知中心波长 $\lambda = 0.675\ \mu m$ |
| 视场角 | $FOV = 2\arctan\left(\frac{W}{2H}\right)$ | FOV=3.199° | 已知 $W = 36$ km |
|  | $FOV = 2\arctan\left(\frac{L}{2f'}\right)$，$L = [Pn-(P-1)n_{重}]d$ | $L = 182.32$ mm<br>FOV=3.155° | 已知 $P = 6\ 144$，<br>$n = 3$ 片，<br>$f' = 3\ 300$ mm<br>$n_{重} = 128$ 元，<br>$d = 0.010$ mm |
| 瞬时视场角 | $IFOV = \frac{d}{f'}$ | $IFOV = 3.03 \times 10^{-6}$ rad | 已知 $d = 0.010$ mm，<br>$f' = 3\ 300$ mm |
| 积分时间及帧频 | $T_{int} = \frac{GSD}{V_n}$，$f_l = \frac{1}{T_{int}}$ | $T_{int} = 2.27$ ms<br>$f_l = 441$ 行/s | 已计算 $V_n =$<br>6.845 km/s，<br>GSD=15.517 m |
| 扫描帧周期及扫描镜转速 | $T_l = \frac{2\pi}{\omega_s}$，$\omega_s = \frac{2\pi V_n(1+\eta)}{n_{并}\ GSD}$ | $T_l = 0.643$ s<br>$\omega_s = 9.77$ rad/s<br>=93.3 r/min | 已知 $n_{并} = 4$，<br>GSD=1.1 km，<br>$V_n = 6.845$ km/s |
| 线阵推扫式遥感器数据速率 | $R_b = \frac{V_n}{GSD} \cdot n \cdot n_{bit} \cdot N$ | $R_b = 648$ Mbit/s | 已知 $V_n =$<br>6.845 km/s，<br>$n = 18\ 462$ 元，<br>$n_{bit} = 10$，$N = 1$ |
| 光机扫描式遥感器数据速率 | $R_b = \frac{V_n \cdot n_{采} \cdot n_{并} \cdot n_{bit} \cdot N}{GSD}$ | $R_b = 4$ Mbit/s | 已知 $n_{采} = 1\ 664$，<br>$n_{并} = 4$，<br>GSD=1.1 km，<br>$n_{bit} = 10$，<br>$N = 10$ |
| 步骤 4：计算光谱特性参数（略） |  |  |  |
| 步骤 5：计算辐射特性参数 |  |  |  |
| 信号输出电压 | $V_s = \frac{100(1-A^2)}{4F^2} \cdot \pi \cdot T_{int} \cdot \int_{\lambda min}^{\lambda max} L(\lambda) \cdot \tau_0(\lambda) \cdot R_{CCD}(\lambda) d\lambda$，<br>$F = f'/D$ | $V_s = 580$ mV | 已知 $A = 0$，<br>$T_{int} = 2.27$ ms，<br>$F = 3.5$，<br>$\lambda_{max} = 0.52\ \mu m$，<br>$\lambda_{min} = 0.45\ \mu m$，<br>$\tau_0(\lambda) = 0.5$，<br>$R_{CCD}(\lambda) =$<br>3.6 V/(μJ/cm²)，<br>$L(\lambda) =$<br>316 W/(m²·sr·μm) |

续表

| 参数 | 计算公式 | 计算结果 | 备注 |
| --- | --- | --- | --- |
| 光学系统理论 MTF | $MTF_{光}=\frac{2}{\pi}\left[\arccos\left(\frac{f_{ny}}{f_0}\right)-\sqrt{\frac{f_{ny}}{f_0}\left(1-\frac{f_{ny}}{f_0}\right)^2}\right]$，$f_0=\frac{1}{\lambda F}$ | $MTF_{光}=0.446$<br>$f_0=153.8$ lp/mm | 已知 $\lambda=0.65\times10^{-3}$ mm，$F=10$，$f_{ny}=50$ lp/mm |

## 3.5　姿轨控任务分析

### 3.5.1　卫星姿态和轨道控制任务分析的主要内容

根据卫星轨道、光学遥感器成像的要求，卫星姿态和轨道控制任务分析一般包括如下内容：

1）根据任务要求和有效载荷的要求，确定能够实现满足有效载荷需求的卫星姿态控制指标，提出卫星姿态控制方式。

2）根据卫星轨道特点、质量特性情况、飞行状态（含应急状态）、柔性部件特性等，分析所需的姿态控制力矩和需要克服的内外干扰力矩，以提出姿态控制执行机构的性能要求。

3）根据卫星任务、运行寿命、重量、轨道控制要求等因素，选择合适的推进系统，确定推力器及配置，并进行燃料需求分析和确认。

4）根据对卫星姿态控制误差的要求确定卫星姿态敏感器及执行机构的配置、敏感器及执行机构安装要求和性能要求。

### 3.5.2　姿轨控分系统

（1）组成及工作原理

对卫星的质心施以外力，改变其质心运动轨迹的技术称为轨道控制。对卫星绕其质心施加外力矩，以保持或按要求改变卫星上一条或多条轴线在空间定向的技术，称为姿态控制，包括姿态机动和姿态稳定两方面，前者是把卫星从一种姿态转变为另一种姿态的定向过程。后者是保持已有姿态的过程。将姿态控制与轨道控制结合在一起称为姿轨控分系统，由敏感器、执行机构和中心控制单元组成，部件配置示例如下：

①敏感器

卫星上常用的姿态敏感器有太阳敏感器、红外地球敏感器、陀螺、星敏感器和磁强计等。

②执行机构

执行机构按产生力矩的方式分为以下几类：

1）利用质量排出产生反作用推力：肼推进系统（含贮箱、姿控发动机、轨控发动机、自锁阀、压力传感器、过滤器、气加排阀、液加排阀、管路等）。

2）利用“角动量守恒”原理产生力矩：动量轮、控制力矩陀螺。

3）利用空间环境与卫星相互作用产生力矩：磁力矩器。

4）控制太阳翼跟踪太阳：帆板驱动机构及线路。

③中心控制单元

含控制器、敏感器信号预处理、敏感器信号采集、执行机构驱动线路、应急控制线路等，用于控制姿轨控系统高可靠稳定运行。

（2）姿态确定方法

主要有两种姿态确定算法，第一种是利用红外地球敏感器、太阳敏感器和陀螺测量信息的姿态确定算法，主要用于入轨初期星敏感器未进入工作状态前，卫星能迅速转入对地定向模式，另外也作为星敏感器故障后的备份；第二种是利用星敏感器和陀螺测量信息的姿态确定算法，主要用于正常在轨运行模式。由于红外地球敏感器为转动部件，故障概率相对较大，且精度低。随着星敏感器产品的迅速发展和普及，目前小卫星的主流定姿方式使用星敏感器和陀螺，不再使用红外地球敏感器。入轨初期使用数字太阳敏感器转入对日定向，星敏感器正常工作后再转为对地定向。此外，故障情况下，无陀螺的星敏感器定姿方案可作为姿态确定的备份方案。

（3）姿态控制方法

卫星有对日定向及对地切换需求时，需要至少配置3台飞轮，另外为避免飞轮转速过零时摩擦力矩对卫星姿态控制精度和稳定度的影响，同时为满足卫星寿命，考虑1台飞轮备份的情况，常采用三个正交安装和一个斜装的四轮构型，即四个动量轮中三个沿卫星的三个本体轴安装，第四个与三个正交轴成等夹角（54.74°）安装。斜装轮恒速，作角动量保持，三个正交飞轮工作于偏置方式，并且与恒速斜装轮的角动量的大小满足在标称情况下合成的总角动量为零，构成整星零动量。磁力矩器卸载是轮控方式的标准配置，一旦开始轮控，磁卸载便连续工作，必要时采用喷气卸载，以应付意外情况。

姿态一般分为目标姿态、估计姿态和真实姿态，三者相互关系引出4项误差，如图3-22所示，其中：1）$k$ 为姿态确定误差，是估计姿态与真实姿态的误差；2）$c$ 为姿态控制误差，是估计姿态与目标姿态的误差；3）$a$ 为姿态指向误差，是目标姿态与真实姿态的误差；4）$s$ 为姿态抖动误差，是真实姿态的波动误差。从遥测、载荷辅助数据提取的三轴姿态角就是估计姿态，估计姿态的误差源主要有：陀螺测量误差、星敏感器测量误差

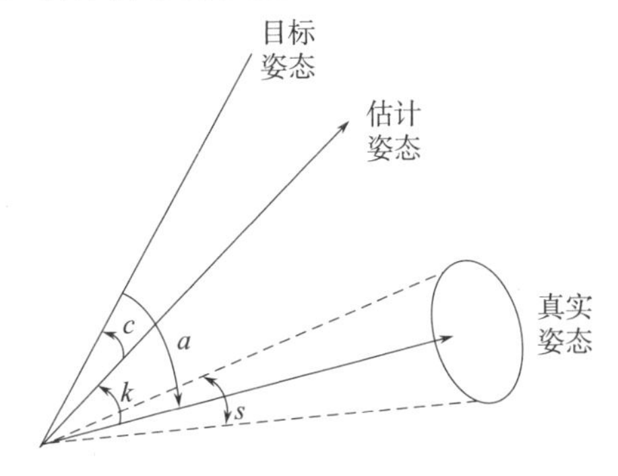


图3-22　姿态定义及误差关系示意图（Linz等，2019）

(可用星敏夹角误差曲线进行统计)、系统安装偏差、轨道误差等，因此估计姿态不等同于真实姿态。姿态确定误差 $k$ 的表现形式有常值误差、随机误差、线性误差、周期误差等。

### 3.5.3 执行机构需求分析

#### 3.5.3.1 扰动力矩分析

遥感卫星轨道高度范围一般为 500～800 km，干扰力矩按照 500 km 轨道分析，见表3-8。

**表 3-8 空间环境干扰力矩分析统计**

| 空间环境干扰力矩种类 | 计算条件 | 最大干扰力矩估计值/N·m | 备注 |
|---|---|---|---|
| 大气阻力扰动 | 500 km 高度大气密度平均值为 $6.9\times10^{-13}$ kg/m³，迎风面积按照 1.5 m² 计算(两块帆板面积)，假设大气阻力压心与卫星质心偏差以 50 mm 估计，在太阳活动平均年计算 | $3.3\times10^{-6}$ | |
| 太阳光压扰动 | 太阳辐射按照完全镜面反射计算，受晒面积按照 1.5 m² 计算，假设太阳辐射压心与卫星质心偏差控制以 50 mm 估计 | $6.8\times10^{-7}$ | |
| 地磁力矩 | 500 km 高度地球磁场强度最大约 $5\times10^{-5}$ T，整星剩磁按照 0.2A·m² 计算 | $9.8\times10^{-6}$ | 地球磁场对卫星姿态的影响是低轨道卫星所特有的问题，强度由内向外迅速减弱，低轨比高轨的磁场强度强得多。地磁力矩是整星剩磁与地球磁场相互作用而产生的，主要受整星剩磁矩、轨道高度、轨道倾角的影响 |
| 重力梯度 | 按照星体估计惯量，三轴最大惯量差按 4 kg·m²估计，45°偏角状态下(最大梯度力矩情况) | $7.37\times10^{-6}$ | |
| 合计 | | $2.12\times10^{-5}$ | |

根据以上分析，总体干扰力矩合计量级为 $2.12\times10^{-5}$ N·m。

#### 3.5.3.2 执行机构指标需求分析

(1) 磁力矩器指标需求

磁力矩器是一种通过产生磁矩与轨道磁场相互作用来产生控制力矩的装置。根据上节分析环境干扰力矩为 $T_d=2.12\times10^{-5}$ N·m，按照轨道磁场强度 $B=5\times10^{-5}$ T 估计，磁力矩器产生的磁矩至少应为 $m_{min}=T_d/|B|=0.424$，考虑 10 倍余量，实际设计的磁矩应不小于 4.2 A·m²，同时考虑入轨时段速率阻尼需求，可选择 10 A·m² 磁力矩器。

（2）动量轮指标需求

①角动量

飞轮角动量需求主要考虑 2 个方面：1）姿态机动过程产生的角动量累积；2）在轨稳定控制时外部干扰力矩引起的角动量累积。

1）姿态机动过程产生的轮子最大累积角动量与星体最大机动角速度有关：

$$\Delta H_{w1} = I \cdot \omega_{max} \tag{3-80}$$

式中，$\Delta H_{w1}$ 为角动量增量（N · m · s）；$\omega_{max}$ 为星体最大机动角速度［（°）/s］。

假设卫星由对日向对地切换过程时间要求按 5 min 计算，姿态机动角度取 180°，则卫星最大角速度需要满足 0.6（°）/s，取卫星星体主轴惯量 15 kg · m$^2$，则角动量增量 $\Delta H_{w1}$ =0.16 N · m · s。另外 3 正装+1 斜装布局的四台飞轮同时工作时需要飞轮偏置方式运行，飞轮角动量至少应为角动量增量的 2 倍，则飞轮至少需具有 $\Delta H_{w1} \times 2$ = 0.32 N · m · s 的角动量。

2）在轨稳定控制时外部环境干扰力矩引起的角动量累积如下：

$$\Delta H_{w2} = T_d \cdot t_{周期} \times 0.707/4\ (以正弦干扰估计) \tag{3-81}$$

式中，$\Delta H_{w2}$ 为单圈累积角动量（N · m · s）；$T_d$ 为外部干扰力矩（N · m）；$t_{周期}$ 为绕地球一圈需要的时间（s）。以表 3-8 为例，外部干扰力矩 $T_d$ =2.12×10$^{-5}$ N · m，$t_{周期}$ = 5 677 s，单圈累积角动量 $\Delta H_{w2}$ =0.02 N · m · s。该角动量远小于姿态机动所需的角动量，可以忽略不计。

综上，考虑余量及动量轮的偏置要求，宜选择角动量指标≥0.5 N · m · s 的动量轮。

②力矩输出能力

最大力矩由外部干扰力矩和机动加速能力确定，其中机动控制力矩远大于外部干扰力矩。

假设卫星姿态机动采用沿主轴进行时间最优的机动控制方式，即以最大力矩加速和减速，则时间 $t$ 内卫星姿态机动角度为 $\theta$，姿态机动所需力矩 $T$ 为：

$$\frac{\theta}{2} = \frac{1}{2}\frac{T}{I}\left(\frac{t}{2}\right)^2 \tag{3-82}$$

由对日定向转对地定向时，要求在 5 min 内完成 180°机动，转动惯量 $I$=15 kg · m$^2$，则所需控制力矩为 2 mN · m。受角动量约束，卫星最大角速度取为 0.7（°）/s，则飞轮控制力矩不能小于 5 mN · m。

③姿态机动对动量轮需求分析

以卫星具有 45（°）/30 s 的姿态机动能力为例，按照图 3-23 的轨迹设计卫星沿欧拉轴机动的角速度，即姿态机动过程分为加速→匀速→减速→稳定四个阶段，其中 $\omega$ 为姿态机动角速度，$\theta$ 为卫星姿态角度，考虑时间最优的姿态规划，姿态加速段时间 $t_a$ 等于姿态减速段时间 $t_c$。

姿态机动角度与时间、角速度的关系如下：

$$\frac{1}{2}at_a^2 \times 2 + \omega_{max}(t - t_s - 2t_a) = \theta_f \tag{3-83}$$

式中，$a$ 为 $OA$ 段角加速度（$a = \omega_{max}/t_a = T/I_b$，$T$ 为控制力矩，$I_b$ 为卫星旋转轴转动惯

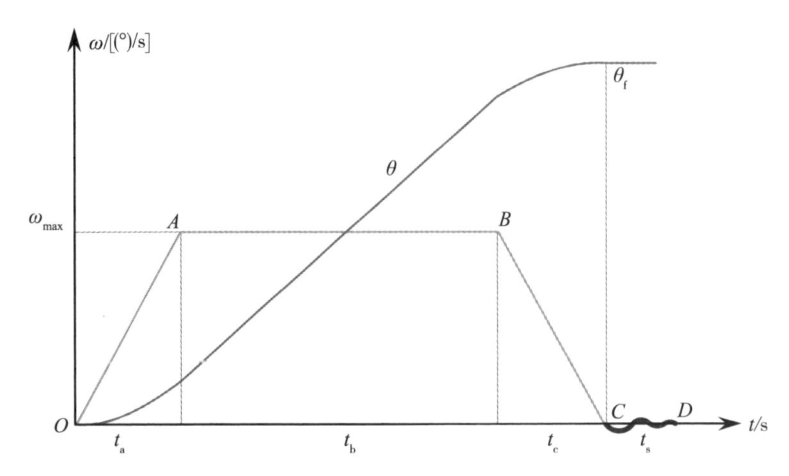


图 3-23　姿态机动过程角速度及角度变化示意图（见彩插）

量）；$t$ 为要求的总机动时间；$t_s$ 为机动到位后的稳定时间。对于卫星成像前的姿态机动时间，需要考虑稳定时间；而对于从对地转对日定向等姿态稳定度要求不高的模式分析时，可以不考虑稳定时间。

按卫星旋转轴转动惯量 1～2 kg・m$^2$ 估计，稳定时间计为 5 s，表 3-9 给出了不同最大角速度 $\omega_{max}$ 以及几种转动惯量时，45（°）/30 s 机动能力对动量轮角动量及输出力矩的需求。

**表 3-9　卫星机动能力对动量轮指标需求**

| 最大角速度/[(°)/s] | 恒速段时间/s | 动量轮角动量增量需求/(mN・m・s) | | | 动量轮输出力矩需求/(mN・m) | | |
|---|---|---|---|---|---|---|---|
| | | 1 kg・m$^2$ | 1.5 kg・m$^2$ | 2 kg・m$^2$ | 1 kg・m$^2$ | 1.5 kg・m$^2$ | 2 kg・m$^2$ |
| 2 | 20.000 | 34.907 | 52.360 | 69.813 | 13.963 | 20.944 | 27.925 |
| 2.2 | 15.909 | 38.397 | 57.596 | 76.794 | 8.447 | 12.671 | 16.895 |
| 2.4 | 12.500 | 41.888 | 62.832 | 83.776 | 6.702 | 10.053 | 13.404 |
| 2.6 | 9.615 | 45.379 | 68.068 | 90.757 | 5.899 | 8.849 | 11.798 |
| 2.8 | 7.143 | 48.869 | 73.304 | 97.738 | 5.473 | 8.210 | 10.947 |
| 3 | 5.000 | 52.360 | 78.540 | 104.720 | 5.236 | 7.854 | 10.472 |
| 3.2 | 3.125 | 55.851 | 83.776 | 111.701 | 5.106 | 7.660 | 10.213 |
| 3.4 | 1.471 | 59.341 | 89.012 | 118.682 | 5.044 | 7.566 | 10.088 |
| 3.6 | 0.000 | 62.832 | 94.248 | 125.664 | 5.027 | 7.540 | 10.053 |

以 1 kg・m$^2$转动惯量为例，从表 3-9 中可以看出，极限情况，卫星姿态机动过程只包括加速、减速段，恒速段 $t_s$ 为 0，此时动量轮角动量增量需求为 63 mN・m・s（如考虑四台动量轮运行在偏置模式，则角动量至少需 0.13 N・m・s），输出力矩需求为 5 mN・m，达到的最大角速度为 3.6（°）/s，因此，飞轮的角动量应大于 0.13 N・m・s，输出力矩应大于5 mN・m。

④轨控对动量轮需求分析

以推进系统采用单轨控推力器配置为例，无姿控推力器，由轨控推力偏心引起的扰动力矩需通过反作用轮实时消除，以保持变轨期间的姿态稳定，从而保证轨控精度。这一过程会导致轮控系统的角动量不断累积，当轮控系统角动量饱和时需停止轨控，通过磁力矩器对轮控系统进行角动量卸载到较小值之后，再继续进行轨控过程。因此轨控过程发动机开机次数及开机时长与姿态控制系统动量轮的角动量及磁力矩器的卸载能力紧密关联。

变轨过程动量轮角动量累积按下式计算：

$$\Delta H_w = F \cdot \Delta L \cdot t_p \tag{3-84}$$

式中，轨控发动机最大推力 $F=1$ N，通过调节可适用 0.2～1 N 的推力范围。目前小卫星质心偏差 $\Delta L$ 控制能力在 10 mm 以内，轨控开机时长 $t_p$ 按 100 s 计算。表 3-10 给出了针对不同轨控发动机推力及推力偏心距条件下轨控推力产生的干扰力矩及角动量增量。

**表 3-10　轨控推力产生的干扰力矩及角动量增量**

| 发动机推力/N | 推力偏心距($\Delta L$)/m | 干扰力矩/(mN·m) | 角动量增量/(N·m·s) |
|---|---|---|---|
| 1 | 0.01 | 10 | 1 |
|  | 0.002 | 2 | 0.2 |
| 0.5 | 0.01 | 5 | 0.5 |
|  | 0.002 | 1 | 0.1 |
| 0.2 | 0.01 | 2 | 0.2 |
|  | 0.002 | 0.4 | 0.04 |

从表 3-10 中可以看出，大推力、长时间的推力会使动量轮角动量累积较大，通过控制发动机推力和开机时间，同时限制推力偏心距大小，可以有效限制角动量增量。

综合以上分析和产品情况，选用飞轮的输出力矩应不小于 10 mN·m，角动量 0.5 N·m·s。

### 3.5.4　敏感器指标需求分析

(1) 陀螺指标需求

陀螺测量精度对控制系统有两方面要求：1) 角速度测量精度影响控制稳定度；2) 在姿态机动过程中星敏不可用时，陀螺角速度积分精度决定了姿态确定精度。

控制稳定度要求 0.001 (°) /s，角速度测量误差占比重 30%，对陀螺测量精度要求为 $3\times10^{-4}$ (°) /s。

由对日转对地姿态机动过程设为 300 s，陀螺角速度积分误差要求小于 0.1°，要求陀螺角速度测量精度 $3.3\times10^{-4}$ (°) /s（零偏修正之后指标）。

(2) 星敏指标需求

星敏测量精度决定于：1) 星体姿态稳定时姿态测量精度；2) 星体姿态机动时陀螺角度积分初值。综合考虑姿态控制精度 0.1°，则姿态确定误差要小于 0.03°（按控制精度 0.1°的 1/3 估算）。为满足 0.03°姿态确定误差要求，考虑 200 m 轨道外推误差、30″星敏安装系统误差（标定之后），星敏测量误差应小于 50″，目前大部分星敏能够满足要求。

### 3.5.5 燃料预算分析

燃料预算需考虑入轨时初轨调整、在轨运行轨道维持及姿控等消耗的燃料。大气密度一般按平年和高年分别选取。

（1）初轨调整燃料

假设运载火箭发射卫星的入轨精度最低可以达到：

半长轴误差：$|\Delta a| \leqslant 5$ km。

轨道倾角误差：$|\Delta i| \leqslant 0.1°$。

偏心率误差：$e \leqslant 0.003$。

初始轨道修正（或称为初始轨道捕获）的任务是调整轨道半长轴和轨道倾角。燃料预算中，半长轴、轨道倾角的调整量可按如下最大值考虑：$-5$ km$\leqslant \Delta a \leqslant 5$ km；$-0.1° \leqslant \Delta i \leqslant 0.1°$。实际调整量由卫星入轨后的实测值决定。采用霍曼变轨调整轨道高度时，所需速度增量 $\Delta v$ 的简化计算公式为（James 等，1992）：

$$\Delta v \approx 0.5 \cdot \Delta a / a \cdot v \tag{3-85}$$

小角度改变轨道倾角时，所需速度增量 $\Delta v$ 的简化计算公式为：

$$\Delta v = 2v\sin(\Delta i/2) \approx v \cdot \Delta i \tag{3-86}$$

式中，$v$ 是卫星运行速度（km/s），$v=\sqrt{\mu/a}$；$\Delta a$ 为半长轴控制量（km）；$a$ 为半长轴标称值（km）；$\Delta i$ 为倾角控制量（rad）；轨道高度已知时，以上参数均为已知量。以卫星质量 1 000 kg，平均轨道高度 644.57 km 为例，调整 5 km 高度的速度增量为2.7 m/s，所需燃料 $\Delta m = m\Delta v/(I_s g)$，其中 $m$ 为卫星质量，$I_s$ 为燃料比冲，单组元一般取 200 s，$g$ 为重力加速度，经计算 $\Delta m = 1.37$ kg。同理调整 0.101 6°倾角的速度增量为13 m/s，所需燃料 6.82 kg。

（2）轨道维持的燃料消耗

轨道保持的任务是控制星下点轨迹和交点地方时的漂移，使之保持在任务允许的范围内。一般轨道设计时已采用倾角偏置的方式，控制了寿命期内降交点地方时的漂移量，因此寿命期内无需对轨道倾角调整而消耗燃料，只需针对大气阻力引起的轨迹漂移进行轨道高度的维持控制。

按照整星质量取 1 000 kg，太阳翼面积为 5.661 $m^2$，星本体面积为 2.25 $m^2$，迎风面积平均按 5 $m^2$（全迎风最大 8.27 $m^2$）。卫星变轨发动机的额定真空比冲取 $I_{sp} = 200$ s，$g = 9.806\ 65$ m/$s^2$。按允许漂移范围 $\Delta L = 50$ km。计算轨道维持的燃料消耗结果见表 3-11。

**表 3-11　卫星星下点轨迹漂移维持示例**

| 太阳活动 | 大气密度/($kg/m^3$) | 允许轨迹漂移范围/km | 半长轴衰减速率/(m/d) | 半长轴调整范围 $2\Delta a$/m | 每次速度增量/(m/s) | 轨道保持周期(天) | 五年推进剂量/kg |
|---|---|---|---|---|---|---|---|
| SA76 | $5.61\times10^{-14}$ | ±25 | 3.20 | 386.96 | 0.2079 | 120.8 | 1.60 |
| 平年 | $2.18\times10^{-13}$ | ±25 | 12.45 | 762.80 | 0.4098 | 61.27 | 6.22 |
| 高年 | $3.94\times10^{-13}$ | ±25 | 22.50 | 1025.4918 | 0.5509 | 45.57 | 11.25 |

此燃料消耗为理论计算值，实际情况与大气密度等一系列因素有关。

(3) 姿态控制的燃料消耗

由于消初偏、轨控前后调姿、全姿态捕获等姿态控制模式需要喷气控制，且由于卫星布局限制而使推力器倾斜安装或存在质心偏移等情况，均会导致以上姿态控制要消耗燃料，一般姿态控制所需燃料最大按轨控燃料用量的 20%计算。

(4) 小结

在寿命期内燃料预算需考虑的项目及示例结果见表 3-12。

**表 3-12　卫星燃料消耗估算表示例 (5 年)**

| 项目 | 需要速度增量/(m/s) | 燃料消耗/kg | 备注 |
|---|---|---|---|
| 初轨调整 | 2.7 | 1.37 | 半长轴误差 5 km |
| | 13.43 | 6.82 | 倾角误差 0.101 6° |
| 轨道维持 | 0.53 | 11.25 | 太阳活动高年 |
| | 0.41 | 6.22 | 太阳活动平年 |
| 姿控 | — | 3.89 | 姿控按轨控的 20%计算,高年 |
| | — | 2.88 | 姿控按轨控的 20%计算,平年 |
| 用量,余量 | — | 23.33,9.17 | 高年 |
| | — | 17.29,15.21 | 平年 |
| 合计 | — | 32.5 | |

表 3-12 参数按太阳活动年计算得到，实际上由于设计时选择 F10.7 的值已经有较大裕度，且按高年计算时仍有近 9.17 kg 余量的燃料，因此选择一个肼瓶，携带 32.5 kg 燃料可完全满足 5 年寿命的燃料消耗。

## 3.6 卫星电源系统任务分析

### 3.6.1 卫星电源系统任务分析的主要内容

电源分系统是产生、储存、变换、调节和分配电能的卫星分系统，目前卫星普遍采用太阳能电池阵-蓄电池组联合电源系统。在地影区完全由蓄电池组给星上负载供电；在光照区一般采用太阳能电池阵直接为负载供电，并同时向蓄电池充电，有大的短期负载工作时可采用太阳能电池阵与蓄电池组联合供电，短期负载结束后再对蓄电池组充电。因此，电源能量分析就是要分析地影区负载需要的总能量及光照区负载、蓄电池充电需要的总能量，并依此设计太阳能电池阵和选择蓄电池组容量。

卫星电源任务分析一般包括如下内容：

1）卫星功率需求分析：对短期工作有效载荷各种工作模式下的一次电源功率需求进行分析，并开展长期工作的服务系统一次电源功率需求分析；根据供电功率确定基本供配电体制，包括一次母线电压选择，功率调节拓扑结构等。

2）电源系统参数确定：根据母线电压、卫星各工作模式下功耗、轨道阴影时间、寿命要求等，估算放电电量，初步确定蓄电池组的额定容量；根据卫星功耗、轨道光照条件、卫星姿态、空间环境等，确定需要的寿命末期太阳能电池阵最小输出功率，并根据太阳能电池阵在轨预示温度，初步确定太阳能电池阵所需串并联数目，与总体协调确定需要的可布片面积，据此确定布片方案；根据轨道任务分析的轨道面太阳入射角、地影时间及卫星的寿命要求，结合现有太阳能电池阵及蓄电池能力，确定电源系统输出功率、供电电压，提出太阳能电池阵安装方式、太阳能电池阵面积和蓄电池容量要求。

3）能量平衡分析：结合整星功率需求，根据有效载荷工作模式和太阳能电池阵受照情况，进行能量平衡分析，给出蓄电池放电深度。

4）综上结果，提出卫星电源分系统的实现方案，包括分系统组成、功能、工作模式、各设备的重量和外形尺寸等。

### 3.6.2 电源分系统拓扑结构选择分析

按母线配置划分：电源分系统可分为单母线电源系统、双母线或多条母线电源系统。单母线电源系统仅有一条母线为负载设备供电，双母线设置两条母线为负载设备供电，每条母线均配有太阳能电池阵、电源控制设备以及蓄电池组。可分别设置一条高电压母线和一条低电压母线，高电压母线为有效载荷等大功率设备供电，低电压母线为平台服务系统等设备供电。

按母线电压调节方式划分：电源分系统可分为全调节母线、不调节母线、半调节母线。全调节母线在光照期和阴影期母线电压均保持在稳定的范围内，电源品质好，但结构复杂，需要配置充电调节器和放电调节器，因此蓄电池组能量传输效率低。不调节母线电源系统中，蓄电池组输出电压直接作为母线电压，母线电压取决于蓄电池组的荷电态，会随着蓄电池组充电而升高，随蓄电池组放电而降低；分系统设计相对全调节母线要简单，且能量传输效率高，因此可用于功率密度要求高的航天器。半调节母线电源系统中，光照期母线电压稳定在设计值，阴影期则直接输出蓄电池组电压；这种母线调节方式优点是光照期母线电压品质较好且蓄电池组能量传输效率高；缺点是阴影期母线电压波动大。

按太阳能电池阵功率调节方式划分：电源分系统可分为直接能量传递方式（Direct Energy Transfer，DET）和最大功率点跟踪方式（Maximum Power Point Tracking，MPPT）。直接能量传递是目前国内外电源系统最为常用的一种拓扑结构。直接能量传递电源系统一般采用分流调节的方式来调节功率、实现母线的稳定。分流调节主要拓扑结构包括 S3R（Sequential Switching Shunt Regulator，顺序开关分流调节）和 S4R（Serial

Sequential Switching Shunt Regulator，串联型顺序开关分流调节）。S4R在S3R的基础上，通过串联一个开关管给蓄电池充电，代替S3R中专用的充电调节器，减小了器件重量、体积，并提高了效率。分流调节的优点是，当太阳能电池阵输出功率大于负载和充电所需的功率时，采用分流调节器将太阳能电池阵工作点移到短路端，在星内不会增加过多的热耗；缺点是不能充分利用太阳能电池阵的最大功率。

综上，可根据航天器轨道、负载需求、功率需求、体积和重量、继承性、成熟度等因素综合考虑电源分系统的拓扑结构。

### 3.6.3　母线电压选择

根据负载功率量级选择适合的母线电压，功率越大，选择的母线电压越高；选用较高的供电电压可以减小传输环节的线路损耗，但用电设备则需要选用更高耐压等级的元器件。典型的母线电压有12 V、28 V、42 V、100 V几个挡位。通常划分为：负载功率不超过50 W的卫星，可选择额定电压为12 V的一次母线；负载功率50～1 500 W的卫星，可选择额定电压为28 V的一次母线；1 500～5 000 W可选择42 V的供电母线电压，5 000 W及更高功率的卫星可选择100 V的供电母线电压。在母线电压选择时需要考虑已有平台设备和负载接口的继承性。

### 3.6.4　太阳能电池阵需求分析

（1）分析原则

太阳能电池阵是卫星的发电装置，对采用太阳能电池阵-蓄电池组联合供电的电源系统的卫星，太阳能电池阵从太阳光能转化的电能是卫星在轨长期运行中所需电能的唯一来源。目前卫星用太阳能电池首选砷化镓太阳能电池，有较高光电转换效率和耐辐照性能。太阳能电池阵输出功率应满足两部分需求：负载功率和充电功率，同时在此基础上增加适当的设计余量。根据任务需求，可以采用单圈能量平衡或多圈能量平衡设计。太阳能电池阵任务分析主要分两部分：1）根据对各工作模式下负载功率统计，估算出所需的太阳能电池阵输出功率；2）再根据轨道光照条件、姿态、太阳翼安装方式、空间环境分析等条件，估算出所需太阳能电池阵布片面积。

影响太阳能电池阵在轨输出功率的因素主要有太阳光强、太阳入射角、工作温度、空间环境影响。太阳光强和空间环境主要由卫星轨道决定。随着太阳能电池阵温度的上升，输出功率下降；在高能粒子辐照环境下，太阳能电池阵的输出功率会有一定的衰降；空间的紫外线对盖片胶的透光性能有影响，会减小太阳能电池阵的功率输出；太阳能电池阵输出功率近似与入射角余弦成正比；太阳入射角较大时，输出电压和电流都显著下降。还应考虑地球反照引起的太阳能电池阵输出电流增加，以及太阳能电池板可布片系数的影响。

根据以上因素，确定单位面积输出功率；再根据卫星功率需求，估算出需要的太阳能电池阵面积。太阳能电池阵构型主要分为体装式、展开固定式、展开对日定向式3种。太阳同步轨道卫星常采用单轴太阳能电池阵驱动机构（Solar Array Drive Assembly,

SADA）驱动太阳能电池阵跟踪太阳。低轨非太阳同步轨道卫星，可采用双轴驱动机构使太阳能电池阵对日定向。

展开固定式太阳能电池阵也是常用的一种构型。太阳能电池阵单板或多块板组合，展开后多板平行。太阳同步晨昏轨道卫星，阳光与轨道面夹角 $\beta$ 绝对值在 90°左右，设置太阳能电池阵展开后平行于轨道面，因此卫星三轴稳定运行期间，太阳能电池阵能保持较好的对日角度。对于敏捷卫星，载荷不工作时，整星姿态保持太阳能电池阵对日定向模式，满足星上负载功率需求，并能为蓄电池组充电；在轨执行载荷任务期间，卫星进行姿态机动，转入对地（或对目标）三轴稳定姿态，此时蓄电池组放电参与联合供电；载荷任务执行结束后卫星再次进行姿态机动，转入太阳能电池阵对日定向模式，继续为卫星负载供电并为蓄电池组充电。

对于某些微纳卫星，可在星体不同侧面安装太阳能电池板，也可增加部分展开固定式太阳能电池阵，共同参与供电。因不同时刻、不同季节受晒角度都会有所不同，此时不仅要做整个轨道周期太阳能电池阵输出情况分析，还要分析全寿命周期的太阳能电池阵输出情况，对太阳能电池阵配置、面积、安装角度进行优化设计，反复迭代得到最优设计结果。

（2）太阳能电池阵需求计算方法

太阳能电池阵需求计算方法如下：

1）步骤一：首先根据负载功耗，计算出所需的太阳能电池阵输出功率：

$$P_{\text{EOL}}=(P_{\text{负载}}+P_{\text{充电}}+P_{\text{线路}})K \tag{3-87}$$

式中，$P_{\text{EOL}}$ 为寿命末期太阳能电池阵输出功率（W）；$P_{\text{负载}}$ 为光照区负载平均功率（W），$P_{\text{负载}}$＝光照区长期功率＋光照区短期功率×短期工作时间/光照时间；$P_{\text{充电}}$ 为充电功率（W），$P_{\text{充电}}$ ＝（阴影区长期功率×地影时间＋阴影区短期功率×地影区短期工作时间）/（放电调节器效率×充电调节器效率×蓄电池组充电瓦时效率×光照时间）；$P_{\text{线路}}$ 指从太阳能电池阵到一次母线上的所有损耗之和（W），对于 DET 型电源系统，$P_{\text{线路}}$ ＝隔离二极管功耗＋线缆损耗；对于 MPPT 型电源系统，$P_{\text{线路}}$ ＝MPPT 控制器效率损耗＋线缆损耗；$K$ 为设计裕度，通常取 1.05～1.1。

2）步骤二：计算出寿命末期太阳能电池阵单位面积最大输出功率。

根据以下公式可以计算出每片太阳能电池在寿命末期最佳功率点的功率：

$$P'_{\text{EOL}}=S_0\cdot R_1\cdot R_2\cdot\cos\theta\cdot\eta\cdot[1+K_T(T-25)]\cdot F_{\text{RAD}}\cdot F_{\text{UV}}\cdot F_{\text{S}} \tag{3-88}$$

式中，$P'_{\text{EOL}}$ 为寿命末期太阳能电池阵单位有效面积最大输出功率（W/m²）；$S_0$ 为太阳常数，$S_0$＝1 353 W/m²；$R_1$ 为阳光斜照时输出功率修正因子；$R_2$ 为太阳光强季节变化因子；$\theta$ 为阳光与太阳能电池阵法线的夹角（即太阳入射角）；$\eta$ 为太阳能电池单片光电转换效率；$K_T$ 为太阳能电池阵功率温度系数（%/℃），为负值；$T$ 为太阳能电池阵在轨工作温度；$F_{\text{RAD}}$ 为太阳能电池阵粒子辐照衰减因子；$F_{\text{UV}}$ 为太阳能电池阵紫外辐照衰减因子；$F_{\text{S}}$ 为太阳能电池阵布片利用系数。

3）步骤三：计算太阳能电池阵面积。

$$A=P_{\text{EOL}}/P'_{\text{EOL}} \tag{3-89}$$

式中，$A$ 为太阳能电池阵有效面积（$m^2$）；$P_{EOL}$ 为寿命末期太阳能电池阵最小输出功率（W）；$P'_{EOL}$ 为寿命末期太阳能电池阵单位有效面积最大输出功率（$W/m^2$）。

### 3.6.5　蓄电池组需求分析

锂离子蓄电池具备高能量密度、高工作电压、自放电率低、循环寿命长、可快速充电、无记忆效应等特点，综合性能较为突出，已成为卫星电源系统储能元件的首选。锂离子电池依据性能不同一般还分为高放电倍率电池和高比能量电池两种类型。除了有短时大功率负载时选高放电倍率电池外，一般应选用高比能量型电池。

首先根据母线电压选择合适的串联数，蓄电池组最高充电电压应不高于母线电压；对于S3R或S4R型全调节母线，考虑到压降型充电调节器的最小压降限制，蓄电池组最高充电电压应不高于母线电压减去充电调节器的压降；蓄电池组最低放电电压，应不低于放电调节器允许的输入电压最小值。对于不调节母线或半调节母线，蓄电池组最低放电电压考虑线路压降后应不低于用电负载允许的供电电压下限值。解锁母线一般由蓄电池组直接输出，蓄电池组串联总电压还应满足解锁母线的电压范围要求。

蓄电池组容量需求最主要的因素包括两方面：放电深度满足寿命要求；最大放电电流应不超过选用的蓄电池放电倍率要求。蓄电池的放电深度是影响其循环寿命的主要因素之一，长寿命卫星要求蓄电池组浅充浅放，根据循环寿命要求设计蓄电池组的放电深度，设计放电深度不应超过电池在循环寿命要求下的最大放电深度。

根据轨道光照条件、负载功率需求计算放电容量，综合考虑蓄电池组在轨循环寿命要求和蓄电池本身特性所允许的放电深度确定所需的蓄电池组额定容量。

首先计算出蓄电池组在长期工作模式下的单圈放电电量：

$$Q_{放(长期)}=(P_{长期}\cdot t_{阴影})/(V_{放}\cdot N\cdot \eta_{BDR}\cdot \eta_{线损}\cdot 60) \tag{3-90}$$

式中，$Q_{放(长期)}$ 为单圈放电电量（A·h）；$P_{长期}$ 为卫星长期负载功率（W）；$t_{阴影}$ 为卫星轨道最大阴影时长（min）；$V_{放}$ 为蓄电池单体平均放电电压（V）；$N$ 为串联节数；$\eta_{BDR}$ 为放电调节器的效率（若为不调节母线或半调节母线，$\eta_{BDR}$ 取1）；$\eta_{线损}$ 为放电回路线路损耗因子。

根据载荷工作模式，计算出短期放电电量：

$$Q_{放}=Q_{放1}+Q_{放2} \tag{3-91}$$

式中，$Q_{放1}$ 为地影区长期负载和地影区短期负载的放电量之和（A·h）；$Q_{放2}$ 为光照区蓄电池放电容量（A·h）。

$$\left.\begin{aligned}&Q_{放1}=(P_{长期}\cdot t_{阴影}+P_{阴影短期}\cdot t_{阴影短期})/(V_{放}\cdot N\cdot \eta_{BDR}\cdot \eta_{线损}\cdot 60)\\&\text{if}(P_{SA}-P_{长期}-P_{光照短期})\geqslant 0\text{ , }Q_{放2}=0;\\&\text{if}(P_{SA}-P_{长期}-P_{光照短期})<0\text{ ,}\\&Q_{放2}=(P_{长期}+P_{光照短期}-P_{SA})\cdot t_{光照短期}/(V_{放}\cdot N\cdot \eta_{BDR}\cdot \eta_{线损}\cdot 60)\end{aligned}\right\} \tag{3-92}$$

式中，$P_{长期}$ 为卫星长期负载功率（W）；$P_{阴影短期}$ 为卫星在阴影期短期负载增加的功率（W）；$P_{光照短期}$ 为卫星在光照期短期负载增加的功率（W）；$t_{阴影短期}$、$t_{光照短期}$ 分别为上述短期负载对应的工作时长（min）；$\eta_{BDR}$ 为放电调节器的效率，若为不调节母线或半调节母线，

$\eta_{BDR}$ 取 1；$\eta_{线损}$ 为放电回路线路损耗因子；$P_{SA}$ 为太阳能电池阵输出功率。式中的功耗均指一次母线上的功耗，如果是全调节母线，应按考虑了放电效率后的值进行计算。

根据寿命要求，选择合适的放电深度设计值，计算出所需蓄电池组的容量：

$$蓄电池组容量(A \cdot h)=放电电量(A \cdot h)/放电深度 \tag{3-93}$$

蓄电池对充电电流和放电电流有要求，使用中不能超出要求的最大值，超出要求值会影响蓄电池的使用寿命，严重超出要求值还会影响蓄电池的安全性。因此，在计算出蓄电池组容量后，还要复核放电电流倍率是否满足要求。对于长寿命高比能量型锂离子蓄电池，一般要求最大放电电流不超 1*C*（其中 *C* 为电流倍率，如 10 A·h 电池以 1*C* 放电，则对应的放电电流是 10 A）。对于脉冲大电流放电的负载，可以选用高比功率型蓄电池，可耐受 10*C* 以上及更大倍率的放电电流。

表 3－13 给出了高轨地球同步轨道卫星和低轨太阳同步轨道卫星电源系统设计的差异。

**表 3－13　地球同步轨道与太阳同步轨道卫星电源系统设计的差异**

| 项目 | 地球同步轨道 | 太阳同步轨道 |
| --- | --- | --- |
| 太阳入射角 | 春分、秋分时入射角约 0°；冬至、夏至时入射角约 23.5° | 太阳入射角与降交点地方时有关，全年角度变化较小 |
| 地影次数与时长 | 每年约 90 次地影；地影时长最大约 72 min，约占 24 h 的 5% | 轨道周期短，约 100 min；除晨昏轨道外，每轨都有地影；每年有 5 475 次左右地影；地影时长约占 1/3 轨道周期 |
| 可充电时间 | 可充电时间长 | 可充电时间短，约占 2/3 轨道周期 |
| 1 kW 负载功率所需充电功率 | 约 60 W(1 000×0.05/0.95×效率) | 如果按全调节母线设计，考虑充电、放电模块以及电池自身的充放电效率，约600 W [1 000×(1/3)/(2/3)×效率] |
| 负载功率 | 有效载荷一般处于长时间工作，整星负载功率变化较小，基本为常值负载 | 有效载荷间断工作，有频繁的大功率短期负载 |
| 蓄电池循环充放电次数 | 少，每年约 90 次 | 多，每年约 5 475 次 |
| 蓄电池放电深度 | 可深放电，放电深度最大达 80% | 浅充浅放，一般要求放电深度小于 40% |

## 3.7　星务任务分析

### 3.7.1　星务任务分析的主要内容

星务分系统主要负责卫星在轨运行期间的遥控数据管理、遥测信息调度、程控任务管理及星上时间系统管理等功能，是协调管理卫星各系统设备正常运行的核心分系统。星务任务分析的主要内容如下：

1）遥控数据上注分析：上行注入数据类型、注入的速度和数据量分析，确定遥控上行的数据格式、上行遥控码速率，确定上行注入数据的注入流程。

2）遥测数据调度分析：下行遥测数据类型、传输速度和数据量分析，确定下行遥测的数据格式、下行遥测码速率和遥测传输的调度算法要求、延时遥测存储策略要求；明确遥测数据分类、采集和下传频度设计要求，延时遥测数据压缩方法和传输能力设计要求。

3）星务资源需求分析：统计分配直接指令和星务提供的OC门指令条数及测量的模拟量路数；统计测量温度参数路数和精度，明确加热回路路数和功率；明确程控指令的存储容量、处理、判断和启动方式的要求；重要数据异地保存的下位机及数据类型。

4）总线调度分析：明确总线通信方式、节点数量、通信数据量、传输频度和总线信道最大传输能力，确定总线的码速率。

5）时间管理分析：确定卫星时统的时间格式、精度和下行遥测中的数据定义；按照星上时间管理要求，明确时间保持精度、时间调整策略，确定是否需要高精度的时钟单元或原子钟。

6）明确自主安全管理的控制模式设计要求。

### 3.7.2 遥测数据调度分析

星上遥测数据的调度和收集是通过星上网络实现的，如CAN总线。总线占用率为星上数据传输的重要指标，一般要求小于30%。

通过对卫星信息流的分析以及星上CAN总线数据流的梳理，可以计算出星上CAN总线网络的信息量，同时根据总线协议规定以及总线网络应用层通信协议，可以计算出每秒传输的CAN帧数$N$，公式如下：

$$N = \mathrm{Cell}((Y-5)/7)+1 \tag{3-94}$$

其中，函数Cell( )为将括号内的结果向上取整，如果整除时还应对Cell( )运算结果加1处理，$Y$为CAN总线传输数据的有效字节数。

一帧标准CAN总线数据为108 bit（考虑到自动填充最大为129 bit），故CAN总线占用率最大为：

$$S = \frac{N \times 129}{V} \times 100\% \tag{3-95}$$

式中，$S$为总线占用率；$N$为每秒传输的CAN帧数；$V$为总线传输速率。

### 3.7.3 遥控数据上注分析

卫星在轨运行期间，地面对卫星的控制命令和控制参数传输只能依靠遥控任务完成，它是地面对卫星进行控制管理的唯一通道。在星务分系统中，一般由遥控单元和星务中心计算机共同完成这项功能，遥控PSK信号从应答机进入遥控单元，遥控单元对PSK信号进行接收后，对直接指令进行译码后立即发送，对于间接指令和其他数据进行去伪随机化、校验后通过三线数据接口送入星务中心计算机，由星务中心计算机再次校验、分析，通过星上CAN总线发送给各下位机，并由各下位机执行。为保证遥控任务的可靠完成，各设备和信息通路应采用双冗余交叉备份的方式，同时遥控数据的传送均采用校验，确保遥控信息通路的安全和数据的正确性。

目前上行遥控码速率一般为2 000 bit/s，卫星每次过境的实际可注入数据时间按

9 min 计算，每 4 s 注入 1 块 256 字节数据，则每轨可注入数据约为 34 K 字节，对于上注 1 000 条程控数据块，只需要注入 59 块 256 字节程控块，在 4 min 内可上注完成；对于更新 8 K 字节的上注程序，也只需要注入 32 块程序块，在 3 min 内可上注完成。

### 3.7.4 程控任务分析

当卫星在境外飞行时，由于地面无法对卫星进行控制，为控制卫星平台设备和有效载荷的工作，需要在境内上注指令，在境外时启动执行。为保证此项任务的完成，在星务中心计算机内存中开辟程控指令存储区，当存储区中存有需要执行的程控指令时，星务中心计算机程控任务对比当前星上时间和程控指令时间，如果当前时间与指令执行的时间相等则发送该指令。为了保证程控任务的正确执行，防止误指令和错指令的发送，对程控指令采取三取二检错的方式。同时对于存储器，由硬件电路对其进行纠一检二处理，确保正确执行任务。通常情况下，卫星设计的程控指令缓冲区存储容量为1 000 条。

程控指令可携带 2 字节参数，在某些卫星中还设计有程控数据块注入功能，每个程控数据块可携带 9 字节的参数，其接收、存储和执行原则同程控指令。

为有效减少数据注入量，卫星可将多组相对时间程控指令序列预存在星上，通过一条指令控制在不同的时间执行多次，而不必重复地上注程控指令块。通常情况下，卫星设计有不少于 32 组相对时间程控指令组，其中若干组在地面固化好，方便在轨高频度使用，余下组可以通过在轨上注进行更新。在同一组相对时间程控指令内，可支持超过 38 条指令，多组可以级联混合使用，上注指令条数可显著减少。

## 3.8 热控任务分析

### 3.8.1 卫星热控任务分析的主要内容

卫星热控分系统任务分析一般包括如下内容：

1）针对卫星的任务剖面开展空间热环境特性分析。依据卫星轨道特性、不同任务条件下的飞行姿态以及卫星构型等要素，对空间外热流进行分析与计算，并结合空间外热流的特性来确定卫星的散热通道及散热面选取。

2）依据卫星任务剖面和不同工作模式，对卫星内热源进行统计评估。通过内热源极大值、空间外热流极大值以及星上设备设计温度上限和安装方式来确定卫星的热控设计方案和整星散热面的分布；同时根据内热源和空间外热流极小值以及星上设备设计温度下限确定卫星的补偿加热功率。

3）结合卫星的寿命和空间环境条件，选择符合要求的热控产品。

4）根据热控设计进行热分析仿真，获得星上各部位的温度数据，验证热控方案的合理性，包括极限工况的温度数据、温度变化率、设计余量、热控功率分配、控制逻辑以及热控产品的功能性能数据等相关内容。

### 3.8.2 外热流分析

卫星外形一般是一个复杂的多面体，在同一时刻不是所有的外表面都能见到太阳或地球，即使在阳照区，卫星受照面和不受照面的外热流也存在显著差异。要计算卫星表面吸收的外热流，必须把卫星表面分成若干个有限小平面，用软件分别计算这些小平面吸收的外热流。对于运行轨道低于2 000 km的卫星，外热流包括太阳辐射、地球反照和地球红外辐射三部分。而对于运行轨道高度大于2 000 km的卫星，一般可以忽略地球反照和地球红外辐射，外热流仅考虑太阳辐射热流的影响。

### 3.8.3 内热源分析

电子设备：产生的热量与功率和工作时间密切相关，要明确安装位置及工作时长。

电池及电源控制器：在充电和放电过程中锂离子电池和电源控制器会有热量产生。发热功率与电池的充放电电流、内阻有关，须确定电池及电源控制器在卫星结构中的位置分布。

一般通过内热源极大值、空间外热流极大值以及星上设备工作温度上限和安装方式来确定卫星的热控设计方案和整星散热面的分布；同时根据内热源和空间外热流极小值以及星上设备工作温度下限确定卫星的补偿加热功率。

### 3.8.4 热仿真分析

热仿真分析是用计算手段验证热控设计，分析的结果是输出不同工况下整星及设备的温度及所需的加热回路功率以及占空比等；热平衡试验是用试验手段验证热控设计，试验结果可以用来修正热模型，修正后模型可进行在轨飞行温度的预示。热设计温度结果与设备试验要求的关系如图3-24所示，温度余量是值得注意的信息。

热仿真分析通常选择极端工况分析热控制指标的符合性。极端工况通常分别出现于外热流和内热源之和最大、最小的情况。选择整星散热面吸收最小外热流且星内设备工作在最小功耗模式时为低温工况，选择整星散热面吸收最大外热流且星内设备工作在最大功耗模式时为高温工况。

## 3.9 卫星测控任务分析

### 3.9.1 卫星测控任务分析的主要内容

根据用户提出的测控体制和定位精度要求，卫星测控任务分析一般包括如下内容：

1）测控体制分析：根据用户要求及现有测控能力，确定测控体制。

2）上行（遥控）链路分析：根据星地间的几何参数、地面测控站的发射设备参数以及上行码速率要求和载波频率等，确定卫星接收机和天线的各项参数，最终确定卫星的

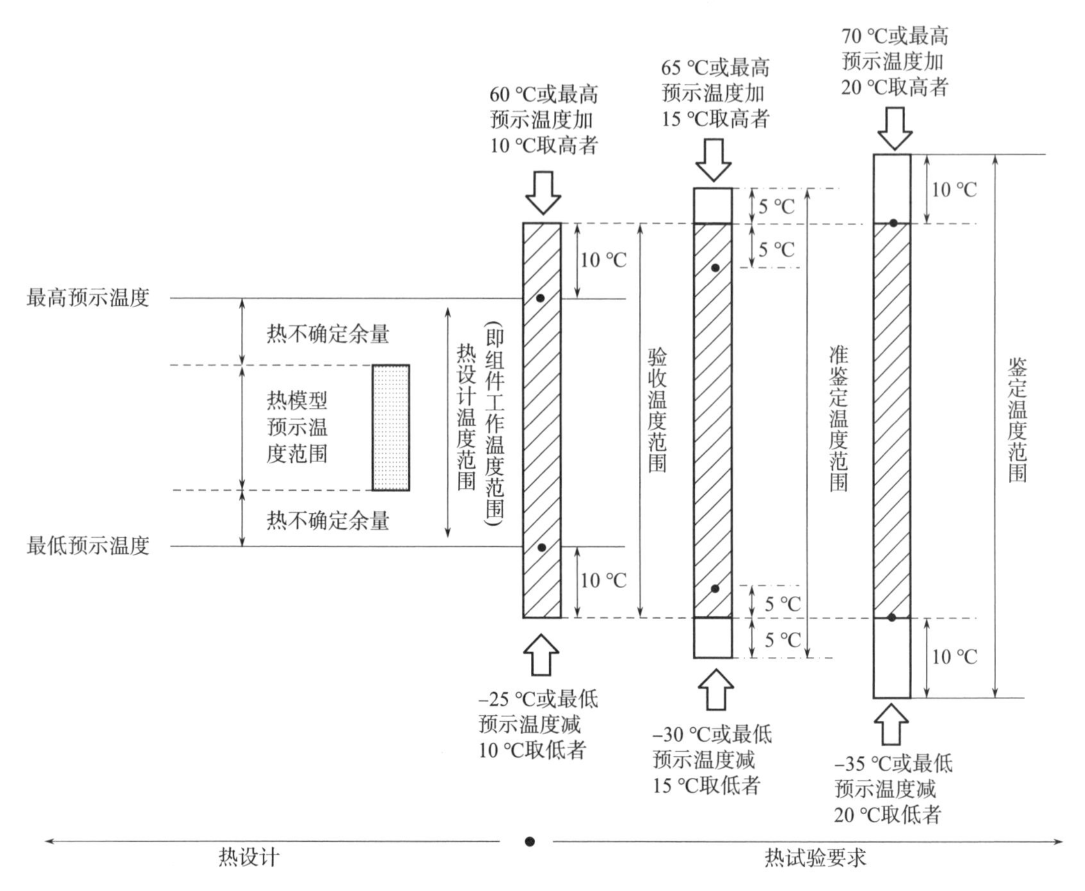


图 3-24　组件温度范围和温度余量要求示意图

注：图中黑点温度表示保证组件性能指标满足设计要求的温度。

$G/T$ 值，上行链路分析需考虑卫星特殊姿态，要求在各种工作模式下均应有一定的余量。

3）下行（遥测）链路分析：根据星地间的几何参数、地面测控站的接收设备参数以及下行码速率要求和载波频率等，确定卫星发射机和天线的各项参数，最终确定卫星的EIRP，下行链路分析需考虑卫星特殊姿态，要求在各种工作模式下均应有一定的余量。

4）轨道测量精度要求分析：根据轨道测量精度要求及图像定位精度等要求，提出定轨设备的配置。

### 3.9.2　测控体制选择

目前，我国测控体制一般采用统一载波［如统一 S 频段（USB）］测控体制或扩频测控体制。载波频段已由最初的 S 频段扩展到 X 频段和 K 频段。统一 S 频段测控是跟踪、遥测、遥控共用同一载波的测控系统。扩频测控体制的基本原理是利用伪随机序列对传送的信息数据进行调制，实现频谱扩展后再在统一载波上进行传输。

统一 S 频段测控体制是利用频分复用技术将多个副载波信号和测距信号调制到一个统一的 S 频段载波上，实现频分复用的多路信号传输，从而实现对航天器进行定位、遥测、遥控等功能。上行链路将遥控信号调制到中心频率较低的副载波上，测距采用一组无调制正弦副载波（测距侧音），二者相加后对载波调相（PM），且保留载波分量，即残余载波（可用于多普勒频移测量和角度自动跟踪），以便星上的捕获和解调。这种调制体制记为 PCM - PSK - PM（脉冲编码调制-相移键控调制-调相）。分离出上行残余载波分量，经过固定转发比（如 S 频段上下行载波频率比取 221/240）变频后得到的频率作为下行载波。遥测基带信号先调制到副载波上，上行发出的测距信号经分离后和遥测副载波相加，再调制到下行载波上，也采用调相（PM）。应答机接收并相干转发载波信号，完成多普勒测速；接收并相干转发来自地面的侧音信号，完成相干测距。

扩频测控体制（Spread Spectrum，SS）是一种利用扩频技术进行测距、测速、测角、遥测和遥控的测控体制。在扩频测控体制中，利用扩频码的相关性来测距。发射端发送带有特定扩频码的信号，接收端接收到信号后，通过相关运算寻找本地扩频码与接收信号扩频码的相关峰。测量接收时刻扩频码相关峰位置与发射时刻扩频码起始位置的时间差，由于扩频码的码片宽度是已知的，根据该时间差，再结合光速来计算距离。例如，采用伪随机码（PN 码）作为扩频码，其自相关函数具有尖锐的峰值特性，能够精确地确定信号的传输时延，从而实现高精度测距；通过测量接收信号频率与发射信号频率的差值（即多普勒频移）来计算目标的径向速度。结合单脉冲技术进行测角，地面站发射扩频信号，目标反射后，地面站通过接收多个（一般是和、差）波束来获取目标的角度信息；通过扩频数字传输进行遥测和遥控，一般是将遥控和遥测的上下行数据分别按照各自规定格式打包成帧后，各自进行伪码扩频，然后再对相应的载波进行调制并送入信道进行传输。

USB 测控体制与扩频测控体制的比较见表 3 - 14。

**表 3 - 14　USB 测控体制与扩频测控体制的比较**

| 项目 | USB 测控 | 扩频测控 |
|---|---|---|
| 信号体制 | 采用 S 频段射频信号，通过载波调制（如调相）传输信息，带宽由测控信息和调制方式决定，相对较窄 | 基于扩频技术利用伪随机扩频码扩展原始信号频谱，信号带宽远大于原始信号带宽 |
| 抗干扰能力 | 对干扰较敏感，受同频带或邻频带干扰影响大 | 抗干扰能力强，扩频处理使频谱扩展，解扩时干扰信号被扩散，易于恢复有用信号 |
| 测距、测速精度 | 测距精度受信号带宽和处理方式限制，复杂电磁环境下精度受影响；测速精度与信号频率稳定性和测量设备有关 | 利用扩频码相关特性可高精度测距，抗多径性能有助于提高测距精度，抗干扰性能有助于保持测速精度稳定 |
| 多星测控能力 | 通过时分复用、频分复用区分卫星，同时测控卫星数量相对有限 | 利用码分多址方式，以扩频码区分卫星，多个卫星可在相同频段和时间同时测控 |

### 3.9.3　测控工作模式

USB 星地测控工作模式见表 3 - 15。扩频星地测控工作模式见表 3 - 16。

表 3-15　USB 星地测控工作模式

| 序号 | 上行 | 下行 |
| --- | --- | --- |
| 1 | — | TM 遥测 |
| 2 | R 测距音 | R 测距音+TM 遥测 |
| 3 | TC 遥控 | TM 遥测 |
| 4 | R 测距音+TC 遥控 | R 测距音+TM 遥测 |

表 3-16　扩频星地测控工作模式

| 模式 | 上行 | 下行 |
| --- | --- | --- |
| 1 | — | TM 遥测 |
| 2 | R 测量帧 | R 测量帧+TM 遥测 |
| 3 | TC 遥控 | TM 遥测 |
| 4 | R 测量帧+TC 遥控 | R 测量帧+TM 遥测 |

### 3.9.4　测控天线网络

测控应答机由双工器、接收机和发射机组成。在卫星正常状态下，应答机发射机发送遥测信号与测距信号。在相干模式下工作时，应答机根据提取出的正常上行载频信号自动输出频率信号作为下行载频的频率源，上下行调相信号的相干转发频率比固定为：上行/下行=221/240；若未提取出正常上行载频信号，则应答机自动转入非相干模式工作。

测控天线网络图如图 3-25 所示，由一个测控天线网络盒和四根高频电缆组成，四根高频电缆分别是 $ab$、$cd$、$ef$ 和 $gh$。从对地测控天线来的信号经高频电缆 $ab$，一路3 dB 功分后进入应答机 A；另一路 3 dB 功分后进入应答机 B。从对天测控天线来的信号经高频电缆 $ef$，一路 3 dB 功分后进入应答机 A；另一路 3 dB 功分后进入应答机 B。实现了一副天线收发共用，并同时连接应答机 A、B，实现了接收机互为热备份。即使卫星姿态翻转，也能保证至少有一副对天或对地天线可用。

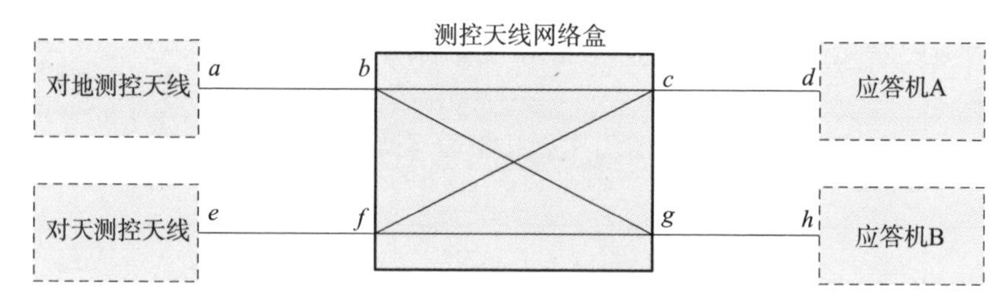


图 3-25　典型的测控天线网络图

# 3.10　卫星数传任务分析

## 3.10.1　卫星数传任务分析的主要内容

根据卫星载荷的数据存储与传输要求，卫星数传任务分析一般包括如下内容：

1）数据处理需求分析：根据载荷的数据输出特性，分析各模式下需要数传接收处理的数据率，按最大包络进行数传与载荷的接口设计；同时根据任务需求和相关标准规范，合理设计信源编码、信道编码、星地数据格式；

2）数据存储容量分析：根据载荷的数据输出特性和工作时长，确定某一周期内需要存储和传输的数据量大小，确定数传存储器的容量和数传下行码速率；

3）数传用频分析：根据数传下传码速率，合理选择数传频段、占用带宽和通信体制；

4）数传链路分析：根据星地间的几何参数、地面数传站的接收设备参数以及下行码速率要求和载波频率等，确定数传发射机和天线的各项参数，最终确定卫星的EIRP，下行链路分析需考虑卫星特殊姿态，要求在各种工作模式下均应有一定的余量。

## 3.10.2　频段和通信体制选择

卫星数传常用的频段为X频段和Ka频段。中低速（$<1.5$ Gbit/s）数传任务一般使用X频段；高数据速率数传一般选择Ka频段。与X频段相比，Ka频段拥有极高的带宽资源，适用于宽带宽、高速度的数据传输；此外，Ka频段的高频率特性使其远离一般地面通信系统所在的频率范围，具有天然高抗干扰性。但同时，Ka频段的高频率特性也使其信号在传输过程中容易受到大气条件的影响，特别是雨衰现象较为明显，因此需要卫星具有更高的EIRP；另一方面，高频段应用对器件和工艺要求更高，可能增加成本和技术风险。

通信体制主要指调制和编码方式，卫星数传常用的调制方式有QPSK（四相相移键控）、OQPSK（偏移四相相移键控）、8PSK（八相相移键控）等，高阶调制可获得更高的带宽利用率，但需要以提高信噪比为代价。编码方式包括信源编码和信道编码，信源编码需要根据载荷数据的特性进行设计，以去除数据中的冗余信息，提高数据存储与传输效率；卫星数传常用的信道编码方式有卷积码、RS码（里德－所罗门码）、级联码、LDPC码（低密度奇偶校验码）等，信道编码技术通过引入冗余信息，有效降低误码率，确保数据传输的准确性，特别是在卫星数传的时变信道中，多径、多普勒效应会影响信号传输的可靠性，信道编码可助力接收端精准地纠正错误比特。

为了应对星地高速数据传输的需求，目前遥感卫星的数传方式也在不断发生变化。极化频率复用技术、Ka频段数据传输、高阶调制解调、高效编译码方式和可变编码调制（VCM）等技术已成为遥感卫星星地数据传输的新趋势。

### 3.10.3　数传天线选型

常用的数传天线形式有地球赋型波束天线、反射面天线、相控阵天线等，天线的比较见表 3-17，需要根据卫星数传系统的频段、带宽、发射功率、等效全向辐射功率（EIRP）要求等进行选择。

表 3-17　地球赋型波束天线、反射面天线、相控阵天线比较

| 项目 | 地球赋型波束天线 | 反射面天线 | 相控阵天线 |
| --- | --- | --- | --- |
| 波束形状 | 波束形状被设计成贴合地球赋型形状，覆盖范围较大 | 有方向性、窄波束 | 通过调整单元相位和幅度可实现多种波束形状 |
| 增益特性 | 天线增益在覆盖区域内相对均匀分布，信号强度相对稳定，但峰值增益一般低于反射面天线和相控阵天线 | 能量集中在较小波束范围内，具有较高增益；通过增大反射面口径可提高增益 | 通过调整阵列规模和单元参数改变增益，在不同波束指向下能保持较好的增益性能 |
| 波束指向 | 波束指向相对固定，一般不能快速改变波束指向 | 通过转动机构控制波束指向、跟踪地面站，需考虑转动机构寿命 | 通过电子单元控制相位快速改变波束指向、跟踪地面站，一般功耗较大，热设计难度较大 |
| 频率特性 | 通常比相控阵天线带宽窄 | 适用频率范围较广，带宽较宽 | 适用频率范围较广，带宽较宽 |
| 应用场景 | 低码速率数传系统 | 高码速率、高增益、较远距离传输的数传系统 | 高码速率、高增益、较远距离传输的数传系统 |

天线形式确定后，还需要对增益、频率范围等关键技术指标进行设计。天线的增益影响信号的传输距离，高增益天线可以适用于远距离传输。此外，数传天线通常安装在星表，相对星内设备，空间环境更加恶劣，尤其是热环境的影响，需要关注其热变形特性，并充分评估天线波束性能受热形变的影响。

### 3.10.4　数传链路分析

星地数传链路是由卫星数传发射系统输出端口，经过空间直接传输到达地面接收系统输出端口的通道。以下参数计算是数传任务分析的重要内容，所有［ ］均表示用分贝计算。

（1）卫星数传发射系统的［EIRP］

EIRP 是等效全向辐射功率（Equivalent Isotropic Radiated Power）的缩写，用以表示卫星数传发射系统的辐射功率。计算公式如下：

$$[\mathrm{EIRP}]=[P_t]-[L_t]+[G_t] \tag{3-96}$$

式中，［EIRP］为卫星数传发射系统的等效全向辐射功率（dBW）；$[P_t]$ 为数传发射机输

出功率（dBW）；$[L_t]$ 为卫星数传发射系统损耗（dB）；$[G_t]$ 为数传发射天线增益（dB），由天线的方向图测得。

（2）地面接收系统的 $[G/T]$

选定接收系统低噪声放大器输入口前作为地面接收系统 $G/T$ 值计算点。计算公式如下：

$$[G/T]=[G_r]-[L_f]-[T_s] \tag{3-97}$$

式中，$[G/T]$ 为地面接收系统的增益与噪声温度比（dB/K）；$[G_r]$ 为地面接收天线增益（dB）；$[L_f]$ 为馈线损耗（dB）；$[T_s]$ 为地面接收系统的等效噪声温度（K）。

星地接口控制文件往往将 $G/T$ 作为已知量提供给双方进行链路计算。

（3）自由空间损耗 $[L_s]$

自由空间损耗由信号传播距离和频率决定，计算公式如下：

$$[L_s]=32.44+20\lg(f)+20\lg(L) \tag{3-98}$$

式中，$[L_s]$ 为自由空间损耗（dB）；$f$ 为电磁波频率（MHz）；$L$ 为传输距离（km）。一般按 5°接收仰角计算传输斜距。

（4）地面接收 $E_b/N_0$ 计算

地面接收到的 $E_b/N_0$ 是表示地面接收信号质量的重要参数，计算方法如下：

$$[E_b/N_0]=[\mathrm{EIRP}]+[G/T]-[L_s]-[L_a]-[R_b]-[k_0]+[G_c] \tag{3-99}$$

式中，$[E_b/N_0]$ 为每比特能量与噪声功率谱密度比（dB）；[EIRP] 为卫星数传发射系统的等效全向辐射功率（dBW）；$[G/T]$ 为地面接收系统（含天线罩）的增益与噪声温度比（dB/K）；$[L_s]$ 为自由空间损耗（dB）；$[L_a]$ 包括极化损耗、天线指向损耗、地面接收系统的解调损耗、卫星数传发射系统调制损耗等损耗（dB）；$[R_b]$ 为码速率（dB）；$[k_0]$ 为玻尔兹曼常量（dBW/K/Hz），值为－228.6；$[G_c]$ 为编码增益（dB）。

（5）链路余量计算

星地数传链路余量计算如下：

$$[M_0]=[E_b/N_0]-[E_b/N_0]_{\mathrm{th}} \tag{3-100}$$

式中，$[E_b/N_0]$ 为每比特能量与噪声功率谱密度比（dB）；$[E_b/N_0]_{\mathrm{th}}$ 为解调门限每比特能量与噪声功率谱密度比（dB）；$[M_0]$ 为系统余量（dB）。

星地数传链路余量应满足大于 3 dB。

## 3.11　本章小结

卫星任务分析是将任务需求转换为卫星技术要求的分析过程，旨在通过分解设计与各种约束的迭代，提出卫星系统解决方案。本章以轨道、有效载荷的任务分析为起始，分析卫星平台的姿轨控、电源、星务、热控、测控、数传等主要分系统的指标要求，使卫星总体设计的指标分解合理可行。

（本章作者：陆春玲，李志武，霍德聪，巩巍，马磊，刘伟，郭琪）

# 参 考 文 献


[1] JAMES R WERTZ，WILEY J LARSON. 航天任务的分析与设计：下册 [M]. 王长龙，郭宝柱，等译．北京：航空工业出版社，1992：287-288.

[2] SINGH L A，WHITTECAR W R，DIPRINZIO M D，et al. Low cost satellite constellations for nearly continuous global coverage [J]. Nature Communications，2020，11 (1)：200-206.

[3] VAUGHN IHLEN. LSDS-1927 L7 Data Users Handbook [M]. 2nd ed. U. S. Geological Survey. 2019. https：//www. usgs. gov/media/files/landsat-7-data-users-handbook.

[4] LINZ H，BHATIA D，BUINHAS L，et al. InfraRed Astronomy Satellite Swarm Interferometry (IRASSI)：Overview and study results [J]. Advances in Space Research，2020，65 (2)：831-849.

[5] PAEK S，KIM S，KRONIG L，et al. Sun-synchronous repeat ground tracks and other useful orbits for future space missions [J]. The Aeronautical Journal，2020，124 (1276).

[6] WILEY J LARSON，JAMES R WERTZ. Space Mission Analysis and Design [M]. 3rd ed. Torrance：Microcosm，1999.

# 第4章　卫星系统方案设计

航天任务的总体目标确定后，通过第3章的任务分析，已将用户需求转换为对卫星各分系统的功能、性能要求和约束，这些要求和约束大体上确定了卫星系统的组成，也就是常说的卫星设备组成（含数量、重量、尺寸、功率等信息）。在此基础上，卫星系统方案设计的重要工作是开展系统级的构型布局及力学设计、供配电设计、信息流设计、热控设计等，并逐步权衡和迭代优化，确定整星构型尺寸、供配电网络、信息节点网络、热控等规模，确定卫星系统功能、工作模式、大系统接口及入轨飞行程序等。

卫星系统方案设计报告一般包括：前言（任务来源、任务定义等）、用户对卫星的技术指标要求、卫星对卫星工程系统的接口要求；轨道选择和轨道参数优选、分系统组成及基本方案概述；卫星基本构型（外形、内部主承力构件和布局设计）初步设计，卫星总体性能指标（质量、功率、推进剂、可靠性、精度、遥测参数和遥控指令等）的初步分析，关键技术项目确定，对可靠性、安全性和技术风险（备份措施、降低技术风险措施）基本估计，卫星基本研制技术流程的制定，对卫星研制经费和周期的基本估计，对卫星方案的基本评价及满足度分析。

考虑到不同组成部分之间的成熟程度，以及本书所关注的重点内容，本章仅对与应用相关的卫星平台系统设计、提高成像质量的设计、星地一体化定位精度设计、卫星工程系统接口设计等内容进行阐述。

## 4.1　卫星平台系统设计

卫星方案设计要进行多方案比较，分析的主要因素包括：性能高低、方案合理性、技术复杂程度、技术风险、衔接性、经济性和研制周期长短。通过多方案比较和迭代设计确定卫星总体方案，再进行分系统的详细设计。

### 4.1.1　卫星平台选择和适应性分析

无论是大卫星、小卫星，还是微纳卫星，都具有结构形态保持、供配电、上下行测控、星内设备通信管理、测定轨、姿态与轨道控制、温度控制及成像和数据传输等基本功能。常见有公用平台、柔性平台等名词，都指平台具有良好的多任务适应能力和可拓展性，特别是通过计算机网络技术，实现卫星信息传递的数字化，可适应不同体量的卫星需求，覆盖多种卫星应用。

主要考虑卫星寿命、姿轨控配置、载荷重量、功耗的规模等进行平台选择和适应性改进。如卫星在如下几个方面指标提升，则相应的平台产品和性能需改进：

1）惯性空间姿态测量精度提高，则考虑增加高精度星敏。

2）姿态稳定精度提高，则考虑产品配置及姿态控制策略改进。例如：选产品时选高精度的陀螺；改进姿态机动和稳定的策略，必要时加长稳定时间；有比较大的挠性部件引起抖动时，则在算法上增加滤波器，把一定频率的波动滤除。

3）姿态侧摆能力提高，则考虑姿控系统在 $x$ 轴配置 2 个动量轮，既可以缩短机动时间，又可以增加系统冗余的可靠性；对于敏捷机动能力的卫星，可选配控制力矩陀螺代替传统的动量轮方案。

4）数传码速率提高，则需相应增加数传链路 EIRP（等效全向辐射功率）或改变传输体制。例如遥感卫星采用了双圆极化频率复用、高阶调制解调（8PSK）、高效编译码和可变编码调制（VCM）、数传频段提升至 Ka 频段等技术手段来提高传输效率。

5）轨道定位精度提高，考虑配置高精度 GNSS。

6）载荷工作时间加长，电源设计要考虑增大太阳翼面积或增加电池容量。

7）卫星设计寿命加长，则要对消耗性资源、单机设备、系统冗余等进行改进及优化。

### 4.1.2 确定卫星系统的功能

遥感卫星的主要任务是对地成像并将数据传回地面，卫星需具有结构形态保持、供配电、上下行测控、星内设备通信管理、测定轨、姿态与轨道控制、温度控制及成像和数据传输功能。

（1）结构形态保持功能

卫星具有一定的刚度和强度，具备承载运载主动段力学环境和安装星上设备的承载负荷的能力；卫星结构构形保持卫星星体的外形和内部空间；承载平台服务系统和有效载荷系统的全部仪器设备，满足各仪器设备视场、布局要求及安装面精度要求；确保卫星与运载的安装接口要求；承受运载火箭主动段飞行的各类载荷和各种空间环境作用力；确保展开、锁定太阳翼，保证必要的光照面积。

（2）姿态轨道控制功能

卫星具备轨道或卫星位置、时间的自主测定功能；卫星具有高精度对地、对日等姿态指向与稳定的功能，同时具备太阳翼对日控制功能；为保证消除卫星入轨初始偏差、维持运行期间轨道及寿命末期的离轨，卫星需要具有轨道调整功能。

卫星姿态控制采用三轴稳定、对地定向、整星零动量设计方案。为满足高精度对地观测任务的需求，星上配置高精度星敏感器。同时，卫星采用“星敏感器＋陀螺”联合定姿方式，实现姿态高精度确定。卫星姿态控制采用零动量控制系统，并配置磁力矩器实现动量轮卸载，实现高精度高稳定度姿态控制。

（3）能源及供配电功能

卫星能自主产生电能及储能，并进行整星负载电能输送与分配；卫星电源分系统采用太阳能电池阵与蓄电池组联合供电方案，阳照区自发电及储能，阴影区放电供电，实现能源的自给自足。配电一般采用分散供配电或集中供配电体制。

（4）星务管理功能

为实现整星任务与状态管理统一控制，卫星具备星上事务统一管理功能，负责整星遥测、遥控、程控、总线通信、自主安全管理控制以及热控等功能的实现；星务管理分系统是整星信息系统的核心，采用分布式总线网络，通过总线将星务主机与分布于星上各分系统的下位机有机地连接起来，实现星上信息交换和共享，实时地完成星上运行管理、控制和任务调度，卫星遥测采用分包遥测体制。

（5）测控功能

为实现卫星与地面的通信管理，卫星需具备测控通信功能，用于地面向卫星发送指令和数据，卫星向地面发送卫星遥测数据；常见星地测控一般采用统一 S 频段测控体制（USB）或 X 频段扩频测控体制；卫星定轨一般配置 GNSS 接收机（具有兼容 GPS 和北斗导航信号接收功能），既可以在轨实时高精度定位、定轨，也可以输出高精度秒脉冲和时间信息，为遥感器、星敏感器等高精度用时部件提供时间基准，保证星上与有效载荷相关的各种信息时标高精度同步。

（6）热控功能

卫星热控采用以被动热控为主、主动热控为辅的方案，采用分舱、模块化、隔热、等温化设计，以保证星上设备在各种环境条件和工作模式下正常工作。使卫星内部和表面温度保持在允许的范围内，保证遥感器成像温度环境及星上其他设备运行所需的温度环境，卫星需具有恒温控制功能，降低卫星在轨承受光照和非光照期间的温度波动。

（7）成像功能

卫星具备成像功能，且在侧摆、前后视等不同姿态指向下，对可视范围内的景物成像。

（8）数据处理与传输等功能

卫星具备在星上进行遥感器图像数据压缩、格式编排和存储的能力，并具备利用无线信道向地面发送数据的功能，以便实现快速的数据传输和处理。按需具备中继测控、中继数传、星间数据传输功能。

### 4.1.3　卫星构型布局及结构设计

卫星构型布局及结构设计包括设备布局及外形构型设计及整体刚度设计等。

（1）整体构型布局设计

整星构型主要考虑重量规模和可用包络限制。对于对地三轴稳定卫星，需要考虑星体各个面的设备安装要求，特别是对地面的设备安装、指向等要求。另外星体要机动，为缩短机动后的稳定时间，整体要有足够的刚度。按照光学遥感器质量、尺寸及安装方式和平台配置，预估整星的重量，分析结构的承载能力。

1）从光学遥感器温度梯度要求、射频链路要求、特殊部件安装要求、热控要求、整星配重等角度，进行卫星构型和布局分析，一般包括如下内容：统计卫星各设备对构型和布局的要求，如设备视场要求、散热要求、太阳能电池阵的安装方式（太阳能电池阵的尺寸等应符合电源部分的分析结果）等，确定卫星基本布局。

2）综合上述分析结果提出卫星总体构型和布局的选择方案，包括外形选择、结构形式和组成、舱段划分、太阳能电池阵选型、运载火箭的机械接口选择、卫星的最大外包络尺寸等。建立三维模型对卫星构型和布局加以描述，确定卫星的构型尺寸、卫星发射状态、在轨飞行状态等。

3）按照总体布局的结果进行强度、刚度和质量特性（重量、质心和转动惯量）的分析计算，评价卫星结构满足任务要求的能力。

①卫星星体各个面设备布置要求

1）对地面设备一般包括遥感器、数传天线、对地测控天线等。遥感器、数传天线等需指向对地方向（$+Z$ 轴方向）安装，占用面积需与卫星底板面积匹配。且需考虑星体遮挡（如太阳翼）、星体侧摆等影响，实际占用空间需要较大。因此从相机和数传天线的要求分析，结合测控天线要求，考虑适度的间距，确定卫星对地面积。

2）对天布置设备一般包括星敏感器（三不见指向：不见地球、不见月亮、不见太阳）、太阳敏感器、GNSS 天线、对天测控天线等，布局时主要考虑设备的视场无遮挡要求。

3）卫星垂直于地面布置的设备一般包括红外地球敏感器、太阳翼。太阳翼沿着星体 $Y$ 轴布置，红外地球敏感器可布置在飞行方向（$X$ 轴），以视场避开星体和太阳翼为准。

②构形尺寸设计

以星体横截面尺寸最大为 1.4 m×1.4 m 为例，面积近 2 $m^2$，若将星体顶部作为对地面，布放大体积相机及数传天线需要 2.4 $m^2$。若加大面积，势必影响包络尺寸的控制和星体承力形式的变化。因此借用构形思路，将卫星侧面选做对地面，整星纵轴为飞行方向，这样对地面积的增加可以通过调整星体高度来实现，对于 1.4 m 的星体宽度，星体高度只要高于 1.7 m 即可提供 2.4 $m^2$ 的对地面积，用于安装相机与天线。

对 1.7 m×1.4 m×1.4 m 尺寸的星体，去除太阳翼、天线、对接环等星体外设备重量，按装载 900 kg 的重量计，初步估算装填密度为 270 $kg/m^3$，是卫星构形设计（200～300 $kg/m^3$）可以接受的。因此考虑对接环高度，卫星本体的尺寸可确定在 1.8 m×1.4 m× 1.4 m 左右。

（2）卫星整体刚度设计

目前小卫星刚度一般在 20 Hz 左右，卫星重量越重的，其刚度最好控制在 18 Hz 以上，以有利于星体动力学控制。

①发射状态固有频率

在发射状态，有力传递关系的结构件间应尽可能按频率解耦原则将频率错开。具体表现在：航天器在两个方向的横向一阶和纵向一阶固有频率必须与运载火箭的频率解耦。各结构板与相应方向的航天器主频解耦。如：太阳翼展开组件发射时收拢压紧在航天器侧壁上，其横向一阶固有频率应与卫星在该方向上的横向一阶固有频率错开。一般情况下的解耦要求为：下一级结构的固有频率大于上一级结构的 $\sqrt{2}$ 倍。如：某航天器要求横向一阶固有频率不小于 12 Hz，南北板横向一阶固有频率希望不小于整星的 $\sqrt{2}$ 倍，装在南北板上的太阳翼横向一阶固有频率就希望不小于 25 Hz。

考虑到分析建模和输入参数的正确程度带来的分析误差，对固有频率的分析值应留有适当的余量，以确保最终测试频率满足要求。

注意：根据经验，整星横向一阶固有频率在装上包带式连接分离装置后下降 2～3 Hz。

②在轨状态固有频率

被激励件与激励频率解耦。如：展开组件在展开状态的基频应不与航天器姿轨控系统频率耦合。对于展开锁定后还要进行转动或其他动作的展开组件（如：对日定向太阳翼，两轴指向天线等），其一阶扭转固有频率应不与驱动系统的驱动频率耦合。

### 4.1.4　供配电设计

目前，国内外航天器上采用的供配电方式主要有三种，即分散、集中以及分散集中结合的方式。随着有效载荷设备呈现多样化、复杂化的趋势，星上设备的用电量、用电电压种类等都在不断增加，对电源品质要求也在不断提高，相比较而言，分散供配电体制在可靠性、安全性、电磁兼容性和灵活性等方面更具优势。分散供配电体制指由电源分系统提供的一次电源母线进入配电器，由配电器完成一次电源直通供电和分区控制供电的供配电方案，即全星设备根据用电特点，分散、分区供电。卫星平台的星务、测控、配电器、电源控制器等长期工作的必备设备采用直通供电，姿轨控分系统和载荷设备由继电器控制区域供电。各分系统内部设备的开机、关机或主备切换等控制开关设置在分系统设备内部。星上的供配电网络示例如图 4-1 所示。

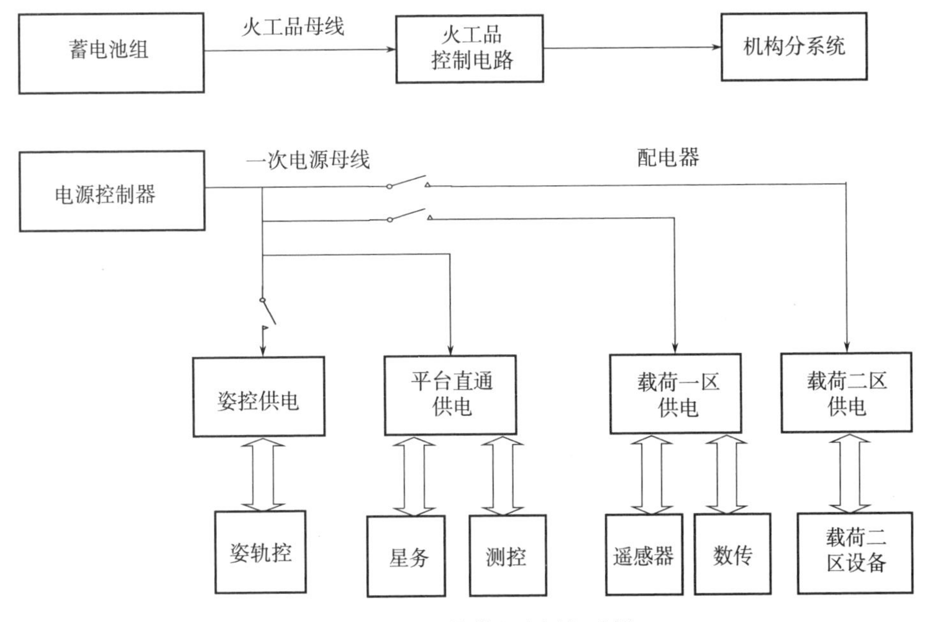


图 4-1　星上的供配电网络示例

### 4.1.5　热控设计

卫星热控设计的任务是根据卫星工作期间所要经受的内、外热负荷的状况，采取各种热控措施来控制卫星内、外的热交换过程，以保障星上仪器设备在整个任务期间均维持在规定的温度环境下工作，从而保证飞行任务的顺利完成。

卫星热控设计要求一般包括两部分：1）温度相关指标：航天器设备的工作温度范围、温度均匀性（包括温度差、温度梯度）、温度稳定度、控温精度等。2）热控产品相关指标：质量、功耗、寿命等。本节汇总了热控设计的要点，给出了几种不同轨道的典型热控设计区别。

（1）热控技术选择

卫星热控制技术一般可以分为被动热控制技术和主动热控制技术。被动热控制技术的主要特征是开环控制，在控制过程中，被控对象的温度等控制目标不用于反馈，依靠合理的卫星总体布局，利用材料或设备自身的物理特性，如热辐射特性、导热系数等，控制进入和排出系统的热量，使卫星的结构部件、设备的温度在高低温运行工况下都不超过允许的温度范围。主动热控制技术的功能实现则需要将温度等目标参数用作反馈，一般是根据被控对象的温度变化，按要求对温度进行调节。

被动热控的优点是技术简单、工作可靠（无运动部件）、使用寿命长，是卫星热控制技术的首选。一般将热控涂层、热管、多层隔热组件、导热填料等导热强化产品，隔热垫等导热抑制产品，相变储能装置等产品归为被动热控制技术；而将电加热器、泵驱动流体回路、可变热导热管、环路热管、热开关、百叶窗、制冷机等产品归为主动热控制技术。

（2）热设计布局

热设计布局可分为隔热布局设计和耦合布局设计两类。对于温度精度、稳定性或温度水平要求较高的设备通常采用隔热设计的方法，同时为设备设置独立的散热面直接实现热量的排散。热耦合方式一般是通过等温化设计减小设备间温差及设备与结构板间的温差，可以通过耦合在一起增大热容，减小设备短期工作的温度波动。由垂直于两个方向的多根热管组成的正交预埋热管网络就是一种常用的热耦合方式。载荷、平台一体化热耦合是当前主流的热控设计，即通过各种热控制手段将载荷与平台热耦合起来，将平台的一部分热量传递到载荷本体或载荷外围结构（如光学系统的遮光罩），大大降低载荷单独热控制设计时需要的补偿加热功耗，降低供配电的压力。

（3）被动热控设计

①散热面的选择和设计

根据寿命末期外热流及卫星极端最大内热源确定整星的散热面面积，卫星散热面宜选择在外热流小且稳定的外舱板上，如果受飞行姿态和轨道的影响，卫星各舱板轮流受太阳照射，没有稳定的散热面，则采用组合散热面的模式，即在各个舱板上布置一定的散热面，当一个舱板外热流较大时，通过其他侧板进行散热。以太阳同步轨道、地球同步轨道和倾斜轨道卫星为例，不同轨道外热流特点和散热面选择的区别见表 4－1 所示。常用的散热面材料有白漆和玻璃型二次表面镜材料等，一般曲面上热控散热面可选择漆类材料；有长寿命要求，或者太阳热流变化剧烈，且在平面上，可选择稳定性好的玻璃型二次表面镜材料，降低寿命末期涂层退化导致的温度波动。

**表 4-1　不同轨道卫星热设计的区别**

| 项目 | 太阳同步轨道卫星 | 地球同步轨道卫星 | 倾斜轨道卫星 |
| --- | --- | --- | --- |
| 轨道特点 | 轨道周期约 100 min；降交点地方时基本稳定在一定范围 | 轨道周期约 24 h，位于赤道上空特定位置保持相对地球静止，星下点基本固定 | 轨道周期与轨道高度相关；降交点地方时大范围变化，遍历 24 h |
| 阳光与轨道面的夹角 | 夹角变化范围较小 | 夹角在±23.5°范围变化 | 夹角变化范围较大；±90°变化 |
| 外热流特点 | 卫星±Y 侧外热流变化不大；卫星有较固定的向阳面和背阳面 | 轨道高，地球红外和太阳反照可忽略，只考虑太阳直照。一年内大部分时间处于全日照 | 卫星各个面外热流变化较大，±Y 侧板轮流受照，最大外热流为太阳直照，没有稳定的背阳面 |
| 散热面选择和设计 | 通常选择背阳面为主散热面，其他侧板为辅助散热面，根据侧板外热流和内热源选择散热面大小 | 通常采用南北板作为散热面，其他侧板基本不适宜作散热面 | 通常采用耦合散热面的设计方法，±Y 侧板耦合或者和其他侧板耦合作为散热面 |

②隔热设计

隔热设计一般采用多层隔热组件、隔热垫等方法，多层隔热组件由低发射率的双面镀铝聚酯膜和作为间隔层的涤纶网组成。对于温度指标较窄的设备如推进管路、推进贮箱、蓄电池组、相机、星敏感器等需要包覆多层隔热组件。对于温度指标要求较高的设备，设备和安装板之间要垫隔热垫，隔热垫的厚度根据热分析结果确定。

③等温化设计

星内设备安装在蜂窝夹层结构板上，其导热性能不良，且星内采用隔板、承力筒等结构，将空间分成若干个封闭小舱，而卫星内部的热量是通过卫星外壁板散热面向空间排散，因此既要将这些仪器设备的热耗排散出去，又不至于产生较大的温差，等温化设计是最有效的途径。具体如下：

a）采用预埋和外贴热管的方法改善舱内仪器设备之间的换热，以减小仪器设备之间的温差。

b）设备表面以及结构板内表面喷涂高发射率涂层，增加设备间以及设备和结构板之间的热辐射，减小卫星内部的温差。

c）加强有源热设备与安装面之间的热传导，如在设备安装时涂抹导热脂等减小设备和结构板之间的温差。

（4）主动热控设计

常用的主动热控采用电加热器和用于温度反馈的热敏电阻形成闭环控制电路，可通过遥控指令开关控制和改变控温范围。对温度指标要求高或者温差有特殊要求的设备，如蓄电池、贮箱、推进管路、星敏感器、相机等温度敏感设备，采取主动控温措施。对于间断工作的载荷设备以及热功耗变化很大的舱段，如载荷舱载荷工作和不工作热耗相差几百瓦，需要进行补偿加热，提高卫星的可靠性。

### 4.1.6　卫星系统信息流设计

现代卫星基于网络和计算机构成卫星内外部信息交换与传输，卫星信息流图一般包括星地、星内信息传递关系及传输的信息类型和流向，信息通道冗余备份关系等。整星信息的调度及控制管理者是星务计算机，也称为上位机。与其他电气设备通过通信总线联系在一起，例如CAN总线、1553B总线等，一般平台舱各设备联入一级总线，遥感器设备和数传等设备联入二级总线。两级总线均由星务中心计算机进行通信管理，同时负责一级、二级总线之间的信息数据交换；两级总线的目的是区分开短期工作的载荷和长期工作的平台节点，避免发生总线故障时，互相影响。整星信息流图示例如图4-2所示。

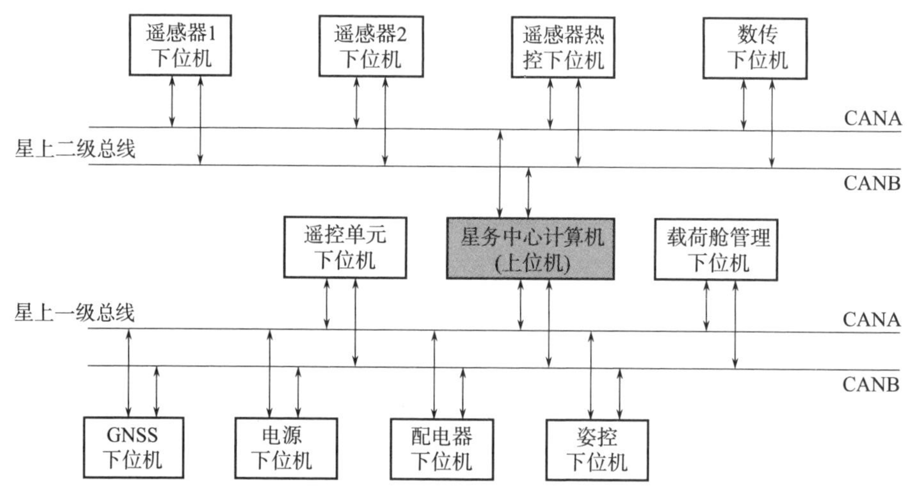


图4-2　整星信息流图示例

（1）遥测遥控信息流

地面向卫星发射遥控命令的速率较低，例如每秒1条，指令由同步字＋地址码＋指令信息＋校验字等信息组成，经应答机的接收机解调后，发送给遥控单元，由遥控单元进行译码、校验等处理后发送给星务中心计算机，星务中心计算机对上行数据进行判别、处理后通过总线发送给各个下位机，完成遥控任务；发送指令正确则遥测指令计数加1。如果指令需在离开地面站后延迟执行，则发送含有时间码的程控指令，当时间码与星时一致时就执行指令。

下位机采用类似多路开关的方式按时序周期采样各点遥测，例如每秒采集1次，再合成一串码流。星务中心计算机通过总线调度各下位机向其发送遥测，格式编排后，形成整星遥测数据，发送给应答机，由应答机调制后发送给地面，完成下行遥测数据发送任务。

（2）载荷数据信息流

星地载荷数据流由遥感器产生图像数据开始，经过数传数据压缩→数据处理→格式编排→调制→功率放大，通过天线传输到地面站，地面接收系统进行天线跟踪→数据接收（双极化）→下变频→解调→帧同步去格式→解压缩→快视显示和数据记录（见图 4-3、图 4-4）。

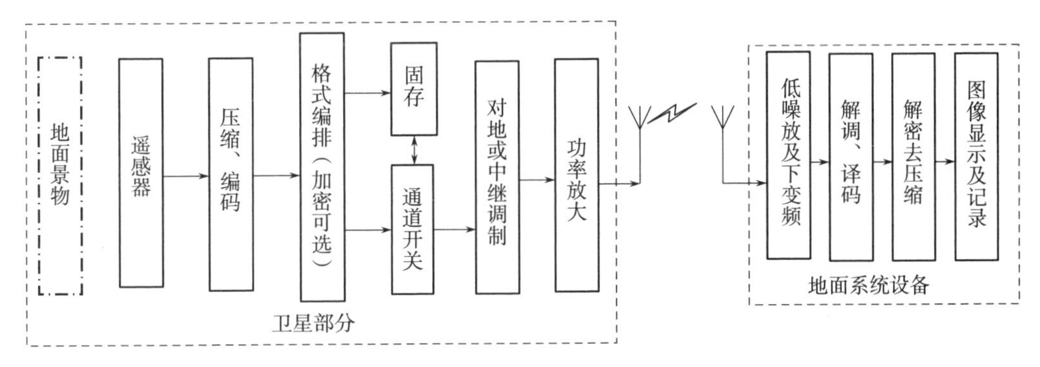


图 4-3　星地数传链路信息流示意图

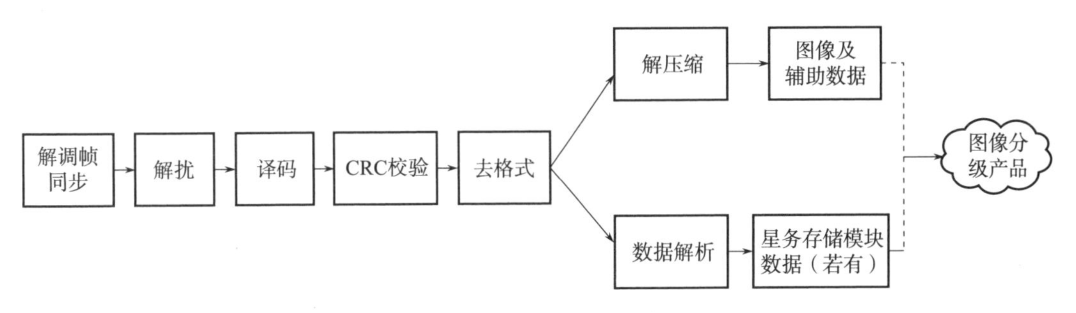


图 4-4　数传下传数据流恢复流程

（3）高精度时间信息流

精确的时间是卫星正常运行的保障，姿控任务的准确执行和高分辨率有效载荷设备的工作都需要星上能够产生长期稳定且高精确的时钟信号。

基于 GNSS 高精度时钟，采用 GNSS 对时脉冲与总线 GNSS 时间自主广播相结合的方法，可实现整星的高精度时间管理。

GNSS 接收机为卫星提供高精度的秒脉冲时间基准，时间精度优于 1 μs。星上使用时间基准的设备根据秒脉冲时间基准生成自己的时间。

GNSS 在星上时间整秒时，通过专用的 GNSS 对时秒脉冲信号线，发送一个脉冲信号，从“1”到“0”下降沿为时间基准，下降时间小于 50 ns，脉冲宽度为 1.0 ms±0.2 ms，脉冲信号与标准时间精度误差小于±1 μs（见图 4-5）。

GNSS 接收机在发送时间基准后 50 ms 内自动通过星上数据总线发送秒脉冲的秒值。姿控和载荷设备接收到该秒脉冲后，启动自身的微秒计数器，同时对自身时间计数器的秒值加 1，通过微秒计数器的累加形成自身的星上工作时间；同时在接收到总线发送的

GNSS时间广播后，将该广播数据中的秒值与自身计数器中的秒值进行比较，如果相等则说明时间计数正确，否则根据广播数据中的秒值修正自身计数器中的秒值，从而完成一次星上时间的修正。

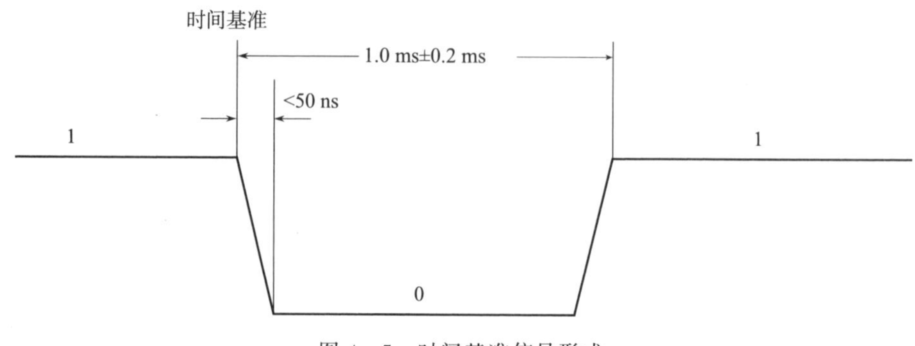


图 4－5　时间基准信号形式

基于该高精度时间系统设计方法，星上通信总线需采用有限多主通信方式。在有限多主式总线通信方式中，为了保证星上时间高精度的要求，GNSS下位机必须在发出秒脉冲信号后 50 ms 内向总线发送该秒的时间广播数据，这一过程对于星务中心计算机控制下的顺序执行的主从式通信模式来说是无法完成的。因此在星务分系统总线通信控制设计中，仍由星务中心计算机作为主节点进行控制，而 GNSS 下位机具备自主发送 GNSS 广播的能力。

### 4.1.7　飞行程序与工作模式

飞行程序是卫星从发射前到入轨正常工作所经历的动作和指令程序。一般分为发射段及轨道运行段程序。

（1）发射段模式

1）主动段：从卫星进入发射状态转内电到星箭分离前的状态。

星箭分离前，卫星处于运载整流罩内，整星由蓄电池供电，星务分系统、测控工作，姿控处于主动段状态。平台热控、遥感器热控处于自动控温状态，其余短期工作的设备关机。

2）入轨段：指星箭分离后的相关程序。

星箭分离信号启动星时，星时清零，卫星按预存的控制程序和程控指令，依次执行卫星相关动作，消除姿态初始偏差，顺序进行太阳翼解锁展开、遥感器焦面解锁、数传天线解锁展开等动作。姿轨控分系统建立轮控工作模式，完成正常姿态建立。

（2）轨道运行段模式

1）待机模式。卫星处于正常姿态飞行状态，$Z$ 轴指向星下点，太阳翼跟踪太阳，平台分系统处于工作状态，有效载荷处于热控自动控温状态。

2）任务工作模式（有效载荷工作模式）。任务工作模式也称有效载荷工作模式，指有效载荷设备按任务要求进行工作，以获取用户所要求信息的工作模式。

通常包括：实传模式、记录模式、回放模式、实传＋记录模式、边记边放模式、回放＋记录模式等模式。

（3）工作模式划分与切换

正常情况下，卫星按任务模式进行有效载荷的各种操作。卫星异常时，卫星自主进入安全模式，使卫星处于安全的运行状态，保能源、保通信，等待地面参与故障排除，避免故障扩散或加深危害。

常用的安全模式主要包括：最低功耗模式（电源安全模式）、姿控安全模式、帆板堵转安全模式、姿控节省燃料安全模式、星务主机安全模式、总线通信异常安全模式、有效载荷安全模式等。星上采取的自主操作主要是自动关闭载荷等短期工作设备（或部分热控回路），同时清空程控指令区，禁止指令执行，以便降低整星功耗对供电的压力等。

工作模式之间的转换关系示例如图 4－6 所示。

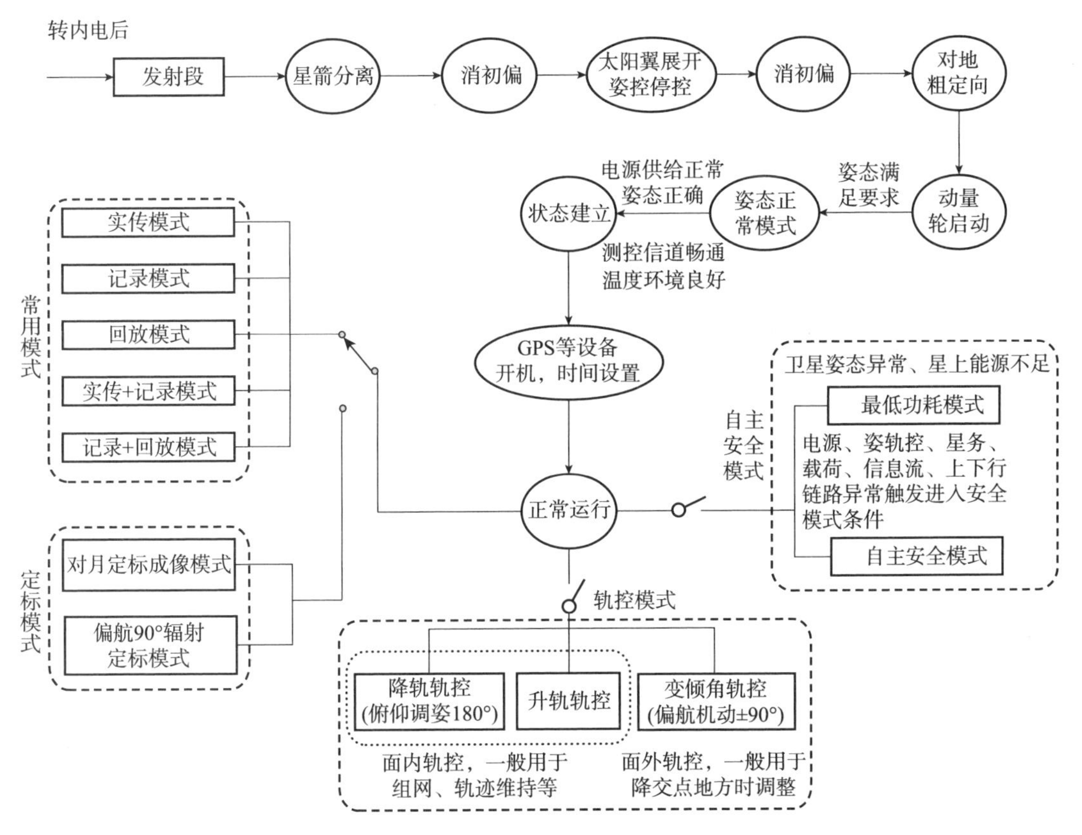


图 4－6　整星飞行程序及各种工作模式转换关系示例

### 4.1.8　卫星资源汇总

卫星总质量预算：包括各分系统的各个仪器设备的质量、总装直属件的质量、推进分系统的工质质量及余量等。即质量预算需要统计非消耗性质量（干重）和消耗性质量。

卫星功耗预算：将各仪器设备功耗按性质分成长期、短期、大电流脉冲等功耗。

链路预算：计算测控上下行、数传下行链路的余量，保证链路余量至少≥3 dB。

## 4.2 提高成像质量的设计

### 4.2.1 卫星提高成像质量的措施

（1）提高遥感器质量

从光学系统设计上，减小像差、降低畸变，提高遥感器光学系统 MTF；研制过程控制光学元件的加工质量和光学镜头的装调质量。影响成像最重要的光学元件一般是主反射镜，提升光学加工能力和质量，可使光学面形质量由 $\lambda/40$ 提高到 $\lambda/60$；采用计算机辅助装调，加之装调工艺的改进和装调经验的丰富，可使装调质量得到提升。

在遥感器完成研制后，进行内方位元素测试，提供遥感器畸变模型，用于地面的校正。

（2）探测器拼接质量控制

遥感器的探测器如采用视场“品字”拼接，片与片成像的地理位置错开，有时间差。片与片间的图像拼接受卫星姿态稳定度的影响较大；改进方法是采用光学“一字”拼接，使各片在时间上同步成像，在空间上成像在一条直线上，片与片间的图像拼接及几何精度提高。

（3）提高遥感器 SNR

从设计上，遥感器成像电路量化位数提升，可降低量化截断误差及量化噪声的影响，提高辐射分辨能力。电路设计上，采取全局优化的方法，合理布置电路板元器件，并合理设计滤波网络，降低电路噪声。

（4）合理设置动态范围

在遥感器总体设计上，需考虑探测器的动态范围及景物的动态范围。尤其是在遥感器图像饱和时，至少留有 1～2 挡向下调整参数的能力；而在图像灰暗时，至少留有 1～2 挡向上调整参数的能力；合理设置遥感器动态范围，并保留参数向上、向下调整能力，才能保证在轨图像的输出动态范围有足够的余量。

### 4.2.2 提高成像质量的过程控制

成像质量设计是设计层面满足要求，而研制过程中的成像质量控制才是检验产品满足要求的关键，成像质量控制流程如图 4-7 所示，主要是加强成像几何质量和辐射质量的过程控制，对遥感器的拼接、配准、内方位元素、调制传递函数 MTF、辐射定标、热真空成像等关键环节进行性能测试。

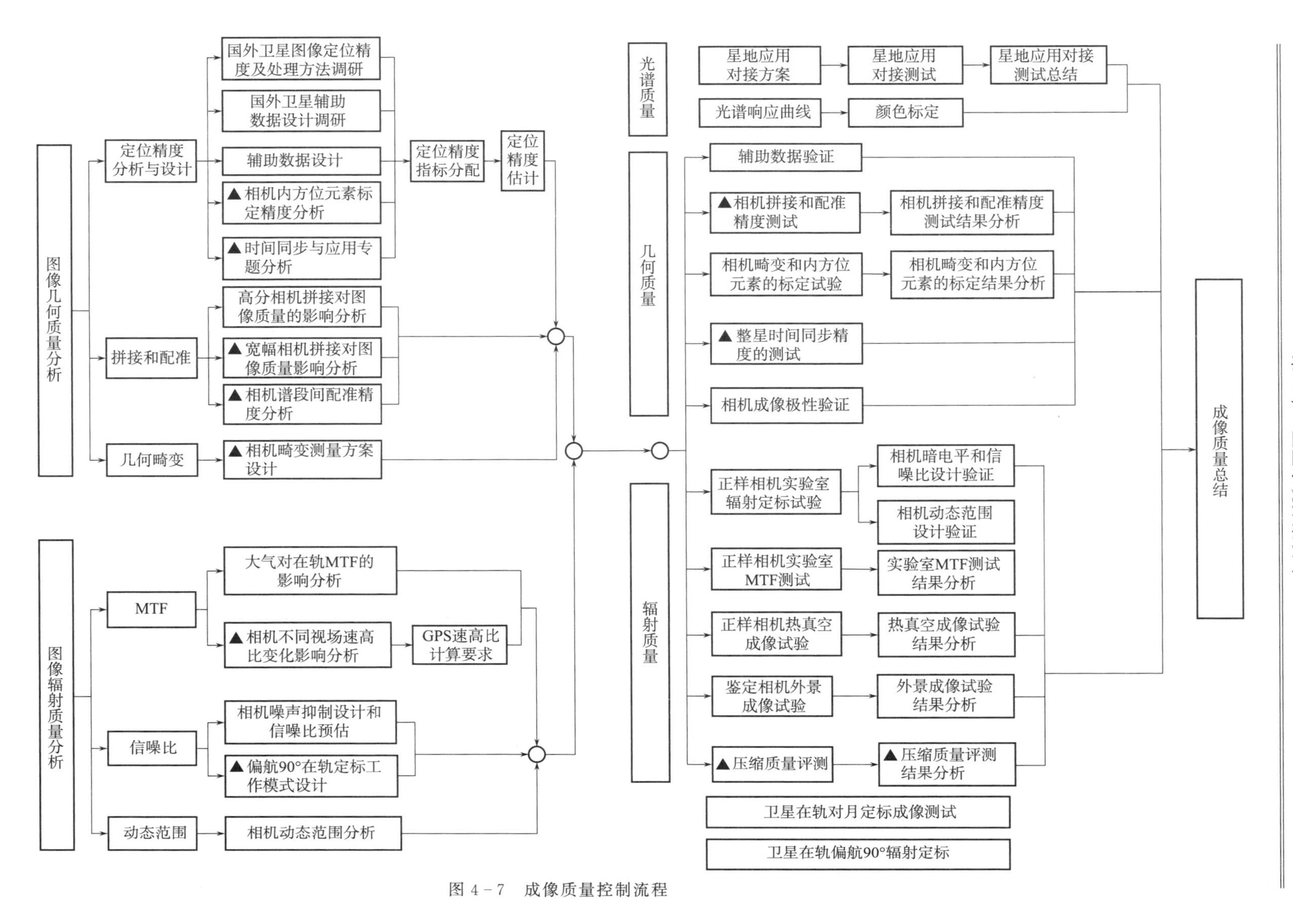


图 4－7　成像质量控制流程

## 4.3 星地一体化定位精度设计

星地一体化设计实际上是以用户需求为导向的系统设计。用户需求的指标有些能直接转换为卫星指标，如分辨率、幅宽等，而有些指标需要间接转换为设计指标，如定位精度。以下以定位精度为例，阐述星地一体化设计的理念。

### 4.3.1 定位精度分析

(1) 图像定位精度定义

尽管高分辨率图像可以清楚地看到地面景物，但并不能保证地理位置准确。本书图像定位精度是指平原地区的平面定位精度，即遥感图像上目标的地理位置与该目标实际地理位置的误差。国内遥感卫星平面定位精度常采用均方根误差 RMSE（Root Mean Square Error）的评价方法，代表了距离误差的统计平均。国外遥感卫星平面定位精度也有采用圆概率误差 CE90（Circle Error 90%）的评价方法。5 m CE90 的图像定位精度表示所有测量点落在 5 m 半径内的置信度为 90%。假设平面定位精度在 $x$ 和 $y$ 方向上是独立的标准差，均方根误差 RMSE= $\sqrt{\sigma_x^2+\sigma_y^2}$ ，当 $\sigma_x=\sigma_y=\sigma$ 时，RMSE=$\sqrt{2}\sigma$ 。而 CE90 与标准差 $\sigma$ 的关系可以通过概率积分来确定，对于二维高斯分布，CE90 约为 $2.146\sigma$。所以，$\mathrm{CE90}\approx 2.146\dfrac{\mathrm{RMSE}}{\sqrt{2}}$，即 CE90≈1.517 RMSE。

CE90 的评价方法较 RMSE 的评价方法要求更高，50 m（CE90）的定位精度相当于 33 m 均方根误差。

(2) 图像定位精度误差源分析

影响图像定位精度的误差源主要有：外部误差、内部误差和后处理误差，详见表 4-2。其中卫星轨道位置误差及速度误差、姿态确定误差、时间同步误差及各种安装误差等为外部误差，均与卫星的定轨、定姿、时间精度有关；在卫星影像的地面预处理阶段，要利用控制点对卫星的外部系统误差和内部系统误差做几何定标。几何定标的作用就是将卫星的系统误差解算出来，并且这景影像的系统误差对其他景也能适用。后面的影像利用这个系统误差进行几何纠正，也能达到很高的几何定位精度。

通过地面处理系统对卫星及载荷状态进行持续的几何定标，消除卫星平台外部系统误差（如相机安装角在卫星发射过程中受空间力学环境影响相对于实验室检校值的形变、空间复杂热环境下引起的长周期性变形误差）和相机内部系统误差（主点主距检校误差及物镜光学畸变、探测器畸变等），从而保证影像产品的几何质量和定位精度。

**表4-2　卫星定位精度的误差源**

| 分类 | 误差名称 | 系统性 | 属性 |
|---|---|---|---|
| 外部误差 | 相机安装角误差 | 系统误差 | 外部误差（位置与姿态）不影响像方矢量在相机坐标系的坐标，仅影响物方矢量在相机坐标系下的坐标 |
| | 星敏安装角误差 | 系统误差 | |
| | 姿态确定误差 | 随机误差 | |
| | GNSS测量轨道位置、速度误差 | 随机误差 | |
| | 时间同步误差 | 系统误差 | |
| 内部误差（畸变） | 主点、主距误差 | 系统误差 | 内部误差，这类误差不影响物方矢量在相机坐标系下的坐标，仅影响像方矢量在相机坐标系下的坐标。几何畸变在遥感影像的表现主要为长度变形和角度变形，光学相机系统的内部畸变和平台稳定性是导致产品图像内部几何畸变的主要原因 |
| | 探元畸变误差 | 系统误差 | |
| | 光学畸变 | 系统误差 | |
| | 卫星平台稳定性 | 随机误差 | |
| | 地形起伏<br>推扫成像过程中，每一行都是行中心投影成像，地形起伏会影响成像行中心投影的投影误差 | 系统误差 | |
| 后处理误差 | 影像匹配误差 | 随机误差 | 匹配误差 |
| | 姿轨内插误差 | 随机误差 | 计算误差 |
| | DEM精度 | 随机误差 | 内部畸变 |

这些误差之间高度耦合，存在强相关性。几何畸变在遥感影像的表现主要为长度变形和角度变形，光学相机系统的内部畸变和平台稳定性是导致产品图像内部几何畸变的主要原因。为克服参数间的强相关性，需要合理地选择畸变改正模型，统一采用三次多项式模型拟合每个探元指向角，极大地优化遥感器内部畸变模型，降低内定标参数之间的相关性，稳定解算相机的内部系统误差参数，如焦距，主点偏移误差，物镜畸变差，探元的旋转、平移和缩放变形等。基于试验场测定的畸变参数值会带有残差和不确定性，使得几何纠正产品图像仍然存在少量的内部畸变。

（3）误差相关性分析

①位置和姿态的相关性分析

一般来讲，卫星在轨飞行总体是稳定的，一景影像的成像时间大概是数十秒左右，姿态的误差变化规律满足这样的规律：长周期、短周期、偶然误差。当卫星的时间精度和位置精度相对较高时，可以认为造成卫星几何定位误差的误差源是姿态角的误差引起的。

②误差源的相关性

影响卫星定位精度的主要误差源有同步时间精度、卫星的GNSS测量精度、星敏姿态的测量精度、相机的安装角误差、每个探元光轴指向的内部畸变、影像匹配精度、姿轨拟合精度、卫星在轨运行平台颤振程度等。

③卫星的位置、同步时间误差、像点量测误差的相关性分析

卫星的外方位元素中位置和姿态存在很强的相关性，两者不易区分，位置的偏差可以

通过角度来补偿，角度的偏差可以通过位置来补偿。而时间同步的误差，会牵连影响轨道内插和姿态内插的精度。时间同步误差对卫星在轨的位置影响较大，时间和位置也具有很强的相关性。

当卫星存在较大的时间同步系统误差时，可认为造成卫星几何定位位置误差的误差源是时间同步的系统误差或角度的系统误差引起的。

④卫星的姿态和相机的安装角相关性分析

物方的光轴矢量到遥感器光轴矢量的旋转矩阵为

$$\boldsymbol{R} = \boldsymbol{R}_{\mathrm{Body}}^{\mathrm{Cam}} \boldsymbol{R}_{\mathrm{J2000}}^{\mathrm{Body}}(t) \boldsymbol{R}_{\mathrm{WGS84}}^{\mathrm{J2000}} \tag{4-1}$$

式中，$\boldsymbol{R}_{\mathrm{WGS84}}^{\mathrm{J2000}}$ 是 WGS84 到 J2000 坐标系的旋转矩阵；$\boldsymbol{R}_{\mathrm{J2000}}^{\mathrm{Body}}$ 是 J2000 坐标系到卫星本体坐标系的旋转矩阵；$\boldsymbol{R}_{\mathrm{Body}}^{\mathrm{Cam}}$ 是卫星本体坐标系到相机坐标系的旋转矩阵。

构成旋转矩阵的两个重要因素是本体的星敏测量姿态和相机的安装角。由于二者都是角元素，因此也具有很强的相关性。

⑤颤振与姿轨的误差相关性分析

星敏测姿的精度限制直接影响星敏对颤振的敏感度，目前地面处理中不考虑平台的颤振，在进行姿轨拟合时认为卫星的位置和姿态是光滑连续的。

⑥误差源的系统误差补偿分析

在卫星影像的地面预处理阶段都要利用控制点对卫星的外部系统误差和内部系统误差做几何定标。几何定标的作用就是将卫星的系统误差解算出来，并且这景影像的系统误差对其他景也能适用。后面的影像利用这个系统误差进行几何纠正，也能达到很高的几何定位精度。

由于误差源的复杂性和相关性，在定标的过程中如果解算太多的系统误差，容易导致解算的不稳定。根据上面分析的各误差源的相关性，可以将相关的元素合并，不相关的元素作为未知数解求。如将卫星本体姿态、GNSS 偏心位置等系统误差并入安装角元素中，不会降低高程的确定精度。

（4）定位精度误差分配

①GNSS 定位精度分配及对平面定位精度的影响

目前常用的 GNSS 定位的位置误差在 10 m 以内，分配到每方向的定位精度 $\delta X$，$\delta Y$，$\delta Z$ 约为 5.78 m。卫星线元素误差对地面定位精度的影响分析如下：

$$\delta = \sqrt{(\delta X)^2 + (\delta Y)^2 + (\tan(\mathrm{pitch}) \cdot \delta Z)^2 + (\tan(\mathrm{roll}) \cdot \delta Z)^2} \tag{4-2}$$

式中，pitch、roll 分别表示俯仰角、滚动角。

②星敏定姿精度分配及对平面定位精度的影响

假设卫星在俯仰、滚动、偏航三个角度的星敏测量精度 $\delta_{\mathrm{pitch}} = \delta_{\mathrm{roll}} = \delta_{\mathrm{yaw}} = \sigma(1\delta)$（精度:″）。在 GNSS 测量位置精确的情况下，卫星姿态角元素误差 $\sigma$ 对地面定位精度的影响分析如下：

若俯仰角 pitch 为 30°，侧摆角 roll 为 30°（偏航角可处理为 0°），$H = 600$ km，幅宽 $y = 20$ km，则定位误差为

$$\delta = \sqrt{\left(\frac{H}{\cos^2(\text{pitch})}\right)^2 (\delta_{\text{pitch}})^2 + \left(\frac{H}{\cos^2(\text{roll})}\right)^2 (\delta_{\text{roll}})^2 + \left(\frac{y\delta_{\text{yaw}}}{2}\right)^2} \tag{4-3}$$

③时间同步精度分配及对平面定位精度的影响

时间同步可以认为是卫星在成像时刻的飞行方向的位置确定精度。因对相机、星敏都引入了 GNSS 硬件秒脉冲进行时间同步，以成像时刻和星敏时标的精度分别为 30 μs 和 50 μs 为例，因此以每行成像时刻为准，进行姿态和 GNSS 辅助数据内插时，时间同步误差最大为 50 μs。飞行速度是 7 km/s，则会引起轨道飞行方向的定位误差为

$$\delta = 7 \times 10^{-3} \sigma_{\text{同步}} = 0.35 \text{ m} \tag{4-4}$$

④内定标精度对平面定位精度的影响

若探元指向角误差是系统性的，在进行内定标系统校正几何内部畸变后还会存在系统残差。一般相机在设计的时候会对探元的指向角有具体的指标，假设相机的探元指向角标定精度指标是 $\delta_{\text{内}}$ 个像元，当侧摆角特别大时，地面成像变形非常大，该项误差对定位精度的影响如下式所示：

$$\delta = \sqrt{2}\,\delta_{\text{内}} \left(\frac{\text{GSD}}{\cos\alpha \cos\delta_{\text{roll}}}\right) \tag{4-5}$$

式中，$\alpha$ 为侧摆角。

⑤像点量测对平面定位精度的影响

地面检查点量测的像点坐标会有 $\delta_x = \delta_y = \delta_m$ 个像元的误差，一般其对定位精度的影响非常小，和内定标的精度分析类似：

$$\delta L = \left(\frac{\text{GSD}}{\cos\alpha \cos\delta_{\text{roll}}}\right) \sqrt{\delta_x{}^2 + \delta_y{}^2} \tag{4-6}$$

⑥平台稳定度等因素对平面定位精度的影响

平台稳定度会影响每一行影像的姿态确定精度和该行成像精度，会影响 RPC 拟合精度，应结合颤振模型和姿态量测精度对影像进行畸变校正。

⑦地形起伏等因素对平面定位精度的影响

特别是当卫星侧摆或者俯仰成像时，在正射产品精度上无控定位精度与 DEM 精度和侧摆或俯仰角的大小成正比。

⑧小结

以卫星的基本参数：时间同步精度 0.1 ms，轨道高度 600 km，相机、星敏一体化安装，地面高程起伏 100 m（平原）为例，要获得无控定位精度 100 m 至 5 m，则分配星敏测量精度、时间同步精度、分辨率等参数见表 4-3。由此可见，无控定位精度越高，对姿态测量、时间同步及分辨率的指标要求就越高。

**表 4-3　图像定位精度**

| 无控定位精度/m | GNSS 定位模式 | 是否测 GNSS 偏心分量 | 星敏观测精度（3δ） | 时间同步精度/ms | 是否做外定标 | 是否做内定标 | 地形改正参考 DEM 精度 | 是否考虑平台颤振 |
|---|---|---|---|---|---|---|---|---|
| 100 | 单频 | 否 | 5″ | 0.1 | 是 | 否 | 30 m | 否 |

续表

| 无控定位精度/m | GNSS定位模式 | 是否测GNSS偏心分量 | 星敏观测精度（3δ） | 时间同步精度/ms | 是否做外定标 | 是否做内定标 | 地形改正参考DEM精度 | 是否考虑平台颤振 |
| --- | --- | --- | --- | --- | --- | --- | --- | --- |
| 50 | 单频 | 否 | 5″ | 0.1 | 是 | 是 | 30 m | 否 |
| 20 | 单频 | 否 | 5″ | 0.03 | 是 | 是 | 30 m | 否 |
| 10 | 双频 | 否 | 3″ | 0.03 | 是 | 是 | 30 m | 否 |
| 5 | 双频 | 是 | 1″ | 0.01 | 是 | 是 | 30 m | 是 |

### 4.3.2 提高定位精度的卫星设计

（1）提高定轨精度

卫星对定位精度的贡献主要是保证姿态精度和轨道精度。利用GNSS的秒脉冲信号进行硬件授时、各分系统独立授时的时间同步技术，确保整星各分系统工作在统一时间基准下，使各分系统时间同步误差优于10 μs，降低时间偏差对目标测量精度的影响。

（2）提高定姿精度及姿态稳定度

姿态稳定性不仅会引入图像内部几何畸变，也给轨道、姿态的高精度建模带来一定的难度，从而影响到无地面控制的定位精度。对于小卫星，由于其质量较小，受到其自身质量和体积的限制，卫星的姿态容易受到外界因素的影响，进而影响定位精度。

姿轨控系统采用星敏提供的星体姿态测量精度需优于角秒级，提供长期稳定的高精度测姿信息；单靠星敏测姿系统动态性能较差，而陀螺测姿则可弥补此不足，虽然陀螺测姿系统的测量误差随时间积累，但陀螺对短时姿态变化的辨识精度远高于星敏，可保证测姿方案具有较高的动态性能。因此，卫星通常采用高精度星敏与陀螺联合定姿方法，通过最优滤波技术实现优势互补，达到满足成像要求的测姿精度。

由于星敏感器输出辅助数据的频率远低于相机行速率，因此通过星敏感器观测得到相机光轴指向角度的采样点较少，需要通过内插方法进行计算，这种计算的精度取决于星体的稳定度及其测量精度，因此必须提高整星的稳定度。卫星在轨稳定度需做好数传天线扰动力矩控制、太阳翼扰动力矩控制、飞轮动不平衡度控制、其他整星微振动影响分析等。

（3）加强结构稳定性设计

光轴稳定性是关键指标。除重力影响、振动影响、安装初始偏差等固定系统偏差外，其在轨波动成分主要取决于相机光机结构的热稳定性。在热稳定设计中选用膨胀系数小的材料来减小热变形，选用高导热率材料以提高结构温度均匀性，采用高效的隔热措施并配合补偿加热手段来控制外热流或相机内热源产生的温度波动。

为了减小从星敏到相机中间转换环节的误差，相机和星敏安装距离尽可能靠近，布局设计中考虑将星敏感器与相机安装在同一个刚性基准上，并在星敏感器与相机的安装处通过预埋加强梁的方式来提高安装基准的强度和刚度，以减小安装偏差及结构变形对精度的影响。此外三个星敏采取一体化安装，也便于热控实施，提高支架热稳定性，从而提高光轴夹角的稳定性。

对 700 km 轨道高度的卫星而言，在俯仰角和滚动角的方向上，1″的姿态误差能够引起大约 5 m 的地面定位误差。由于卫星在发射过程中受到各种冲击力的影响，相机、星敏安装角必然发生改变。地面测得的星敏安装矩阵值仅仅作为在轨几何标定的一个初值，需要测量并控制相机、星敏安装角满足安装精度要求，在轨几何标定需重新确定星敏与相机之间的相对姿态关系。

（4）提高星上时间同步精度及辅助数据时标的同步性

利用高精度 GNSS 秒脉冲进行校时，要求与成像任务相关的各分系统之间时间同步精度对定位精度的影响缩小到子像元量级。提高星上时间同步精度是实现高定位精度的基础，从而提高成像时刻和位置精度。此外，多个星敏测量数据的时标要同步，减少时标不对齐带来的影响。

以 700 km 轨道高度的卫星为例，飞行速度约为 7 km/s，1 ms 的时间同步误差导致沿轨方向大约 7 m 的定位误差。若该误差为系统误差，可以通过在轨几何定标消除其影响；若为随机误差，则对高精度在轨几何定标造成极大的不利影响，必须在地面解决。若几何定标精度要求 0.3 个像元，时间同步精度则要求达到 0.02 ms。

（5）提高图像辅助数据更新频率

卫星位置和姿态信息是定位精度的主要影响因素，而它们均是关于时间的函数，同时图像的成像时间与卫星位置和姿态的匹配性也会影响到最终的定位精度。所以，要满足用户提出的目标定位精度要求，须提高图像辅助数据更新频率，并提供带有精确时标的图像辅助数据，主要有：

1）GNSS 接收机提供的成像时刻位置和速度，简称“时间＋位置”。

2）星敏提供的成像时刻姿态，简称“时间＋姿态”。

3）陀螺提供的成像时刻角速度，简称“时间＋角速度”。

4）行周期，或积分时间。

5）行时标，简称“时间＋行号”。

### 4.3.3　提高定位精度的地面预处理设计

（1）高精度几何定标分析

①平台颤振

卫星硬件平台会由于各种因素的影响而产生颤振。这种颤振会影响星敏测姿精度，探测器像元级抖动等对成像的分辨率、成像的质量、谱段配准精度和局部像元的几何定位精度也带来一定的影响。

地面检校通过地面标定场、卫星影像的密集点匹配和分布均匀的高精度控制点，利用内外定标的方法标定系统误差，通过空间后方交会进行姿轨精化，降低颤振的影响。

②地形起伏引起的成像误差

推扫成像过程中，每一行都是行中心投影成像，地形起伏会影响成像行中心投影的投影误差。以卫星成像幅宽 70 km 为例，视场约 3.2°，对于 2 000 m 的地形起伏会大概引起

35个像元的投影差，所以根据DEM进行正射纠正，消除地形起伏引起的投影差是非常必要的。

③影像匹配误差

本质上影像匹配都采用基于灰度分布的相关系数法的匹配测度。这种方法能使匹配精度达到子像元级，同名像点的匹配精度 $\delta_m$ 一般可达到0.36像元。

④辅助数据内插误差

卫星下传的辅助数据中，姿态和GNSS位置都是按照一定的频率高精度测得，成像时刻的姿态和轨道是根据姿态、轨道数据进行拟合内插，内插的结果与真实值之间的差异称为辅助数据拟合精度。卫星在轨运行中，由于卫星姿轨数据带有偶然性误差，卫星平台也受到颤振的影响，一般采用多项式拟合的方法，内插的拟合精度可以满足几何定位精度要求。

⑤DEM精度

根据地形起伏引起的成像误差分析，DEM的精度直接影响投影差的纠正精度。一般根据已有的DEM参考数据去生产正射影像，采用平均高程、粗DEM、精细DEM的方式生产的DOM产品，由于DEM的精度不同，会影响DOM的平面精度。

在进行星上分析时可以不考虑DEM的精度，但是在进行产品精度评价验证时，要分析DEM精度对几何产品精度的影响。

(2) 卫星高精度几何定标方法

定位精度是星地联合指标，地面处理系统需对卫星进行在轨标定，消除发射环境以及在轨失重等引入的固定偏差。地面几何标定的步骤示例如下：先对可见近红外谱段进行绝对几何定标，通过参考数据［包括数字正射影像（DOM）和数字高程模型（DEM）］进行密集匹配，得到覆盖整个成像幅宽的密集控制点，先解算外定标参数，即相机的安装参数，再解算可见近红外谱段的内定标参数，即探元指向角模型多项式系数（王密等，2020）。

几何定标就是通过构建卫星的几何成像模型，利用区域网平差的解算策略将遥感器的内部系统误差和外部系统误差确定出来。

①单相机高精度在轨几何定标方法

该方法大致处理流程为：1）几何定标场高精度参考数据，通过高精度影像匹配技术获取密集的控制点量测信息；2）根据待定标影像数据、姿轨数据、实验室检校数据建立几何定标模型，解算外定标参数；3）将解算后的外定标参数引入严格成像模型进行影像模拟，生成模拟影像；4）通过高精度同名像点匹配技术，获取模拟影像与原始影像的大量同名像点，通过分析这些同名像点的像方残差解算内定标模型参数。具体技术流程如图4-8所示。

利用卫星几何检校场高精度的DEM和参考影像数据，基于外定标的结果、卫星成像的轨道和姿态数据以及相机内定标参数初值，对地面定标场卫星实际成像进行模拟，然后将模拟出的理想影像和真实拍摄的卫星影像精确匹配同名地物特征，来标定每个像元与实

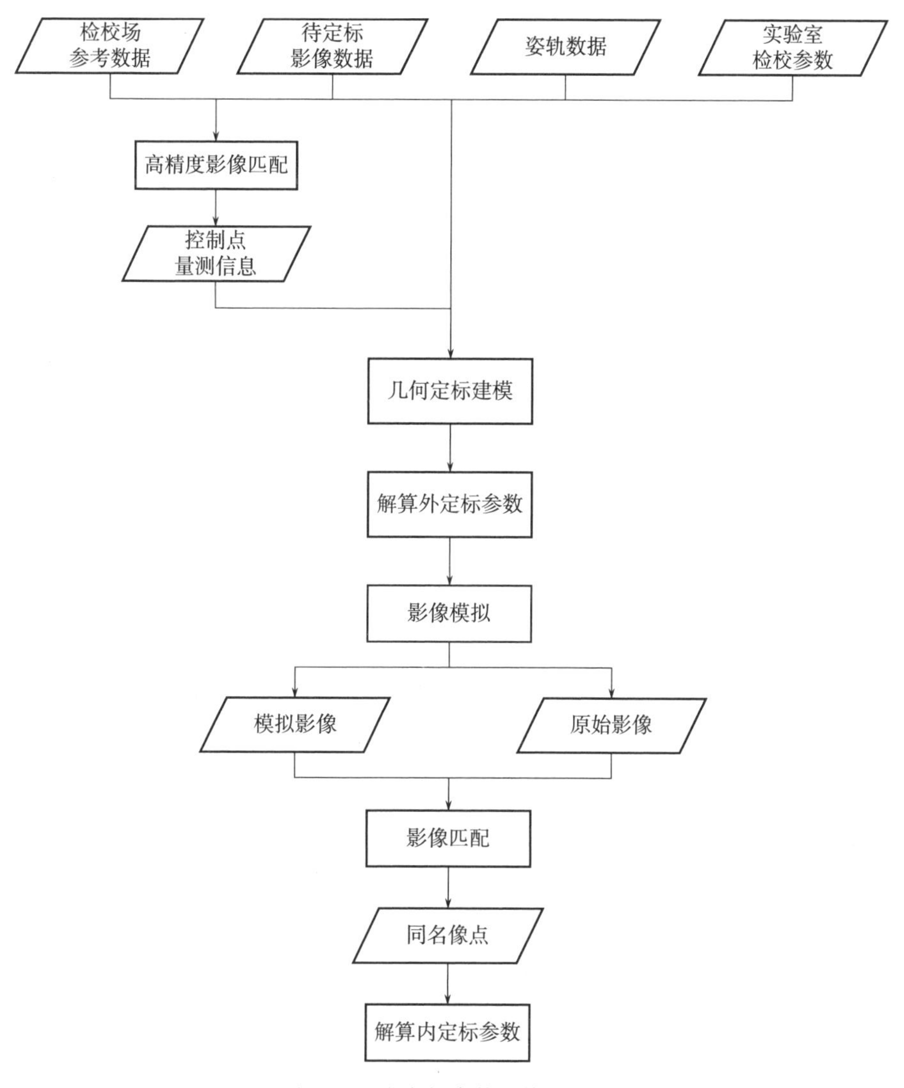


图 4-8　内定标参数解算流程图

际位置的偏移量，从而确定每个像元在相机坐标系中的真实位置矢量。该方法的优势在于每个 CCD 探元可以获得大量的重复观测，从而提高了相机内方位元素的精度与稳定性。

高精度卫星在轨几何定标方法应遵循以下原则：1）卫星姿态、轨道等观测数据精度较低、偶然误差较大时，必须通过大量观测数据解算待定标参数，提高定标参数的解算精度，即通过大量低精度的样本观测获取高精度的统计参数。2）没有采用 GNSS 统一授时的卫星，其相机成像时间与 GNSS 时间之间存在较大的时间同步误差，该误差表现为一种系统性的漂移，因此必须对其进行在轨标定，确定其漂移规律。

②现有系统几何校正模型

现有的系统几何校正模型有两种：基于附加偏置矩阵的严格模型几何校正和基于像方仿射变换模型的 RPC 几何纠正。

1）基于附加偏置矩阵的严格模型几何校正。根据共线方程，将安装角的系统误差和星敏姿态观测值的系统误差合并，通过基于严格物理模型的光束法区域网平差，解算遥感器安装角的偏置矩阵（残余误差：相机的安装角随季节、轨道周期的冷热变化及平台颤振等因素，在一定的时间范围外不能作为定值来处理。姿态观测值的系统误差会受星敏陀螺的影响，系统误差会随着时间发生漂移，这种漂移长时间内不具备系统性）。

2）基于像方仿射变换模型的 RPC 几何纠正。RPC 几何纠正是基于有理函数模型和像方仿射变换经验模型，考虑安装角的系统误差和星敏姿态观测值的系统误差对地面在遥感器像方成像的影响是一个仿射变换的关系，通过像点和地面点间的对应关系进行整体平差，解求仿射变换系数。

基于像方仿射变换模型的 RPC 几何纠正采用一定间距的影像作为待求外方位元素的定向片，并用 RPC 参数对成像模型进行拟合，外方位元素的改正等效为像方的一个仿射变换。基于像方仿射变换模型的 RPC 几何纠正中仿射变换的系数是平差的未知数，通过 RPC 模型中的像方和物方的对应坐标关系，对未知数进行平差求解（不足：没有严格的物理意义，对系统误差的来源、卫星平台的稳定性不能进行有效的分析）。

### 4.3.4 小结

综上，考虑影响定位精度的各种误差源，对图像定位精度的星地一体化保障链设计流程如图 4－9 所示。控制卫星时间同步精度、定轨、定姿、稳定性及遥感器内方位元素的精度和稳定性，提高地面几何标定的精度，对提高图像定位精度意义重大。

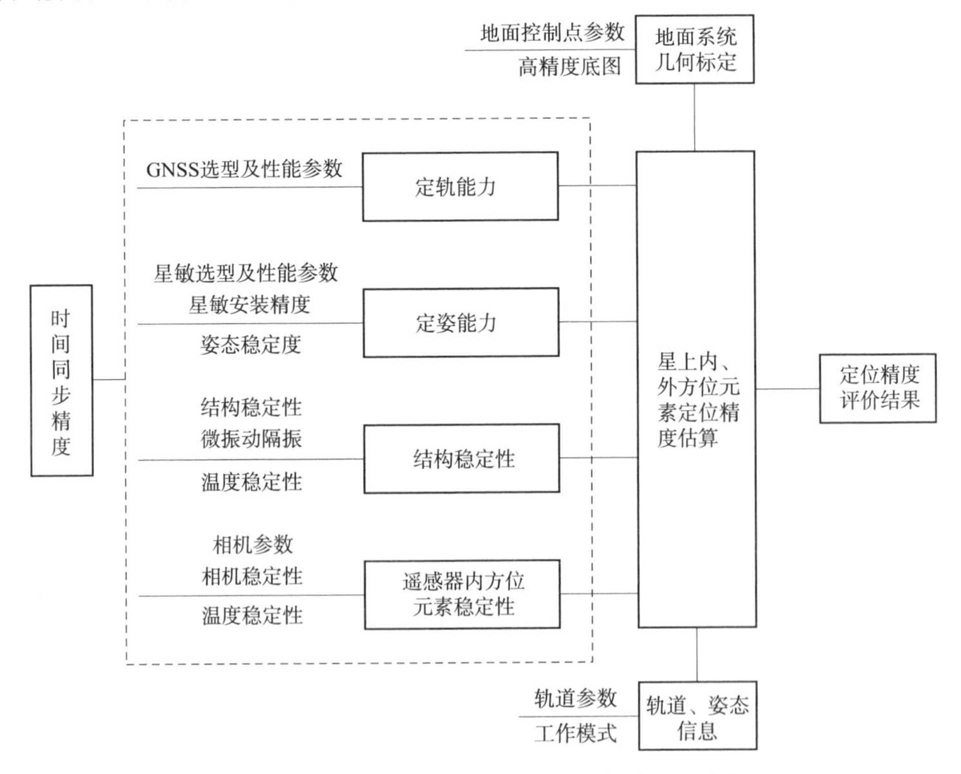


图 4－9　对图像定位精度的星地一体化保障链设计流程

## 4.4　卫星工程系统接口设计

光学遥感卫星工程系统，一般由卫星系统、运载火箭系统、发射场系统、测控系统、地面系统和应用系统组成。下面就卫星与各工程系统的接口做扼要阐述。

### 4.4.1　工程系统组成与分工

卫星工程系统一般由卫星系统、运载火箭系统、发射场系统、测控系统、地面系统和应用系统组成（见图 4－10）。共同完成卫星、运载火箭研制、发射、测控及数据接收与应用。

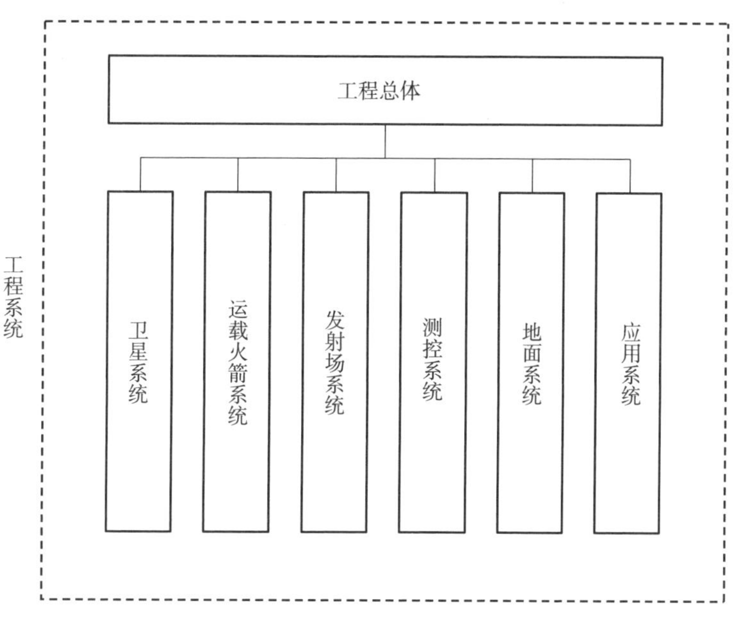


图 4－10　卫星工程系统组成示意图

工程系统的分工如下：

1）卫星系统：负责研制生产卫星。

2）运载火箭系统：负责研制生产运载火箭。

3）发射场系统：负责运载火箭与卫星发射保障并组织实施。

4）测控系统：负责提供卫星、运载火箭的测控服务。

5）地面系统：负责运控、接收、处理卫星下传数据。

6）应用系统：负责开发应用示范系统，开展业务化运行及应用示范。

### 4.4.2　卫星与运载火箭的接口设计

选择运载火箭要从发射能力、星箭机械接口、卫星可用的空间尺寸、卫星入轨参数偏差、卫星与运载火箭分离时姿态角及角速度范围、力学环境条件等方面进行综合比较，既要确保星箭组合体稳定性，又要考虑卫星质量、轨道高度、倾角等参数，发射场和运载落点等因素，也要考虑卫星和火箭机械部分的对接协调，以及卫星的质心位置、结构频率是否满足火箭要求。更为细致的考虑，还包括如载荷与火箭的机械接口，包带解锁、反推火箭分离方式等。根据卫星的发射轨道、整星包络尺寸及质量，确定可选择的运载火箭或提出对运载火箭的要求。

对运载火箭而言，发射航天器进入预定轨道，必须要达到一定的惯性速度和高度。运载火箭必须满足两个主要要求，首先是提高势能，增加高度到轨道高度；其次是提高动能，加速到轨道速度。

运载火箭发射航天器进入预定轨道，使航天器达到一定的速度（动能）和高度（势能）。接口设计内容包括：

1）选择运载能力合适的火箭：根据卫星质量、轨道高度、倾角等参数，发射场和运载落点等因素，选择合适的运载火箭。

2）确定机械接口：选择星箭连接、解锁及分离方式，分类如表 4－4 所示，例如包带连接，火工品解锁，反推火箭方式分离卫星；明确卫星对运载火箭整流罩开口要求，如操作口和透波口的位置和尺寸等；星箭双方约定航天器适配器、星箭连接解锁装置分工，明确星箭对接面接口的基本特性，如平面度、垂直度、压点开关位置等。由卫星方提供卫星的质量、质心位置、结构频率等机械特性参数。

**表 4－4　常见星箭机械接口及特点**

| 项目 | 类型 | 特点 |
| --- | --- | --- |
| 星箭连接方式 | 包带式接口 | 通过包带抱紧卫星实现连接，易于安装和拆卸，有一定的减震和缓冲作用 |
| | 多点连接式接口 | 连接卫星底部几点，简单可靠，灵活性高 |
| | 通用型接口 | 例如 POD(Payload Orbital Delivery)通用型接口，可用于立方体卫星 |
| 解锁方式 | 火工解锁 | 利用火工品或爆炸螺栓解锁，响应快，同步性好，冲击大 |
| | 非火工解锁 | 例如采用形状记忆合金、热刀等实现分离，分离冲击小，响应慢，同步性差 |
| 分离方式 | 弹簧分离 | 通过压缩弹簧释放产生推力，推动卫星分离；无污染、可靠性高、冲击载荷小 |
| | 反推火箭分离 | 末级火箭辅助反推或利用增压气体反推制动，实现分离，入轨精度高 |
| | 旋转式多星分离 | 末级分配器带动卫星绕纵轴旋转，利用离心力和弹簧力，可同时分离多颗卫星；对卫星布局和结构设计有要求 |
| | 堆叠压紧分离 | 多星堆叠成组合体，用一套火工品解锁实现统一抛撒，节约成本 |

3）确定轨道、分离、姿态要求：

a）星箭分离时的轨道精度（$1\sigma$）要求：明确星箭分离时的轨道和入轨精度要求，例如轨道半长轴偏差、倾角偏差、偏心率偏差、升交点赤经偏差、近地点幅角偏差等，运载火箭承制方应确保运载能力满足轨道和入轨精度要求。例如，半长轴偏差：±5 km；偏心率偏差：±0.003；轨道倾角偏差：±0.1°；升交点赤经偏差：±0.1°。

b）星箭分离速度要求：运载火箭应提供足够的分离速度，保证卫星和运载火箭的安全分离。具体要求因星而异。

c）入轨分离姿态精度要求：由于卫星在轨运行姿态对地定向，因此星箭分离时，要求运载火箭使卫星$+Z$轴对地，$+X$轴指向飞行方向。一般入轨分离姿态的角度偏差不应超出确定姿态方向的上限；分离姿态的角速度偏差应不超过陀螺测量角速度的上限，且在规定的时间内，姿轨控分系统可完成消初偏。

4）星箭分离后可测控时间要求：一般火箭抛整流罩后，卫星即可收到遥测信号，但直到星箭分离时，卫星的星时才清零，并自动执行相应的飞行程序。星箭分离后可测控时间一般根据关键动作执行后返回遥测的时间而定。运载火箭弹道设计应满足卫星在星箭分离后的地面可测控时间大于要求值。

### 4.4.3　卫星与发射场系统的接口设计

发射场是用于运载火箭和卫星在发射前的总装、测试、加注和发射的场所，由技术区和发射区及其相关部分组成。发射场的地理纬度、运载火箭射向限制是卫星总体设计必须考虑的约束条件。

根据卫星的发射轨道及运载在发射场的保障能力等，确定可选择的几个发射场，比较各发射场设施，提出可选发射场及需要增加的技术设施。发射场系统负责运载火箭与卫星发射保障并组织实施，卫星与发射场系统的接口内容包括：

1）明确卫星系统进行射前技术准备和发射的设施与条件；为卫星系统提供气象、通信等勤务保障和后勤保障，发送时间、气象、弹道参数等信息。

2）明确发射场系统提供卫星系统转运、转场、撤场装卸等所需的道路保障、运输车辆和吊装设备要求。

3）卫星系统提出卫星总装测试厂房、供配电、卫星吊装、塔架操作等工作的具体需求。

4）卫星系统提供在发射场的技术、计划、产保、技安流程等相关信息。

### 4.4.4　卫星与地面测控系统的接口设计

地面测控系统负责提供运载火箭、卫星的测控服务，应确认卫星和地面测控系统的匹配性协调性、上行数据注入的码速率和下行数据的码速率与地面测控系统的适应性、卫星入轨段的测控能力、测轨精度等，卫星与地面测控系统的接口要求包括：

（1）明确测定轨要求

提出对卫星入轨第一圈的测定轨及第二圈注入卫星初始轨道数据的要求；明确定轨精度。

（2）明确轨道预报要求

星箭分离后，地面测控系统应向卫星总体提供卫星的轨道根数和入轨点报告；在轨测试完成之前，地面测控系统应每天向卫星总体提供卫星的轨道根数，并预报卫星轨道。

(3) 明确遥控、遥测要求

明确星箭分离后，卫星可测控时间要求，一般以飞行程序某一关键动作的遥测返回时刻来确定；提供主动段全部遥测信息。

(4) 明确卫星遥测原码和遥测处理要求

明确每天测控圈次、注入精轨数据频次及上注载荷任务指令的要求；明确卫星轨道维持要求，按需对卫星进行变轨控制；明确应急状态及故障情况下的测控要求。

(5) 星地时间比对、校时、授时要求

进行星地时间比对，明确星地时差超过规定值时，需对卫星进行校时或授时。

### 4.4.5 卫星与遥感地面系统的接口设计

(1) 遥感地面系统

遥感地面系统是地面对遥感卫星进行任务管理、对遥感器获取的数据进行接收处理以及应用遥感数据完成科学和应用目标的总称。以卫星遥感为例，一般来讲，遥感地面系统可分为以下 8 个功能部分：1) 任务运控子系统：对卫星的运行状态进行监测；根据用户对数据获取的需求，编制卫星的成像计划，并生成卫星指令。2) 数据接收系统：又称为数据接收与记录系统、数据接收站等，承担将卫星获取的遥感数据接收下来并加以保存的任务。3) 数据存储与管理系统：又称为数据存档系统，是长期保存并管理全部遥感数据的地面设备。4) 地面数据处理子系统：承担遥感数据处理的核心任务，进行数据编目与标准数据产品的生产。5) 数据深加工系统：也称为增值产品生产系统，按用户的要求，在标准数据产品的基础上，完成更为复杂的数据处理任务，从中获取用户需要的信息，以提升遥感数据的应用价值。6) 数据分发与服务系统：是面向遥感用户的窗口和平台，向公众发布接收到的遥感数据目录，并提供检索、预览、产品定制、数据下载等多种服务。近年来，该系统还逐步发展成为接受用户在线自主完成数据处理的门户系统。7) 数据质量分析系统：也称为真实性检验系统，对接收到的遥感数据进行分析，检验数据的各项技术指标，评估卫星及传感器的工作状态，为其他系统提供必要的技术参数。8) 定标系统：完成卫星及传感器各种参数、指标的测量及确认，分析并给出卫星及传感器当前状态与预定指标之间的误差，从而生成用于数据处理和产品生产的最新系统参数。遥感地面系统的组成及相互关系如图 4-11 所示。

卫星与地面系统的接口涉及地面数据接收子系统、地面数据处理子系统和任务运控子系统，卫星与地面系统的星地接口关系示例如图 4-12 所示，包含了低轨遥感卫星与中继卫星及中继卫星地面系统数据接收的示例。

(2) 卫星与地面数据接收子系统接口

遥感卫星数据接收指通过地面站接收天线等设备跟踪指向遥感卫星，根据卫星下行数据信号的频率、极化方式、传输速率、调制和编码方式等参数，完成对卫星数据的接收。遥感卫星向地面进行传输。卫星数据经过星上编码和调制等处理后，以电磁波信号的形式通过星上天线下传地面，受自由空间传播损耗、大气吸收、极化损耗和雨衰等的影响，信

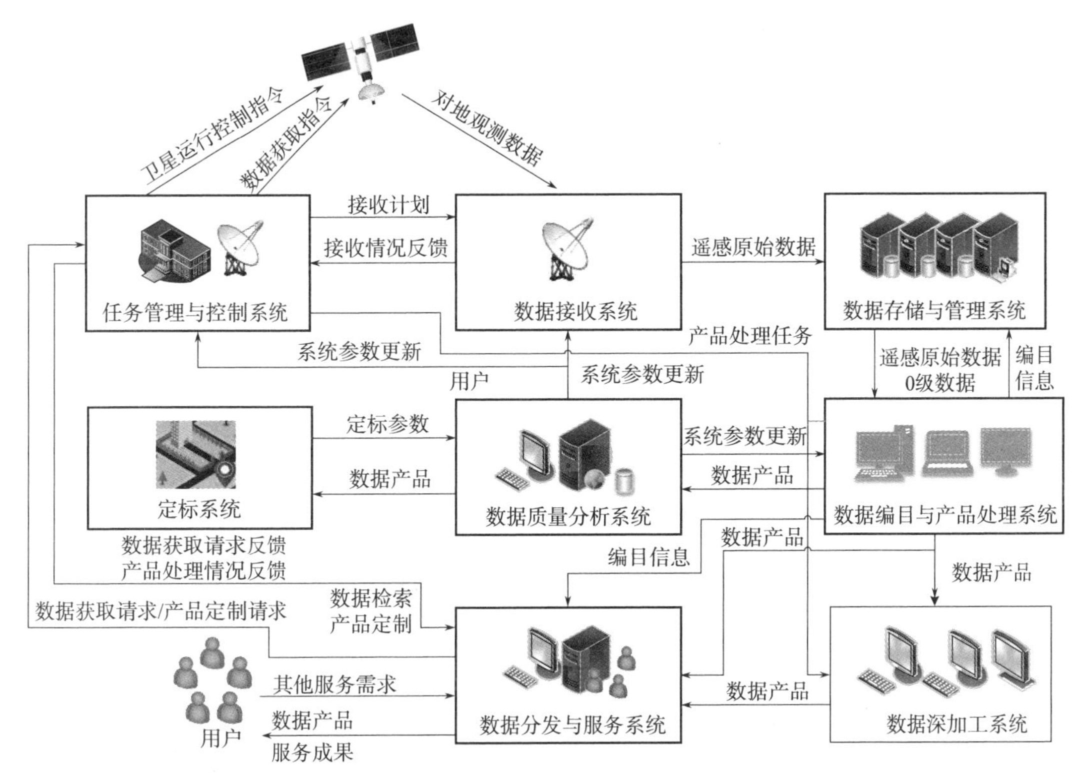


图 4－11　遥感地面系统的组成及相互关系（引自空天院《地面数据接收系统》一书）

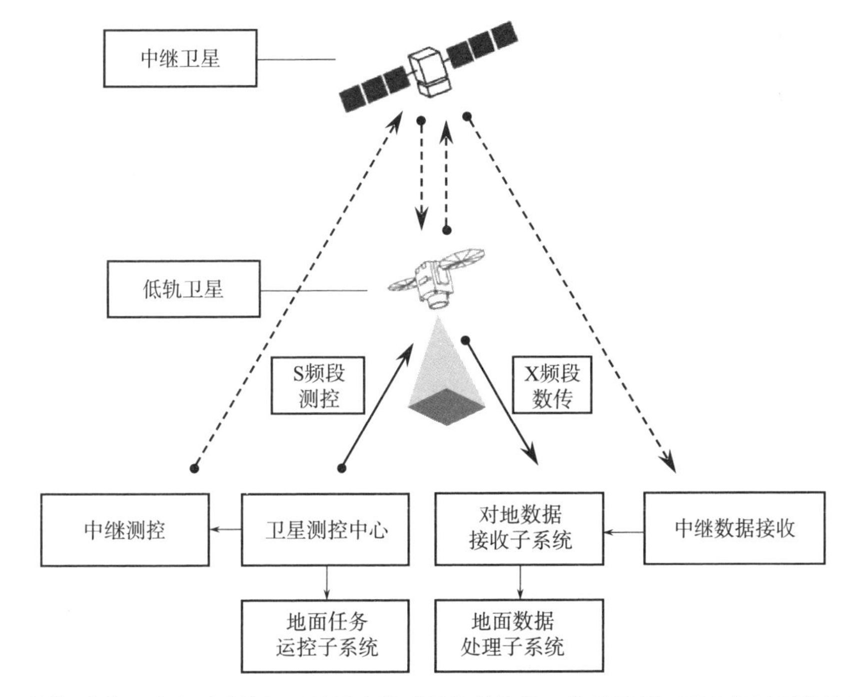


图 4－12　低轨遥感卫星地面系统与卫星及中继卫星的星地接口关系示例（引自美国国家航空航天局）

号到达地面接收天线时已非常微弱，接收系统的天线在伺服系统的驱动下，指向、跟踪遥感卫星，同时收集卫星信号，经过放大、变频、解调和译码处理后，还原输出卫星原始基带数据码流，从而完成卫星数据的接收。

卫星与地面数据接收系统接口参数主要有：卫星的轨道、星上等效全向辐射功率（Equivalent Isotropic Radiated Power，EIRP）、信号的极化方式、频率、调制方式、编码方式和传输速率，以及遥感卫星数据接收系统的跟踪、变频、解调和译码处理方式等。

（3）卫星与地面数据处理子系统接口

卫星与地面数据处理子系统的接口主要包括数据格式、辅助数据、时间接口等内容。卫星方提供星地接口文件及使用说明文件，地面数据处理子系统进行数据格式的内容恢复和解析，尤其是辅助数据中GNSS定位数据、星敏姿态数据及时间同步信息等内容，将用于图像的几何校正；此外，遥感器的相对光谱响应数据、辐射定标数据等，将用于图像的辐射校正。

地面数据处理的高级产品包括但不限于以下产品：

几何精校正产品：在地面控制点（GCP）支持下遥感图像经过几何精校正的数据产品。

正射校正产品：利用DEM和地面控制点，或遥感器物理模型，对图像进行纠正处理得到的产品，该产品消除了由地形起伏和地球曲率导致的误差，能满足高精度的应用要求。

融合产品：采用相应的融合算法，对多光谱影像与高空间分辨率全色影像融合后形成的数据产品。

镶嵌产品：对经过几何纠正具有投影和椭球体参数的多景、多时相影像镶嵌成一幅色调均匀的数字产品。

标准分幅产品：根据国家基本比例尺地形图分幅标准，生产各种比例尺的标准分幅产品。

变化检测产品：根据用户遥感应用的目的，对经过配准的两个或两个以上时相的遥感影像进行土地覆盖、植被变化、城市变化、水资源等类别的要素智能变化检测并给出变化结果的专题信息产品。

地物识别产品：对影像关于城市道路、城市绿地、建筑物、水体等地物进行识别并给出描述地物特征的信息产品。

LAI叶面积指数产品：用于监测植被长势和估算产量的植被信息产品。

NDVI归一化植被指数产品：用于定量描述植被生长状态及植被覆盖度的植被信息产品。

（本章作者：陆春玲，马磊，李志武，巩巍，刘伟）

# 参 考 文 献

[1] 王密，秦凯玲，程宇峰，等．高分五号可见短波红外高光谱影像在轨几何定标及精度验证［J］. 遥感学报，2020 24（4）：345－351.

[2] WIM H BAKKER，AMBRO S M GIESKE，et al. Principles of Remote Sensing［M］. 2001.

[3] 约瑟夫．对地观测遥感相机研制［M］. 王小勇，何红艳，等译．北京：国防工业出版社，2019.

[4] 冯钟葵. 遥感数据接收与处理技术［M］. 北京：北京航空航天大学出版社，2016.

# 第 5 章　遥感卫星农业应用

我国是农业大国，农业生产在我国经济建设中占有举足轻重的地位，在当前我国农业绿色发展目标下，农业生产、生态、经济信息的获取更是受到了各级政府、企业、农户的高度重视，是指导农业生产的主要依据。与传统的地面观测技术相比，卫星遥感技术具有实时性、高效性、客观性、覆盖面积大、无损监测等优点，逐渐成为农业自然资源调查、动态监测重要手段。基于遥感技术开展农业监测是支持高效、安全、信息化、智慧化以及可持续性农业生产的一种有效途径，可以为保障耕地安全、制定合理的粮食政策等提供数据支撑，对保障国家粮食安全具有重要的意义。

遥感卫星设计指标的可行性，是否达到预期要求以及应用效果是评估其成功与否的关键标准。当然这个监测过程应该贯穿卫星在轨的整个生命周期，为后续设计提供参考。在这个意义上，它也贯穿了农业遥感应用的全过程。现阶段，正处于农业生产、遥感技术、大数据技术以及计算机技术的飞速发展的进程中，遥感技术在推动农业决策科学化方面已进入一个新阶段。因此，本章将对农业生产中遥感技术的具体应用现状和农业遥感应用基本原理进行详细分析，并按照农作物、土壤、农业设施和农村环境等农业遥感应用领域划分原则，从农作物种植面积、农作物长势、农作物产量、耕地土壤墒情、农业设施和农村环境要素监测等 6 个方面进行概述，总结农业遥感应用的发展趋势。

## 5.1　农业遥感应用的基本原理及主要内容

### 5.1.1　农业遥感应用的基本原理

作物特有反射或发射的光谱特性是农业遥感应用的物理基础。由于植被叶片色素、叶片细胞结构、水分等影响，包括农作物在内的植被具有特定的光谱特征。如图 5－1、图 5－2 所示，在可见光谱范围内，植物叶绿素对蓝光（400～500 nm）和红光（640～680 nm）具有较高的吸收能力，因此在这两个波长范围内通常会出现吸收带。另外由于叶绿素的吸收作用，植物对绿光（500～600 nm）的反射相对较高，因此在这个波长范围内通常会出现反射峰。在近红外波段（700～1 300 nm），植被的反射率急剧升高，形成一个明显的反射陡坡，是植物光谱曲线中最显著的特征之一，也是农业遥感中常用的光谱波段。在 750～1 300 nm 植物保持较高的反射率，主要受细胞结构和叶冠结构控制，由于光在叶内反射，所以反射率非常高。在近红外光谱范围内（1 350～1 450 nm 和 1 900～2 000 nm）可以明显看到反射率低谷，主要是水分表现出较强的吸收作用，因此植被光谱曲线在这些波长范围内通常会出现吸收带，且跌落程度主要取决于水的含量。

植被的光谱特征是植被与其他地物特征区分的基础，可以采用遥感数据，基于光谱特

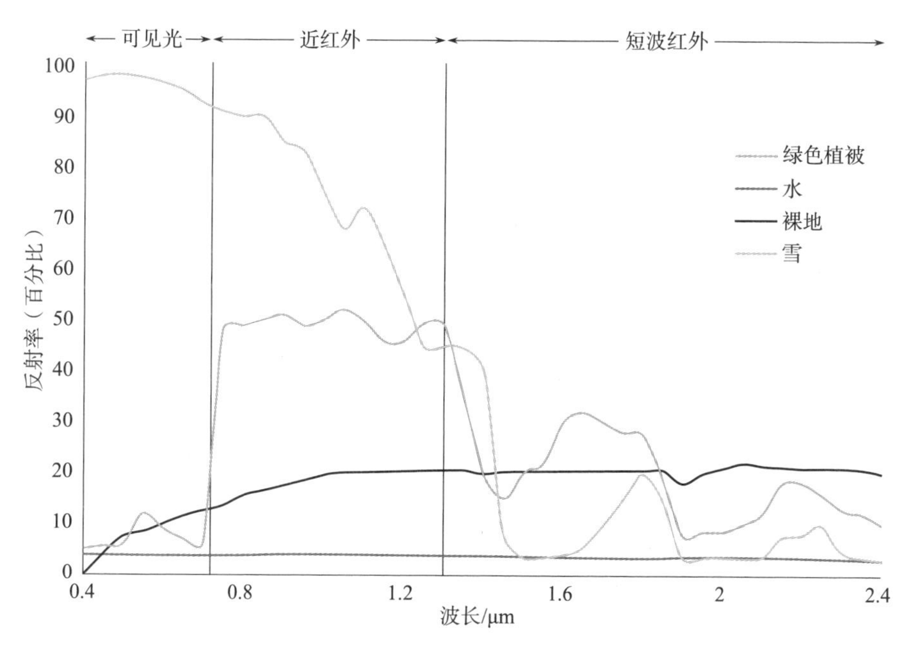


图 5－1　不同地物的反射光谱曲线（见彩插）

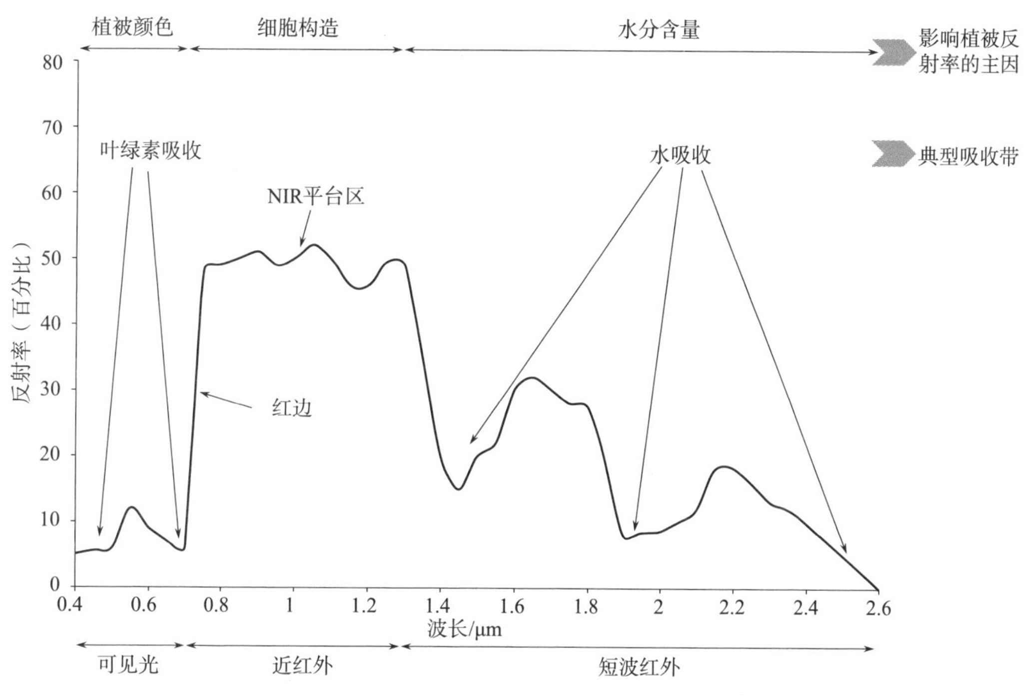


图 5－2　植被的反射光谱曲线

征结合空间特征和纹理特征等信息，对水资源、农用地资源、气候资源、生物资源等农业资源开展调查。同时植被光谱曲线能够反映该植被的叶绿素含量、叶细胞构造以及水分状况等理化参数，据这一特性，开展了对不同时期、不同作物的农业遥感应用，通过卫星遥感器获取地球表面信息的数据，分析不同地物之间的光谱特征和光谱差异，结合农学知识和地面观测数据等，反演出农作物的各种理化参数，最终实现农作物的生理状态、养分含量、水分状况、生长趋势等监测。因此农业遥感应用可以为农业管理、农作物监测和环境评价提供科学依据。

### 5.1.2 农业遥感应用的主要内容

由于农业资源地域性广、季节性强等特点，在农业资源监测工作中，相较于传统的调查方法，遥感技术具有客观和非破坏性的对地观测手段，以及大规模连续的观测数据，能更直观反映农业资源的分布状况，并且具有缩短调查时间、节约调查成本以及扩大调查覆盖面等优点，大大提高了农业资源调查效率和准确程度，因此遥感技术广泛应用于各个国家或国际组织的农业资源调查中。20 世纪 60 年代起，美国农业部（United States Department of Agriculture，USDA）、农业研究服务局（Agricultural Research Service，ARS）、美国国家航空航天局（National Aeronautics and Space Administration，NASA）等组织进行了大量的研究，如大面积作物库存实验项目（Large Area Crop Inventory Experiment，LACIE，1974 年）、亚美尼亚救济协会小麦产量项目（ARS Wheat Yield Project，1976 年）、航空航天遥感农业和资源库存调查项目（Agriculture and Resources Inventory Surveys Through Aerospace Remote Sensing，AgRISTARS，1980 年）、中国小麦项目（China Wheat Project，1983 年）和农业遥感项目（AG-20/20，1999 年）等，为遥感技术更好地监测全球的农业和自然资源奠定了科学基础。遥感技术不仅在农作物面积调查中作为主要监测手段，还在土壤参数反演、农业土地利用、农作物产量估算、农作物生长参数反演、农作物长势监测、农业灾害监测等方面取得了很大进展（Weiss 等，2020；Mosleh 等，2015；董金玮等，2020；黄健熙等，2012；邹文涛等，2015；解文欢等，2020）。目前在农业遥感应用中，应用范围最广、遥感技术发挥作用最大的一个领域就是农业资源调查方面。随着生态文明建设、农业绿色发展的推进，以及我国农业发展所面临的突出资源环境和生态问题，遥感技术应用于农业资源评价成为农业遥感应用发展的一个重要趋势。

（1）农业资源调查

随着遥感数据源、监测技术、计算技术的飞速发展，遥感技术在农业资源监测中已经开展了广泛应用。如农作物类型和种植面积（Kussul 等，2017；许青云等，2014；刘佳等，2015）、长势和产量等农作物资源调查（Karthikeyan 等，2020），农业土地利用、面源污染和土壤养分等农业生产的农业用地资源调查（冯爱萍等，2019；Wang 等，2019；王祥峰等，2015；Cheng 等，2018），干旱、洪涝、病害、低温冷冻灾害等气象灾害的受灾面积和受灾情况（West 等，2019；黄友昕等，2015；王利民等，2017；张凝等，2021；曹娟等，2020；Singha 等，2020）、土壤墒情和农作物生育期等影响农业生产的气候资源调查（Adab 等，2020；李萍等，2015；刘二华等，2020；Chen 等，2018），淡水水面、海水水面等影响水产养殖的水资源调查（Saitoh 等，2011；武易天等，2018），畜禽养殖设施和蔬菜设施面积等影响农业生产的社会经济资源调查等（林俊杰等，2011；罗军等，2007）。其中，一部分农业资源是采用遥感技术直接获取的，如农作物、农用地的类型和面积；另外一部分农业资源调查需要结合地面调查或统计数据等其他数据进行估计，如农作物长势、产量、气象灾害农作物受灾情况等。

目前相对成熟的方案有大尺度区域的低空间分辨率高时效性、中尺度区域的中空间分辨率中时效性、局部区域的高空间分辨率低时效性等三个模式。大尺度区域的低空间分辨率高时效性模式下的农业资源监测，可采用EOS/MODIS数据等低空间分辨率数据，以天、旬为频率，监测全球级、洲际级或者国家级大尺度农作物长势、耕地土壤墒情和洪涝、旱灾等自然灾害的受灾面积等。中尺度区域的中空间分辨率中时效性模式下的农业资源监测，可采用GF-6/WFV、Landsat-8 OLI等中空间分辨率数据，以季或年为时间频率，开展省级、国家级等尺度的大宗农作物种植面积、淡水面积监测等。局部区域的高空间分辨率低时效性的农业资源监测，可采用GF-6/PMS、Sentinel-2、无人机数据等高空间分辨率数据，以年为时间频率，获取项目或者园区尺度的农业基础设施面积等。

许多国家、国际组织农业遥感应用多集中于农业资源调查，如发端于20世纪20年代至今仍在执行的美国国家资源存量（National Resources Inventory，NRI）调查，从1978年至今的英国乡村调查（Countryside Survey，CS），从1960年至今逐渐完善的日本农林资源调查（Census of Agriculture and Forestry），从1980年至今的澳大利亚自然资源地图集（Australian Natural Resources Atlas，ANRA）等，这些项目针对各个时期国家发展需要，或从水、土壤、农作物等农业资源的数量和空间分布，或从农林产业构成、农作物种植面积和产量、农用地归属、农村建设等角度，构建了国家层面的农业资源清单。我国在国家层面上出台了一系列政策，大力推动农业遥感应用工作，具有代表性的建设工作有采用遥感技术的农作物种植一张图、《全国农业资源区划数据集》等农业资源专题数据集的更新，国家重要农业资源的编制，农业资源数据中心的建设，以及重要农业资源信息的业务化运行等。

(2) 农业资源评价

除了农业资源调查，开展农业资源评价是另一项非常普遍的应用。农业资源评价的数据本底是农业资源调查结果，是目前遥感技术可以获取的内容。农业资源评价的过程则是基于农业资源清单获取的数据，从农业资源组分评价或者农业生态系统整体评价两个层次出发，采用科学的评价方法，对农业资源分布、利用的合理性或农业生态系统的可持续性做出评判，并指出预警、优化等措施，是目前遥感技术与资源评价方法相结合的内容。

从农业资源组分的评价来看，农业资源评价主要集中于农作物时空格局动态变化(Zhang，2017；吴文斌等，2014；王利民等，2019；Yang等，2020)、农作物种植结构演变与优化（蒋凌霄等，2020)、农业土地利用变化（汪滨和张志强，2017）和利用效率、多因子评价指数或模型构建等方面。如满卫东等（2016）关于东北地区耕地时空变化遥感分析的研究，在提取1990年、2000年、2013年东北地区耕地空间分布基础上，通过对比分析、景观质心平移度等方法，讨论了东北地区旱田和水田的变化特征，并分析了东北地区耕地变化的驱动因素；又如徐涵秋等（2013）基于遥感技术提出的遥感生态指数 RSEI，耦合了植被指数、湿度分量、地表温度和土壤指数等 4 个评价指标以快速监测与评价区域生态质量。从农业生态系统整体评价来看，遥感技术开展农业生态系统可持续评价的研究相对较少，处于起步阶段。具有代表性的研究如车涛等（2020）基于黑河遥感站大量的地面与遥感综合观测，构建了流域生态综合监测系统，集成了“水-土-气-生-人”复杂模型，建立了区域可持续发展决策支持系统等。

（3）农业遥感应用分类

农业遥感应用的主要内容即农业遥感应用分类体系，农业遥感的“农业”对象，既包括农业自然资源对象，也包括生产管理对象。一般以农业生产过程的自然资源对象作为分类指标，在监测对象基础上划分监测内容。农业遥感应用领域总体上包括自然资源和社会经济资源两大部分。自然资源又分为水资源、农用地资源、气候资源、生物资源等，社会经济资源又分为农业生产资料、农村人居等。农业遥感应用中的监测内容见表 5－1。

**表 5－1　农业遥感应用中的不同监测内容**

| 序号 | 应用领域 | 资源类型 | 监测对象 | 监测内容 |
|---|---|---|---|---|
| 1 | 自然资源 | 水资源 | 水资源总量 | 地表水、地下水、降水量等水资源数量 |
| 2 | | | 用水量和有效灌溉面积 | 农田、林地果园用水量和有效灌溉面积 |
| 3 | | 农用地资源 | 耕地 | 面积、墒情、类型、肥力、重金属污染等 |
| 4 | | | 园地 | 面积、果园类型等 |
| 5 | | | 林地 | 面积、生物量等 |
| 6 | | | 草地 | 面积、生物量等 |
| 7 | | 气候资源 | 气象因子 | 地表温度、有效光合辐射、蒸发散等 |
| 8 | | | 气象灾害 | 洪涝、旱灾、低温冷害等 |
| 9 | | 生物资源 | 农作物 | 面积、品种、长势和产量等 |
| 10 | | | 畜禽养殖 | 养殖面积等 |
| 11 | | | 水产养殖 | 养殖面积等 |
| 12 | 社会经济资源 | 农业生产资料 | 农业设施 | 水产养殖设施、高标准农田设施、农田骨干设施、设施农业 |
| 13 | | 农村人居 | 农村 | 村庄分布、宅基地等 |
| 14 | | | 人居环境 | 农村垃圾点等 |

农业遥感应用具有典型的时空差异特性，因此农业遥感应用中需要首先明确其空间属性和时间属性。遥感应用的空间范围主要有行政单元和自然单元两类。以我国为例，行政单元分为国家、省、市、县、乡（镇）、村。自然单元包括流域单元和地貌单元，如黄河流域、华北平原、黄土高原等。根据农业应用中服务对象的不同，遥感应用的空间属性也各不相同。国家级的农业生产、决策部门需要的是省级、国家级甚至全球等行政单元尺度和重要自然单元尺度的农业资源信息，省级的农业生产、决策部门需要的是省级和重点市等行政单元尺度的农业资源信息，市级的农业生产、决策部门需要的是市级和重点县等行

政单元尺度的农业资源信息，县级的农业生产、决策部门需要的是县级、重点乡（镇）和村等行政单元尺度和重点地块尺度的农业资源信息。

农业遥感应用的时间属性指遥感应用的时间频率，不同的农业资源以及空间需求对获取农业资源的频率要求是不同的，这与不同的农业资源动态变化周期有关，也与不同的农业资源调查能力和成本有关系。第一类时间需求以年为时间间隔，针对的是变化相对缓慢的农业资源如农业基础设施、农村人居条件、农用地资源的类型和数量等。第二类时间需求以季为时间间隔，针对有较强的季节性的农业资源，如农作物类型和面积、农作物种植结构，以及秸秆资源量、农用膜使用量等农业废弃物资源等。第三类时间需求以旬或天为时间间隔，如农作物生育时期、农作物长势、土壤墒情、土壤养分，以及洪涝、台风、旱灾、低温冷害、病虫害等自然灾害的受灾面积等时间变化较快的农业资源。

以往的农业遥感应用主要是对农业土地资源、水资源等单一资源进行评估，如封志明等（2005）提出了农业水资源利用效率综合评价的遗传投影寻踪方法，利用该方法对甘肃省 81 个县域单元的农业水资源利用效率进行综合评价，评价结果很好地反映了各评价指标对综合评价目标的贡献大小以及各评价单元综合利用效率。近些年农业遥感应用研究已经从单项资源评价发展到资源整体综合评价，更多的农业资源评价研究着眼于区域农业资源整体，逐步走向了农业资源综合性评价和农业资源可持续利用评价的方向，形成了以“农业-社会-经济”复合生态系统可持续发展为目标的评价模式。如孙炜琳等（2019）强调了利用遥感、物联网等技术构建农业资源环境生态监测体系，开展农业绿色发展定性评价。

## 5.2　农作物种植面积遥感监测应用

农作物种植面积监测是农作物种植结构调整、长势监测、估产、灾害监测和农业生产管理的基础数据，农作物种植面积的快速精准获取，为种植结构调整、保障耕地安全、制定合理的粮食政策等提供数据支撑，对保障粮食安全具有重要的意义。遥感技术具有覆盖范围广、时效性高等优势，是农作物种植面积提取的主要技术途径。随着遥感技术的发展，新型遥感器的出现，卫星遥感数据向高空间分辨率、高时间分辨率、高光谱分辨率、高成像质量发展的趋势显著，如欧盟的 Sentinel 系列卫星，美国的 Landsat 系列卫星和 WorldView 系列卫星，德国的 RapidEye 系列卫星，国产的资源系列卫星、环境系列卫星和高分系列卫星等。随着国产高分数据的推广和应用，国内外的免费开放的中高分辨率卫星影像数据日益增多，并且随着监测技术的高速发展以及数据处理能力的提高，以及中高分辨率影像具有更清晰的地物纹理和光谱，满足农作物种植面积遥感监测业务更高精度的需求，基于中高分辨率卫星影像数据的农作物面积监测应用也呈现爆发式增长。目前中高分辨率影像的农作物面积监测所采用的方法主要包括 ISODATA、K - means 等非监督分类方法，随机森林算法，支持向量机等监督分类算法，时间序列植被指数算法，特征增强指数算法，特征滤波增强以及深度学习等。本节基于多年的农作物面积遥感监测工作经验和前人的研究，分析和总结农作物种植面积遥感监测技术流程，为农作物种植面积遥感监测业务工作提供规范化指南，并基于 GF-1、GF-6、Landsat-8 等中高分辨率影像结合不同的分类算法开展农作物种植面积遥感监测应用示例。

### 5.2.1 农作物种植面积遥感监测通用规程

长期以来，作物种植面积一直是农业遥感监测领域中最重要也是最基础的研究内容。作物种植面积的准确获取，不仅可以评价作物的总体种植情况，还是作物长势、产量等其他参数评价的基础。在本节中，作者根据多年的农业监测业务化工作经验，对常用的作物面积监测算法、监测流程等进行了概括和总结，提炼出了目前技术较为成熟、应用较为普遍的作物面积遥感监测规程。

#### 5.2.1.1 总体技术流程

农作物种植面积遥感监测处理流程主要包括数据获取与处理、农作物遥感分类识别、精度检验、农作物种植面积量算和统计、农作物种植面积遥感监测专题产品制作等 5 个步骤。首先对数据进行筛选与处理，获取满足要求的遥感数据、样本数据及其他参考数据；然后，根据农作物种植面积提取的实际情况，设置恰当的遥感分类参数，构建适当的农作物遥感分类体系，选择合适的分类方法，利用样本数据进行农作物遥感识别分类及分类后处理；在获取农作物种植面积提取结果后，需与验证样本进行对比，评价其总体精度是否满足要求；若满足精度要求，则进行农作物种植面积遥感监测专题产品制作；若不满足精度要求，则需要检查误差原因，重新进行农作物遥感分类识别，直至满足精度要求，总体技术流程如图 5-3 所示。

#### 5.2.1.2 数据获取与处理

(1) 遥感数据

① 遥感数据的选择

农作物种植面积遥感监测所采用遥感数据，通过分析数据源、数据质量以及最佳时相等方面因素，筛选出最佳遥感数据。考虑当前农作物种植面积遥感监测研究的国内外进展和技术成熟度，以及数据的易获取性，多光谱卫星数据可以作为主要的农作物种植面积遥感监测数据源。除数据源以外，影像质量对种植面积监测结果精度有重要的影响，一般监测中所用影像的云或浓雾覆盖像元面积占影像总面积的百分比不能太大，同时影像数据应图面清晰，无数据丢失，无明显条纹、点状和块状噪声，定位准确，无严重畸变。

农作物种植面积遥感监测应选择监测农作物与其他作物、背景地物的遥感影像特征差异最显著、识别效果最佳的时间节点。在农作物的生长早期，农作物与森林等常绿植被之间差异显著，然而不同作物之间可能存在难以识别的问题；而在农作物生长的中期，不同作物之间会存在较大的差异；在农作物生长的晚期，由于农作物生育期长度的差异，部分农作物收获时间较早，部分较晚，也会增强其差异。因此，确定农作物的最佳监测时间，应当综合考虑目标农作物与其他农作物、背景地物差异最大的时间。当然也应收集最佳监测时间前期、后期同一季农作物不同生育时期的影像数据，参与农作物遥感分类，以便进

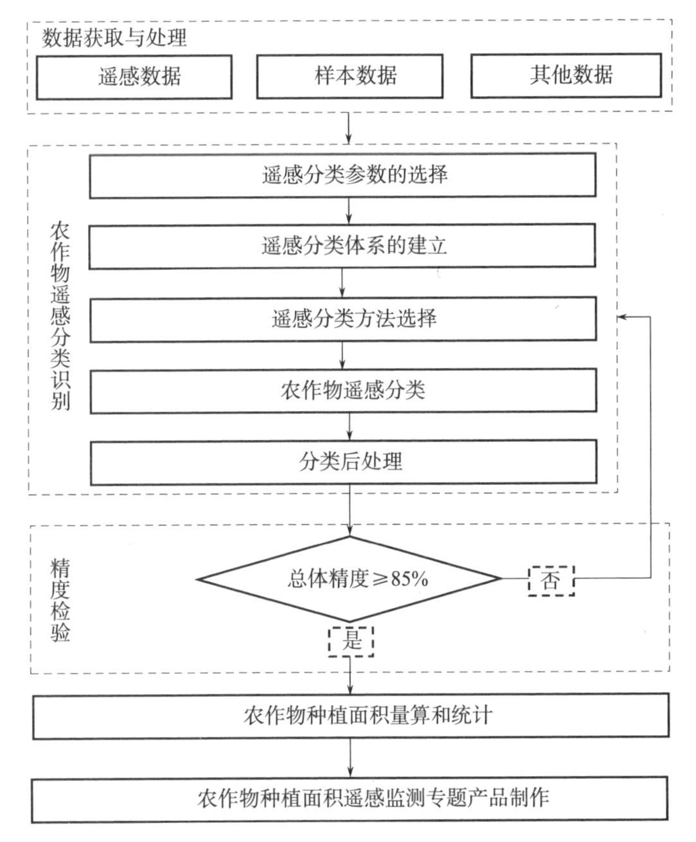


图5-3　农作物种植面积遥感监测处理流程图

一步提高监测精度。

②遥感数据预处理

遥感数据的预处理过程主要包括辐射定标、大气校正、几何校正等。根据不同的遥感器选择相应的辐射定标参数进行遥感影像辐射定标。经大气校正后，获得地表反射率影像数据。影像应进行几何校正，配准后平地、丘陵地的大地坐标误差不应大于1个像元，山地、高山地的大地坐标误差不应大于2个像元。

(2) 样本数据

在监测区域范围内选择若干抽样区域作为样本数据，并将样本数据分为训练样本数据和验证样本数据。样本的类别应当包含监测的农作物类型、其他农作物类型、水体以及裸地等区域代表性较高的地物类别。样本应均匀分布，样本数量应满足统计学的基本要求，样本数据的采集时间与农作物种植面积监测时间应处于同一季农作物生长期内。

样本数据获取方式包括地面采集、航拍采集和高分辨率卫星影像采集三种方式，其中地面采集指工作人员携带能获取地面样本坐标信息的设备（如GNSS手持机），记录样本样方的坐标信息，并同步采集地物类别、照片等信息。航拍采集指使用航拍设备采集样本区域高精度航空影像，经过几何校正和拼接，结合地面调查，采用目视判读勾绘地物类别的方式获取样本。而高分辨率卫星影像采集指使用高空间分辨率的卫星遥感影像，结合实地调查，采用目视判读勾绘地物类别的方式获取样本。

（3）其他数据

其他数据包括了监测区的行政区划图和数字高程模型、统计年鉴数据、历史成果资料等。其中，行政区划图主要用来筛选遥感影像数据、明确分类任务区域、进行分类结果的面积统计等；数字高程模型则用于几何校正以及部分地区作物分类的辅助（如计算坡度数据）；统计年鉴数据主要用于获取监测区域作物分布的先验知识，同时也可用于监测结果的精度验证；历史成果资料主要用于样本提取、模型构建的先验知识获取以及变化分析、精度验证等工作。

#### 5.2.1.3 农作物遥感分类识别

农作物遥感分类识别包括遥感分类参数的选择、遥感分类体系的建立、遥感分类方法的选择、农作物遥感分类、分类后处理等步骤。首先明确遥感分类的输入参数及分类的体系（监测作物、背景地物、样本构建等），然后选择适当的遥感分类算法，进行农作物的遥感分类识别，分类完成后根据实际情况进行分类的后处理，获得准确的农作物分类结果。

（1）遥感分类参数的选择

遥感分类参数指的是输入遥感分类模型中进行识别的分类特征参数，分类参数包括光谱反射率特征和由反射率衍生的植被指数等。分类特征应当对于农作物具有明确的划分能力，保证一定的数量，但是同时也要防止特征冗余的现象出现。农作物的 NDVI 值及其时序特征对于农作物分类也有着重要的作用。在高分辨率卫星影像分类中，面向对象方法也是一种常用方法，其主要通过获取地块对象级别的特征如形状、纹理等辅助光谱特征进行分类。

（2）遥感分类体系的建立

遥感分类体系的建立主要是利用空间距离等分析方法对遥感影像不同特征识别能力进行分析，去除无效冗余的特征。同时，还需要考虑在遥感影像中目标地物与背景地物等之间的可分离性，J-M 距离能够较好地表达类别的可分性。当其值在 0～1 之间时，表明类别在该影像上不具有光谱的可分离性；当其值在 1～1.8 之间时，表明类别具有一定的可分离性，但存在很大程度的重叠和混淆；而当 J-M 值大于 1.8 时，可以认为不同类别在该影像上具有很好的可分离性。最后，针对卫星影像空间分辨率，选择能够达到预期识别精度的农作物、其他地物类型建立农作物遥感分类体系，进行后续分类处理，避免由于遥感数据与分类体系不匹配造成精度不能满足要求的问题。

（3）遥感分类方法选择

目前较为成熟的农作物遥感分类方法有监督分类、非监督分类、目视判读分类、面向对象分类等，其中监督分类方法推荐使用最大似然分类（Maximum Likelihood Classification，MLC）、支持向量机（Support Vector Machine，SVM）和随机森林（RF）等；非监督分类方法推荐使用迭代自组织数据分析技术算法（Iterative Self-Organizing

Data Analysis Technique Algorith，ISODATA）、K 均值（K－means）聚类等方法，在使用非监督分类方法时，训练样本作为非监督分类结果的重分类样本；目视判读分类方法是在遥感分类体系建立后，不使用任何机器识别方法，直接采用人工目视判读的方式对监测作物进行识别和勾绘；最后面向对象分类方法是在卫星影像数据尺度分割的基础上，结合上述 3 种分类方法中的任意一种进行识别。

（4）农作物遥感分类

将遥感分类参数、训练样本输入选择的分类方法进行分类，分析得到监测区域内的农作物遥感分类结果。将分类结果中不包括监测农作物的地物类型归并为一类，监测农作物类型保持原类别。

（5）分类后处理

计算得到农作物遥感分类初步结果后，由于分类结果中会存在错分、漏分以及不同的遥感数据带来的误差等，将农作物遥感分类结果与遥感影像底图叠加，结合经验知识进行全图人工目视检查，对错分、漏分结果直接进行目视判读修改。将由多幅卫星影像获取的分类结果进行拼接，并消除拼接线两侧分类结果的差异和错误。

#### 5.2.1.4　精度检验

将基于验证样本采用混淆矩阵的总体精度作为农作物遥感分类结果精度验证指标，农作物遥感分类结果精度验证指标即总体精度的计算公式如下：

$$p_c = \frac{\sum_{i=1}^{k} p_{ii}}{p} \times 100\% \tag{5-1}$$

式中　$p_c$——总体精度；

$k$——类别的数量；

$p$——样本的总数；

$p_{ii}$——遥感分类为 $i$ 类而实测类别也为 $i$ 类的样本数目。

表 5－2 给出了各区域尺度各种农作物基于不同计算机自动识别分类方法的总体精度，表明各类计算机分类法的农作物总体精度能够达到 85.0%以上。从农作物种植面积遥感监测业务对精度的实际需求来看，85.0%以上的精度是较为合适的精度，误差一般分布在农作物种植比较破碎地区。

**表 5－2　农作物种植面积遥感监测精度**

| 作者 | 监测区域 | 监测作物 | 遥感影像 | 分辨率/m | 分类方法 | 总体精度(%) |
|---|---|---|---|---|---|---|
| 徐新刚等 | 四川绵阳实验区 | 冬小麦、油菜 | QuickBird | 2.44 | 最大似然 | 95.3 |
| Chuang 等 | 中国台湾 | 茶叶 | WorldView | 0.5～2 | MLC、RF、SVM | 96.04 |
| Gerstmann 等 | 德国 | 冬小麦、冬油菜 | RapidEye | 5 | 决策树 | 97 |
| Sonobe 等 | 日本 | 豆类、玉米、马铃薯等 | Sentinel－1A<br>Sentinel－2A | 10 | SVM、随机森林、多层前馈神经网络 | 96.8 |

续表

| 作者 | 监测区域 | 监测作物 | 遥感影像 | 分辨率/m | 分类方法 | 总体精度(%) |
|---|---|---|---|---|---|---|
| Belgiu 等 | 罗马尼亚、意大利和美国 | 小麦、玉米、水稻、向日葵等 | Sentinel-2 | 10 | 时序分类 | 96.19 |
| 王利民等 | 天津市武清区 | 冬小麦 | GoogleEarth | 10 | 目视识别 | 97.1 |
| 郭交等 | 陕西省渭南市大荔县某农场 | 小麦、玉米、苜蓿 | Sentinel-1<br>Sentinel-2 | 10 | SVM | 92.7 |
| 刘国栋等 | 江苏省东台市 | 玉米、水稻、小麦、油菜、蔬菜 | GF-1 | 16<br>8 | 最大似然 | 96.55<br>98.83 |
| 王利民等 | 河北省安平县 | 冬小麦 | GF-1 | 16 | 最大似然、自适应阈值 | 92.7<br>94.4 |
| 王利民等 | 北京市顺义区 | 冬小麦 | GF-1 | 16 | 分层决策树 | 96.7 |
| 杨闫君等 | 唐山市南部 | 水稻、花生、冬小麦、夏玉米 | GF-1 | 16 | 支持向量机、最大似然 | 96.3<br>93.0 |
| 张焕雪等 | 河南省新乡市封丘县 | 玉米、棉花、大豆 | CBERS-02B | 20 | 最大似然、支持向量机、人工神经网络 | 95 |
| 李鑫川等 | 黑龙江垦区友谊农场 | 大豆、玉米、水稻 | HJ-1 | 30 | 决策树 | 96.3 |
| 刘吉凯等 | 温宿县 | 水稻、棉花、春玉米、冬小麦、夏玉米 | Landsat-8 OLI | 30 | 决策树 | 97.7 |
| 郭伟等 | 长春市 | 玉米 | HJ-1A/1B | 30 | 决策树 | 92.57 |
| 李霞等 | 吉林省梨树县 | 大豆 | TM | 30 | 混合像元分解 | 92.0 |
| Wang 等 | 浙江省德清 | 水稻 | HJ-1 | 30 | SVM | 91.7 |
| 赵丽花等 | 江苏姜堰 | 冬小麦 | HJ-1 | 30 | 监督和非监督 | 90.2 |
| Dong 等 | 东北亚地区 | 水稻 | Landsat-8 | 30 | 决策树 | 97.0 |
| 张小平等 | 新疆石河子市农八师一四八团 | 棉花 | TM | 30 | 监督分类 | 96.21 |

#### 5.2.1.5 农作物种植面积量算和统计

由于卫星遥感影像空间分辨率的限制，部分线状地物（如田间小路、林带、水渠、地边等）也可能无法与农作物地块进行区分，而这一部分面积在实际的农作物种植面积测量中占比可能较大，必须予以计算剔除，方能获取准确的农作物种植面积遥感监测结果。具体方法是，在监测区使用简单随机抽样、分层随机抽样等抽样方法选择规则样方，使用GNSS 等测量所有非耕地面积的线状地物，结合农作物种植面积遥感监测结果，计算线状地物面积扣除系数，根据扣除系数计算监测作物的实际面积。

#### 5.2.1.6 专题监测图制作

在制图前，根据具体的研究情况和要求，确定相对应的行政区划地理信息、比例尺、地图投影、分辨率等信息，然后进行农作物种植面积遥感监测专题制图，根据要求确定各农作物类型的颜色以及添加指北针、图名、图例、图幅框等地图整饰。

### 5.2.2　基于 GF－1/WFV 数据和改进非监督分类算法的冬小麦识别

非监督分类算法具有人机交互少、自动化程度高等优势，是批量进行业务化监测的理想算法之一。但单纯的非监督分类算法由于缺乏必要的训练样本，作物的提取精度往往不尽如人意。为了在保留非监督分类算法优势的基础上提升作物分类精度，本节提出了一种基于 ISODATA 非监督分类结果的自动分类方法，该方法分为 ISODATA 非监督分类过程和自动分类过程，自动分类过程又可分为冬小麦样本点占比排序和类冬小麦类别确定两个方面，取一定规则格网约束下的点为识别样本点，根据不同的类别数进行遥感影像的迭代非监督分类，利用识别样本点验证迭代过程中的分类精度，判断并实现作物的自动分类。该方法可以在样本量较少时保持较高的分类精度，人机交互少，分类效率高，适用于业务化应用。

（1）研究区概况

研究区地处华北平原，位于河北省东南部，包括河北省廊坊市辖区和永清县全境，此外还包括北京的大兴区、通州区，廊坊的香河县、霸州市、固安县，天津市辖区、武清区的部分区域。该区域地貌类型平缓单一，以平原为主，海拔在 2.5～25 m 之间，有小面积丘陵。该区域属于暖温带半干旱半湿润季风气候，处于中纬度季风气候区，夏季常受偏南暖湿气流影响，全年 60%以上的降水集中在汛期。该区域最为广泛种植的粮食作物为小麦和玉米，此外还种植谷子、高粱、甘薯、黍子、稻谷、荞麦等（李平阳等，2016；王清川等，2010）。

（2）数据获取及处理

①GF－1/WFV 数据处理

选择研究区内 2015 年 10 月 4 日—2016 年 5 月 17 日 GF－1/WFV 卫星的 36 景影像，仅选择 10%以下云量覆盖的影像作为备选数据，表 5－3 列出了研究区各月份高分数据的使用景数。GF－1 卫星搭载有 WFV1、WFV2、WFV3 和 WFV4 遥感器，单遥感器幅宽 200 km，同时成像时幅宽可达 800 km。影像具备蓝（0.45～0.52 μm）、绿（0.52～0.59 μm）、红（0.63～0.69 μm）和近红外（0.77～0.89 μm）4 个谱段，重访周期 4 天，空间分辨率 16 m。

**表 5－3　研究区高分影像使用情况**

| 时间(年–月) | 2015－10 | 2015－11 | 2015－12 | 2016－01 | 2016－02 | 2016－03 | 2016－04 | 2016－05 | 合计 |
|---|---|---|---|---|---|---|---|---|---|
| 研究区 | 5 | 5 | 4 | 7 | 4 | 3 | 4 | 4 | 36 |

原始的 WFV 影像为 1A 级，使用农业农村部遥感应用中心自主研制的软件进行辐射定标和大气校正预处理（刘佳等，2015），大气校正过程采用 6S 辐射传输模型；以同期 Landsat8 OLI 15 m 数据作为参考影像，利用影像的 RPC 参数和 ASTER GDEM 高程数据，对影像进行区域网平差和几何精校正，精度控制在 1 个像元以内。分别计算影像的归

一化植被指数（NDVI），并按月对 NDVI 值进行最大值合成，共 8 期影像，作为冬小麦面积识别的遥感数据。

②研究区本底调查数据

研究区本底调查数据作为评价算法结果精度的依据，本节以 GF-1/WFV 多时相 NDVI 加权指数（王利民等，2016）分类结果为基础，采用目视判读的方式进行了修正，修正的结果作为冬小麦本底调查数据，以此数据作为真值对算法结果进行精度验证。图 5-4 给出了研究区内本底调查的空间分布结果。

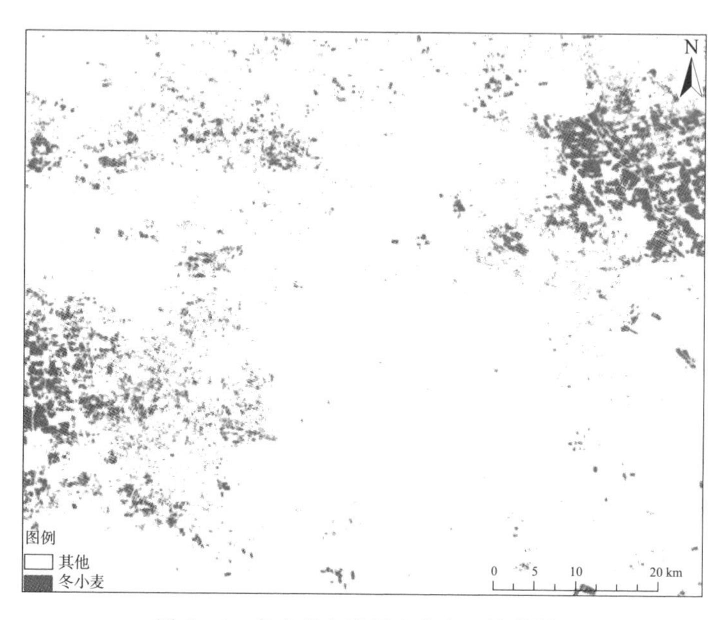


图 5-4 冬小麦本底调查分布（见彩插）

（3）研究方法

①迭代自组织数据分析算法

为了实现作物的自动识别，本项研究使用的是 ISODATA 非监督分类方法，该算法是统计模式识别中非监督动态聚类算法的一种，基本思想是从给定的初始分类出发，根据目标函数，用数学迭代计算的方法反复修改模糊矩阵，直到合理为止。其基本原理如下：

设有限样本集 $X=\{X_1, X_2, \cdots, X_n\}$，每一个样本有 $s$ 个指标，$X_j=(x_{j1}, x_{j2}, \cdots, x_{js})$，$j=1, 2, \cdots, n$。则样本的特征矩阵为

$$\boldsymbol{X}_{n\times s}=\begin{pmatrix} X_1 \\ X_2 \\ \vdots \\ X_n \end{pmatrix}=\begin{pmatrix} x_{11} & x_{12} & \cdots & x_{1s} \\ x_{21} & x_{22} & \cdots & x_{2s} \\ \vdots & \vdots & \vdots & \vdots \\ x_{n1} & x_{n2} & \cdots & x_{ns} \end{pmatrix} \tag{5-2}$$

若样本分为 $c$ 类（$2<c<n$），则 $n$ 个样本划分为 $c$ 类的模糊分类矩阵为

$$U_{c\times n}=\begin{pmatrix}U_1\\U_2\\\vdots\\U_c\end{pmatrix}=\begin{pmatrix}u_{11}&u_{12}&\cdots&u_{1n}\\u_{21}&u_{22}&\cdots&u_{2n}\\\vdots&\vdots&\vdots&\vdots\\u_{c1}&u_{c2}&\cdots&u_{cn}\end{pmatrix}\tag{5-3}$$

式中，$u_{ij}$ 为隶属度，符合3个条件：1) $u_{ij}\in[0,\ 1]$，$\forall i,\ j$； 2) $\sum_{i=1}^{c}u_{ij}=1,\ \forall j$，即各类的隶属度之和为1；3) $0<\sum_{j=1}^{n}u_{ij}<n$，$\forall i$，即总有样本不同程度地隶属于某个类别。

定义 $c$ 个聚类中心向量为

$$\boldsymbol{V}=(V_1\quad V_2\quad\cdots\quad V_c)^{\mathrm{T}}\quad(\boldsymbol{V}_i=(v_{i1}\quad v_{i2}\quad\cdots\quad v_{is})\quad i=1,2,\cdots,c)\tag{5-4}$$

第 $i$ 类的中心 $V_i$ 即为理想样本，其对应的 $s$ 个指标值是该类样本所对应的指标值的平均值：

$$v_{ij}=\sum_{k=1}^{n}(u_{ik}x_{kj})/\sum_{k=1}^{n}(u_{ik})\quad(u_{ik}\in[0,1];i=1,2,\cdots,c;j=1,2,\cdots,s)\tag{5-5}$$

定义矩阵 $\boldsymbol{U}$ 的全体构成样本集 $X$ 分成 $c$ 类的软划分空间：

$$M_{fc}=\left\{U_{c\times n}\,|\,u_{ij}\in[0,1],\forall i,j;\sum_{i=1}u_{ij}=1,\forall j;0<\sum_{j=1}^{n}u_{ij}<n,\forall i\right\}$$
$$(i=1,2,\cdots,c;j=1,2,\cdots,n)\tag{5-6}$$

其中，$u_{ij}$ 表示第 $j$ 个样本 $\boldsymbol{X}_j$ 隶属于第 $i$ 类的隶属度。构造目标泛函：

$$J(\boldsymbol{U},\boldsymbol{V})=\sum_{i=1}^{c}\sum_{j=1}^{n}u_{ij}\ \|x_j-v_i\|^2\tag{5-7}$$

式中，$\|x_j-v_i\|^2$ 表示第 $j$ 个样本与第 $i$ 类中心之间欧式距离的平方；$J(\boldsymbol{U},\ \boldsymbol{V})$ 表示所有待聚类样本与所属类的聚类中心之间距离的平方和。

最佳分类结果的确定，就是寻求最佳划分矩阵 $\boldsymbol{U}$ 和对应的聚类中心 $\boldsymbol{V}$，使得 $J(\boldsymbol{U},\ \boldsymbol{V})$ 达到极小，即 $J(\boldsymbol{U},\ \boldsymbol{V})=\min\{J(\boldsymbol{U},\ \boldsymbol{V}),\ \boldsymbol{U}\in\boldsymbol{M}_{fc}\}$。而极小值的确定，实际上就是一个迭代计算的过程，在每次迭代时，往往会根据迭代的次数以及聚类中心的数目来进行类别的分裂和合并操作。当聚类中心数目等于或不到规定值一半时，需根据每个聚类的标准偏差分量进行分裂操作；当聚类中心间的距离 $\|x_j-v_i\|^2$ 小于给定标准差阈值时，则依据给定的合并参数在迭代运算时进行聚类中心的合并操作。

②基于改进非监督分类算法的自动分类

基于改进非监督分类结果的自动分类方法（下称自动分类方法）分为 ISODATA 非监督分类过程和自动分类过程，自动分类过程又可分为冬小麦样本点占比排序和冬小麦类别确定两个方面。

通过 ISODATA 方法获得非监督分类结果后，根据目视判读结果确定所有样本点地物类型，计算每一种非监督分类类别中冬小麦样本的个数占每一类样本点总个数的百分比，得到全部分类类别中冬小麦占比值，按照冬小麦占比由高到低顺序进行排序，得到排序结果。假定只有排名第一的类别为冬小麦，剩余的类别为非冬小麦，以分类样本点为验证样本对该分类结果进行精度验证，获得总体精度 $R_1$。假定排序结果中前两名为冬小麦，剩余类别为非冬小麦，通过精度验证得到总体精度 $R_2$。以此类推，按照排序结果依次对非监督分类结果进行递次累加，每次累加得到一个分类结果，以分类样本点为验证样本对分类结果进行精度验证得到总体精度 $R_n$，当 $R_n$ 最大时即为递次累加截止点，停止累加，截止点之前的全部类别即为 ISODATA 非监督分类的冬小麦类别，截止点之后的类别为非冬小麦。

③精度验证方法

不同类别设置和不同样本点个数设置获取的结果精度验证是采用研究区本底调查数据结果进行的，验证采用混淆矩阵的方法进行，总体精度、制图精度、用户精度、Kappa 系数 4 个参数是精度衡量指标，相关定义及公式可参照文献（OLOFSSON 等，2014；黄亚博等，2016；CLARK 等，2010；刘琼欢等，2017；杨永可等，2014）。

（4）研究结果与精度验证

①自动分类方法样本点选择

在 ISODATA 非监督分类过程中，利用 ISODATA 非监督分类方法分别得到 10 类、20 类、30 类、40 类、50 类、60 类、70 类、80 类、90 类、100 类的分类结果。

在自动分类过程中，每一类别中分别设置 1 个样本点、2 个样本点、3 个样本点、4 个样本点、5 个样本点，根据分类类别不同和样本点个数不同组合得到 50 个不同的样本点选择结果，见表 5－4。

**表 5－4　不同样本点组合**

| 分类结果 | 1 个样本 | 2 个样本 | 3 个样本 | 4 个样本 | 5 个样本 |
|---|---|---|---|---|---|
| 10 类 | 组合 1 | 组合 2 | 组合 3 | 组合 4 | 组合 5 |
| 20 类 | 组合 6 | 组合 7 | 组合 8 | 组合 9 | 组合 10 |
| 30 类 | 组合 11 | 组合 12 | 组合 13 | 组合 14 | 组合 15 |
| 40 类 | 组合 16 | 组合 17 | 组合 18 | 组合 19 | 组合 20 |
| 50 类 | 组合 21 | 组合 22 | 组合 23 | 组合 24 | 组合 25 |
| 60 类 | 组合 26 | 组合 27 | 组合 28 | 组合 29 | 组合 30 |
| 70 类 | 组合 31 | 组合 32 | 组合 33 | 组合 34 | 组合 35 |
| 80 类 | 组合 36 | 组合 37 | 组合 38 | 组合 39 | 组合 40 |
| 90 类 | 组合 41 | 组合 42 | 组合 43 | 组合 44 | 组合 45 |
| 100 类 | 组合 46 | 组合 47 | 组合 48 | 组合 49 | 组合 50 |

为了使不同样本点组合间具有可比性，先选定最大样本情况（即组合 50）下的 500 个样本，选定过程通过目视判读的方式判读样本的属性，样本属性分为冬小麦和其他两类。其他样本点组合在选定的 500 个样本点基础上删减得到。图 5－5 为设置 100 类情况下

ISODATA 非监督分类的结果与每类 5 个样本点共 500 个样本点的空间分布。

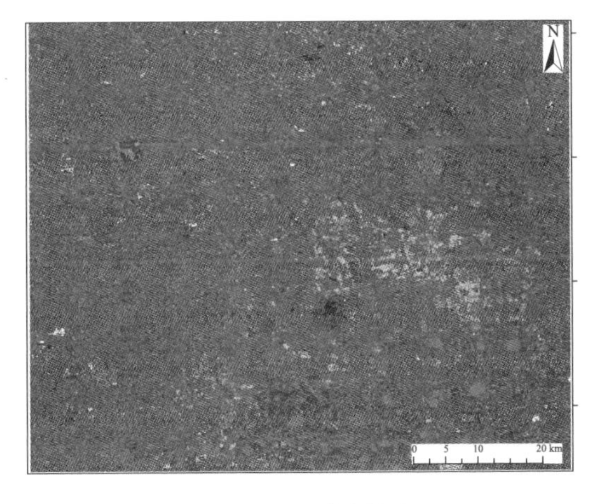


(a) ISODATA分类结果

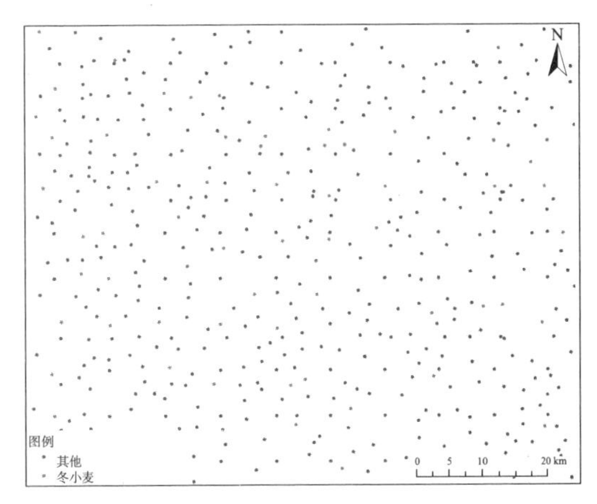


(b) 样本点分布

图 5－5　ISODATA 分类结果及样本点分布（见彩插）

②自动分类方法的参数确定

自动分类方法的参数包括 ISODATA 非监督分类过程分类类别数量和每个类别中样本点数量，按照 50 种样本点组合方式，分别计算每种组合下的分类总体精度，每种组合下获得的分类结果总体精度见表 5－5。

**表 5－5　不同组合下分类结果的总体精度**

| 类别设置 | 1 个样本 | 2 个样本 | 3 个样本 | 4 个样本 | 5 个样本 | 平均值 |
|---|---|---|---|---|---|---|
| C10 | 97.71 | 97.71 | 97.71 | 97.71 | 97.71 | 97.71 |
| C20 | 92.73 | 92.73 | 92.73 | 97.74 | 97.74 | 94.73 |
| C30 | 98.17 | 98.17 | 98.17 | 98.17 | 98.17 | 98.17 |
| C40 | 92.96 | 98.09 | 98.09 | 98.09 | 98.09 | 97.06 |
| C50 | 96.69 | 96.69 | 96.95 | 97.67 | 97.74 | 97.15 |
| C60 | 94.61 | 97.86 | 97.86 | 97.86 | 97.86 | 97.21 |
| C70 | 96.15 | 97.09 | 97.73 | 97.73 | 97.73 | 97.29 |
| C80 | 95.91 | 96.20 | 98.01 | 98.19 | 98.19 | 97.30 |
| C90 | 95.85 | 98.10 | 98.10 | 98.10 | 98.10 | 97.65 |
| C100 | 95.33 | 97.50 | 97.71 | 97.82 | 97.82 | 97.24 |
| 平均值 | 95.61 | 97.01 | 97.31 | 97.91 | 97.92 | — |

表 5－5 可以看出，自 40 类始，总体精度逐渐趋于稳定，且表现出与类别数量变化正相关的趋势。即分类类别设置为 40 类，自动分类方法得到的总体精度稳定且达到较为理想的精度水平，继续增加分类类别数量，精度提高效果微弱，类别数量增加会大大增加数据处理量，综合考虑分类效率和分类精度，类别数量确定为 40～50 为宜。相同样本个数

下总体精度平均值随样本点的个数增加，精度由95.61%增加到97.92%，表明总体精度与每个类别中样本点个数关系密切。每个类别中样本点个数较少时（样本点个数≤3），总体精度的平均值虽然较高，但不同分类类别间精度差异大，分类精度结果不稳定。从每类设置4个样本点始，总体精度的平均值不仅更高，不同分类类别间精度变化幅度更小，分类结果更趋于稳定。考虑业务运行的时间效率，每个类别中样本点个数设置为4～5为宜。综上，在非监督分类过程中类别设置为40～50类，每类样本点个数设置为4～5个，既可以保证时间的运行效率，也能够保证冬小麦面积识别精度。

③自动分类方法的分类结果

基于自动分类方法对相同研究区域数据进行分类，自动分类方法ISODATA非监督分类类别设置为100类，每一类中设置5个样本点，基于自动分类方法的冬小麦分类结果如图5-6所示。

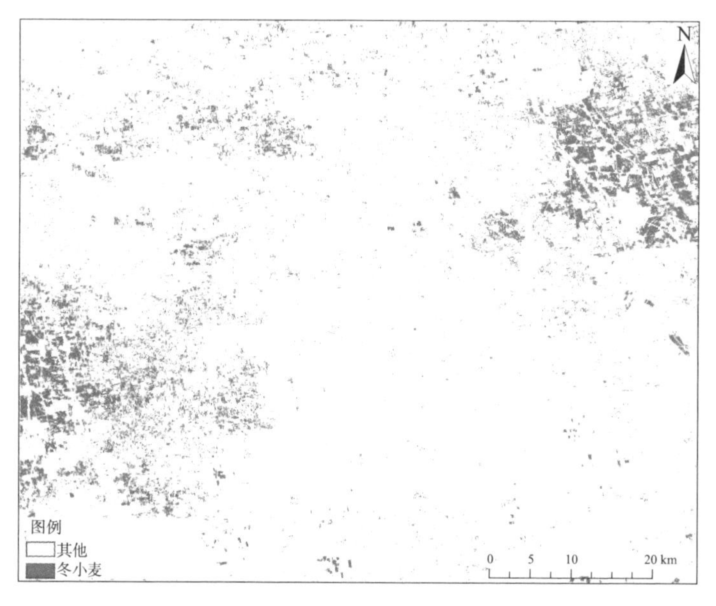


图5-6　基于自动分类方法的冬小麦空间分布（见彩插）

④精度评价

为了评价自动分类方法获得的分类结果的相对精度，将自动分类方法分类结果与最大似然监督分类结果的分类效果进行比较。分别在推荐组合和最大样本组合两种情况下对分类效果进行评价，推荐组合即为ISODATA非监督分类过程分为40类，自动分类过程每个类别选择5个样本点，共计200个样本点的组合。自动分类过程所用的200个样本点作为最大似然监督分类方法的训练样本进行监督分类，将2种分类方法得到的结果与整个研究区的本底数据进行对比，得到精度评价结果见表5-6。从表5-6中可以看出，基于ISODATA非监督分类结果的自动分类方法得到的冬小麦分类结果总体精度相较于最大似然分类方法提高了2.5个百分点，Kappa系数提高了19.4%。

**表 5－6　基于 200 个样本点自动分类方法和最大似然分类方法分类精度**

| 分类精度 | 自动分类方法 | | 最大似然监督分类 | |
|---|---|---|---|---|
| | 冬小麦 | 其他 | 冬小麦 | 其他 |
| 用户精度 | 76.25 | 99.28 | 54.53 | 99 |
| 制图精度 | 85.27 | 98.71 | 93.41 | 98.7 |
| 总体精度 | 98.1 | | 95.6 | |
| Kappa 系数 | 0.80 | | 0.67 | |

最大样本组合即为 ISODATA 非监督分类过程分为 100 类，自动分类过程每个类别选择 5 个样本点，共计 500 个样本点的组合。自动分类过程所用的 500 个样本点作为最大似然监督分类方法的训练样本进行监督分类，将两种分类方法得到的结果与整个研究区的本底数据进行对比，得到精度评价结果见表 5－7。从表 5－7 中可以看出，基于 ISODATA 非监督分类结果的自动分类方法得到的冬小麦分类结果总体精度和 Kappa 系数与最大似然分类方法相近。

**表 5－7　基于 500 个样本点自动分类方法和最大似然分类方法分类精度**

| 分类精度 | 自动分类方法 | | 最大似然监督分类 | |
|---|---|---|---|---|
| | 冬小麦 | 其他 | 冬小麦 | 其他 |
| 用户精度 | 77.44 | 99 | 71.44 | 99.05 |
| 制图精度 | 81.64 | 98.7 | 82.73 | 98.20 |
| 总体精度 | 97.8 | | 97.4 | |
| Kappa 系数 | 0.78 | | 0.75 | |

对比表 5－6 和表 5－7，可以看出，在样本量较少的情况下，基于 ISODATA 非监督分类结果的自动分类方法分类精度明显优于最大似然监督分类方法。在样本量较多的情况下，分类精度可以达到与监督分类方法相近的精度水平。

（5）讨论与结论

基于 ISODATA 非监督分类结果的自动分类方法以规则格网中构建的作物类型识别样本点集作为训练样本，通过设置不同的类别数目输入进行迭代自适应的非监督分类，并统计各迭代过程分类结果中的冬小麦所占比例，以比例为依据实现冬小麦的自动识别和提取，对比每次迭代结果的提取精度，获取最佳分类效果，以此实现单时相遥感影像下冬小麦的自适应自动分类。利用规则格网制作的作物识别样本点集可以用于非监督分类结果的作物识别，避免了常规非监督分类结果判读中光谱特征的影响，且根据不同类别数目输入的动态迭代分类分析，可以有效反映出非监督分类受类别数目变化的影响，从而得到最佳分类效果。

该方法本质上解决了非监督分类方法类别数量及每类样本个数的选择问题，其提取精度仍然受影像分辨率和地物分布影响，该方法尤其适用于大面积冬小麦种植的平原区域，对于地物分布较为复杂、地形多样的区域，该方法的适用性有限。

自动分类方法在样本点数量较少时分类效果优势明显，样本点较多时也可以达到与监督分类相近的分类精度。基于ISODATA非监督分类结果的自动分类方法可以在样本量较少时保持较高的分类精度，可以大大减少因分类类别数导致的数据处理量，且自动分类方法人机交互少，分类效率高。

### 5.2.3 基于GF-1/WFV数据的黄淮海平原冬小麦空间分布信息提取

在小区域尺度上，当前主流的分类算法均能达到较为理想的分类效果，但对于省级以上尺度，目前仍存在样本数据获取效率低和所用样本数据区域代表性差两大难题。本节将以黄淮海平原的冬小麦作为研究对象，提出了一种半自动化的样本选取方法，可以在较短的时间内获取覆盖研究区的样本数据。

（1）总体技术流程

1）遥感影像数据集构建。首先进行基于格网单元的有效数据筛选，使用规则格网对获取的2014—2015年、2016—2017年、2019—2020年黄淮海平原冬小麦生育期16 m分辨率的GF-1/WFV数据进行分割，获取了黄淮海平原的按照ID编号整理的规则格网分割影像，然后去掉云污染严重的分割影像，并对分割后的瓦片影像采用同期影像镶嵌操作提高数据利用率。另外基于黄淮海平原冬小麦的物候期分析黄淮海平原不同区域冬小麦分类较好的时相范围，对影像进一步筛选，以获取黄淮海平原冬小麦识别最优数据集。

2）样本库构建。本节提出了近红外-红二维光谱特征辅助的样本类型识别方法，首先在分割后的影像上生成均匀样点，经过测试发现900点可满足识别需求，然后获取样本点的冬小麦敏感谱段的影像反射率数据，生成近红外-红二维光谱特征图，根据近红外-红二维光谱特征图将样本点分为冬小麦、混合区和其他，在此基础上对混合区的样本点进行目视识别。以此类推，基于筛选后的黄淮海平原冬小麦识别最优数据集，构建黄淮海平原冬小麦面积提取的样本库，并依据1∶1比例随机分成训练样本和验证样本。

3）区域尺度冬小麦识别算法选择。选取当前在冬小麦识别中应用较为广泛的随机森林作为区域尺度冬小麦识别算法。

4）采用筛选出的区域尺度冬小麦识别算法对获取的黄淮海平原冬小麦最优数据集进行分类。获取基于GF-1/WFV数据的2014—2015年、2016—2017年和2019—2020年的黄淮海平原冬小麦空间分布结果，然后基于验证样本，使用混淆矩阵对分类结果进行精度验证，同时与统计数据进行线性回归进一步验证分类结果，将符合精度的结果输出，获取2015—2020年黄淮海平原冬小麦空间分布信息数据集。黄淮海平原冬小麦空间分布信息提取研究具体技术路线如图5-7所示。

（2）研究区概况

黄淮海平原位于我国东部，包括京、津、冀、鲁、豫、皖、苏7省市，研究区位于北纬31.3°～42.6°，东经110.3°～122.7°之间，包括海河平原、黄淮平原和淮北平原三个亚区平原。本节研究区以完整的行政边界为界限，包括了北京、天津、河北、山东、河南、安徽（阜阳市、淮南市、亳州市、淮北市、蚌埠市和宿州市）、江苏（徐州市、宿迁市和

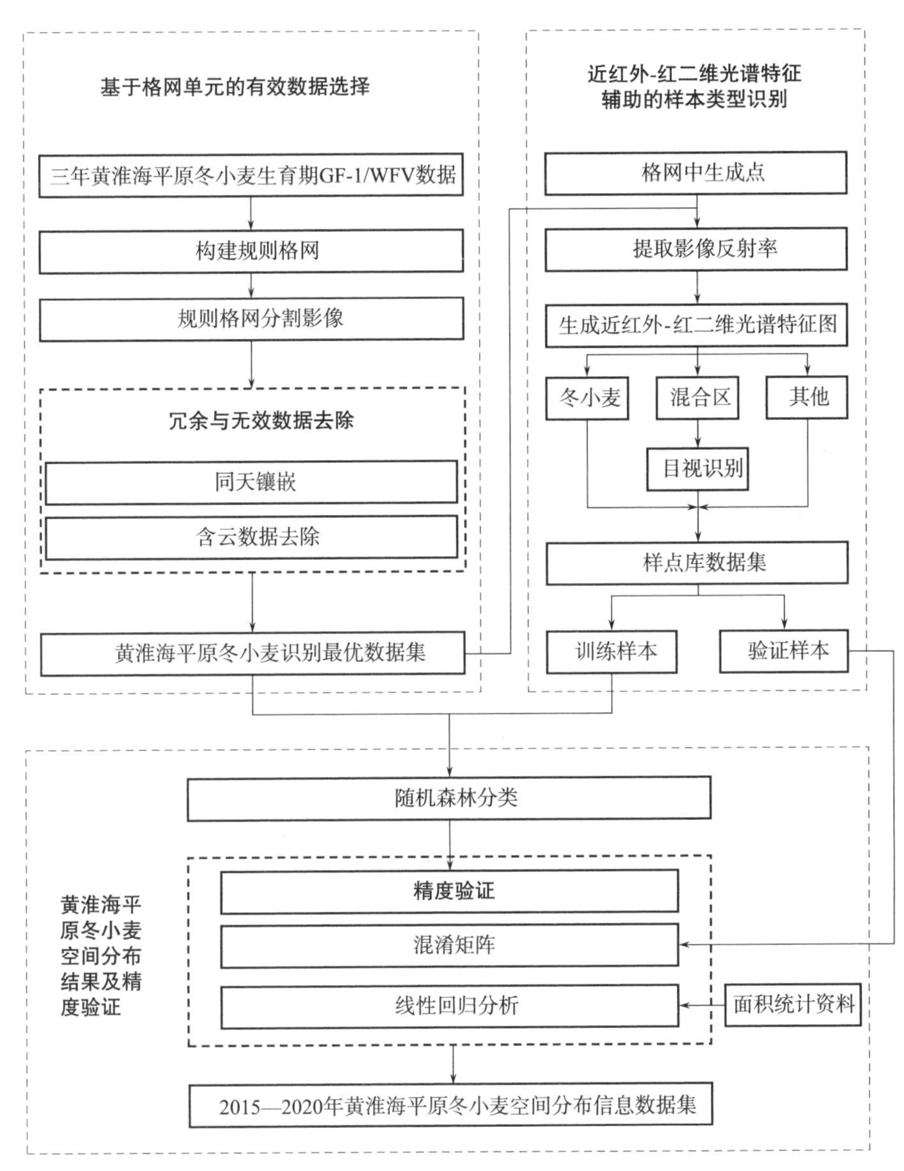


图 5－7　黄淮海平原冬小麦空间分布信息提取研究技术路线

连云港市）这 7 个省 57 个市，总面积为 61.02 万 $km^2$。

黄淮海平原北部属于温带季风气候，南部属于亚热带季风气候，四季分明，雨热同期，冬季寒冷干燥，夏季高温多雨，降水量年际间差异较大。黄淮海平原由南部的半湿润气候到北部的半干旱气候逐渐变化，受东南季风影响降水量整体呈现东南向西北减少的趋势。黄淮海平原南部年平均气温在 13.5～15.4 ℃之间，年均降水量在 650～1 050 mm，日照时数 2 300 h；北部年平均气温在 9.0～14.2 ℃之间，略低于南部；年均降水量 358～650 mm，显著少于南部地区，但北部日照较南部充足。区域内土壤主要以棕壤和褐土为主，土层深厚、土质肥沃，保证了粮食作物的优质高产。良好的气候资源以及优质的土壤资源，使黄淮海平原成为我国主要的农业中心之一。

黄淮海平原是我国重要的粮食生产区，根据2020年国家统计年鉴，黄淮海平原耕地面积占全国总耕地面积的24.7%。黄淮海平原南部地区的种植方式主要为一年两熟，北部地区的种植方式主要为两年三熟，该区域农作物主要以小麦、玉米等粮食作物为主，冬小麦-夏玉米轮作是该区域的主要种植方式。除此之外，还种植了水稻、甘薯等其他粮食作物，以花生、油菜为主的油料作物，以及棉花、蔬菜、药材和烟叶等经济作物。黄淮海平原冬小麦产区是我国主要的小麦产区，根据2018年国家统计年鉴，研究区冬小麦面积约占全国冬小麦面积的66.67%，冬小麦产量约占全国冬小麦总产量的83.8%。

黄淮海平原冬小麦从播种到成熟的日数一般为225～275天，并且由南向北，生长周期逐渐增加。冬小麦从10月上旬开始播种，一直持续到10月下旬，10月下旬到12月上旬为分蘖期，从12月上旬陆续进入越冬期，2月中下旬到3月上旬为返青-起身期，3月上旬到4月上旬为起身-拔节期，4月中旬至5月上旬为抽穗扬花期，5月下旬陆续进入成熟期，到6月下旬全部成熟。其中研究区冬小麦由北往南开始播种，并且研究区北部冬小麦最早进入越冬期，持续时间最长，从2月上旬开始，研究区冬小麦由南往北陆续进入返青-拔节期，在3月、4月均进入生长旺季，从5月下旬开始，研究区冬小麦由南往北进入成熟期。

（3）研究结果与精度验证

①基于格网单元的冬小麦分类有效数据筛选

GF-1/WFV影像宽幅为800 km，另外在区域尺度农作物分类应用时，区域全覆盖需要数百甚至上千景GF-1/WFV影像，如果不进行数据筛选，超大数据量不仅对机器性能要求比较高，同时会造成工作量过大、耗时更长、效率低下等问题，另外光学影像上必然存在一部分影像有云的干扰，整景影像上有云时进入分类，有云部分的分类结果会干扰有效数据的分类结果，增加区域作物准确识别的困难，无法获得理想的分类结果，为此使用规则格网对影像数据进行分割，去除冗余数据和有云的无效数据，结合基于物候期的冬小麦分类时相优选规则筛选出研究区冬小麦识别最优数据集。

1）基于格网单元的遥感数据选择。本节按照0.8°×0.8°建立格网，研究区被划分为136个格网，具体分布如图5-8（a）所示。基于光学影像进行冬小麦面积提取，云是分类干扰因素，云量较大区域通常视为无效数据，以产品号772096影像为例，其整景数据云量约为20%，云主要集中在影像的左下部，而其他区域数据仍具有较高的使用价值，通过网格裁剪方式可获得编号为ID138、ID153和ID154的3块完整晴空网格数据，裁切后的网格内云量降至0%。

经过规则格网分割后边缘区域会产生大量破碎瓦片数据，一定程度上降低了数据的可利用性。为解决这一问题，本节使用镶嵌操作对同期叠置影像进行处理，降低了破碎瓦片数量和数据量，既降低数据冗余又提高数据利用率。以格网ID151的2014年12月29日的影像为例，镶嵌前的影像如图5-9（a）、（b）所示，镶嵌后影像如图5-9（c）所示。对于ID151格网，2014—2015年冬小麦生育期内镶嵌前后数据量，使用格网筛选数据可以将数量从90个降低到57个，数据量从8.14 GB降低到7.12 GB，数据筛选比例超过10%。

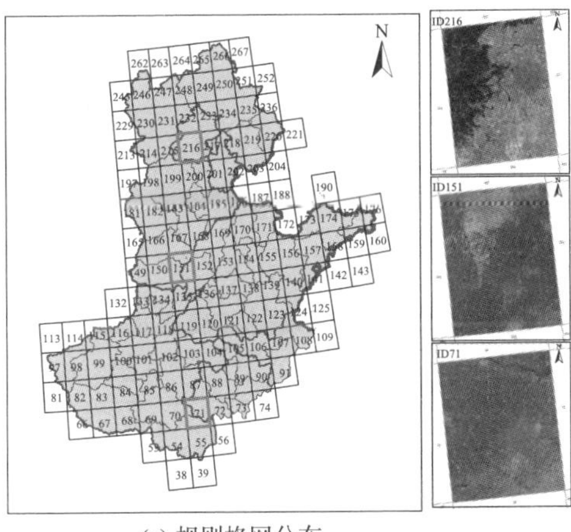


(a) 规则格网分布

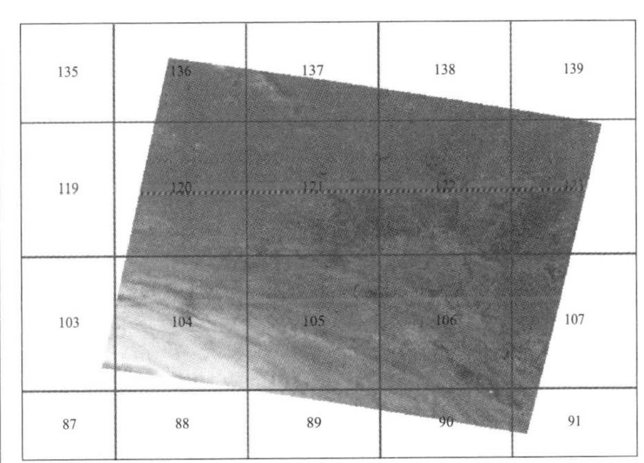


(b) 示例影像

图 5-8　研究区规则格网分布与示例影像（见彩插）

(a) WFV2产品号：552159

(b) WFV3产品号：552188

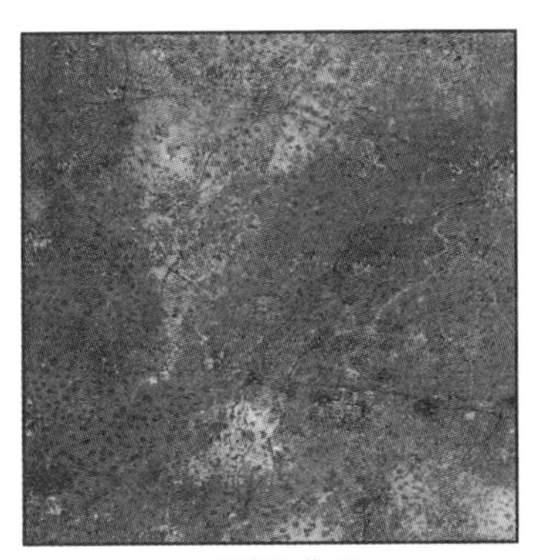

(c) 镶嵌操作后

图 5-9　2014 年 12 月 29 日格网 ID151 的 GF-1 同期影像镶嵌前后对比（见彩插）

2）基于格网单元的冬小麦分类有效数据筛选结果。研究区全区域的冬小麦分类效果较好的时相是随纬度的升高而后移的，为进一步减小工作量，黄河、海河平原以 4 月数据为主，淮河平原以 3 月数据为主进行数据筛选，具体数据量情况见表 5-8。其中，2015 年 3 月 51 景，4 月 74 景，共 125 景，容量共 158.6 GB；2017 年 3 月 46 景，4 月 54 景，共 100 景，容量共 127.5GB；2020 年 3 月 37 景，4 月 39 景，共 76 景，容量共 96.7 GB；共收集原始数据 301 景，数据量 382.8 GB。经过时相优选后研究区影像数量从 3019 景降低到 301 景，数据量从 3.61 TB 降低到 382.8 GB，数据优化达到了 90%。

**表 5-8　研究区数据筛选后数据量统计**

| 时间 | | 原始数据 | | 基于格网筛选数据 | |
|---|---|---|---|---|---|
| | | 数量(景) | 容量/GB | 数量(格) | 容量/GB |
| 2015 年 | 3 月 | 51 | 64.7 | 41 | 5.94 |
| | 4 月 | 74 | 93.9 | 120 | 12.09 |
| | 小计 | 125 | 158.6 | 161 | 18.03 |

续表

| 时间 | | 原始数据 | | 基于格网筛选数据 | |
|---|---|---|---|---|---|
| | | 数量(景) | 容量/GB | 数量(格) | 容量/GB |
| 2017 年 | 3 月 | 46 | 58.5 | 60 | 9.01 |
| | 4 月 | 54 | 69.0 | 127 | 12.77 |
| | 小计 | 100 | 127.5 | 187 | 21.78 |
| 2020 年 | 3 月 | 37 | 47.0 | 50 | 6.73 |
| | 4 月 | 39 | 49.7 | 148 | 17.03 |
| | 小计 | 76 | 96.7 | 198 | 23.76 |
| 合计 | | 301 | 382.8 | 546 | 63.57 |

基于时相优选的影像数据结果，再结合规则格网法筛选方法，获取的晴空、全覆盖研究区的冬小麦识别的最优数据集分布如图 5－10 所示。其中，2015 年有效数据筛选后的影像数据容量为 18.03 GB，数据量减少到 11.4％，2017 年有效数据筛选后的影像数据容量为 21.78 GB，数据量减少到 17.1％。2020 年有效数据筛选后的影像数据容量共 96.7 GB，经过格网法筛选后获得晴空全覆盖研究区冬小麦影像数据量为 23.76GB，数据量减少到 24.6％。总体而言，数据量可以减少到网格划分前的 1/5 左右，可以更为高效地进行冬小麦种植面积的提取。

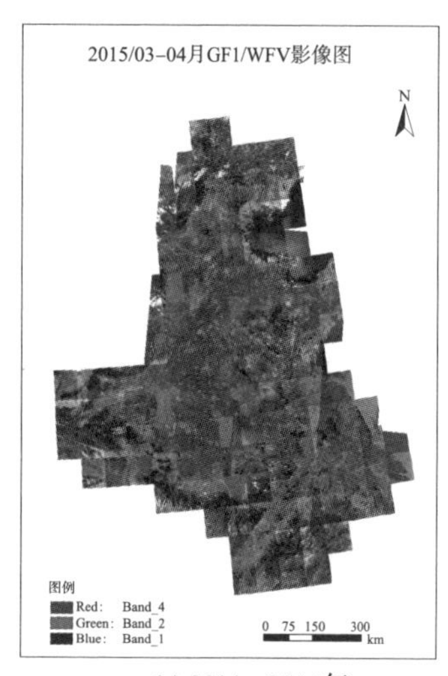

(a) 2014—2015年

(b) 2016—2017年

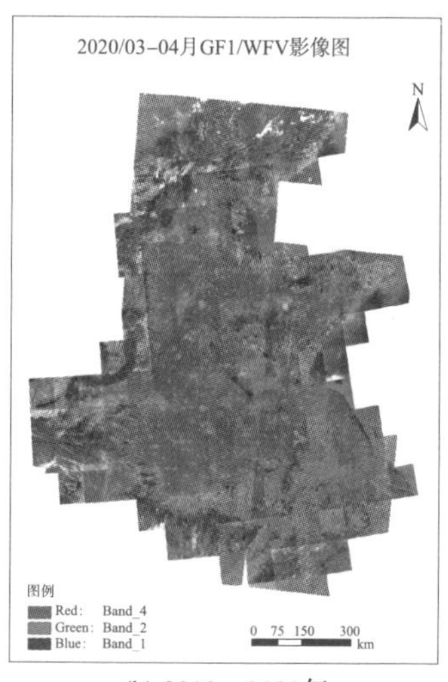

(b) 2019—2020年

图 5－10 研究区 GF－1 有效数据筛选结果（见彩插）

②近红外-红光谱特征辅助的样本类型识别

最大似然分类法（MLC）、支持向量机（SVM）和随机森林（RF）等监督分类方法的准确性依赖于所选样本是否均匀覆盖全区域的全部目标地物，因此分布均匀、数量足够多的样本数据是准确提取区域冬小麦面积的前提。为了获取符合上述要求的样本数据，本节在 136 个 0.8°×0.8°的格网中建立 30 行×30 列的子格网，然后取每个子格网的中心点作为样本点，因此每个格网共生成 900 个样本点，全区域共生成 12 万个样本点。为降低工作量，提高效率，本节提出了基于近红外-红光谱特征辅助的样本点快速识别方法，即通过分析冬小麦和其他作物的光谱特征，获取对冬小麦识别敏感的两个谱段，然后提取样本点对应谱段的影像反射率，并形成近红外-红二维光谱特征图，通过划分阈值的方式对样本点进行分类，实现样本点的快速识别。另外受冬小麦长势、影像质量等影响，采用近红外-红二维光谱特征图进行分类时，会存在混合区，为了进一步提高冬小麦识别精度，对混合区采用目视判读的方法进行冬小麦和其他地物的二次识别，以获取高精度的样本点。

1）目视判读标志。遥感影像含有不同的波谱信息，地物在不同谱段具有各自的光谱特征，通过这些特征的组合可以反映和区分不同地物，这些特征组合被称为判读标志。采用假彩色合成（NIR/R/G）的研究区不同地物目视判读标志见表 5 - 9。

**表 5 - 9　研究区不同地物目视判读标志（见彩插）**

| 影像时间 | 冬小麦 | 河流 | 林地 | 城镇居民用地 |
|---|---|---|---|---|
| 2019/10/19 | | | | |
| 2019/11/08 | | | | |
| 2019/12/31 | | | | |
| 2020/01/01 | | | | |
| 2020/02/22 | | | | |
| 2020/03/30 | | | | |
| 2020/04/20 | | | | |
| 2020/05/27 | | | | |

**续表**

| 影像时间 | 冬小麦 | 河流 | 林地 | 城镇居民用地 |
| --- | --- | --- | --- | --- |
| 2020/06/21 | | | | |

由于黄淮海平原冬季作物以冬小麦为主，为提高分辨效率，本节将地物分为冬小麦和其他两类分类对象，其他地物主要包括河流、林地、城镇居民用地等。对于冬小麦，在秋苗生长后期和春苗返青后至灌浆期，其植被特征比较明显，而其他作物的植被特征则相对较弱。冬小麦返青至灌浆期其他作物通常处于播种至幼苗期，两者之间的植被特征差异较大。冬小麦生长初期和末期植被特征较弱，光谱特征以裸地为主。因此，不同生育时期的影像判读标志可总结为：播种期颜色多灰白和青色，其纹理比较细腻，有规则边界；分蘖期颜色以暗红和红为主，纹理细腻并且规则边界愈加明显；返青期到拔节期，颜色鲜红，纹理细腻，有明显规则边界；生育期后期到收获时逐渐呈现出裸地为主的综合特征。

受泥沙和水生生物（尤其是水生植物）等的影响，河流等在影像上颜色随时间的变化而变化，颜色在蓝色、蓝黑色和黑色之间变化，河流具有线形状边界，湖泊具有平滑的边界，并且在各谱段的反射率都较低。林地因为品种不同，颜色有浅红、深红，面积也相对较大，另外还有立体感和纹理较粗糙等特征。城镇居民用地由于房屋聚集程度、屋顶建材、地面硬化条件和绿化覆盖度等不同，表现出不同的颜色如黄色、灰色等，另外具有边界明显、多与道路相连等特点。

2）近红外-红光谱特征辅助的样本点类型识别。以河南省安阳市及周边地区为试验区，根据上述基于物候期的冬小麦分类时相优选研究结果，选择了 2015 年 04 月 10 日的 GF－1 影像为研究数据。确定研究区域内典型地物种类（冬小麦、城镇、河流和撂荒地），统计不同地物在不同谱段的反射率值并绘制典型地物光谱特征曲线，如图 5－11 所示。

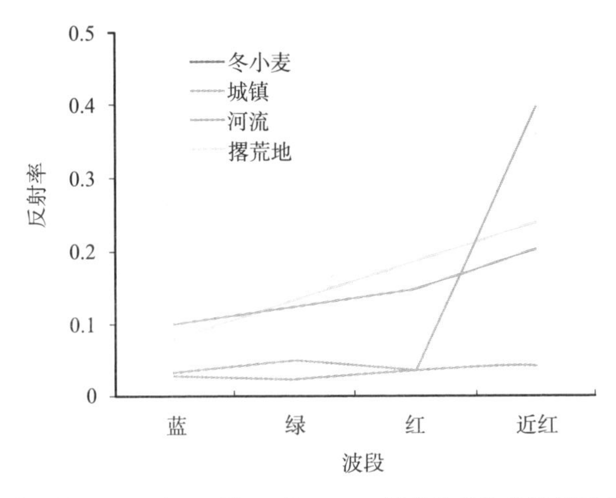


图 5－11　试验区基于 2015 年 04 月 10 日 GF－1 影像的地物光谱特征曲线（见彩插）

发现冬小麦在近红外谱段反射率较高，红光谱段反射率较低，这是由于 4 月上旬试验区冬小麦处于拔节期，生长旺盛期，叶绿素对红光吸收作用强，另外受植被叶片结构和叶肉细胞内部结构的影响，植被在近红外谱段反射率显著高于城镇、河流和撂荒地等其他地物，这就形成了冬小麦的独特的光谱特征。

以 2015 年 04 月 10 日的 GF-1 影像试验区（ID150）的 900 个样本点为研究对象，以红光谱段和近红外谱段反射率分别作为横坐标和纵坐标，构成样本点中地物反射率近红外-红二维光谱特征图，如图 5-12 所示。经过分析发现地物在近红外-红二维光谱特征图中分布具有规律性，冬小麦在近红外-红二维光谱特征图中总位于左上角区域，水体和城镇近红外谱段和红外谱段反射率都较低，处于左下角，山体在近红外谱段反射率较低，红谱段反射率较高，因此其分布在近红外-红二维光谱特征图中右上角，因而基于近红外-红二维光谱特征图分布特征可以对该格网数据中各地物进行快速归类。

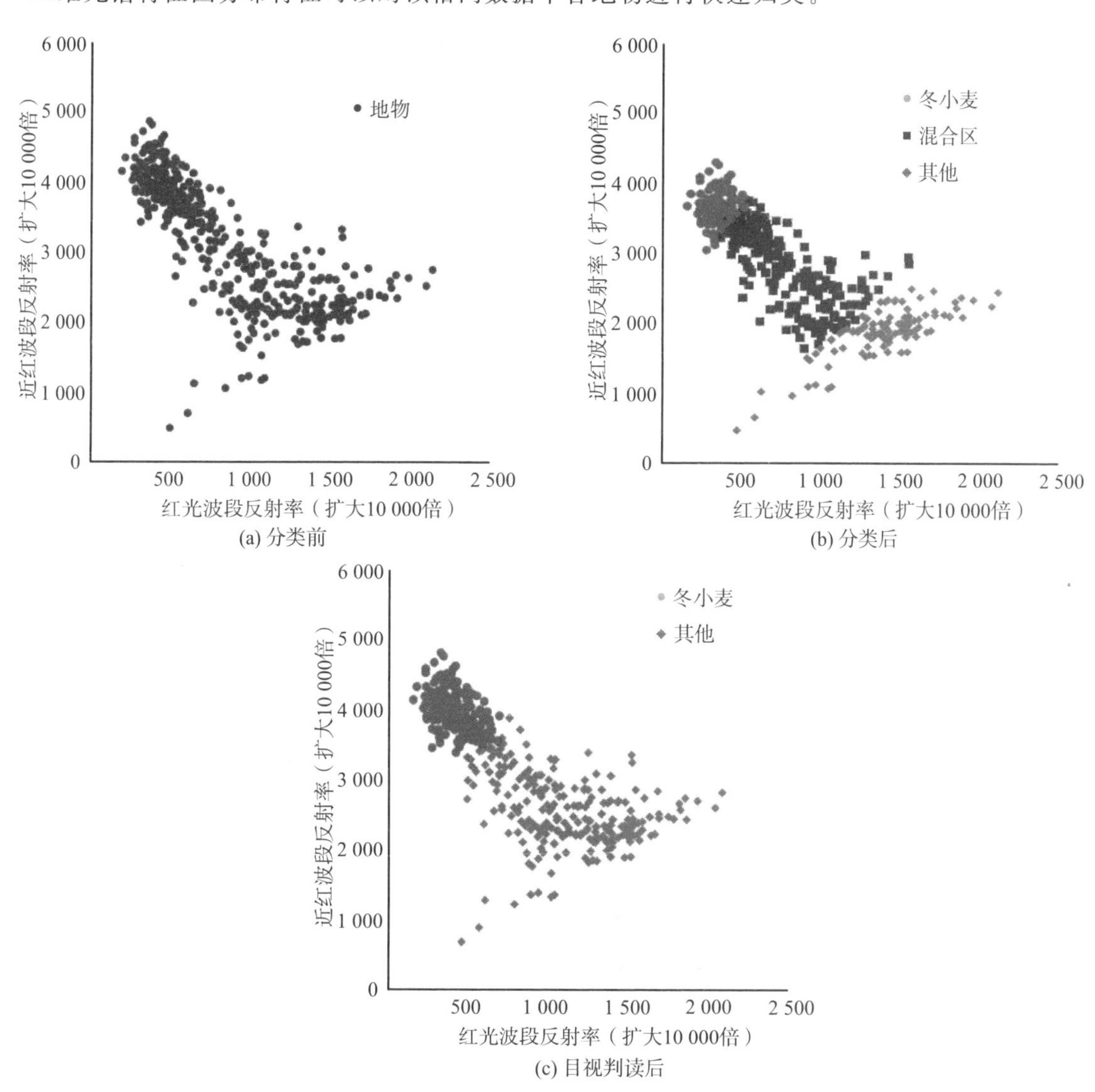


图 5-12　试验区（ID150）样本点近红外-红二维光谱特征图（见彩插）

图中也有一定数量的混合类样本，构建近红外-红二维光谱特征图不便于开展批量数据分析，经过分析发现NDVI可以作为区分是否为混合类的参数，NDVI值大于等于0.75为冬小麦样本，NDVI值小于0.35为其他地物，NDVI值介于0.35至0.75之间的样本点为冬小麦及其他地物的混合区。对于混合区采用人工目视判读的方法进行二次确认，原始样本点分布以及基于近红外-红二维光谱特征分类和目视判读二次确认后样本点类型分布情况如图5-13所示。

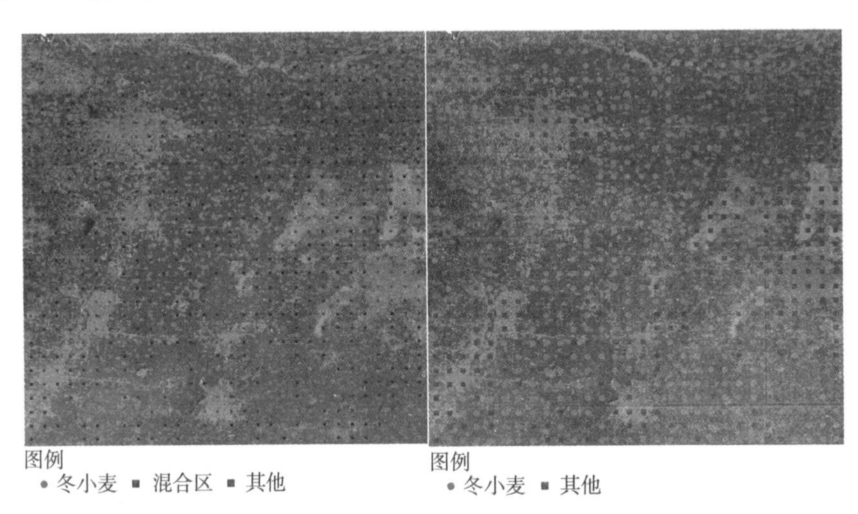


图5-13　研究区地理位置及样本点分布（见彩插）

本试验区样本点共900个，基于近红外-红二维光谱特征图的样本分类后，冬小麦样本点共218个，混合区样本点共476个，其他样本点共206个，需要进一步进行目视判读的混合区样本点共476个，前后效率比为2∶1，节省了一半的时间。经过目视判读后的样本点识别结果中，冬小麦样本点共402个，其他样本点共498个。

3）基于格网单元的样本数据获取与识别。根据上述分析结果建立研究区样本库构建方法，首先基于黄淮海平原的136个规则格网，在每个格网中建立30行×30列的子格网，然后取每个子格网的中心点作为样本点即每个格网有900个样本点，全区域共生成12万个样本点，然后逐格网提取对应编号影像的反射率，生成近红外-红二维光谱特征图，结合NDVI阈值，将样本点划分为冬小麦、混合区、其他三类，然后对混合区中样本点逐一识别，完成对所有样本点的识别，最后将样本点划分成冬小麦和其他两个类别，不同年份的训练样本如图5-14所示。

将研究区136个格网依次使用近红外-红二维光谱特征图进行辅助识别，并将所有样本点融合到一起构建总体样本库，共形成了249 545个样本点。将样本库按照1∶1比例，随机方式划分成训练样本和验证样本，用于后续冬小麦分类和分类结果精度验证。样本库点数详细信息见表5-10，样本库最终结果见表5-10。

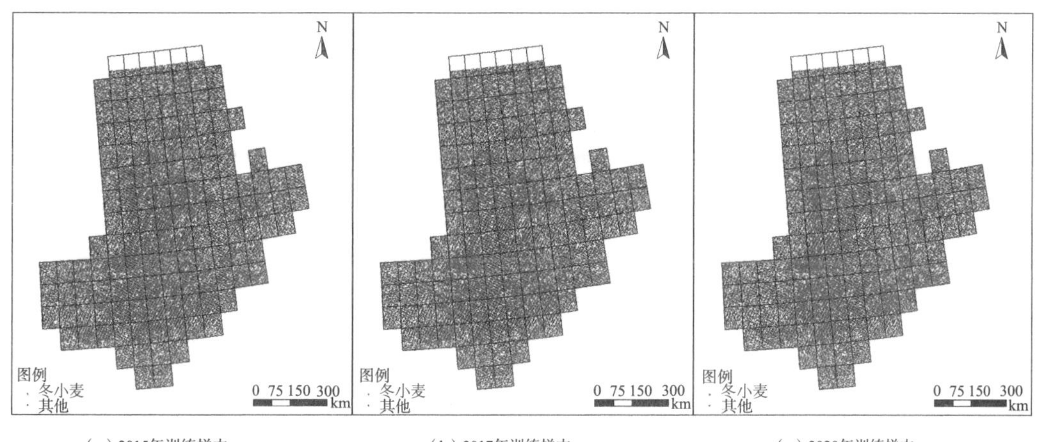


（a）2015年训练样本　（b）2017年训练样本　（c）2020年训练样本

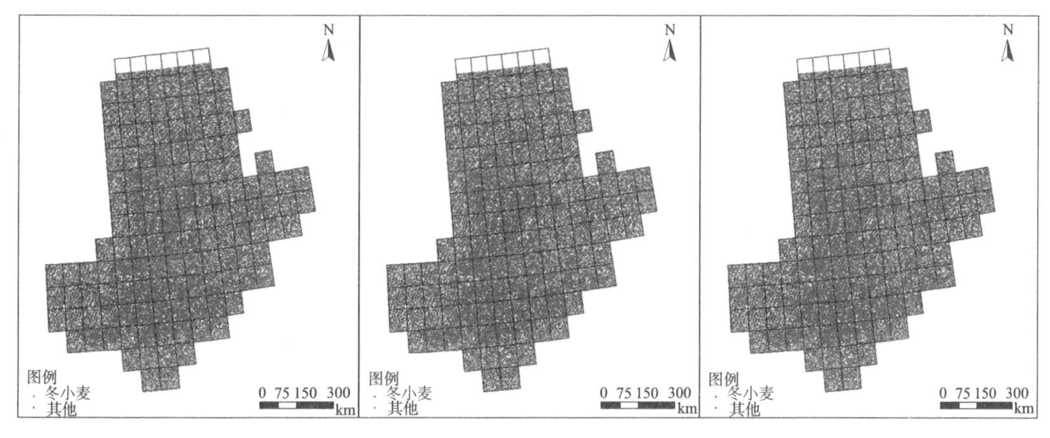


（d）2015年验证样本　（e）2017年验证样本　（f）2020年验证样本

图 5－14　黄淮海平原样本点分布（见彩插）

**表 5－10　样本点统计**

| 年份 | 样本类别 | 训练样本 | 验证样本 | 合计 |
|---|---|---|---|---|
| 2015 年 | 冬小麦 | 9441 | 9 339 | 18 780 |
| | 其他 | 33 300 | 33 364 | 66 664 |
| | 小计 | 42 741 | 42 703 | 85 444 |
| 2017 年 | 冬小麦 | 8 394 | 8 468 | 16 862 |
| | 其他 | 36 034 | 35 830 | 71 864 |
| | 小计 | 44 428 | 44 298 | 88 726 |
| 2020 年 | 冬小麦 | 8 586 | 8 340 | 16 926 |
| | 其他 | 28 812 | 29 637 | 58 449 |
| | 小计 | 37 398 | 37 977 | 75 375 |

③黄淮海平原冬小麦空间分布结果

基于近红外-红二维光谱特征图辅助结合目视识别的训练样本，采用随机森林监督分类方法对基于规则格网筛选出的2015年、2017年和2020年三年的GF-1/WFV有效数据进行分类，获取分类结果后，对分类结果进行拼接，并按黄淮海平原区域对拼接结果进行裁剪，完成了2015年、2017年和2020年三年的黄淮海平原冬小麦种植面积提取，具体空间分布如图5-15所示。由图可见，黄淮海平原冬小麦总体上是平原南部种植面积大，北部小；东西方向上是中部种植面积大，两侧小，如山东省胶东丘陵地区及河南省西部种植面积相对较小。

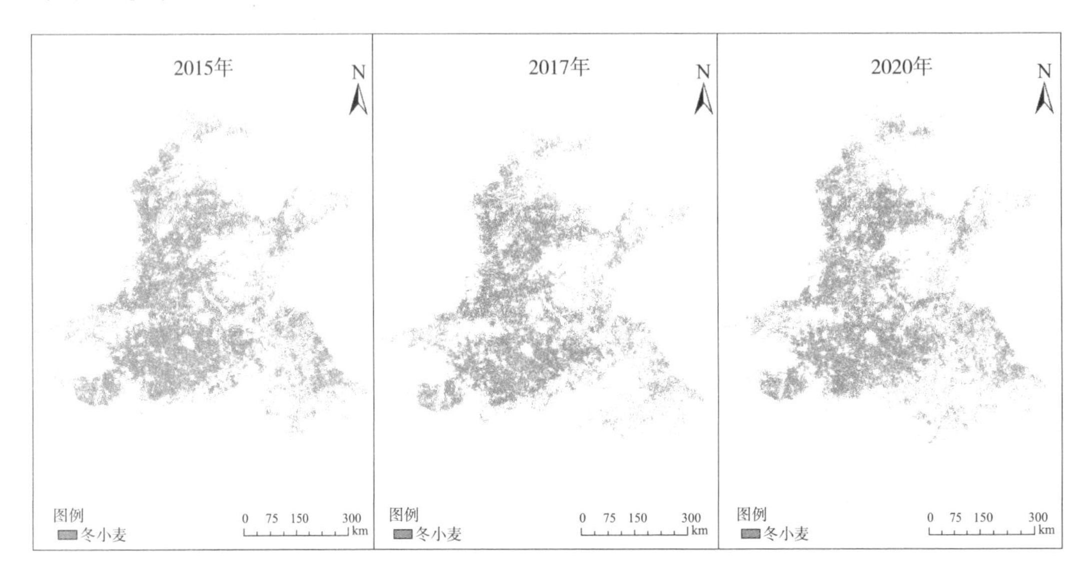


图5-15 黄淮海平原2015、2017和2020年冬小麦空间分布结果（见彩插）

④精度验证

基于近红外-红二维光谱特征图辅助结合目视识别的验证样本，采用混淆矩阵法对黄淮海平原三年冬小麦面积提取结果进行精度验证，总体精度、Kappa系数、制图精度和用户精度结果见表5-11。2015年、2017年和2020年黄淮海平原三年冬小麦面积提取结果的总体精度分别为93.24%、92.89%和93.41%，总体精度比较高。三年冬小麦分类用户精度介于85.04%～85.96%，制图精度介于89.25%～90.22%，均高于85.00%，Kappa系数三年分类结果分别为0.83、0.82和0.83，分类结果较为可靠。

**表5-11 精度验证结果**

| 时间 | 类别 | 用户精度(%) | 制图精度(%) | 总体精度(%) | Kappa系数 |
|---|---|---|---|---|---|
| 2015年 | 冬小麦 | 85.73 | 89.78 | 93.24 | 0.83 |
| | 其他 | 96.18 | 94.51 | | |
| 2017年 | 冬小麦 | 85.04 | 89.25 | 92.89 | 0.82 |
| | 其他 | 95.97 | 94.23 | | |
| 2020年 | 冬小麦 | 85.96 | 90.22 | 93.41 | 0.83 |
| | 其他 | 96.34 | 94.58 | | |

使用黄淮海平原市级冬小麦面积统计数据与基于遥感数据获取的面积进行线性回归分

析，并依据回归分析中的决定系数对基于遥感数据的冬小麦面积提取结果进行评价，结果如图 5－16 所示。

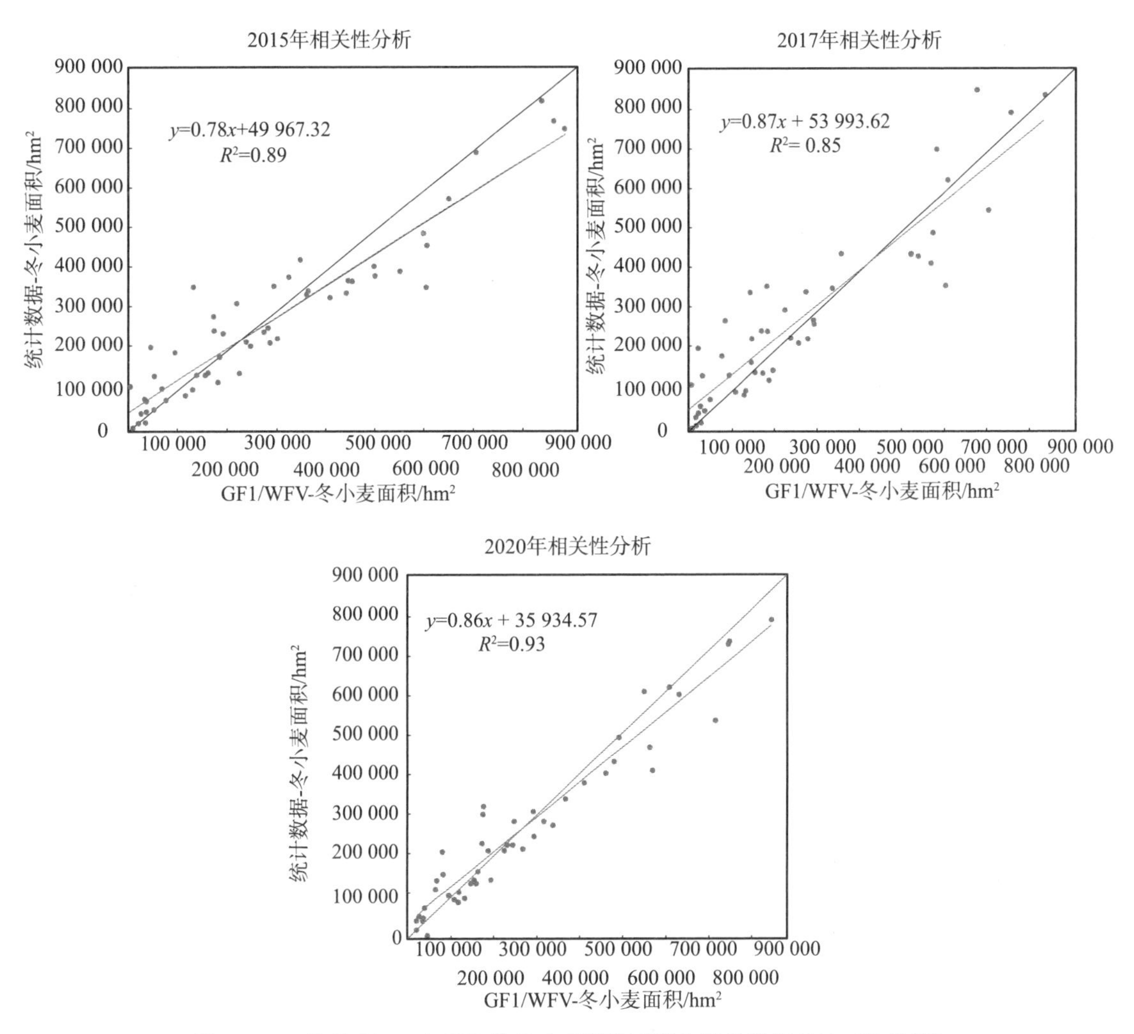


图 5－16　基于 GF－1/WFV 的冬小麦提取面积与统计数据对比（见彩插）

2015 年 $R^2$ 等于 0.89，2017 年 $R^2$ 等于 0.85，2020 年 $R^2$ 等于 0.93，$R^2$ 均大于 0.85，两者具有较强的一致性。另外，回归线均沿着 1∶1 线分布，表明高分数据可用于提取黄淮海平原冬小麦并且在区域级冬小麦提取中具有较高的可靠性。因此基于规则格网筛选出的 16 m 分辨率的 GF－1/WFV 有效数据，结合近红外-红二维光谱特征图辅助、目视识别的训练样本，采用随机森林算法提取黄淮海平原冬小麦种植空间分布信息的方法，具有可行性和可靠性，可以满足后续时空动态研究的需求。

### 5.2.4　基于 GF－6/WFV 数据和时间序列植被指数算法的冬小麦识别

随着卫星数据资源的不断丰富，多时相遥感影像的获取变得越来越方便，相较于单时相影像，时序影像可以提供更加丰富的地物特征。尤其对于农作物来说，不同作物的物候期各不相同，不同时相的影像通常对应不同的作物物候期，这也使得单景影像中光谱相近的不同地物间的识别成为可能。本节中，基于时间序列植被指数的分类决策树算法，实现了冬小麦的识别和提取。

(1) 总体技术流程

首先结合目标作物的物候信息，筛选出少云或者无云的时序影像数据，然后对数据进行辐射定标、大气校正以及几何精校正等预处理。在此基础上，计算各类植被指数（如NDVI、EVI 等），并获取各地物时序植被指数曲线，通过分析目标作物独有的时序植被指数曲线特征，结合决策树法，通过划分阈值获取分类结果。然后采用目视判读获取的验证数据对分类结果进行精度评价，将符合精度要求的分类结果输出，经过面积数据结果统计、空间制图等过程，获取目标作物的提取结果，具体流程如图 5-17 所示。

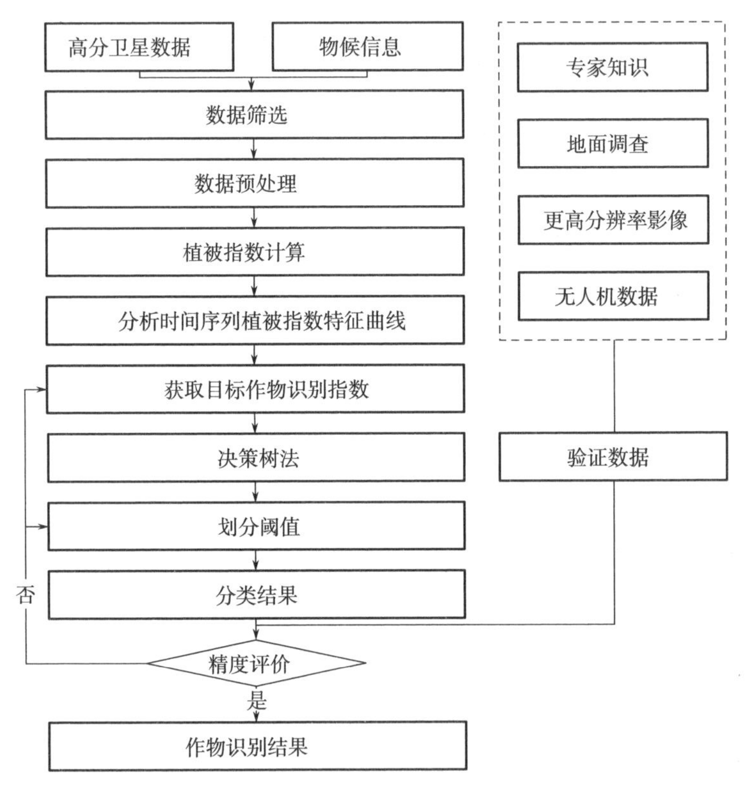


图 5-17　作物面积遥感监测的技术流程

(2) 研究区概况

本节选择山东省烟台市招远市为研究区，以冬小麦为研究对象，招远市属暖温带季风区大陆性半湿润气候，具有四季分明、降水集中、光照充足的特点，典型作物有冬小麦、花生、玉米、薯类、豆类和果树等。招远市冬小麦的种植区主要集中在北部的张星镇、金岭镇、蚕庄镇和辛庄镇。招远市冬小麦生育期为 10 月至第二年 6 月，具体物候大致为 10 月中下旬播种，11 月出苗，12 月分蘖，1～2 月越冬，3 月返青，4～5 月拔节、抽穗和乳熟，6 月成熟和收获。

（3）研究数据及处理

结合冬小麦物候期，筛选出研究区各生育期高分六号晴空影像各一景，见表 5－12。在辐射定标、大气校正、几何精校正等预处理的基础上，计算归一化植被指数。

**表 5－12　冬小麦识别的 WFV 数据列表**

| 序号 | 遥感器 | 产品号 | 影像获取时间 |
|---|---|---|---|
| 1 | WFV | L1A1119939141－2 | 2019/10/28 |
| 2 | WFV | L1A1119945417－2 | 2019/11/22 |
| 3 | WFV | L1A1119950652－2 | 2019/12/12 |
| 4 | WFV | L1A1119956111－2 | 2020/01/02 |
| 5 | WFV | L1A1119968687－2 | 2020/02/20 |
| 6 | WFV | L1A1119981782－2 | 2020/03/28 |
| 7 | WFV | L1A1119992671－2 | 2020/04/30 |
| 8 | WFV | L1A1119996633－2 | 2020/05/12 |
| 9 | WFV | L1A1120007570－2 | 2020/06/14 |

（4）过程和结果

①不同地物 NDVI 时序曲线分析

研究区内不同地物的 NDVI 时间序列曲线如图 5－18 所示。从图中曲线可以看出，4 月 30 日和 5 月 12 日冬小麦的 NDVI 值达到峰值，其中 5 月 12 日冬小麦和树木的 NDVI 值远高于其他地物的 NDVI 值，有利于剔除建设用地、裸地、水体等地物；而 6 月 14 日冬小麦基本收获完成，冬小麦 NDVI 值降低到一个较低值，远低于树木的 NDVI 值，所以在剔除建设用地、裸地、水体等地物的基础上，采用 6 月 14 日的冬小麦 NDVI 值即可提取冬小麦面积。

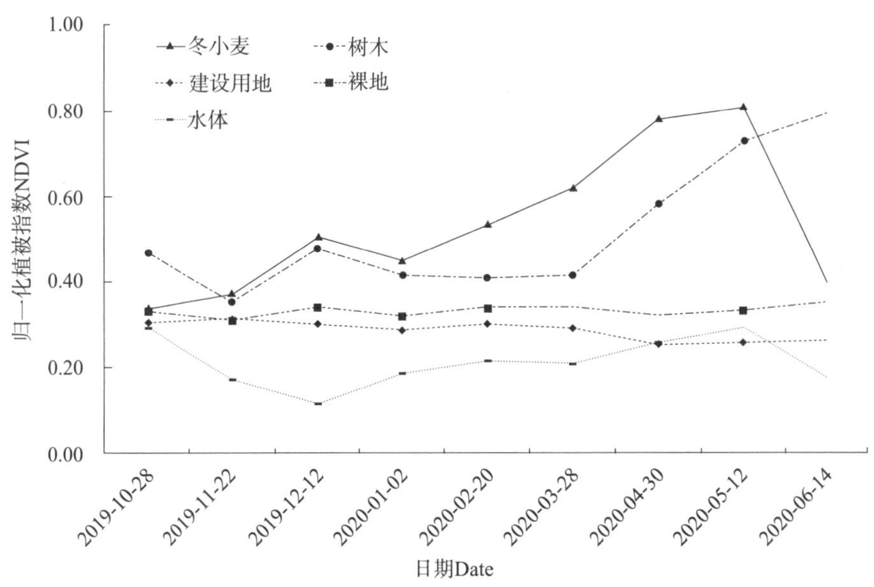


图 5－18　不同地物的 NDVI 时序曲线

②冬小麦面积监测结果

本研究选择4月30日、5月12日和6月14日3期数据建立分类决策树，首先通过5月12日NDVI≥0.6，提取冬小麦和树木等，在此基础上计算4月30日NDVI与6月14日NDVI的差值，将两者差值大于等于0.15的部分判定为冬小麦，结果如图5-19所示。

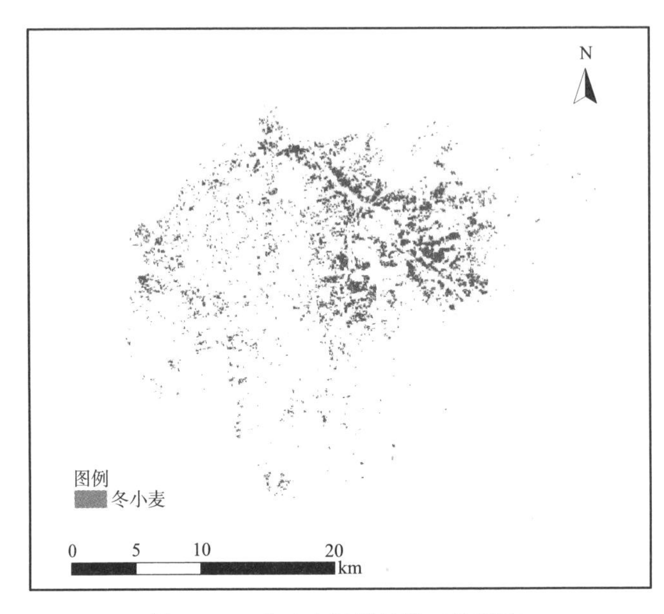


图5-19　冬小麦识别结果（见彩插）

③精度验证

采用人工目视判读法获取了均匀分布的223个验证样本，包括82个冬小麦样本和141个其他验证样本，样本点分布如图5-20所示。

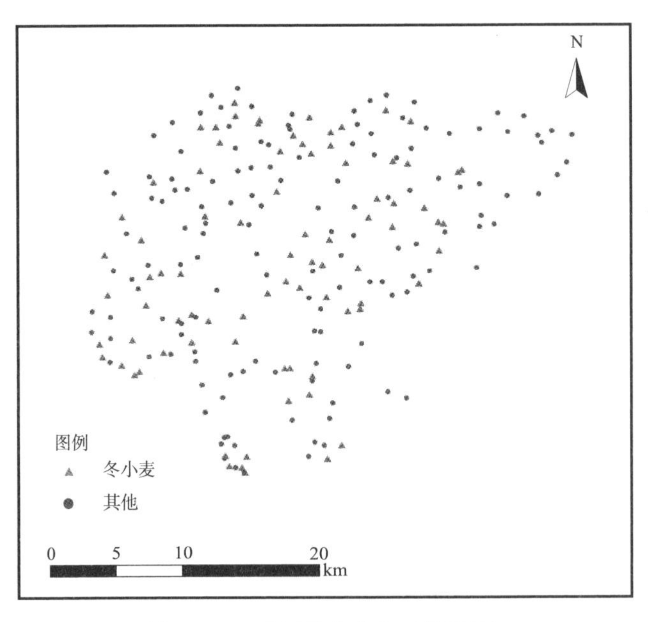


图5-20　验证样本分布（见彩插）

采用混淆矩阵对冬小麦识别结果进行精度验证，结果表明分类总体精度达 94.67%，Kappa 系数为 0.87，冬小麦的用户精度为 99.12%，制图精度为 83.46%，满足一般业务的精度要求。

### 5.2.5　基于 GF-6/WFV 数据和随机森林算法的花生类作物面积监测

随机森林分类方法的提出，对于遥感影像分类来说具有重要意义，随机森林算法通过随机树的机制很好地解决了常规分类算法中的过拟合问题。该算法提出后，便凭借高分类精度、高通用性得到了多数研究者的青睐。本节以基于 GF-6/WFV 数据和随机森林算法的花生类作物面积监测为例，阐述了随机森林算法在农业遥感监测中的应用。

（1）总体技术流程

首先根据地面调查结果或者专家知识等，筛选出目标作物识别的关键时相数据，然后对数据进行辐射定标、大气校正以及几何精校正等预处理。在此基础上，通过目视判读法获取训练样本，将训练样本和影像数据输入随机森林分类器中对样本进行训练，获取分类结果。然后采用目视判读获取的验证数据对分类结果进行精度评价，将符合精度要求的分类结果输出，经过面积数据结果统计、空间制图等过程，获取目标作物的提取结果。具体流程如图 5-21 所示。

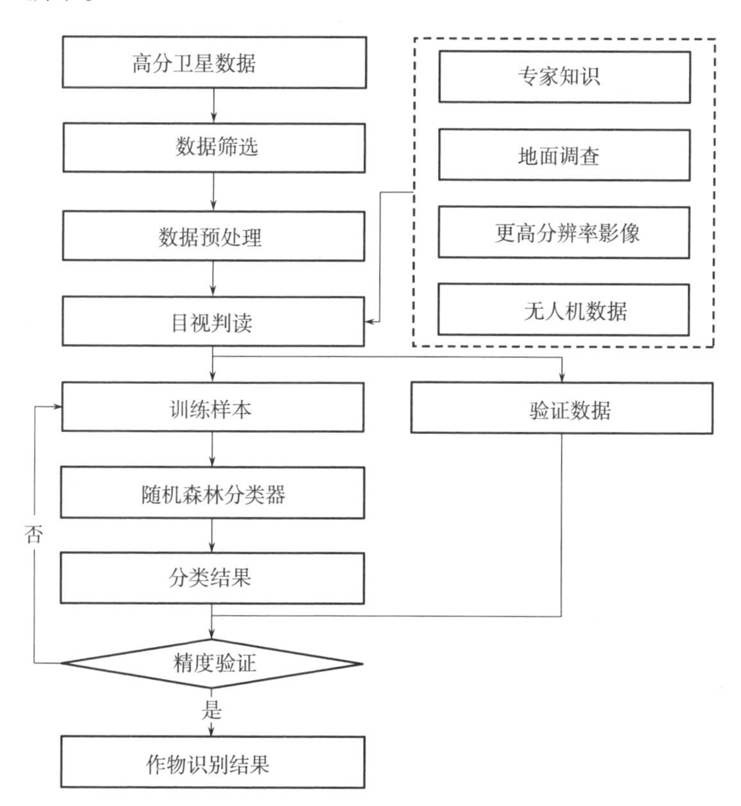


图 5-21　基于随机森林方法的作物面积遥感监测的技术流程

（2）研究数据

在所有国产高分卫星数据中，GF－6卫星是我国首颗实现精准农业观测的高分卫星，并且16 m分辨率的GF－6宽幅数据（GF－6/WFV）首次在原有蓝、绿、红和近红谱段的基础上新增了海岸蓝谱段、黄光谱段、红边谱段1和红边谱段2四个谱段，GF－6宽幅相机谱段的配置见表5－13。

**表5－13　宽幅相机谱段的配置**

| 有效载荷 | 谱段名称 | 谱段范围/nm | 分辨率/m | 重返周期 |
|---|---|---|---|---|
| WFV | 蓝 | 450～520 | 16 | 4天 |
| | 绿 | 520～590 | | |
| | 红 | 630～690 | | |
| | 近红外 | 770～890 | | |
| | 红边1 | 690～730 | | |
| | 红边2 | 730～770 | | |
| | 海岸蓝 | 400～450 | | |
| | 黄 | 590～630 | | |

选择山东省烟台市招远市为研究区，招远市花生的生育期为4月中旬至9月中旬，与花生同期的在田作物有春玉米、夏玉米、大豆、薯类以及果树等，本研究所用数据是2020年8月10日获取的GF－6/WFV影像。

（3）样本选择

以R、G、B分别为近红外谱段、红边1、海岸蓝的假彩色显示方式进行目视判读获取训练样本和验证样本。地物目视判读标志为：花生物在8月10日影像上显示为橘红色且颜色比较均匀，玉米在8月10日影像上显示为深红色且颜色比较均匀，果树在8月10日影像颜色上显示为深褐色，林地在8月10日影像颜色上显示为暗褐色偏红且纹理上表现为紧簇状，居民地为荧光色，道路为蓝色且颜色比较均匀，水体为黑色且颜色比较均匀，裸地为亮绿色等，不同地物的具体特征如图5－22所示。

样本点的选取按照研究区矢量文件，生成区域内10×10数量的格网，每个区域内选择目标作物一个地块，其他类样本地块一个或多个。共获得620个样本，其中训练样本318个地块，花生类作物训练样本94个地块，其他类训练样本224个地块；验证样本302个地块，花生类作物验证样本84个地块，其他类验证样本218个地块，具体分布如图5－23所示。

（4）监测结果和精度验证

基于目视判读获取的训练样本，采用随机森林算法进行花生类作物识别，获取花生类作物分布信息，结果如图5－24所示。

用混淆矩阵对花生类作物识别结果进行精度验证，总体精度达94.60%，Kappa系数为0.84，花生类作物的用户精度为84.34%，制图精度为91.69%，可以满足一般业务的精度要求。

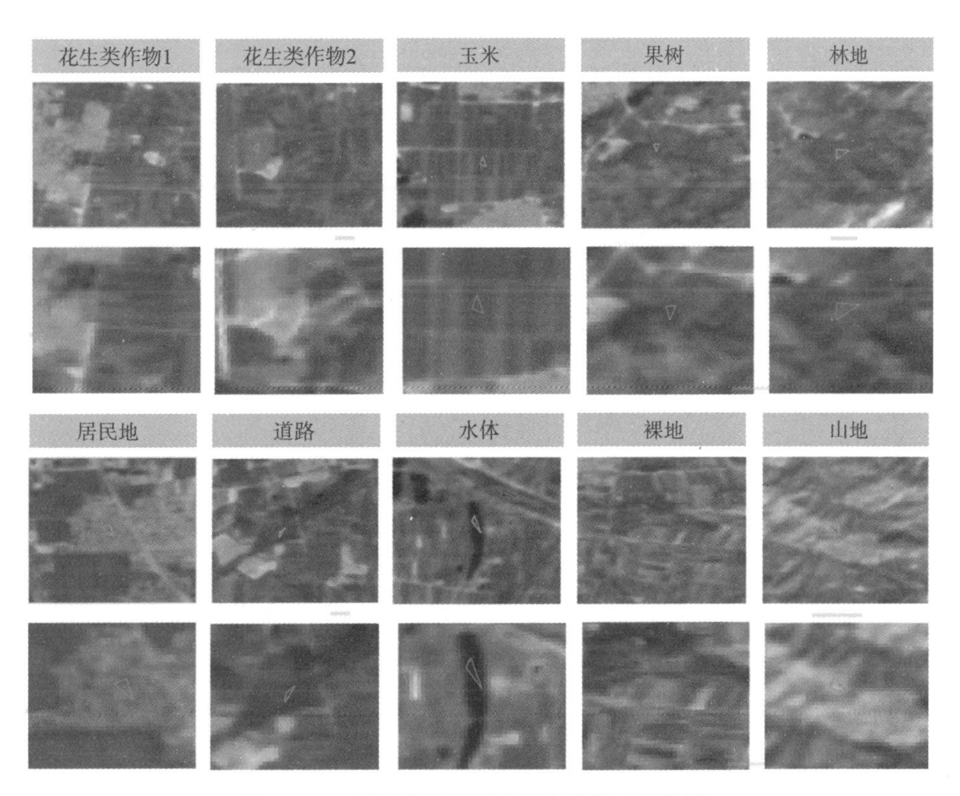


图5-22 招远市目视判读标志示例（见彩插）

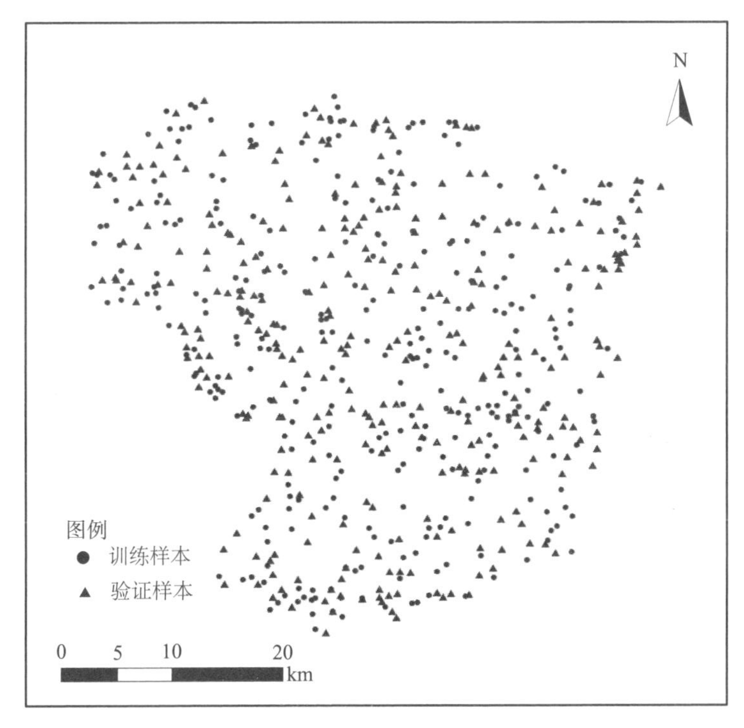


图5-23 招远市研究区样本分布

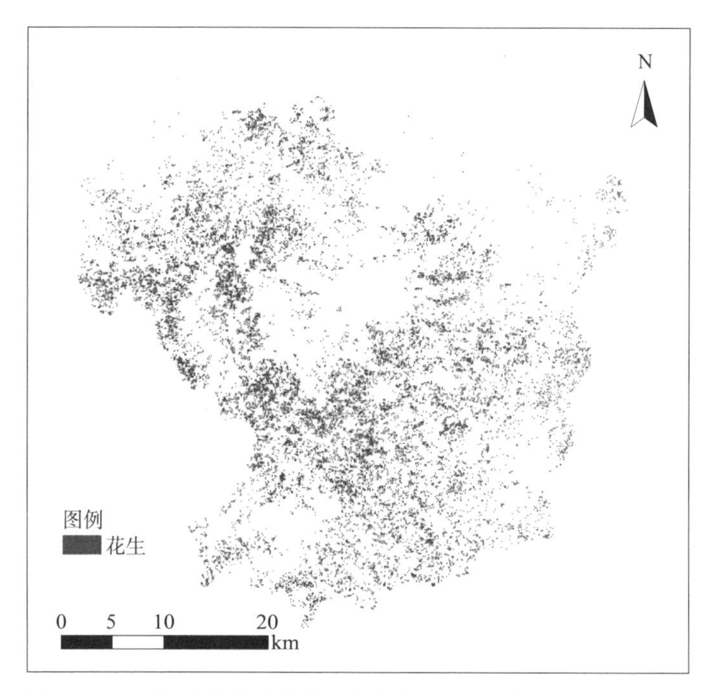


图 5-24　随机森林算法的花生类作物面积监测结果图（见彩插）

### 5.2.6　基于 GF-6/WFV 和特征增强指数算法的园地面积监测

特征增强指数算法指筛选作物敏感谱段，采用高斯增强等方法获取目标作物光谱最大或最小化指数，指数的数值大小与目标作物比例和纯化程度密切相关，通过阈值分割获取目标作物的面积空间分布。本节中，基于筛选园地的敏感谱段，通过非线性变换，构建得到了园地光谱特征增强指数，实现了园地的识别和提取。

（1）总体技术流程

首先根据目标作物的关键物候期进行影像筛选和预处理。然后分析所有地物的光谱特征，筛选出目标作物识别的敏感谱段，将目标作物的敏感谱段的灰度值以地理空间为前提形成成对数据，并形成数据集合。在此基础上，通过非线性变换，移动数据集合的中心点，形成目标作物识别增强指数，结合决策树分类方法，通过划分阈值获取分类结果。然后采用目视判读获取的验证数据对分类结果进行精度评价，将符合精度要求的分类结果输出，经过面积数据结果统计、空间制图等过程，获取目标作物监测结果。具体流程如图5-25 所示。

（2）所用数据

选择 2020 年 6 月 6 日具有 8 个谱段的 GF-6/WFV 影像为研究数据，进行基于特征增强指数的作物类型遥感识别，除园地外，同期的作物有春玉米、花生等。

（3）研究结果与精度验证

①地物光谱分析

首先基于遥感影像，提取标准地物光谱特征曲线，如图 5-26 所示。

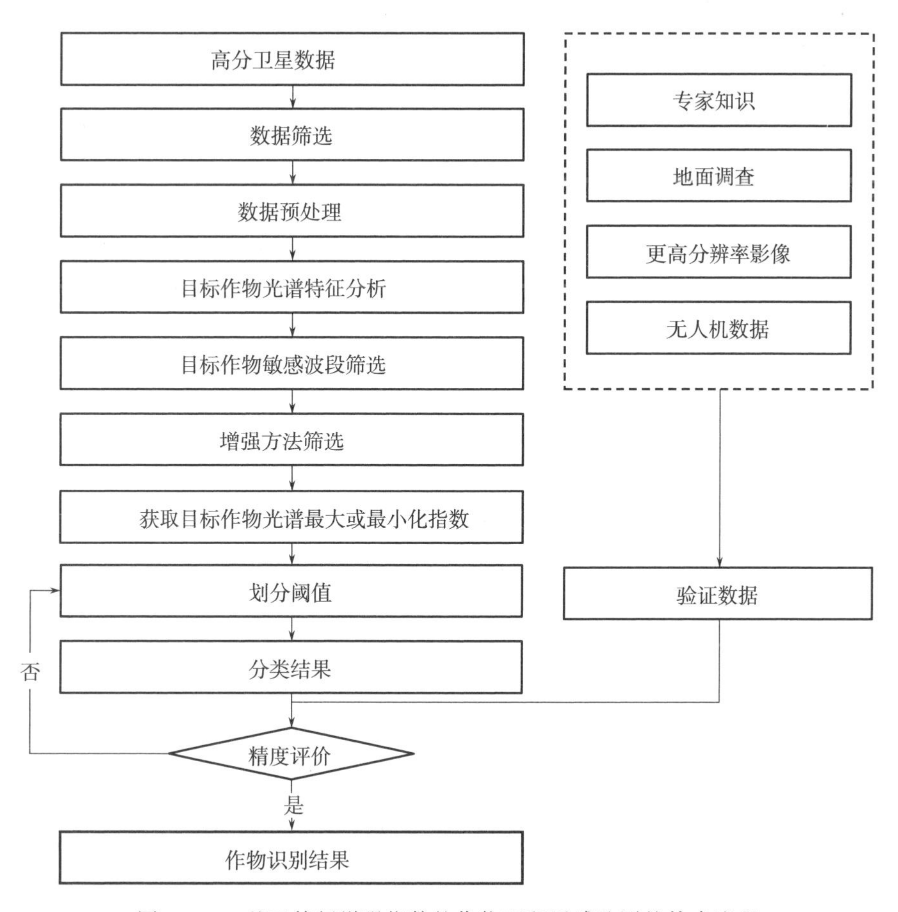


图 5-25　基于特征增强指数的作物面积遥感监测的技术流程

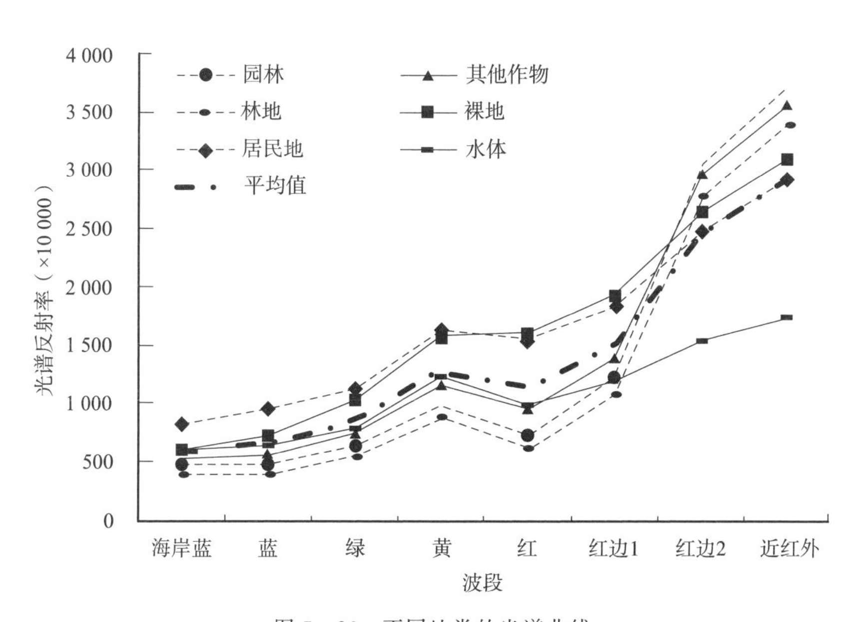


图 5-26　不同地类的光谱曲线

园地的光谱曲线与裸地、河流以及城镇在可见光谱段差别比较大，而与林地和其他作物的波谱曲线相似，其中与其他作物相差最大的为红谱段，与林地相差最大的为近红谱段，同时与除园地外所有地物的平均值相比，离差最大的也是近红和红谱段，所以选择高分六号数据的红谱段和近红谱段进行园地光谱特征的提取。

②光谱特征变换

园地和其他地物红谱段-近红谱段光谱特征空间如图 5-27（a）所示，园地在红谱段-近红谱段构成的光谱特征空间的左上方，且比较分散，难以找到提取园地面积的阈值。本研究通过非线性变换，构建得到了园地光谱特征增强指数（Enhancement Index of Garden Spectral Characteristics，EIGSC），EIGSC 计算公式如下：

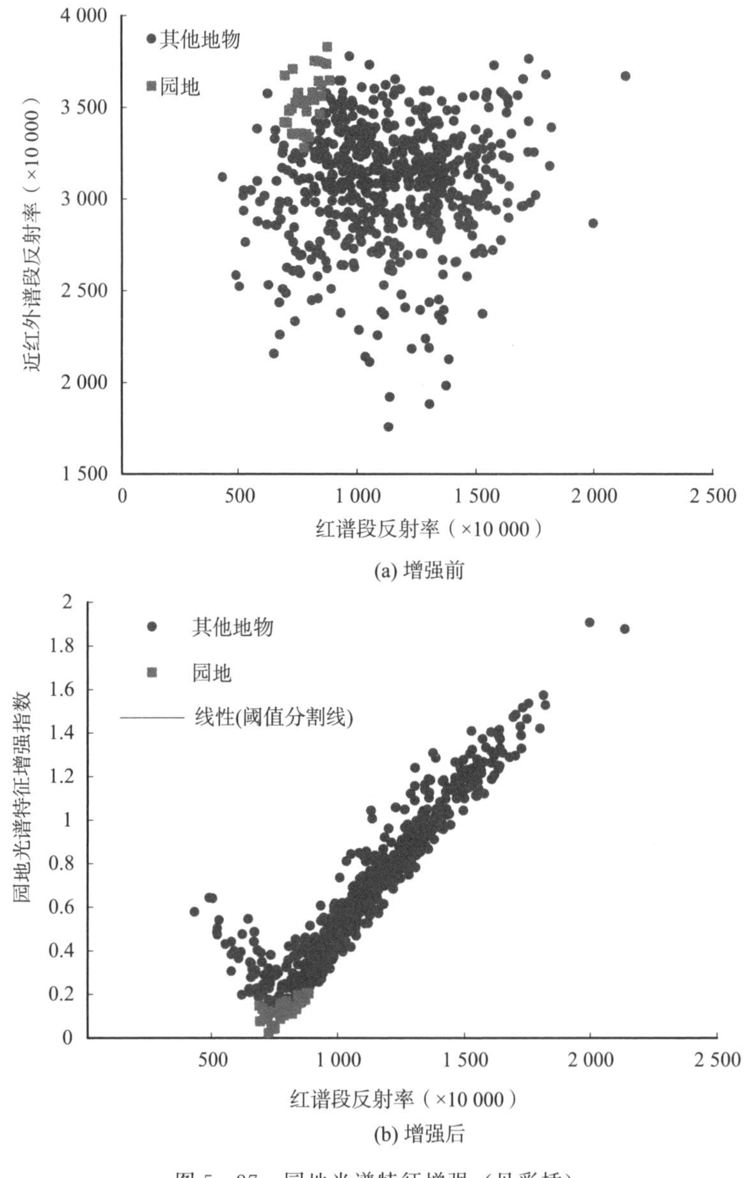


图 5-27 园地光谱特征增强（见彩插）

$$EIGSC = |B_3 - V_3|/V_3 + |B_4 - V_4|/V_4 \tag{5-8}$$

式中，$B_3$、$B_4$ 为高分六号影像第 3、第 4 谱段像元值；$V_3$、$V_4$ 分别为园地的样本点的红谱段、近红谱段的反射率值的平均值。

经过光谱特征增强后，园地的光谱特征空间集中，值越小代表园地概率越大，如图 5-27（b）所示。

③园地面积监测结果

获取指数的最大最小值，按照等间隔划分为 100 份，分析每一个阈值下的提取效果，并最终确定了最佳阈值为 0.2。园地提取结果如图 5-28 所示。

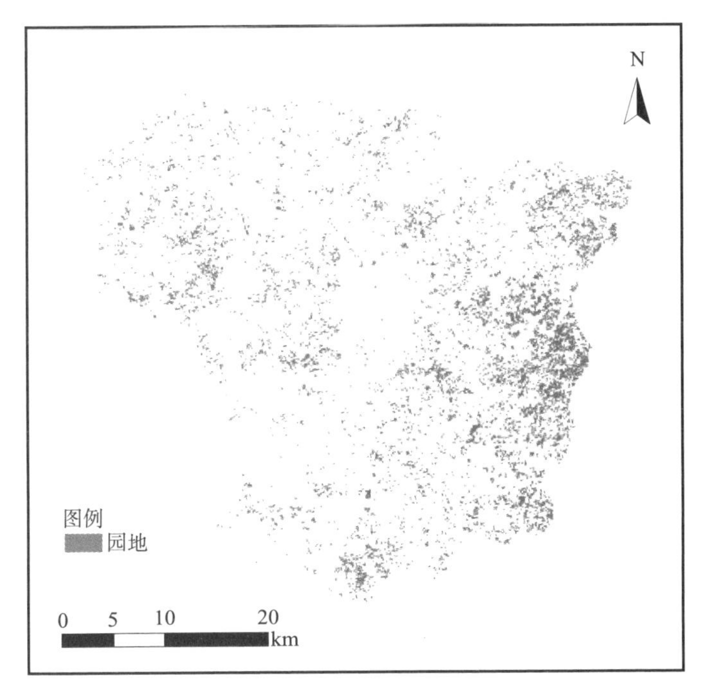


图 5-28　招远市园地面积监测结果（见彩插）

④精度验证

在研究区中生成 2 km×2 km 的格网，并取其中心点，逐点进行目视判读作为园地验证样本（见图 5-29），形成 23 个园地样本，342 个其他类样本，使用验证数据，基于混淆矩阵进行精度检验。精度比较高，总体精度达 98.08%，Kappa 系数为 0.83，园地的用户精度为 86.36%，制图精度为 82.61%，满足一般业务的精度要求。该方法在保证精度需求的基础上，大大提高了工作效率。

### 5.2.7　基于 Landsat-8 数据和特征滤波增强的农作物分类

遥感影像中包含丰富的地物信息，利用各类谱段指数，如 NDVI、改进的归一化差异水体指数（Modified Normalized Difference Water Index，MNDWI）等，将遥感影像中包含的地物信息进行有效的提取和增强，对于作物的分类及监测具有重要的意义。然而，对于不同的

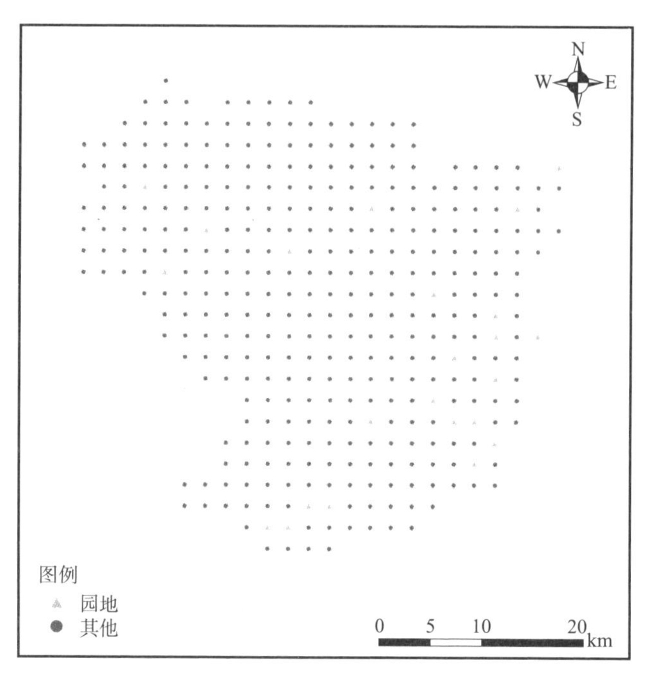


图 5-29 验证样本分布（见彩插）

作物而言，由于同属于植被地类，其指数特征往往较为接近，规律性难以掌握，造成了其分类识别的困难。为了解决这一问题，采用一种基于地物特征分布规律的特征增强（Feature Filtering and Enhancement，FFE）作物分类方法实现大豆和玉米的精确分类。

（1）总体技术路线

基于 FFE 方法的地物分类的总体技术路线描述如下：第一，影像预处理，包括大气校正、几何校正，以及 NDVI、MNDWI、NDSI、VLI 指数的构建；第二，样本选取，选取数量充足的具有代表性的各类地物样本，包括玉米、大豆和其他地类，其他地类主要包括了水体、城镇、道路、裸地、草地、林地等；第三，统计各类地物各指数影像的均值和均方差，通过依次选择分类目标地类，利用样本统计该类地物的各指数值均值和均方差，基于正态分布假设构建概率密度函数，并利用该函数，逐像元对指数影像进行滤波增强，滤波后的地物指数特征值将远高于其他地类；第四，对所有指数影像按照第三步进行操作，获得各个指数的滤波增强后影像。根据样方确定各幅影像目标类别的最佳 Gini 指数，以此为基础将各增强指数影像进行加权叠加，叠加之后的影像将更加突出目标地物，为目标地物的分类提取创造了良好的条件；利用作物样本，同样基于 Gini 指数，对加权叠加后的影像进行最佳分割阈值自动计算，大于该阈值的即为目标地物，小于该阈值的则为背景地物；第五，对其他的地物类型按照第三和四中的步骤，进行地物类别的依次提取，直至完成整个区域的地物分类；第六，使用研究区目视判读分类成果，对本节方法的分类结果进行精度验证分析。

（2）研究区概况

研究区位于黑龙江省黑河市所辖的北安市（见图 5-30），地处 48°3′～48°38′N、

126°10′～127°10′E。本区地处寒温带，属于大陆性季风气候，常年平均气温 0.2 ℃，全年平均日照 2 624 h，年降水量 500～700 mm，多集中在春末、夏季和秋初。研究区是松嫩平原向兴安山地过渡的中间地带，黑土是区内分布最为广泛的土壤，也是主要的宜耕土壤。农业是该地区重要的支柱产业，当地良好的气温、日照、降水和土壤条件对于大豆和玉米的种植具有较大的优势，大豆和玉米分别占当地粮食总播面积的 28.7% 和 58.9%（2014 年黑河市社会经济统计年鉴）。该地区是黑龙江大豆、玉米的主产区之一。春玉米从播种开始，依次经历出苗、三叶、七叶、拔节、抽雄、乳熟、成熟等发育时期，研究区每年 4 月下旬开始播种，8 月上旬成熟，9 月下旬至 10 月上旬开始收获。大豆从播种开始，一般经历播种期、出苗期、开花期、结荚期、鼓粒期、成熟期等发育时期。北安地区大豆的适宜播种期为 5 月 5 日—10 日，实际播种期从 5 月初到 5 月底。而大豆的出苗期、开花期、结荚期、鼓粒期则随着播种期的推迟会有不同程度的延后，且随着大豆的不断生长，各个物候期的时间差异逐渐缩小。由于近年来中国国内和国际上大豆、玉米价格的波动，以及政府政策等因素的影响，使得当地的玉米、大豆种植面积年际变化较大。研究利用遥感影像准确、快速地获取当地玉米、大豆种植面积变化情况，可以为当地政府农业政策的制定提供科学依据，对于增强农业信息化水平，保障农民收入具有重要的意义。

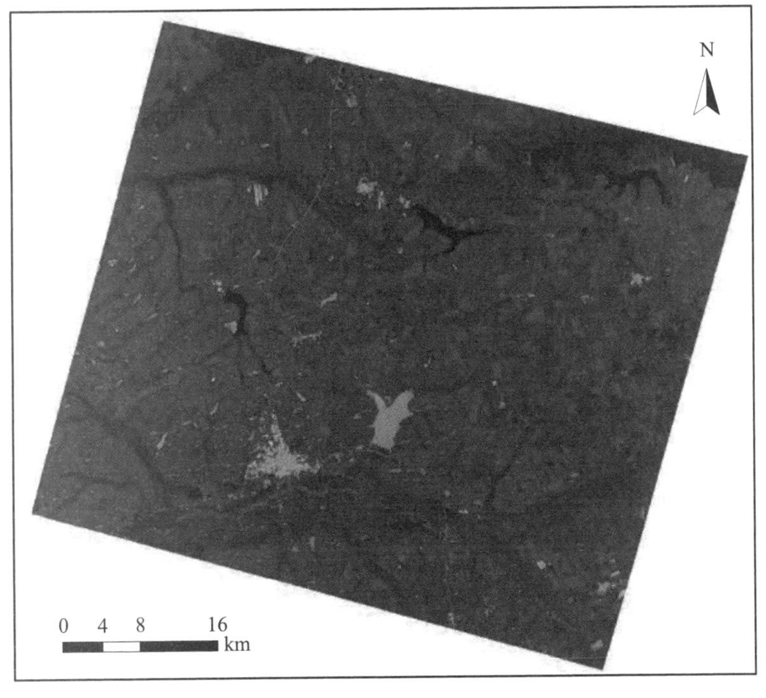


Landsat－8 OLI 影像假彩色合成（R/G/B：近红/红/绿）

图 5－30　研究区示意图（见彩插）

（3）所用遥感数据

本节主要使用了 Landsat－8 卫星数据：Landsat－8 是由 NASA 于 2013 年 2 月 11 日发射，OLI（Operational Land Imager，陆地成像仪）是其携带的主要遥感器，包括 7 个

谱段，分别是海岸/气溶胶（0.43～0.45 μm）、蓝（0.45～0.51 μm）、绿（0.53～0.59 μm）、红（0.64～0.67 μm）、近红（0.85～0.88 μm）、短波红外1（1.57～1.65 μm）和短波红外2（2.11～2.29 μm），空间分辨率为30 m。根据研究区主要农作物玉米和大豆的生育期特征，本节选取了覆盖整个研究区的2014年第164天、第180天、第219天、第260天共4景Landsat-8 OLI卫星影像。

精度验证数据使用了RapidEye影像，为了保持两者的空间范围一致以便于研究，将各景的OLI数据按照RapidEye影像的范围进行了裁剪。最后OLI影像的覆盖区域大小为63 km×54 km。

（4）研究方法算法描述

①影像预处理及指数计算

OLI影像预处理主要包括辐射定标、大气校正、几何校正，以及各类指数构建这4大部分。辐射定标采用的公式如下：

$$L_Z(\lambda_Z) = \text{Gain} \cdot \text{DN} + \text{Bias} \tag{5-9}$$

式中，$L_Z(\lambda_Z)$ 为遥感器入瞳处的光谱辐射亮度［W/（$m^2$·sr·μm）］；Gain为定标斜率；DN为影像灰度值；Bias为定标截距。Gain及Bias都由卫星数据供应方提供。大气校正使用ENVI软件的FLAASH模块进行，将辐射定标影像转换为地表反射率影像，同时为了方便计算和存储，将地表反射率影像扩大一万倍并取整。几何校正采用ENVI/OLI校正模块进行，几何校正精度达到亚像元级，便于合成时序OLI影像。

对各时期OLI影像中的主要地物类型光谱曲线进行分析，在此基础上，通过各类指数构建的方式对影像中包含的分类有效信息进行提取加工。指数构建包括归一化植被指数（NDVI）、改正归一化水体指数（MNDWI）、归一化短波红外指数（NDSI）、可见光指数（VLI）等4种指数，构建公式如下所示：

$$\text{NDVI} = \frac{b_{\text{NIR}} - b_{\text{red}}}{b_{\text{NIR}} + b_{\text{red}}} \tag{5-10}$$

$$\text{MNDWI} = \frac{b_{\text{green}} - b_{\text{SWIR}}}{b_{\text{green}} + b_{\text{SWIR}}} \tag{5-11}$$

$$\text{NDSI} = \frac{b_{\text{SWIR1}} - b_{\text{SWIR2}}}{b_{\text{SWIR1}} + b_{\text{SWIR2}}} \tag{5-12}$$

$$\text{VLI} = (b_{\text{coastal}} + b_{\text{blue}} + b_{\text{green}} + b_{\text{red}})/4 \tag{5-13}$$

式中，下标代表的是Landsat-8 OLI的谱段名称，其中，MNDWI指数计算时，$b_{\text{SWIR}}$ 值为两个SWIR谱段的均值，即：

$$b_{\text{SWIR}} = (b_{\text{SWIR1}} + b_{\text{SWIR2}})/2 \tag{5-14}$$

②指数特征分析

分析研究区各典型地类的波谱曲线，研究不同地类指数值的特征，如图5-31所示。NDVI可以很好地区分植被和非植被，同时早期（第164天）NDVI值较大的草地和林地具有较好的识别能力［见图5-31（a）］，晚期的NDVI（第260天）对于区分玉米和大豆具有较好的作用［见图5-31（d）］；MNDWI则对于水体、城镇具有较好的识别能力，水体的MNDWI值很低，而城镇的MNDWI值则较高。同时，短波红外谱段也是识别玉米和大豆的关键谱段之一（Wang等，2016），在玉米和大豆的整个生长季，大豆的短波红外反射率值一般情况下都要高于玉米，使两者MNDWI值差异也较为明显；NDSI是通过计算红、近红外谱段差值与红、近红外之和的比值所表达的作物生长状况，与MNDWI指数相结合，进一步挖掘短波红外谱段中对作物分类有效的信息；VLI是所有可见光谱段的反射率平均值，可以代表各类地物的视觉亮度，增加各类地物的有效分类信息，对于识别亮度较高的城镇、裸土及较低的水体具有较好的作用。这些谱段指数充分包含了OLI所具有的7个谱段信息，结合4个时相的时序数据，可以有效地对玉米、大豆和其他地物进行精确的分类识别。当使用本章节方法进行其他研究应用时，可以酌情选择合适的指数或原始谱段数据作为输入数据。

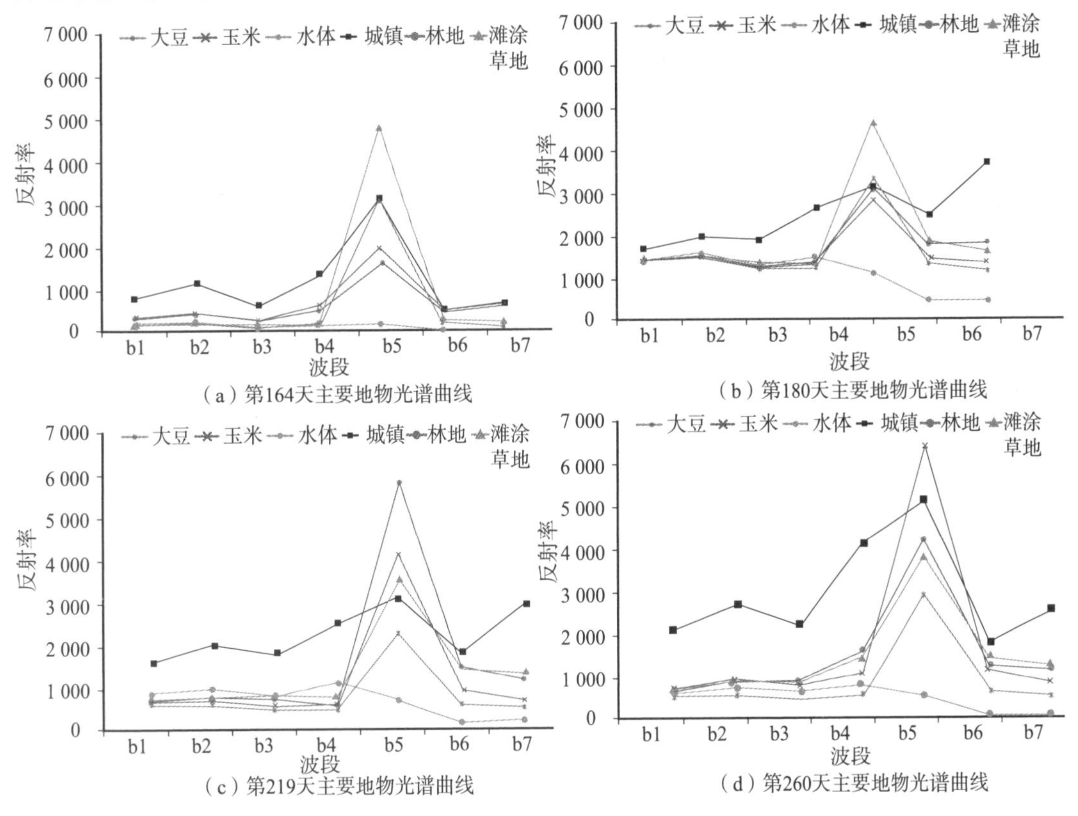


图5-31 各时期OLI影像主要地物光谱曲线（见彩插）

③样本选取

制作覆盖研究区的5 km×5 km格网作为抽样基本单元，格网内的作物面积比例作为抽样参数，采用等概率原则进行地面样方抽样。覆盖研究区的网格单元共计164个，其中110个是完整网格单元。基于监督分类方法获得研究区作物初步分类结果，计算每个网格中的大豆和玉米面积，从小到大进行排序，最小为0，最大为73.5%，按照6%的级差进行分级，统计每个级别中的频数，等概率抽取21个网格作为监督分类的样方。

结合2014年7—9月间研究区地面调查获取的判读标志，基于5 m空间分辨率的

RapidEye 影像，采用目视判读的方法获得 21 个样方内玉米、大豆及其他等 3 种类别分布结果。21 个样方总面积 525.0 km$^2$，其中春玉米面积为 149.7 km$^2$，大豆面积为156.6 km$^2$，其他地物指研究区内除大豆和玉米外的其他地物，包括人工次生森林、草地、道路、河流、建筑及蔬菜等其他小宗作物等，面积为 218.7 km$^2$，春玉米、大豆、其他 3 种地物类型分别占样方总面积的 28.5%、29.8%和 41.7%，图 5-32 给出了 21 个样方位置分布。

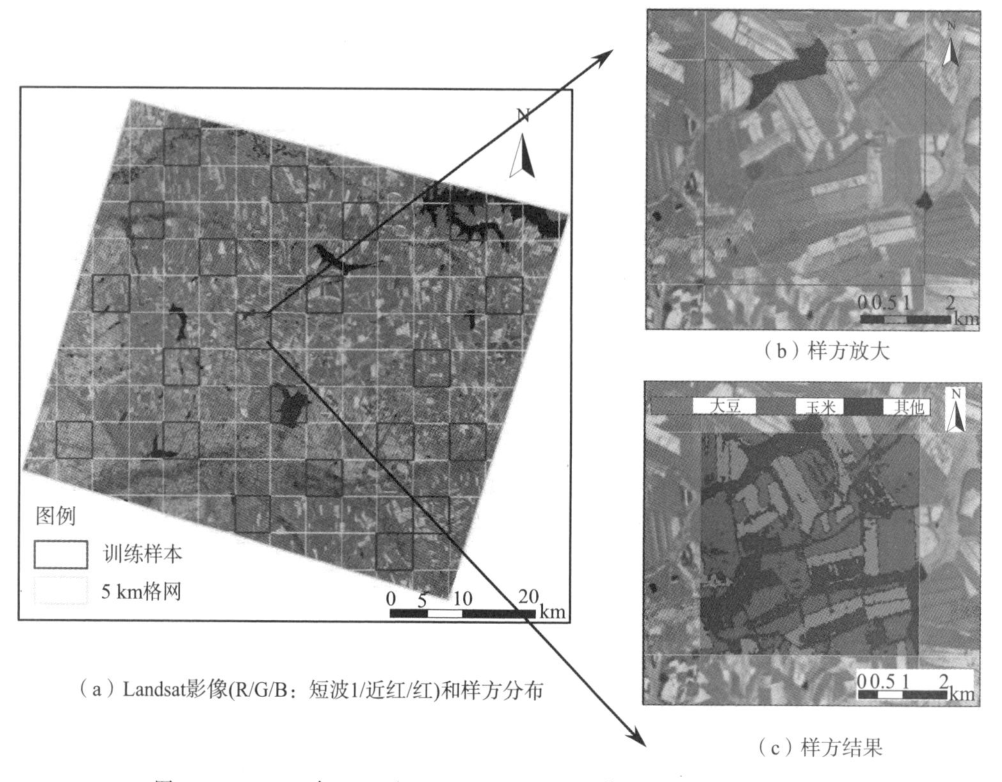


（a）Landsat影像(R/G/B：短波1/近红/红)和样方分布

（b）样方放大

（c）样方结果

图 5-32　2014 年 219 天 Landsat-8 OLI 影像和样方分布（见彩插）

④基于概率密度函数的特征滤波及增强

利用样本数据，统计各类地物的指数值分布，包括平均值和均方差。以 NDVI 为例，图 5-33 为根据样本数据统计的第 180 天大豆、玉米和其他的 NDVI 分布直方图和计算的正态分布曲线函数。从图 5-33 中可以看出，各个时期，大豆、玉米、其他的 NDVI 均呈现显著的正态分布的特点。本节假设各地物类别的指数值的分布均符合正态分布的规律，即：

$$X \sim N(\mu, \sigma^2) \tag{5-15}$$

式中，$X$ 为指数值（如 NDVI 值）；$\mu$ 为指数平均值；$\sigma$ 为指数均方差。则该类别的正态分布函数可以通过下式构建：

$$f(x) = \frac{1}{\sqrt{2\pi}\sigma}\exp\left(-\frac{(x-\mu)^2}{2\sigma^2}\right) \tag{5-16}$$

利用该公式，通过统计各类别的指数均值和均方差即可很容易地构建该类别的正态分布函数。从图 5－33 中可以看出，各地物类别的指数值分布直方图与正态分布函数基本吻合。

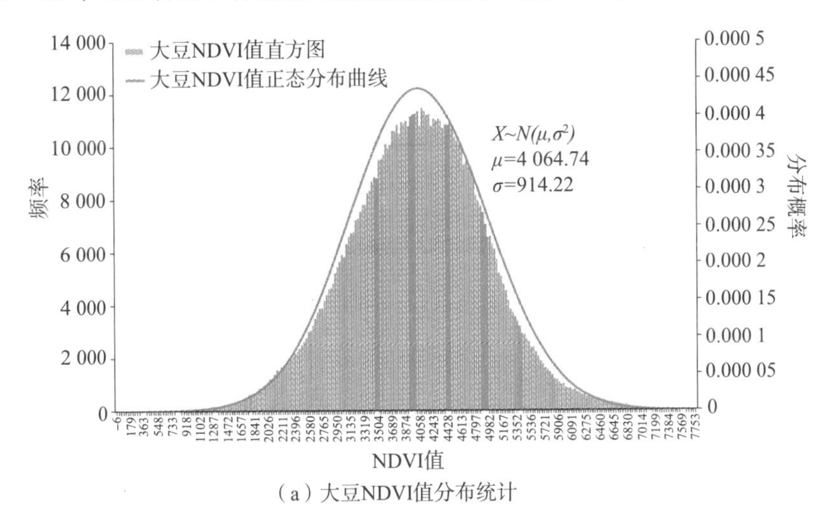


（a）大豆NDVI值分布统计

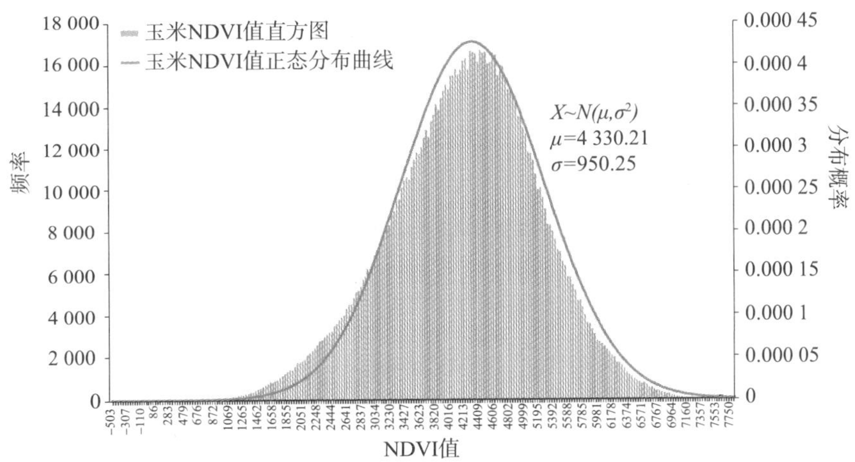


（b）玉米NDVI值分布统计

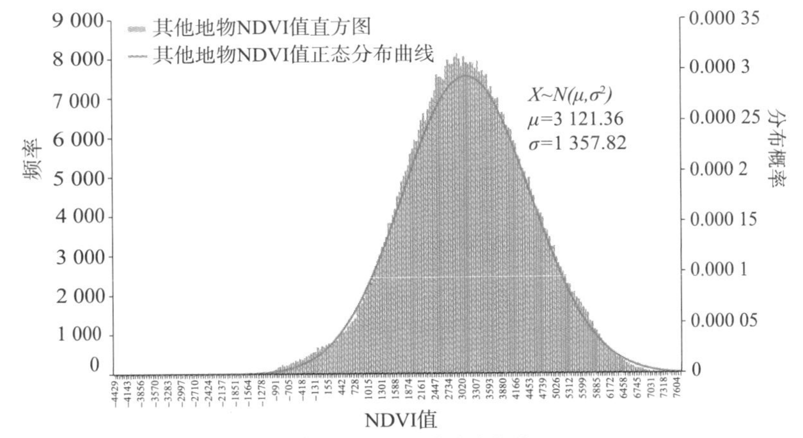


（c）其他地物NDVI值分布统计

图 5－33　第 180 天 OLI 影像大豆、玉米和其他的 NDVI 值分布统计（见彩插）

表 5－14 是各个时期大豆、玉米、其他三类地物的 NDVI 均值及标准差统计表，图 5－34 是对表 5－14 进行可视化绘制，其中误差棒按照 $\pm\sigma$ 绘制。从图 5－34 中可以看出，大豆和玉米 NDVI 值的均值较为接近，各个时期中，两者的误差棒范围高度重合。由于正态分布均值一倍标准差范围内包含 65％的像元，因此两者的混淆情况较为严重，单纯使用 NDVI 值进行决策树分类可能难以达到理想的精度。

**表 5－14　各类地物各时期 NDVI 均值和均方差统计表**

| 儒略日 | 大豆 NDVI | | 玉米 NDVI | | 其他地物 NDVI | |
|---|---|---|---|---|---|---|
| | 均值 | 标准差 | 均值 | 标准差 | 均值 | 标准差 |
| 164 | 6 027 | 816 | 6 075 | 1 007 | 6 210 | 1 188 |
| 180 | 4 065 | 914 | 4 330 | 950 | 3 121 | 1 358 |
| 219 | 8 456 | 433 | 8 101 | 377 | 6 018 | 2 030 |
| 260 | 4 368 | 862 | 6 221 | 766 | 4 471 | 1 396 |

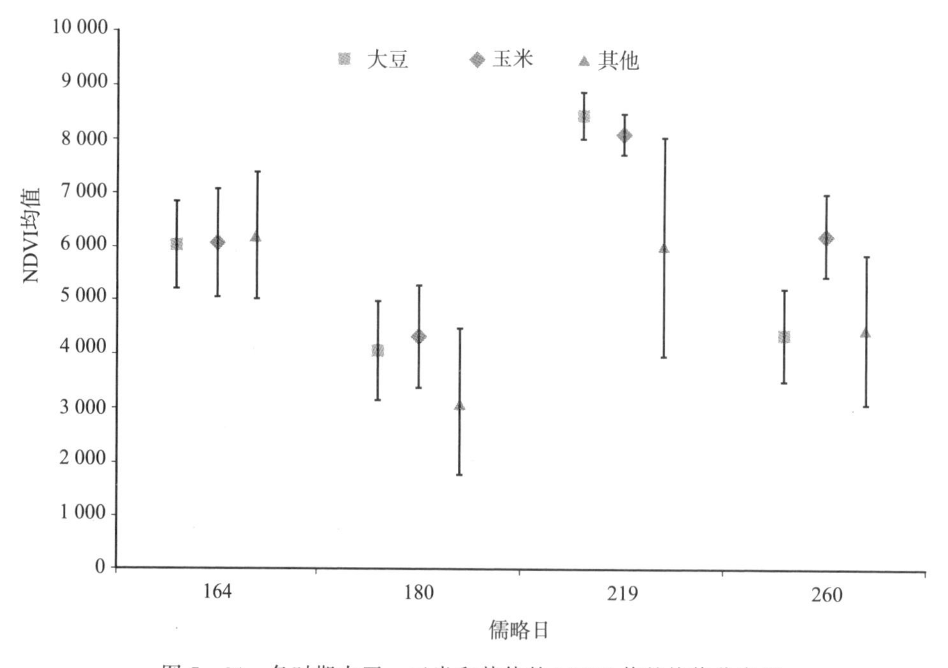


图 5－34　各时期大豆、玉米和其他的 NDVI 值的均值分布图

为了实现玉米、大豆、其他的精确分离，本节利用地物指数值呈现正态分布的特点，选定分类目标地物，然后通过统计其均值和标准差，构建其正态分布曲线函数，并利用该函数对原始影像进行逐像元滤波。该步骤的实质是利用目标地物的统计均值和标准差构建高斯滤波函数，对影像进行高斯滤波。由于高斯滤波的均值为目标地物的均值，因此滤波之后的影像中，目标地物的值将始终处于整幅影像的最高值范围内，而背景地物的值将被抑制。这样，如果对所有构建的指数值影像进行叠加，那么目标地物和背景地物差异将不断扩大。

以第 164 天、180 天、219 天、260 天 4 期 NDVI 影像为例，选择大豆作为目标提取作物，计算各期大豆 NDVI 均值和均方差，构建高斯滤波函数，对各期 NDVI 影像进行高斯滤波，结果如图 5 - 35 所示。可以看出，滤波后目标地物与背景地物的差异显著扩大，且目标地物大豆位于影像亮度最高区间，而其他地类的值显著小于大豆。其他地类均值与大豆 NDVI 均值相差越大，均方差越小，则滤波后的其他地物的值越小。

同理，对其他的各时期指数影像进行均值和均方差统计，并利用各影像中目标地物的正态分布函数进行高斯滤波，获得滤波后的各指数影像。

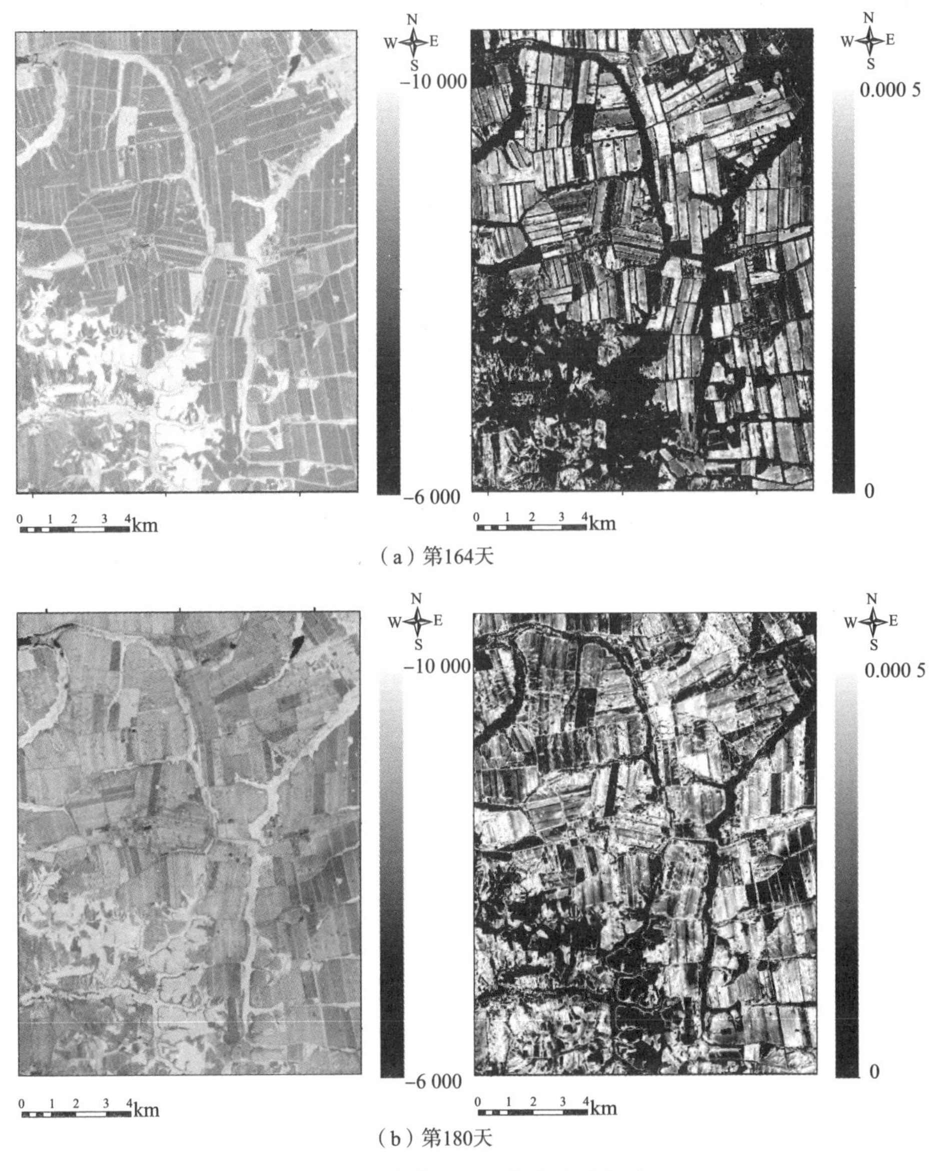


图 5 - 35　各期 NDVI 影像滤波前后

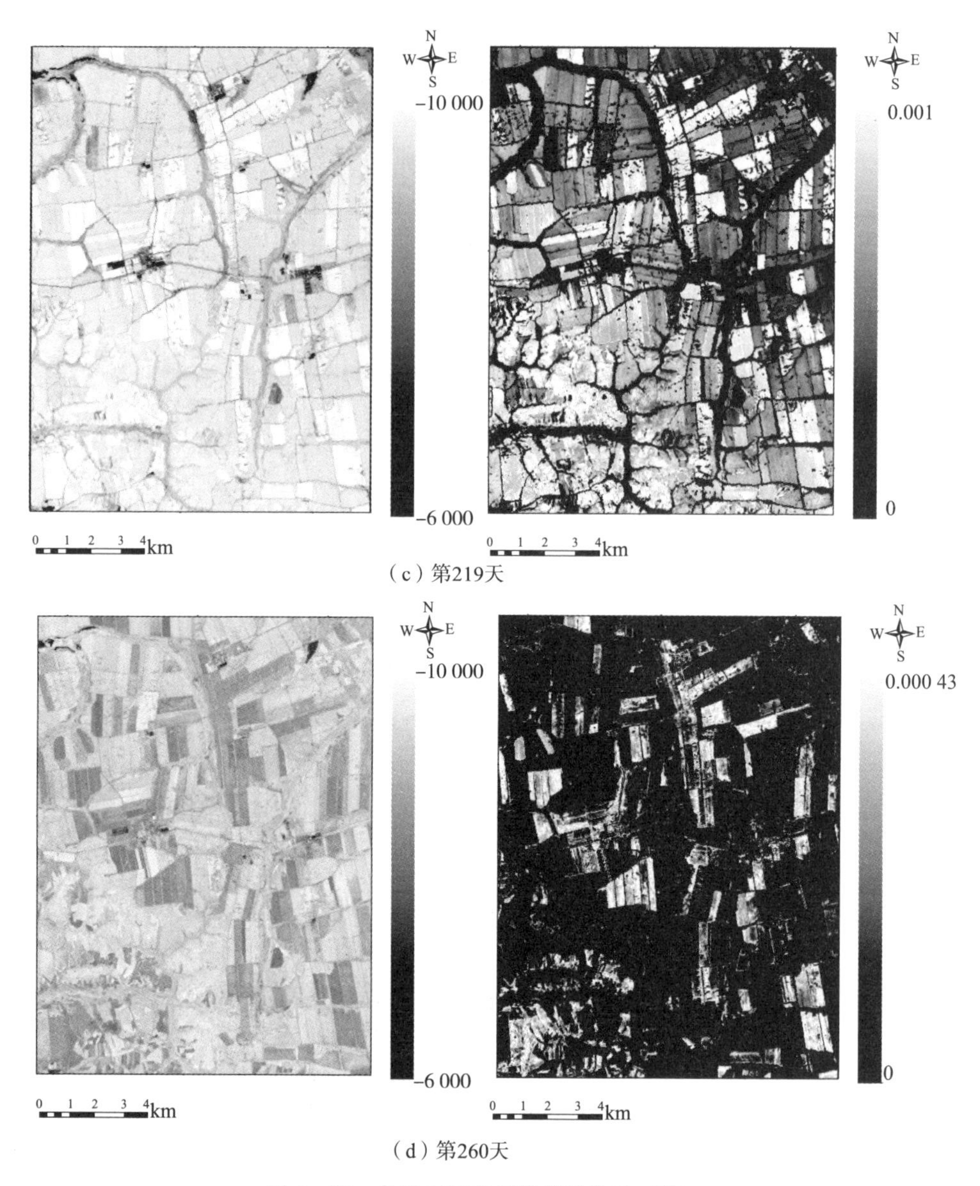


（c）第219天

（d）第260天

图 5－35　各期 NDVI 影像滤波前后（续）

⑤指数特征加权叠加及作物分类

由于滤波之后各指数影像中，待提取的目标作物的指数值将始终大于其他地类，因此，如果将滤波后的各指数影像进行叠加，即可有效地扩大这种差异。在实际情况下，有些指数影像中，目标作物与背景地物之间的差异显著，滤波之后可以很好地进行区分，如第 260 天的 NDVI 影像，滤波后玉米和大豆的差异显著提高；但是也有些指数影像区分效果并不明显，如第 164 天大豆和玉米，由于两者的 NDVI 均值接近，滤波后未能很好地区分大豆和玉米。为了充分利用区分度高的指数影像，降低区分度低的影像的干扰，利用 Gini 指数的方式计算各期影像的累加权值。Gini 指数是衡量数据不确定性的方法，在某些决策树分类方法中经常被用来确定某一个特征值的最佳分割点（Breiman，2001；Breiman等，1984）。假设一个数据集 $D$ 中共有 $m$ 类地物，其中第 $i$ 类地物出现的概率为 $p_i$，则该数据集的Gini指数计算如下：

$$\text{Gini}(D)=1-\sum_{i=1}^{m}p_i^2 \tag{5-17}$$

当该样本集 $D$ 按照某一个特征A被分割为 $D_1$ 和 $D_2$ 两个数据集时，分割后的数据集 $D$ 的Gini指数计算如下：

$$\text{Gini}(D)=\frac{\text{QTY}(D_1)}{\text{QTY}(D)}\text{Gini}(D_1)+\frac{\text{QTY}(D_2)}{\text{QTY}(D)}\text{Gini}(D_2) \tag{5-18}$$

式中，QTY指的是数据集中数据的数量。

首先，对于某一景指数影像，统计指数的最小值和最大值，将其从小到大均分为100个数值作为指数特征的划分阈值，分别计算按照各阈值分割后的影像Gini指数。选取Gini指数最小时的划分阈值作为该特征的最佳划分阈值，在该阈值下，影像获得了最好的分类结果。

假设共有 $n$ 景指数影像，利用样本数据计算每一景影像的最小Gini指数，再利用该指数计算出第 $i$ 景影像的权值 $W_i$，具体公式如下所示：

$$W_i=1-\frac{(\text{Gini}_i)^2}{\sum_{n=1}^{N}(\text{Gini}_n)^2} \tag{5-19}$$

将各滤波后的指数影像与其权值相乘，再累加，即可获得目标地物与背景地物差异最大化的指数加权相加影像，具体参见如下公式：

$$I=\sum_{i=1}^{N}(W_iI_i) \tag{5-20}$$

式中，$W_i$ 代表第 $i$ 景指数影像的权重；$I_i$ 代表第 $i$ 景指数影像的指数值；$I$ 为最终的指数影像加权叠加后的值。

经过特征增强、加权叠加后，目标地物的值将显著大于背景地物，可以很方便地利用样本确定目标地物和背景地物的最佳分割阈值。最佳分割阈值同样可以使用Gini指数的方式确定，将影像最大值和最小值等分为100份，分别作为划分阈值，并利用样本计算各阈值的Gini指数，Gini指数最小的划分阈值即认为是最佳分割阈值。

以大豆为例，原始真彩色合成影像（第219天）如图5-36（a）所示，分别计算各期影像的NDVI、MNDWI、NDSI、VSI，进行指数特征增强、加权叠加后的影像如图5-36（b）所示，最后获得的大豆分类结果如图5-36（c）所示。

提取目标地类像元后，将其作为掩膜从原始影像中剔除，再对剩下的地类按照之前的技术流程进行操作，即可获取剩余像元的分类成果。

⑥精度验证

基于5 m空间分辨率RapidEye影像，针对整个研究区的玉米、大豆及其他地物类型进行非监督分类，同时参考时序的OLI影像的地物时序光谱，采用人工目视方法进行了

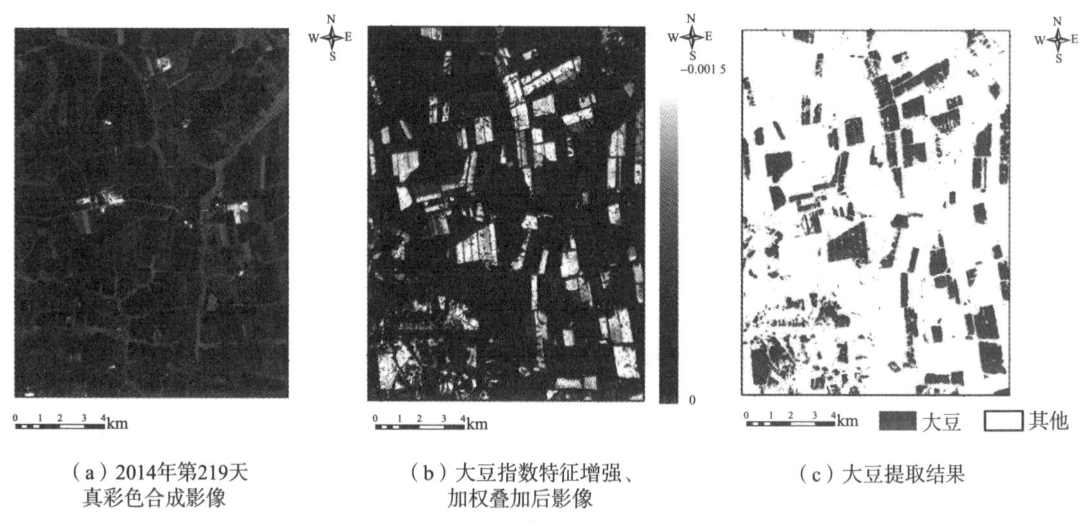


（a）2014年第219天真彩色合成影像　（b）大豆指数特征增强、加权叠加后影像　（c）大豆提取结果

图 5-36　影像指数特征增强及其分类结果（见彩插）

重分类，目视判读结果作为研究结果精度验证的数据。RapidEye 影像的获取时间是 2014 年 7 月 27 日，范围与 OLI 的范围完全一致。在该期 RapidEye 影像中，采用近红外（760～850 nm）、红边（690～730 nm）、红色（630～685 nm）谱段进行假彩色合成后，大豆呈现黄色，玉米则呈现出红色，各类地物之间差异显著，目视判读效果较好。图 5-37 给出基于 RapidEye 影像目视判读结果。采用混淆矩阵的形式对分类结果的精度进行验证，具体的评价指标包括 Kappa 系数、总体分类精度、制图精度和用户精度。

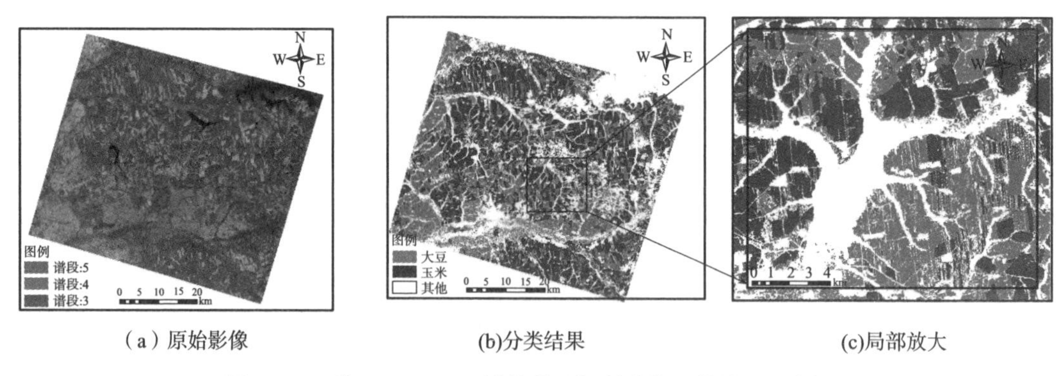


（a）原始影像　(b)分类结果　(c)局部放大

图 5-37　基于 RapidEye 影像的目视判读修正结果（见彩插）

同时，为了对比本节方法与传统作物分类方法的精度效果，利用最大似然分类方法，使用相同的样方和数据，进行玉米、大豆和其他地物的分类。对比遥感影像分类中常用的最大似然分类方法与本节方法的地物分类效果和精度，分析评价该方法的优缺点。

（5）研究结果与精度验证

利用本节提出的基于 FFE 的地物分类方法对研究区的作物进行分类，分类的结果如图 5-38（a）所示。利用 RapidEye 分类结果影像作为真值数据，对该方法提取的地物分类精度进行验证，验证结果混淆矩阵见表 5-15。同时，利用最大似然分类方法，使用相同的输入数据和样方数据，进行监督分类，分类结果如图5-38（b）所示，混淆矩阵见表5-15。从表中可以看出，基于FFE的分类方法总体精度达到了90.24%。本节方法的灵活性较强，作为分类输入数据的指数影像的选取可以根据实际情况而随时调整，剔除对作物分类识别作用较小的指数特征，增加有利于作物分类的指数特征，从而保证获取较高的分类进度，满足不同地区不同作物种植面积提取的业务需求。

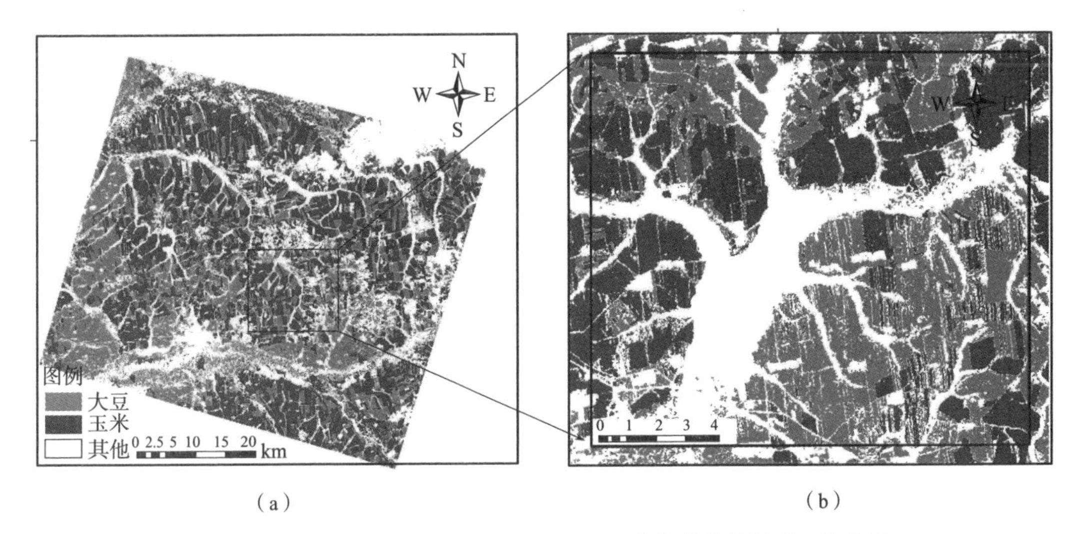


(a) (b)

图5-38 基于FFE分类方法提取的研究区作物分类结果图（见彩插）

**表5-15 基于FFE方法分类结果混淆矩阵**

| 项目 | 大豆 | 玉米 | 其他 | 总计 | 用户精度 |
|---|---|---|---|---|---|
| 大豆 | 731 324 | 40 499 | 31 476 | 803 299 | 91.04% |
| 玉米 | 7 805 | 1 052 784 | 95 233 | 1 155 822 | 91.09% |
| 其他 | 93 866 | 96 785 | 1 596 901 | 1 787 552 | 89.33% |
| 总计 | 832 995 | 1 190 068 | 1 723 610 | 3 746 673 | |
| 制图精度 | 87.79% | 88.46% | 92.65% | | |
| 总体精度 | 90.24% | | | | |
| Kappa 系数 | 0.8463 | | | | |

对比本节方法提取的结果和使用RapidEye影像提取的分类结果，分析本节方法分类错误的情况。将分类错误的像元在影像中进行标示，结果如图5-39所示。从图中可以明显看出，分类错误的像元主要集中在地块的边缘，这主要是由于OLI的影像相比RapidEye分辨率较低，在地块边缘处存在混合像元情况，使得分类结果产生误差。另外，还存在一些由于同物异谱现象造成的分类错误，如图5-40所示的玉米类别存在玉米A和玉米B两个子类，对于玉米B子类，FFE方法错将其分为了其他。这主要是由于玉米B的播种期晚于玉米A，从而使得玉米B的光谱性质与玉米A存在差异［见图5-40

(b)]，这也使得对影像高斯滤波后，玉米 B 的值始终处于较低的区域，进而导致在阈值分割时产生错误。若研究区存在较为严重的同物异谱现象，应当将谱段特征不同的同一种作物划分为光谱特征相同的多个子类别进行分类。

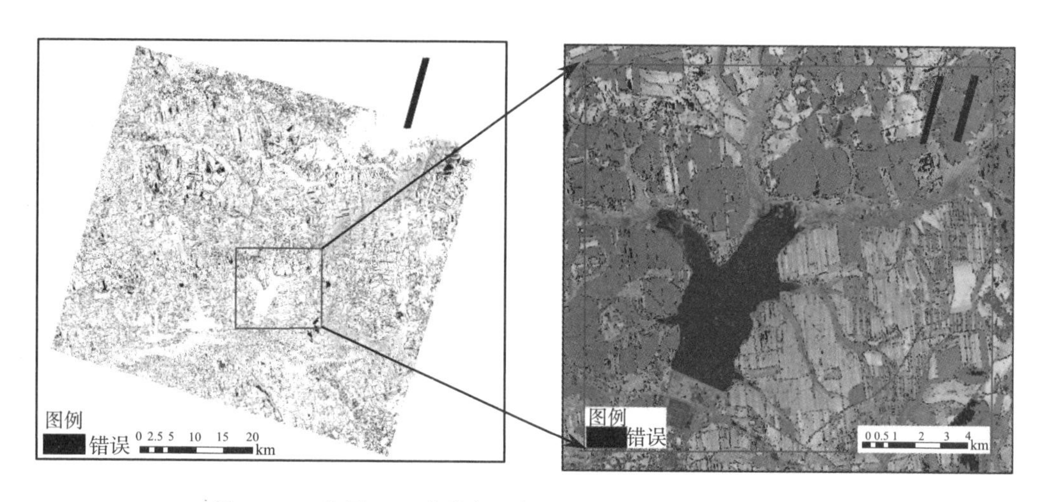


图 5-39 使用 FFE 分类方法产生的分类错误及示例（见彩插）

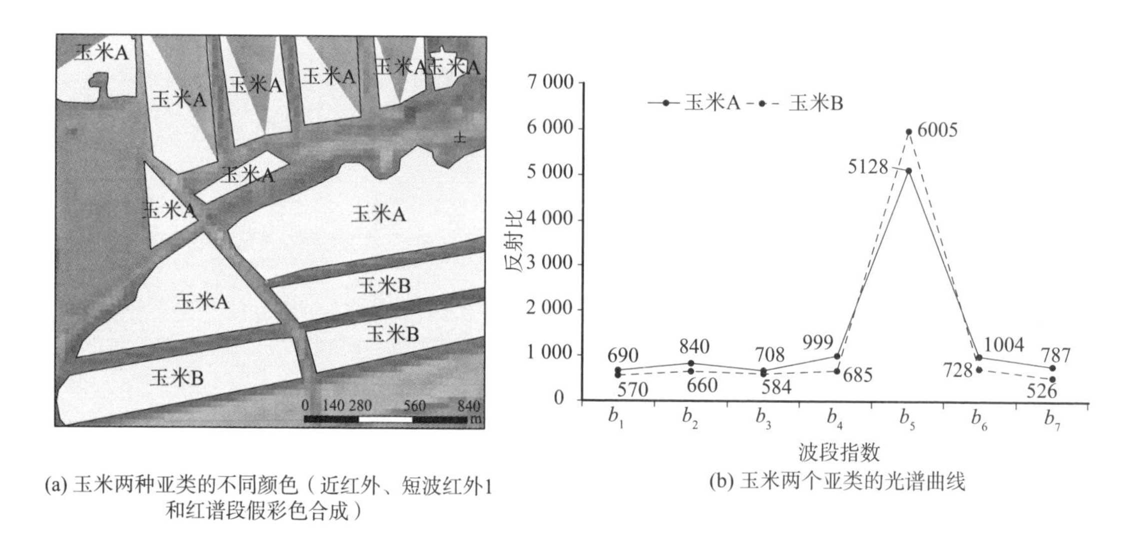


(a) 玉米两种亚类的不同颜色（近红外、短波红外1和红谱段假彩色合成）

(b) 玉米两个亚类的光谱曲线

图 5-40 同物异谱情况下造成的分类差异（见彩插）

(6) 讨论与结论

本节提出了一种基于地物概率密度函数滤波的特征增强及作物分类方法，并利用该方法提取了研究区的玉米和大豆种植范围，对比最大似然分类方法，取得了更高的分类精度。该方法主要包括样本的选取、指数影像计算、指数影像滤波增强、指数影像加权相加及地物分类等几个关键步骤。这几个步骤中，除了样本的选取需要人工操作外，其余均可根据样本进行自动化计算，因此，该方法可以归类为一种监督分类方法。

本节方法直接使用依据样本统计的概率密度函数，逐谱段逐像元进行滤波，从而使得目标类别的 DN 值始终处在最高区间，并利用 Gini 指数计算各谱段的权重，进行加权叠加，最大化区分目标地类和背景地类的差异，最终方便直观地利用单一阈值划分提取出目标地物。该方法相比最大似然分类具有计算更加简便、参数简单的特点，同时避免了先验概率不准确导致的分类错误。

当样本点的数量过少时，样本均值和均方差可能出现偏差，从而影响构建的类别概率密度函数准确性；另一方面，如果地物类别的分布函数与正态分布差异较大时，也可能造成概率密度函数的不准确。针对第一种问题，需要确保样本数量充足和代表性；针对第二类问题，则可以使用样本统计的概率密度函数查找表方式，代替正态分布假设的概率密度函数进行计算。

### 5.2.8　农作物轮作遥感监测

农业种植结构调整是推进农业供给侧结构性改革的重要内容之一，是保证中国农业绿色可持续发展的基本国策，其中农作物轮作的方式是我国重要的调整方式之一。农作物轮作工程的遥感监测，可以为农业政策制定、补贴发放、效果评估提供精确参考，因此已经成为中国重要的农情遥感监测业务之一。由于农作物轮作工程的遥感监测结果直接关系到农民的切身利益以及国家惠农补贴的精准发放，已经超越传统农情遥感监测对于遥感数据源分辨率、精度等指标要求较低的现状，亚米级遥感卫星数据已成为该应用领域的迫切需求（Lunetta，2010）。

基于遥感技术开展耕地轮作监测研究，从研究内容上看可以包括耕地轮作和农作物类型识别遥感监测研究两个方面。研究的重点都是农作物类型识别方法的研究，要使遥感技术在耕地轮作方面发挥更大的作用，需要以耕地轮作监测要求为导向，进行数据源满足程度的研究。在中国的“镰刀弯”地区，即东北冷凉区、北方农牧交错区、西北风沙干旱区、太行山沿线区及西南石漠化区，通过减小籽粒玉米种植面积，重点发展青贮玉米、大豆、优质饲草、杂粮杂豆、春小麦、经济林果和生态功能型植物等，实现稳粮增收、提质增效和可持续发展，玉米-大豆轮作的方式是其中重要的调整方式之一。因此本节在中国“镰刀弯”地区内，以玉米-大豆轮作这一比较广泛的农作物轮作方式为研究对象，从遥感数据空间、光谱、时间分辨率等 3 个方面入手，具体分析了玉米-大豆轮作遥感监测数据指标需求，为卫星载荷设计提供具体的依据，以指导未来农业卫星的设计与规划。

为实现“镰刀弯”地区减小籽粒玉米种植面积，增加大豆以及其他优势作物种植面积的目标，中国农业农村部在该地区选择试点县，每个试点县明确到种植地块，对于按照规定实施了玉米-大豆轮作种植的地块给予财政补贴。在中国农业科学院负责运行的“国家农情遥感监测业务运行系统”中，采用遥感技术在地块尺度上，对政策实施的效果进行业务化监测，确保补贴发放的准确性，提高农民种植积极性。

在该业务系统中，玉米-大豆轮作遥感核查业务由 4 个步骤组成，即获取作物地块的种植边界、确定地块上种植的作物类型、以县为单位对监测结果进行精度验证、对结果进行统计汇总，图 5 - 41 给出了玉米-大豆轮作遥感监测的具体流程。

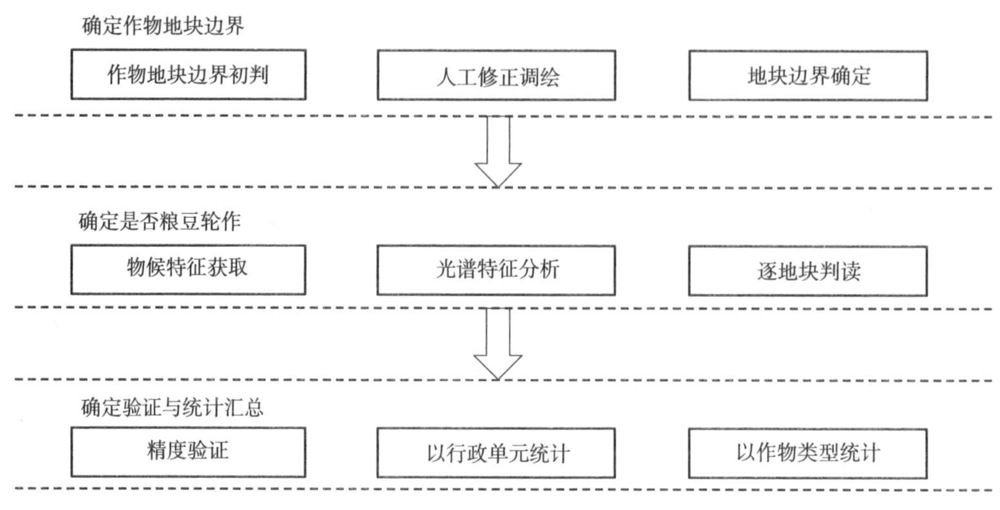


图 5－41　农作物轮作遥感核查技术流程

以下，对作物地块种植边界获取、基于地块的作物类型识别、精度验证等 3 部分内容作细致分析。监测的统计汇总是粮豆轮作的总结性工作，主要包括按照不同行政单元统计、汇总，按照时间、空间变化进行比较，并与政府下达的任务目标进行比较等，与遥感数据技术本身联系不紧密，不做进一步的分析。

（1）作物地块种植边界的获取

作物地块的种植边界指某种作物类型的边界，是在土地确权边界基础上进一步按照作物类型划分的。作物地块边界确定目前还没有可执行的相关技术标准，实际工作中都是以田埂作为识别边界的，采用目视修正的方法实现的。影像的空间分辨率要能够识别田埂，一般是采用差分 GPS 实地调绘或者航空摄影测量的方式获取，影像空间分辨率在0.1 m 左右。

主要问题是外业调查的工作量大、成本高，区域规模监测时可行性较差。农作物种植边界获取的工作，与目前国家正在进行的农用地确权工作中的耕地地块划定类似，这项工作是由国家投资，采用向全社会招标采购的方式进行的，县级行政单位投资一般都在百万元以上。显然，作为一个常规的、每年都要业务化开展的工作，花费如此巨大投资进行核查是不现实的。因此，急需采取更为经济可行的核查方法。

（2）地块上作物类型的识别

确定地块上种植的作物类型是基于影像数据、实地勘察的方式对每个年度作物类型分别进行判别，再确定是否按照规定进行了玉米-大豆轮作。当前业务系统中采用的遥感数据源以国产高分卫星系列、德国 RapidEye 系列、美国 Landsat－OLI 卫星数据为主。判定作物类型时最好有作物生长早期、中期、晚期等 3 个时期的影像，并且至少需要 1 期目标与其他作物最易识别的时相。如东北地区的玉米、大豆生长早期为 5 月上旬至 7 月上旬，生长中期是 7 月中旬至 8 月中旬，也是识别能力最大的时相，生长晚期是 8 月下旬到 10

月上旬。为能够有效识别玉米、大豆，至少需要生长中期的1景影像。为提高自动化效率，生长早期、晚期的数据最好能够获取。目前存在的主要问题是高空间分辨率的遥感数据源的时效性不能保障，其次是比卫星空间分辨率像元小的地块不能被有效识别，需要依靠地面调查的方法进行补充。

在时效性方面，不仅玉米-大豆两种作物需要3个时相数据，其他作物也有类似的需求，只是作物最佳的时相可能不同，如冬小麦生长早期是最佳识别时相。以OLI影像为例，标称回访周期是16天，1个月内仅能获取1景影像，结合当地的晴空频率，1景影像不能保证晴空数据每月的稳定获取。在有效识别方面，在卫星空间分辨率不能识别的地块尺度上，误差是不能控制的。以16 m空间分辨率的GF－1/WFV数据举例说明，当地块大小在16 m×16 m以上时，地块上的作物类型能够被识别，如果比这个尺度小，则不能被判别，需要采取地面调查等方式进行补充判定。

（3）遥感监测结果的精度验证

轮作遥感监测精度包括两个方面，一个是地块面积精度，一个是作物类型识别精度。监测结果涉及补贴发放，原则上要求的精度是100%，如果没有完成轮作任务要进行再次核实。这些工作都是在限定的时间内完成的。对于试点工作，轮作的精度核查是采用地面调查方式逐地块开展的，当轮作工作全面展开时，这种验证实际上是不可执行的。拟采用的精度调查方法是以地块为单元，采用抽样调查的方法开展，地块单元的调查以地面调查或者无人机影像的方式进行。

主要问题仍然是影像的精度与识别能力所决定的工作量问题。在面积量算的准确性方面，只要遥感数据满足0.3 m空间分辨率，相对定位精度能够满足中国《数字航空摄影测量　空中三角测量规范》（GB/T 23236—2009）规定的1∶10 000平地的平面位置中误差不大于3.5 m的要求，面积监测的精度能达到99.5%以上，比农户传统的估算更为准确，也能够为农户所认可（刘佳等，2015）。目前这类数据解决方法只有差分GPS调绘、0.1 m无人机影像获取两个技术手段，工作成本与效率问题仍是限制该项工作开展的主要瓶颈。在影像识别能力方面，如果需要降低工作强度，最为有效的验证方法仍是基于具有最小地块尺度识别能力的高空间分辨率影像开展的。事实上，从工作本身的性质要求100%的监测精度，核查结果的精度验证与工作过程对影像的要求是一致的，提高准确率不是依靠影像能力，而是取决于工作规范。

## 5.3　农作物长势遥感监测应用

农作物长势指作物生长过程的状况与趋势（杨邦杰等，1999），作物长势的监测对于农业分类、产量估算和农业田间管理等具有重要意义。作物的长势受到土壤、温度、水等环境因素的影响，长势的监测过程即为对多种因素综合作用结果的反演。在作物的生育周期中，通常包括营养生长和生殖生长两个过程。相对应地，对于长势的监测也包括对于作物生物量等指标评价的长势和以产量为评价指标的长势。通常来说，由于营养生长阶段作物的植被特征会越来越显著，因此在营养生长阶段基于遥感影像进行长势评价的过程较为简单和准确。而以作物产量为评价指标的长势，则因为作物生长乳熟期后出现的叶片褪绿等现象导致作物的光谱特征变弱，需要结合其他的数据才能保证长势监测结果的可靠性。

对于长势指标，根据当前较为主流的划分方式，作物长势关键参数可划分为形态指标、生理生化指标、胁迫指标、产量指标等 4 类（刘忠等，2018）。其中形态指标包括株高、冠层覆盖度等，生理生化指标包括叶面积指数、作物系数、叶绿素含量、营养元素含量等，胁迫指标包括干旱、病害、衰老等，产量指标则包括净同化率、蛋白质含量、生物量等。常规的长势监测是通过人工地面调查，测定长势相关的生理生化指标对长势进行定量评价，或者通过先验知识对长势进行目视估计。地面调查不仅费时费力，而且结果难以空间化。卫星遥感监测的成本低、效率高、客观性强，监测的频率相比传统方法也有巨大的优势，利用卫星遥感监测地块、区域乃至全国农作物长势是可行的，监测精度可以保障（冯美臣等，2009；邹文涛等，2015）。长势的遥感监测就是通过遥感手段对上述单一指标或多项指标进行反演，从而对作物长势进行定量评价。目前农作物长势遥感监测的方法大致可以划分为直接监测法、基于光谱指数的监测方法和基于作物生长模型的监测方法三类。其中，直接监测法即将上述指标反演结果转化为长势指标，然后直接进行等级划分完成长势评价。基于光谱指数的监测方法即基于时序遥感数据将光谱指数与常年同期进行比较，然后进行等级划分完成长势评价。基于作物生长模型的监测方法即基于 WOFOST（World Food Studies）、DSSAT（Decision Support System for Agrotechnology Transfer）、SWAP（Soil，Water，Atmosphere，and Plant）等作物生长模型获取作物长势关键参数，然后进行遥感区域化，完成区域作物长势遥感监测。

本节基于多年的农作物长势遥感监测工作经验和研究，分析和总结农作物长势遥感监测的技术流程，为农作物长势遥感监测业务工作提供规范化指南，并基于 GF-1、GF-6、Sentinel-2、MODIS 等遥感数据，结合不同的长势监测方法进行农作物长势遥感监测应用示例。

### 5.3.1 农作物长势遥感监测通用规程

作物长势是一项评价作物生长状况的综合指标，目前尚无一个明确的单一地面参数与作物长势相对应。在作物的营养生长阶段，作物的植被特征强弱可以很好地反映作物的生长状态，这也是基于遥感数据进行作物长势监测的理论基础。本节通过对目前已较为成熟可靠的技术方法的总结，对当前农作物长势遥感监测业务工作中采用的方法进行了介绍，为今后各类农作物长势遥感监测方法的改进提供参考。

（1）总体技术流程

农作物长势遥感监测流程包括数据获取与预处理、农作物长势地面调查、农作物长势遥感监测、专题监测图制作等。其中遥感数据获取与预处理包括了筛选研究区的遥感数据，对筛选后的遥感数据进行辐射定标、大气校正、几何精校正，植被指数计算以及其他相关数据准备；而农作物长势地面调查，则是进行农作物覆盖度和绿度调查，根据调查结果进行农作物长势地面指数计算，获取长势地面指数的过程；然后，在上述两个过程的基础上，进行农作物长势遥感监测，包括基于预处理后的数据和长势地面调查结果对长势遥感指数标定，然后进行遥感长势等级划分，以及采用地面长势结果对遥感长势结果进行精度验证，获取农作物长势遥感监测最终结果；最后完成农作物长势遥感专题监测图，农作物长势遥感监测流程如图 5-42 所示。

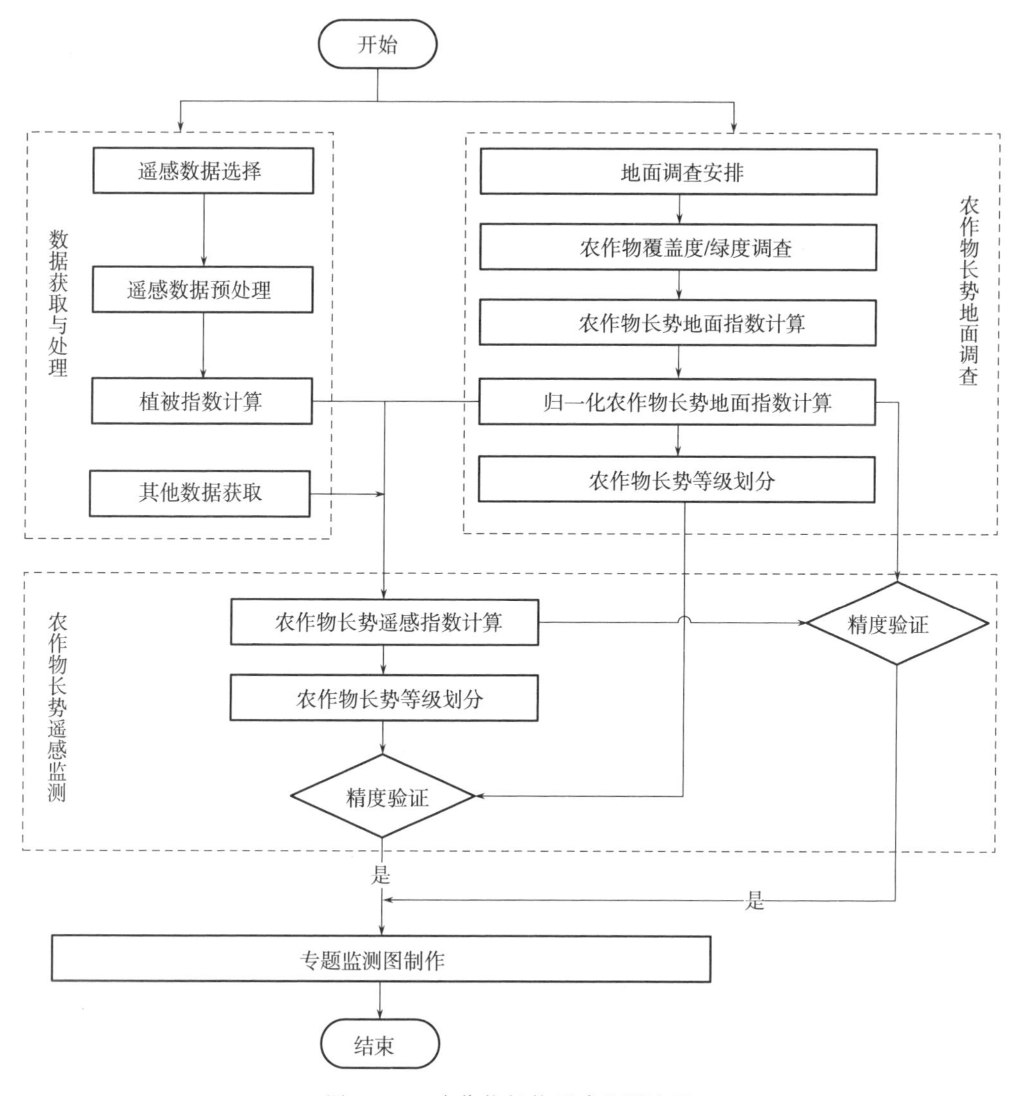


图 5-42　农作物长势遥感监测流程

(2) 数据获取与处理

①遥感数据选择

考虑当前农作物长势遥感监测研究的国内外进展和技术成熟度，以及数据的易获取性，选择多光谱卫星数据作为主要的农作物长势遥感监测数据源。除数据源以外，所用影像的云或浓雾覆盖像元面积占影像总面积的百分比不能太大，云雾占比过高会降低数据可用性。当监测时期内云雾占比较高时，可通过多时相合成技术满足该要求，多时相影像应处于同一农作物生育时期内。同时影像数据应保证图面清晰，无数据丢失，无明显条纹、点状和块状噪声，定位准确，无严重畸变。

②遥感数据预处理

遥感数据的预处理过程主要包括辐射定标、大气校正、几何校正和裁切掩膜。其中辐射定标和大气校正主要目的是提升卫星影像的辐射准确性，根据遥感器参数进行影像辐射定标和大气校正，最终获取地表反射率影像。几何校正目的是提升卫星影像的几何位置的准确性，一般要求几何配准精度达到亚像元级别，校正后的卫星影像平地、丘陵地的平面坐标误差不应大于 1 个像元，山地的平面坐标误差不应大于 2 个像元。影像的裁切掩膜则按照监测区范围、农作物类型分布或耕地分布进行裁剪和掩膜处理，获取监测区域、目标农作物影像。

③植被指数计算

植被指数已广泛应用于定量评价农作物的生长状态，如 NDVI、EVI、RVI 等。其中归一化植被指数（NDVI）是当前应用最为广泛普遍的植被指数，基于 NDVI 的农作物长势遥感监测技术目前已相当成熟，覆盖了高、中、低各个卫星分辨率尺度的农作物长势监测，具有较强的适用性。此外，NDVI 的计算仅需要近红外谱段和红光谱段即可，目前绝大部分的中高分辨率卫星都包含这两个谱段，且计算简便，原理清晰。

④其他数据

其他数据包括了监测区域农作物种植区空间分布图或耕地分布图、行政区划图、农作物不同生育时期资料等。其中，行政区划图主要用来筛选遥感影像数据，明确农作物长势监测任务区域，用于长势监测结果的统计等；耕地分布图则主要用于进行农作物区域的掩膜识别，剔除非长势监测区域；监测区域农作物不同生育时期资料主要为了确定长势遥感监测的业务工作开展时间，保证长势遥感监测覆盖农作物的主要生育时期。

（3）农作物长势地面调查

农作物长势地面调查是农作物长势遥感监测的重要组成步骤，其长势调查结果对于卫星长势监测结果的标定和精度验证具有重要的意义。农作物长势遥感监测应包括地面调查点布设、农作物覆盖度和农作物绿度调查，提供农作物长势地面指数、农作物长势遥感指数计算参数值，以及长势等级划分依据，并作为验证农作物长势遥感监测精度的基础数据。

①调查点布设

地面调查的时间、空间位置以及调查点长势的代表性等，都对农作物长势地面调查结果的有效性有重要影响。在调查时间上，农作物长势地面调查时间应与遥感监测时间一致，前后日期相差控制在 2 天以内。同时农作物长势地面调查点的布设要对监测区域目标农作物的长势具有代表性，即调查点数量和位置要具有代表性和统计意义，且覆盖长势好、较好、持平、较差、差的长势等级。可以基于前期 NDVI 数据采用分层抽样方式，将 NDVI 数值范围划分为 10 层，每层选择不应少于 3 个调查点。当监测范围较大时，可适当增加调查点数量。各调查点地块覆盖范围应大于3×3个像元，地块内仅包括目标农作物类型，长势基本一致。

②地面调查内容

农作物长势地面调查内容主要包括重要的长势参数农作物覆盖度和农作物绿度的调查。同时还包括其他调查数据，如调查点地理位置、行政权属、农作物类型、植株平均株高、密度等，作为农作物长势监测辅助数据，以保证地面调查数据的完整性，长势地面调查表见表5-16。

**表5-16　农作物长势地面调查表**

| 调查地点 | 调查日期（年/月/日） | 经度/(°) | 纬度/(°) | 作物类型 | 覆盖度 | 叶绿素含量 | 绿度 | 平均株高/m | 密度/（株/$m^2$） | 备注 |
|---|---|---|---|---|---|---|---|---|---|---|
| 地点1 | | | | | | | | | | |
| 地点2 | | | | | | | | | | |
| … | | | | | | | | | | |

1）农作物覆盖度调查。农作物的长势好坏是农作物群体指标和个体指标的综合，而农作物覆盖度可以较好地体现农作物群体的生长密度情况，较好地反映农作物的长势。农作物覆盖度调查可采用无人机拍照方式或者目测方法获取，无人机拍照获取样方的正射影像具有较高的效率和精度，而目测方法则具有较快的速度，对仪器的依赖较小。其中采用无人机拍照的方法分为近地面拍照和相机垂直拍照两种方式，采用无人机近地面拍照方式，其影像空间分辨率宜优于10 cm，几何校正定位精度宜优于10 cm；采用相机垂直拍照时，相机应高于农作物冠层1.5 m以上。影像或照片中1 $m^2$样方农作物覆盖面积占比，可采用计算机自动分类结合目视修正方式获得。调查样方农作物覆盖度，其计算公式如下：

$$CI = A_{crop} / A_{total} \tag{5-21}$$

式中　CI——农作物覆盖度，值域范围为0～1；

$A_{crop}$——调查样方农作物地上部分的垂直投影面积；

$A_{total}$——调查样方地面总面积。

在无人机影像获取较为困难的区域，也可以采用目测的方法进行大致估算，估算时可以参考表5-17初步确定调查点农作物覆盖度的数值范围，再结合以往观测经验，进一步估测覆盖度的数值。

**表5-17　基于目测估测方法的农作物覆盖度定性分级及量化参考值**

| 定性分级 | 稀疏 | 较稀 | 中等 | 较密 | 茂密 |
|---|---|---|---|---|---|
| 覆盖度 | 0～0.20 | 0.21～0.40 | 0.41～0.60 | 0.61～0.80 | 0.81～1.00 |

2）农作物绿度调查。叶绿素是绿色植物进行光合作用的基础物质，是植物叶片的主要光合色素，是研究农作物生长特性、生理变化和氮素营养状况的重要指标，是研究农作物个体长势的重要指标。农作物绿度调查建议使用叶绿素速测仪方法开展，也可以采用目

测的方式进行。

其中使用叶绿素速测仪调查农作物绿度的方法，应先采用比色法标定测量仪，或由测量仪制造商提供标定曲线。宜在晴朗天气，选择样方内作物冠层中上部 3 片正常叶片，每片叶片不同部位测量 3 次，取 9 次测量平均值作为该调查点的叶绿素测量值。按照式（5-22）对同期调查的叶绿素测量值归一化计算为绿度值：

$$GI_i = \frac{CH_i - CH_{min}}{CH_{max} - CH_{min}} \tag{5-22}$$

式中，$GI_i$ 为第 $i$ 个调查点的农作物绿度，值域范围为 0～1；$CH_i$ 为第 $i$ 个调查点叶绿素测量值；$CH_{max}$ 为全部调查点最大叶绿素测量值；$CH_{min}$ 为全部调查点最小叶绿素测量值。

目测方式可以参考表 5-18 初步确定调查点农作物绿度的数值范围；再结合以往观测经验，进一步估测绿度的数值。

**表 5-18　基于目测方法估测农作物绿度的定性分级及量化参考值**

| 绿度分级 | 绿黄 | 黄绿 | 浅绿 | 绿 | 深绿 |
|---|---|---|---|---|---|
| 绿度 | 0～20% | 21～40% | 41～60% | 61～80% | 81～100% |

③农作物长势地面指数计算

基于地面调查的农作物覆盖度和绿度结果，按式（5-23）计算农作物长势地面指数（$CGI_g$），计算公式如下：

$$CGI_g = \sqrt{CI \cdot GI} \tag{5-23}$$

式中，$CGI_g$ 为农作物长势地面指数，值域范围 0～1；CI 为农作物覆盖度，值域范围为 0～1；GI 为农作物绿度，值域范围为 0～1。

④归一化农作物长势地面指数计算

通过式（5-24）将农作物长势地面指数进行归一化处理，得到归一化农作物长势地面指数 $NCGI_g$：

$$NCGI_g = (CGI_g - CGI_{min})/(CGI_{max} - CGI_{min}) \tag{5-24}$$

式中，$NCGI_g$ 为归一化农作物长势地面指数，值域范围为 0～1；$CGI_g$ 为农作物长势地面指数；$CGI_{max}$ 为农作物长势地面指数最大值，可根据历史观测值获取；$CGI_{min}$ 为农作物长势地面指数最小值，可根据历史观测值获取。

农作物长势地面指数 $CGI_g$ 将群体性指标农作物覆盖度指数和个体性绿度指数相结合，可以较好地、简单地定量化确定地面农作物长势情况。归一化农作物长势地面指数 $NCGI_g$ 可以实现对农作物不同生育时期长势的监测。

⑤农作物长势等级划分

根据归一化农作物长势地面指数计算结果，确定农作物长势等级，见表 5-19。农作物长势等级可根据不同监测区域的实际情况调整。

表5-19　农作物长势等级划分

| 农作物长势等级 | 好(1级) | 较好(2级) | 正常(3级) | 较差(4级) | 差(5级) |
|---|---|---|---|---|---|
| 指数区间 | 0.81～1.00 | 0.61～0.80 | 0.41～0.60 | 0.21～0.40 | 0.0～0.20 |

（4）农作物长势遥感监测

①农作物长势遥感指数计算

基于地面调查点样本，建立农作物长势地面指数 $NCGI_g$ 与遥感 NDVI 之间的线性回归关系式，形成具有较明确含义的农作物长势遥感指数 $NCGI_r$，获得农作物长势遥感指数空间分布图。具体的计算方式如下：

$$CGI_r = a + b \cdot NDVI \tag{5-25}$$

式中，$CGI_r$ 为农作物长势遥感指数，值域范围 0～1；NDVI 为归一化差值植被指数，值域范围 0～1；$a$、$b$ 为系数，通过地面调查点的归一化农作物长势地面指数（$NCGI_g$）与相同位置的 NDVI 遥感数据拟合获取。针对相同地区、相近时相、相同作物类型，$a$、$b$ 系数可采用历史数据拟合值。

②农作物长势遥感等级划分

根据农作物长势遥感指数的计算结果，参考表5-19将农作物长势划分为好、较好、正常、较差、差5个等级，绘制农作物长势遥感等级分布专题图。

③精度验证

通过对农作物长势遥感指数和长势遥感等级的两个方面的精度评价，来验证农作物长势遥感监测结果的精度。其中农作物长势指数的精度是采用计算归一化农作物长势地面指数（$NCGI_g$）与农作物长势遥感指数（$CGI_r$）的均方根误差（RMSE）来评价的。当 RMSE 不超过 0.15 时，长势遥感指数即合格，RMSE 计算公式如下所示：

$$RMSE = \sqrt{\frac{1}{n}\sum_{i=1}^{n}(NCGI_{gi} - CGI_{ri})^2} \tag{5-26}$$

式中，$n$ 为精度验证点数量；$i$ 为第 $i$ 个验证点；$NCGI_{gi}$ 为第 $i$ 个验证点的归一化农作物长势地面指数；$CGI_{ri}$ 为第 $i$ 个验证点的农作物长势遥感指数。

另外，长势遥感等级的精度评价方法是分别统计地面调查点的农作物长势等级与对应农作物长势遥感等级一致的像元数，根据式（5-27）计算准确率。当准确率不小于85%时，判定为长势遥感等级合格。

$$OA = \frac{A_1 + A_2 + A_3 + A_4 + A_5}{A_t} 100\% \tag{5-27}$$

式中，OA 为准确率（%）；$A_1 \sim A_5$ 为地面调查的农作物长势等级与对应农作物长势遥感等级一致的像元个数，下标表示对应的长势等级；$A_t$ 为农作物长势调查点总像元数。

（5）专题监测图制作

根据具体的研究情况确定相对应的行政区划地理信息、比例尺、地图投影、分辨率等相关信息，然后进行农作物长势遥感监测专题制图，主要包括农作物的好、较好、正常、较差、差5个长势等级的内容。再根据要求确定各长势等级的颜色以及添加指北针、图名、图例、图幅框等地图整饰。

### 5.3.2 基于 GF-1/WFV 数据的冬小麦长势遥感监测

本节基于 GF-1/WFV 数据的冬小麦长势遥感监测严格按照 5.3.1 节的“农作物长势遥感监测通用规程”的步骤、流程和要求开展，主要内容如下。

(1) 数据预处理

获取北京市顺义区的 2018 年 4 月 25 日的 GF-1/WFV 影像，并对原始影像进行几何校正和大气校正，获得地表反射率数据，用以进行冬小麦农作物的长势遥感监测，预处理后假彩色合成影像如图 5-43 所示。

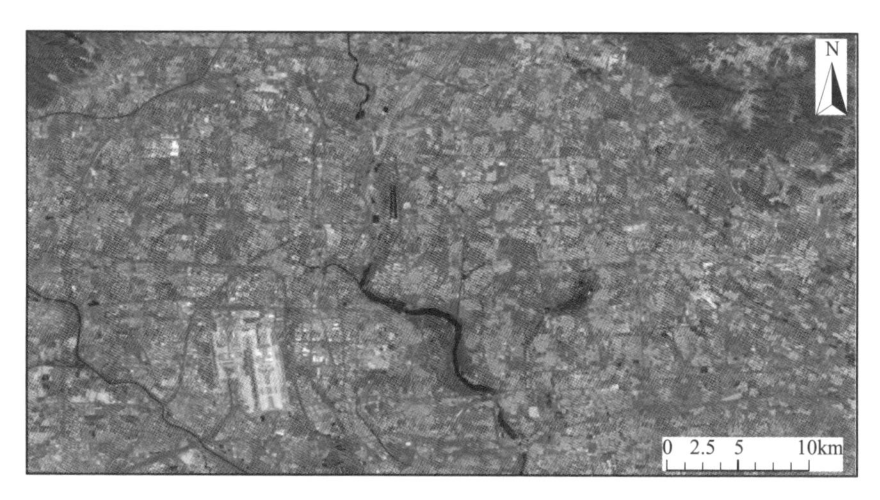


图 5-43 北京市顺义区 GF-1/WFV 影像（见彩插）

(2) 植被指数计算

基于预处理得到的反射率结果，通过谱段运算获得顺义区 NDVI 分布。为了便于运算，将所有 NDVI 数值统一扩大了 10 000 倍。

(3) 地面长势调查

①基于目测方法的冬小麦覆盖度和绿度调查

在顺义区选择 21 个地块作为调查点，调查点分布如图 5-44 中蓝点所示。

采用目测方法对调查点的覆盖度和绿度进行估测，具体估测值见表 5-20。

表 5-20 基于目测方法的北京市顺义区冬小麦覆盖度和绿度

| 编号 | 地块代码 | 目测覆盖度 | 目测绿度 |
|---|---|---|---|
| 0 | 101 | 1 | 0.8 |
| 1 | 102 | 0.6 | 0.4 |
| 2 | 103 | 0.6 | 0.6 |
| 3 | 201 | 0.7 | 0.6 |

**续表**

| 编号 | 地块代码 | 目测覆盖度 | 目测绿度 |
| --- | --- | --- | --- |
| 4 | 202 | 0.7 | 0.6 |
| 5 | 203 | 0.9 | 0.6 |
| 6 | 301 | 0.85 | 0.6 |
| 7 | 302 | 0.5 | 0.6 |
| 8 | 401 | 1 | 0.8 |
| 9 | 402 | 0.75 | 0.8 |
| 10 | 501 | 1 | 0.6 |
| 11 | 502 | 0.6 | 0.6 |
| 12 | 503 | 0.7 | 0.6 |
| 13 | 601 | 0.7 | 0.4 |
| 14 | 602 | 1 | 0.6 |
| 15 | 1001 | 0.95 | 0.6 |
| 16 | 1101 | 1 | 0.6 |
| 17 | 701 | 0.6 | 0.6 |
| 18 | 702 | 0.8 | 0.6 |
| 19 | 703 | 0.85 | 0.6 |
| 20 | 704 | 1 | 0.8 |

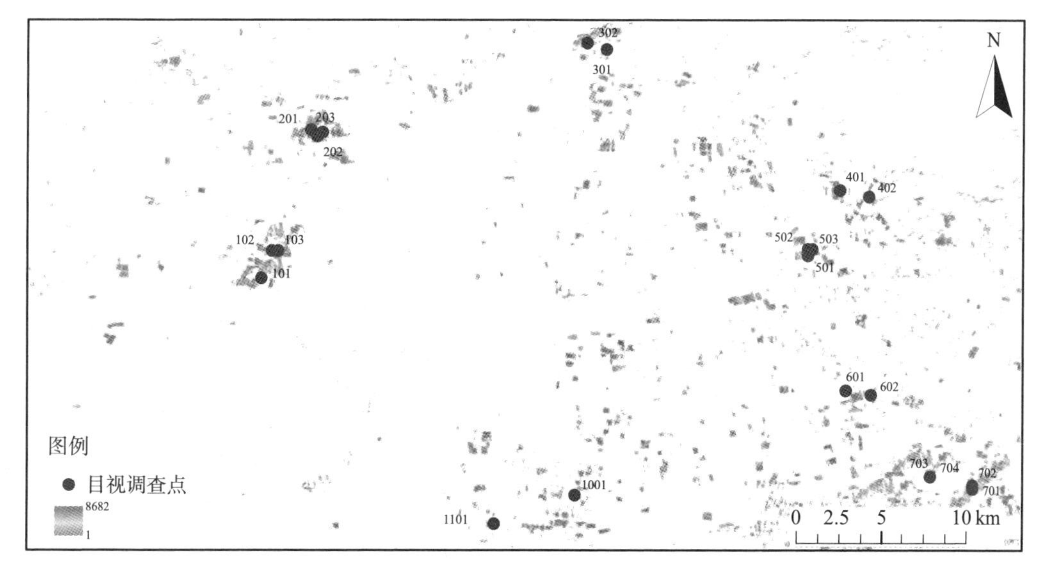


图 5－44　北京市顺义区冬小麦区域 NDVI 分布图（见彩插）

②冬小麦长势地面指数和归一化冬小麦长势地面指数计算

基于目测得到的覆盖度值和绿度值，计算分别得到冬小麦长势地面指数和归一化冬小麦长势地面指数。调查点冬小麦地面长势指数见表 5-21。

**表 5-21 基于现场目测方法的北京市顺义区冬小麦长势地面指数**

| 编号 | 地块代码 | $CGI_g$ | $NCGI_g$ |
|---|---|---|---|
| 0 | 101 | 0.89 | 1.00 |
| 1 | 102 | 0.49 | 0.00 |
| 2 | 103 | 0.60 | 0.27 |
| 3 | 201 | 0.65 | 0.39 |
| 4 | 202 | 0.65 | 0.39 |
| 5 | 203 | 0.73 | 0.61 |
| 6 | 301 | 0.71 | 0.55 |
| 7 | 302 | 0.55 | 0.14 |
| 8 | 401 | 0.89 | 1.00 |
| 9 | 402 | 0.77 | 0.70 |
| 10 | 501 | 0.77 | 0.70 |
| 11 | 502 | 0.60 | 0.27 |
| 12 | 503 | 0.65 | 0.39 |
| 13 | 601 | 0.53 | 0.10 |
| 14 | 602 | 0.77 | 0.70 |
| 15 | 1001 | 0.75 | 0.66 |
| 16 | 1101 | 0.77 | 0.70 |
| 17 | 701 | 0.60 | 0.27 |
| 18 | 702 | 0.69 | 0.50 |
| 19 | 703 | 0.71 | 0.55 |
| 20 | 704 | 0.89 | 1.00 |

③冬小麦长势等级划分

根据长势等级对照表，获得归一化冬小麦长势地面指数值对应的长势等级，见表5-22。

**表 5-22 基于现场目测方法的北京市顺义区冬小麦长势等级**

| 编号 | 地块代码 | $NCGI_g$ | 长势等级 |
|---|---|---|---|
| 0 | 101 | 1.00 | 好 |
| 1 | 102 | 0.00 | 差 |
| 2 | 103 | 0.27 | 较差 |
| 3 | 201 | 0.39 | 较差 |
| 4 | 202 | 0.39 | 较差 |

续表

| 编号 | 地块代码 | $NCGI_g$ | 长势等级 |
|---|---|---|---|
| 5 | 203 | 0.61 | 较好 |
| 6 | 301 | 0.55 | 正常 |
| 7 | 302 | 0.14 | 差 |
| 8 | 401 | 1.00 | 好 |
| 9 | 402 | 0.70 | 较好 |
| 10 | 501 | 0.70 | 较好 |
| 11 | 502 | 0.27 | 较差 |
| 12 | 503 | 0.39 | 较差 |
| 13 | 601 | 0.10 | 差 |
| 14 | 602 | 0.70 | 较好 |
| 15 | 1001 | 0.66 | 较好 |
| 16 | 1101 | 0.70 | 较好 |
| 17 | 701 | 0.27 | 较差 |
| 18 | 702 | 0.50 | 正常 |
| 19 | 703 | 0.55 | 正常 |
| 20 | 704 | 1.00 | 好 |

（4）冬小麦长势遥感监测

①冬小麦长势遥感监测模型构建

在北京市顺义区 21 个监测地块中，选择奇数编号的地块（共计 10 个），用于构建归一化冬小麦长势地面指数 $NCGI_g$ 与 NDVI 之间的回归关系式，每个地块的 $NCGI_g$ 及对应的 NDVI 值见表 5 - 23。

**表 5 - 23　北京市顺义区冬小麦区域地面观测 $NCGI_g$ 及 NDVI（用于线性拟合）**

| 编号 | 地块代码 | $NCGI_g$ | NDVI×10 000 |
|---|---|---|---|
| 1 | 102 | 0.00 | 4 804 |
| 3 | 201 | 0.39 | 6 328 |
| 5 | 203 | 0.61 | 8 174 |
| 7 | 302 | 0.14 | 5 454 |
| 9 | 402 | 0.70 | 8 026 |
| 11 | 502 | 0.27 | 6 434 |
| 13 | 601 | 0.10 | 6 308 |
| 15 | 1001 | 0.66 | 8 387 |
| 17 | 701 | 0.27 | 5 376 |
| 19 | 703 | 0.55 | 7 352 |

基于表 5 - 23 中的数据，建立北京市顺义区归一化冬小麦长势地面指数 $NCGI_g$ 与同时

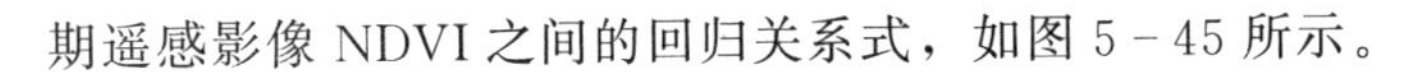

期遥感影像 NDVI 之间的回归关系式，如图 5－45 所示。

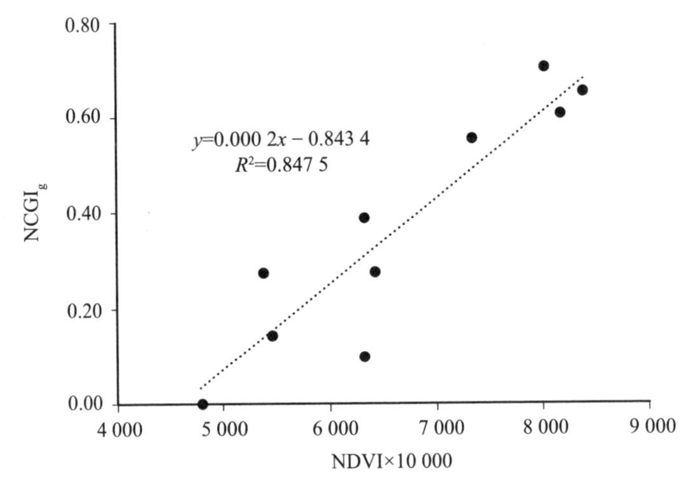


图 5－45　北京市顺义区 $\mathrm{NCGI_g}$ 与 NDVI 回归关系式

②冬小麦长势遥感监测

基于回归关系式及遥感影像获取的 NDVI 值，反演得到北京市顺义区冬小麦长势遥感指数分布图。

③冬小麦长势遥感等级划分

根据冬小麦长势遥感指数的计算结果，绘制冬小麦长势遥感监测结果等级分布图，如图 5－46 所示。

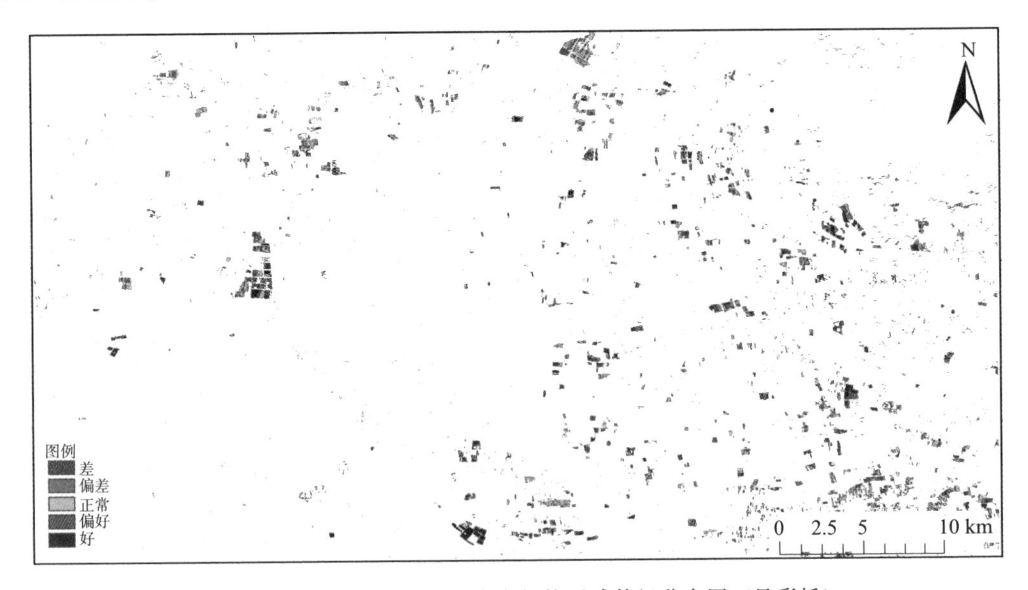


图 5－46　北京市顺义区冬小麦长势遥感等级分布图（见彩插）

④精度验证

在北京市顺义区 21 个监测地块中，选择偶数编号的地块（共计 11 个），用于冬小麦长势遥感指数的精度评价。每个地块的冬小麦长势遥感指数 $NCGI_r$、归一化冬小麦长势地面指数 $NGCI_g$ 值、冬小麦长势遥感指数等级与归一化冬小麦长势地面指数等级见表5－24。

**表 5－24　北京市顺义区冬小麦区域 $NCGI_r$ 及 $NCGI_g$（用于精度验证）**

| 编号 | 地块代码 | $NGCI_r$ | 反演长势等级 | $NGCI_g$ | 地面长势等级 |
|---|---|---|---|---|---|
| 0 | 101 | 0.872 2 | 好 | 1.00 | 好 |
| 2 | 103 | 0.396 4 | 较差 | 0.27 | 较差 |
| 4 | 202 | 0.484 2 | 正常 | 0.39 | 较差 |
| 6 | 301 | 0.693 4 | 较好 | 0.55 | 正常 |
| 8 | 401 | 0.887 4 | 好 | 1.00 | 好 |
| 10 | 501 | 0.850 8 | 好 | 0.70 | 较好 |
| 12 | 503 | 0.551 4 | 正常 | 0.39 | 较差 |
| 14 | 602 | 0.868 2 | 好 | 0.70 | 较好 |
| 16 | 1101 | 0.871 8 | 好 | 0.70 | 较好 |
| 18 | 702 | 0.593 8 | 正常 | 0.50 | 正常 |
| 20 | 704 | 0.881 6 | 好 | 1.00 | 好 |

基于表 5－24 中的数据，北京市顺义区冬小麦长势等级验证结果为：获得的 11 个冬小麦长势遥感指数等级结果中，5 个结果完全预测准确，6 个结果预测误差在 1 个等级以内。长势指数验证结果为：RMSE＝0.14＜0.20，满足精度要求。

北京市顺义区归一化冬小麦长势地面指数 $NCGI_g$ 和冬小麦长势遥感指数 $NCGI_r$ 二维散点图如图 5－47 所示，可以看出散点大致分布于 1∶1 标准线附近。

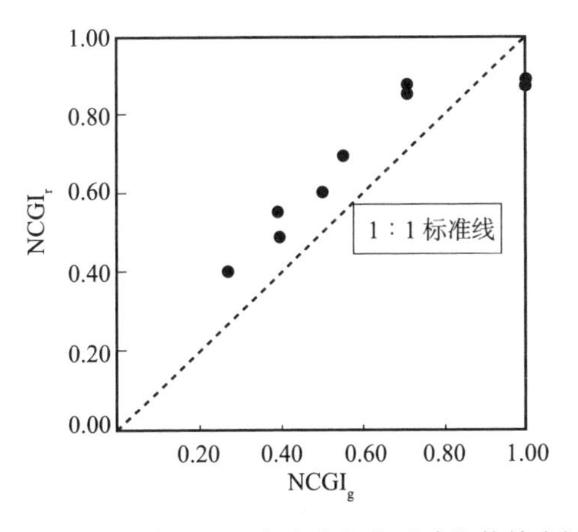


图 5－47　北京市顺义区冬小麦长势遥感指数精度评价

### 5.3.3　基于 Sentinel - 2 数据的冬小麦长势遥感监测

本节的基于 Sentinel - 2 无人机和卫星数据的冬小麦长势遥感监测严格按照 5.3.1 节的农作物长势遥感监测通用规程的步骤、流程和要求开展，主要内容如下。

（1）数据预处理

获取河北廊坊试验站 2019 年 5 月 23 日的 Sentinel - 2A 影像，并对原始影像进行几何校正和大气校正，获得地表反射率数据，用以进行研究区冬小麦长势遥感监测，预处理后假彩色合成影像如图 5 - 48 所示。

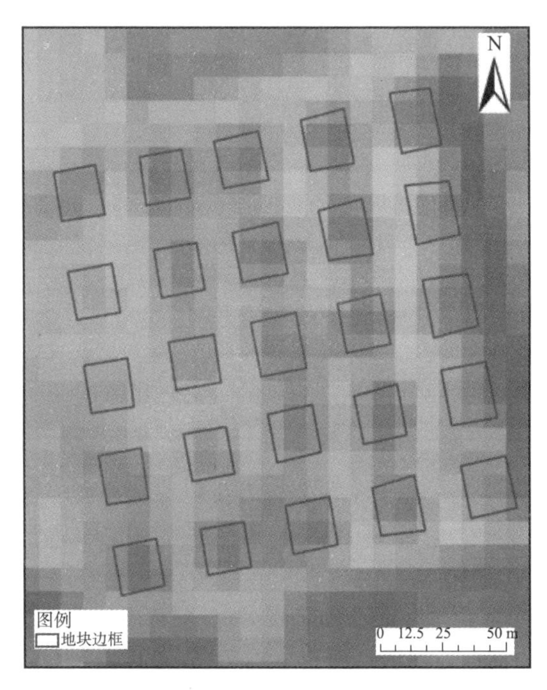


图 5 - 48　河北廊坊试验站冬小麦试验 Sentinel - 2A 影像（见彩插）

（2）植被指数计算

基于预处理得到的反射率结果，通过谱段运算获得廊坊试验站 NDVI 分布，如图 5 - 49 所示。为了便于运算，所有 NDVI 数值统一扩大了 10 000 倍。

（3）地面长势调查

①基于无人机影像的冬小麦覆盖度调查

2019 年 5 月 23 日，获取了中国农业科学院廊坊试验站冬小麦区域的无人机影像，基于无人机影像对冬小麦区域进行了提取，无人机影像及冬小麦覆盖度提取结果如图 5 - 50 所示。

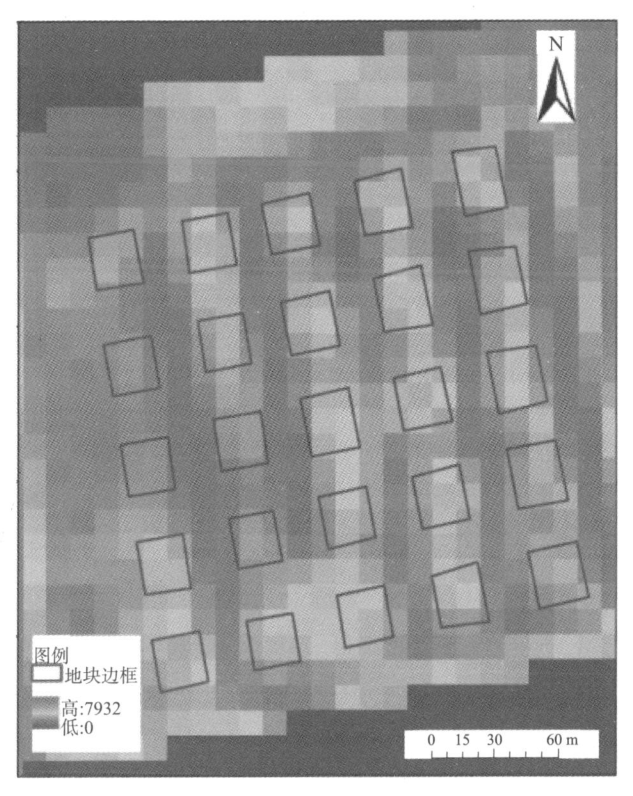


图5-49　廊坊试验站冬小麦区域NDVI分布图（见彩插）

图5-50　廊坊试验站冬小麦区域无人机影像（左）及冬小麦覆盖度提取结果（右）（见彩插）

从右往左按列对各地块进行编号，各地块对应的覆盖度见表 5－25。

表 5－25　基于无人机影像获得的廊坊试验站冬小麦覆盖度

| 地块编号 | 地块总面积/$m^2$ | 冬小麦面积/$m^2$ | 覆盖度 |
|---|---|---|---|
| 0 | 460.09 | 158.30 | 0.34 |
| 1 | 482.33 | 74.60 | 0.15 |
| 2 | 486.59 | 219.84 | 0.45 |
| 3 | 493.71 | 85.33 | 0.17 |
| 4 | 472.81 | 82.31 | 0.17 |
| 5 | 446.84 | 257.95 | 0.58 |
| 6 | 431.69 | 333.22 | 0.77 |
| 7 | 436.22 | 338.84 | 0.78 |
| 8 | 460.46 | 339.24 | 0.74 |
| 9 | 457.19 | 305.71 | 0.67 |
| 10 | 426.87 | 222.10 | 0.52 |
| 11 | 454.21 | 280.89 | 0.62 |
| 12 | 487.97 | 287.93 | 0.59 |
| 13 | 420.08 | 170.89 | 0.41 |
| 14 | 423.84 | 225.08 | 0.53 |
| 15 | 383.38 | 242.80 | 0.63 |
| 16 | 386.51 | 124.75 | 0.32 |
| 17 | 417.66 | 122.77 | 0.29 |
| 18 | 393.67 | 142.61 | 0.36 |
| 19 | 405.27 | 234.79 | 0.58 |
| 20 | 408.24 | 140.00 | 0.34 |
| 21 | 413.26 | 50.18 | 0.12 |
| 22 | 407.79 | 66.11 | 0.16 |
| 23 | 417.03 | 208.40 | 0.50 |
| 24 | 414.05 | 286.76 | 0.69 |

②基于无人机影像目视的绿度调查

农作物生新叶片通常呈现出浅黄色或者黄绿色，此时叶绿素含量通常较低，随着农作物生长叶片颜色逐渐加深，此时叶绿素含量通常也较高。图 5－51 为花生不同颜色的叶片图，编号 a 至 e 颜色分别为深绿、绿、浅绿、黄绿和绿黄，通过叶绿素仪测定的叶绿素含量分别为 2.76 mg/g、2.65 mg/g、2.33 mg/g、2.12 mg/g 和 1.16 mg/g。

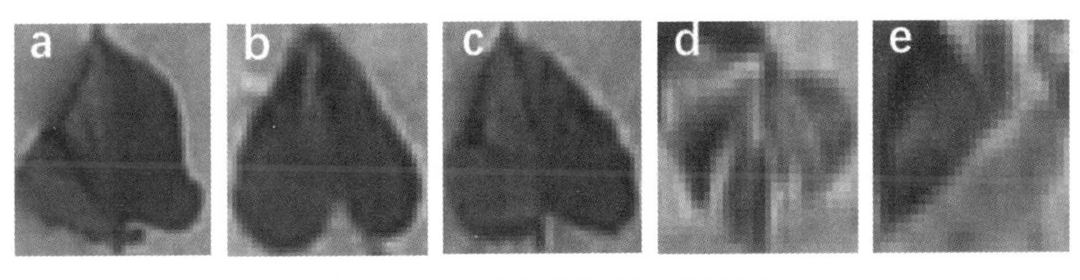


图 5-51　不同颜色花生叶片（见彩插）

因此，可以采用目视方式大致估测农作物的绿度指数，当采用目测方法开展农作物地面绿度调查时，可以采用绿度定性分级方法，初步确定绿度数值范围；再结合以往观测经验，进一步估测绿度的数值。绿度目视估测有现场目测和基于无人机影像目测等形式，廊坊试验站基于无人机影像的绿度目测结果如图 5-52 所示，a 至 e 分别为深绿、绿、浅绿、黄绿和绿黄。

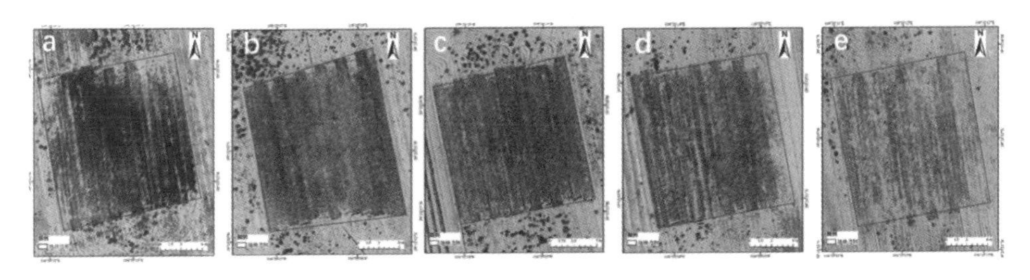


图 5-52　基于无人机影像的绿度目测结果（见彩插）

基于无人机影像的廊坊试验站冬小麦绿度目视结果见表 5-26。

**表 5-26　基于无人机影像目视的廊坊试验站冬小麦绿度**

| 地块编号 | 地块总面积/$m^2$ | 冬小麦面积/$m^2$ | 目测绿度 |
| --- | --- | --- | --- |
| 0 | 460.09 | 158.30 | — |
| 1 | 482.33 | 74.60 | — |
| 2 | 486.59 | 219.84 | — |
| 3 | 493.71 | 85.33 | — |
| 4 | 472.81 | 82.31 | — |
| 5 | 446.84 | 257.95 | 0.70 |
| 6 | 431.69 | 333.22 | 0.90 |
| 7 | 436.22 | 338.84 | 0.90 |
| 8 | 460.46 | 339.24 | 0.90 |
| 9 | 457.19 | 305.71 | 0.70 |
| 10 | 426.87 | 222.10 | 0.50 |
| 11 | 454.21 | 280.89 | 0.70 |
| 12 | 487.97 | 287.93 | 0.70 |

续表

| 地块编号 | 地块总面积/m² | 冬小麦面积/m² | 目测绿度 |
|---|---|---|---|
| 13 | 420.08 | 170.89 | 0.50 |
| 14 | 423.84 | 225.08 | 0.70 |
| 15 | 383.38 | 242.80 | 0.70 |
| 16 | 386.51 | 124.75 | 0.30 |
| 17 | 417.66 | 122.77 | 0.30 |
| 18 | 393.67 | 142.61 | 0.50 |
| 19 | 405.27 | 234.79 | 0.70 |
| 20 | 408.24 | 140.00 | 0.30 |
| 21 | 413.26 | 50.18 | 0.10 |
| 22 | 407.79 | 66.11 | 0.10 |
| 23 | 417.03 | 208.40 | 0.70 |
| 24 | 414.05 | 286.76 | 0.90 |

③冬小麦长势地面指数和归一化冬小麦地面指数计算

通过无人机影像，在廊坊市试验站共获得了25个地块的冬小麦长势地面指数，其中编号为0至4的地块由于受周围其他农作物影响较大，未参与运算。基于得到的覆盖度值和绿度值，计算得到冬小麦长势地面指数和归一化冬小麦长势地面指数。20个地块冬小麦地面长势指数见表5－27。

**表5－27　河北廊坊试验站冬小麦长势地面指数**

| 地块编号 | 覆盖度 | 目测绿度 | $CGI_g$ | $NCGI_g$ |
|---|---|---|---|---|
| 5 | 0.58 | 0.70 | 0.64 | 0.72 |
| 6 | 0.77 | 0.90 | 0.83 | 1.00 |
| 7 | 0.78 | 0.90 | 0.84 | 1.00 |
| 8 | 0.74 | 0.90 | 0.81 | 0.97 |
| 9 | 0.67 | 0.70 | 0.68 | 0.79 |
| 10 | 0.52 | 0.50 | 0.51 | 0.55 |
| 11 | 0.62 | 0.70 | 0.66 | 0.75 |
| 12 | 0.59 | 0.70 | 0.64 | 0.73 |
| 13 | 0.41 | 0.50 | 0.45 | 0.47 |
| 14 | 0.53 | 0.70 | 0.61 | 0.69 |
| 15 | 0.63 | 0.70 | 0.67 | 0.77 |
| 16 | 0.32 | 0.30 | 0.31 | 0.28 |
| 17 | 0.29 | 0.30 | 0.30 | 0.26 |
| 18 | 0.36 | 0.50 | 0.43 | 0.43 |
| 19 | 0.58 | 0.70 | 0.64 | 0.73 |

**续表**

| 地块编号 | 覆盖度 | 目测绿度 | $CGI_g$ | $NCGI_g$ |
| --- | --- | --- | --- | --- |
| 20 | 0.34 | 0.30 | 0.32 | 0.29 |
| 21 | 0.12 | 0.10 | 0.11 | 0.00 |
| 22 | 0.16 | 0.10 | 0.13 | 0.02 |
| 23 | 0.50 | 0.70 | 0.59 | 0.66 |
| 24 | 0.69 | 0.90 | 0.79 | 0.94 |

④冬小麦长势等级划分

根据长势等级对照表，获得归一化冬小麦长势地面指数值对应的长势等级，见表5－28。

**表 5－28　河北廊坊市冬小麦长势等级**

| 地块编号 | $NCGI_g$ | 等级 |
| --- | --- | --- |
| 5 | 0.72 | 偏好 |
| 6 | 1.00 | 好 |
| 7 | 1.00 | 好 |
| 8 | 0.97 | 好 |
| 9 | 0.79 | 偏好 |
| 10 | 0.55 | 正常 |
| 11 | 0.75 | 偏好 |
| 12 | 0.73 | 偏好 |
| 13 | 0.47 | 正常 |
| 14 | 0.69 | 偏好 |
| 15 | 0.77 | 偏好 |
| 16 | 0.28 | 偏差 |
| 17 | 0.26 | 偏差 |
| 18 | 0.43 | 正常 |
| 19 | 0.73 | 偏好 |
| 20 | 0.29 | 偏差 |
| 21 | 0.00 | 差 |
| 22 | 0.02 | 差 |
| 23 | 0.66 | 偏好 |
| 24 | 0.94 | 好 |

（4）冬小麦长势遥感监测

①冬小麦长势遥感监测模型构建

在廊坊试验站的 20 个观测地块中，选择偶数编号的地块，用于构建归一化冬小麦长势地面指数 $NCGI_g$ 与 NDVI 之间的回归关系式，每个地块的 $NCGI_g$ 及对应的 NDVI 值见

表 5 - 29。

**表 5 - 29　廊坊市试验站冬小麦区域地面观测 $NCGI_g$ 及 NDVI**

| 地块编号 | $NCGI_g$ | NDVI×10 000 |
|---|---|---|
| 6 | 1.00 | 3 513.92 |
| 8 | 0.97 | 3 578.08 |
| 10 | 0.55 | 3 028.15 |
| 12 | 0.73 | 3 424.18 |
| 14 | 0.69 | 3 611.29 |
| 16 | 0.28 | 2 563.01 |
| 18 | 0.43 | 2 959.62 |
| 20 | 0.29 | 2 828.67 |
| 22 | 0.02 | 2 351.22 |
| 24 | 0.94 | 3 891.40 |

基于表 5 - 29 中的数据，建立河北廊坊试验站归一化冬小麦长势地面指数 $NCGI_g$ 与同时期遥感影像 NDVI 之间的回归关系式，结果如图 5 - 53 所示。

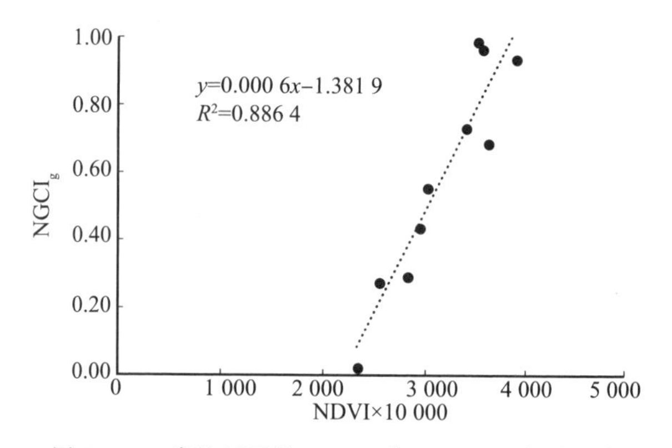


图 5 - 53　廊坊试验站 $NCGI_g$ 与 NDVI 回归关系式

②冬小麦长势遥感监测

基于回归关系式及遥感影像获取的 NDVI 值，反演得到廊坊市试验站冬小麦长势遥感指数分布图，如图 5 - 54 所示。

③冬小麦长势遥感指数等级划分

根据冬小麦长势遥感指数的计算结果，绘制冬小麦长势遥感监测结果等级分布图，如图 5 - 55 所示。

④精度验证

在廊坊试验站 20 个监测地块中，选择奇数编号的地块，用于冬小麦长势遥感指数的精度评价。每个地块的冬小麦长势遥感指数 $NCGI_r$、归一化冬小麦长势地面指数 $NGCI_g$ 值、冬小麦长势遥感指数等级与归一化冬小麦长势地面指数等级见表 5 - 30。

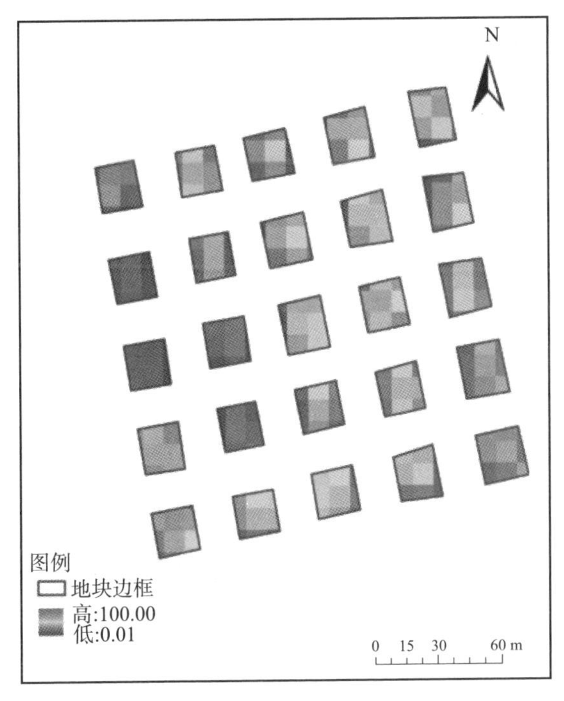


图 5 - 54　廊坊试验站冬小麦长势遥感指数分布图（见彩插）

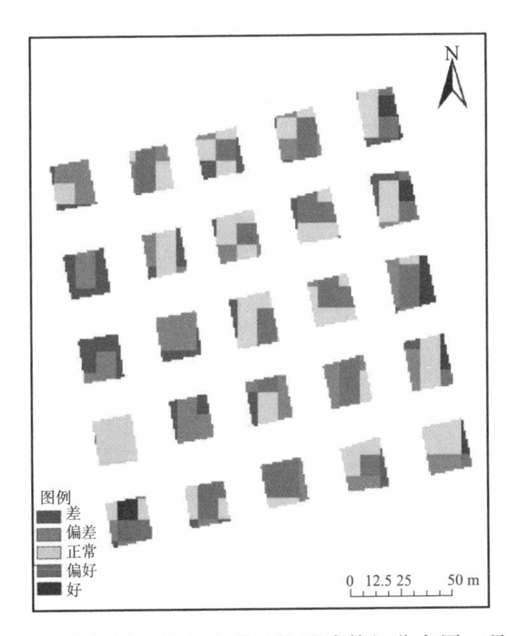


图 5 - 55　廊坊试验站冬小麦长势遥感等级分布图（见彩插）

表 5-30　廊坊试验站 $NCGI_r$ 及 $NCGI_g$

| 地块编号 | $NCGI_r$ | 遥感指数等级 | $NCGI_g$ | 地面指数等级 |
|---|---|---|---|---|
| 5 | 0.53 | 正常 | 0.72 | 较好 |
| 7 | 0.83 | 好 | 1.00 | 好 |
| 9 | 0.69 | 较好 | 0.79 | 较好 |
| 11 | 0.58 | 正常 | 0.75 | 较好 |
| 13 | 0.48 | 正常 | 0.47 | 正常 |
| 15 | 0.76 | 较好 | 0.77 | 较好 |
| 17 | 0.16 | 差 | 0.26 | 较差 |
| 19 | 0.77 | 较好 | 0.73 | 较好 |
| 21 | 0.01 | 差 | 0.00 | 差 |
| 23 | 0.61 | 较好 | 0.66 | 较好 |

基于表 5-30 中的数据，廊坊试验站冬小麦长势等级验证结果为：获得的 10 个长势等级结果中，7 个结果完全预测准确，3 个结果预测误差在 1 个等级以内。长势指数验证结果为：RMSE=0.12<0.20，满足精度要求。

廊坊试验站归一化冬小麦长势地面指数 $NCGI_g$ 和冬小麦长势遥感指数 $NCGI_r$ 二维散点图如图 5-56 所示，可以看出散点大致分布于 1∶1 标准线附近。

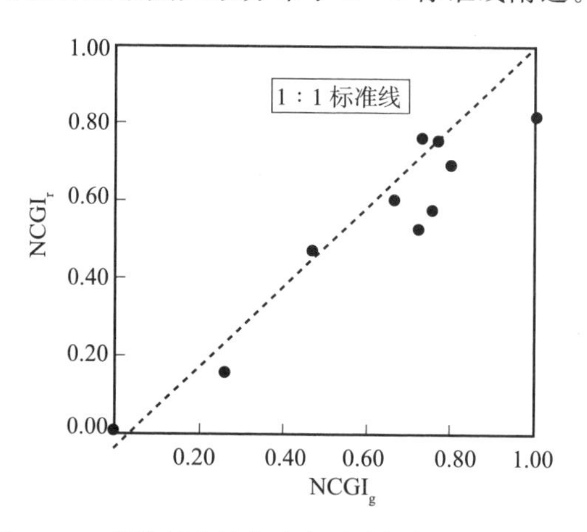


图 5-56　廊坊试验站冬小麦遥感长势指数精度评价

## 5.3.4　基于时序 MODIS 数据和分区方法的农作物长势遥感监测研究

长势直接监测法是采用长势指标直接进行等级划分的一种监测方法，目前对于遥感监测中长势指标缺乏共识，且直接划分长势等级无法消除土壤基质、气候和地形等因素造成的长势的空间差异，长势监测的通用性较低，所以应用较少，但是直接监测法具有工作量小，并且绝对长势研究可推动长势指标的农学意义研究，具有较高的科研价值。本节为消除长势空间差异，开展了基于农作物分区的长势遥感监测研究。采用黄淮海区域冬小麦 NDVI 曲线进行分区，采用多年 NDVI 平均值构建每个区的长势分级标准，按此标准进行长势分级，获取了研究区域的长势监测结果，长势评价结果服从正态分布，符合正常条件下作物长势的总体趋势。

（1）总体技术路线

冬小麦长势遥感监测流程包括数据收集与预处理、冬小麦分区、长势等级划分标准构建、长势监测及精度验证等内容。1）数据收集与预处理方面，下载了 2014—2020 年 500 m 空间分辨率的 MODIS 影像，并对其进行拼接，在此基础上计算 NDVI，并结合黄淮海地区冬小麦空间分布数据以及冬小麦生育期，筛选得到 2014—2020 年这 6 个年度的黄淮海地区冬小麦生育期 MODIS - NDVI 时间序列数据。2）冬小麦分区方面，基于 MODIS - NDVI 时间序列数据计算 2014—2019 年 5 个年度的 NDVI 平均值，获取冬小麦生育期 NDVI 的 5 年平均值的时间序列数据，然后采用迭代自组织的数据分析法（ISODATA）对冬小麦分布区域进行非监督分类，完成黄淮海地区冬小麦分区。3）构建长势等级划分标准方面，基于 121 期 MODIS - NDVI 的 5 年平均值数据，结合黄淮海地区冬小麦分区结果，采用自然断点（Jenks）分级方法，确定各区冬小麦绝对长势标准。4）根据绝对长势标准划分 2020 年 121 期 NDVI 长势级别，并对冬小麦长势监测结果进行精度验证，总体技术路线如图 5 - 57 所示。

（2）研究区概况

研究区概况详见 5.2.3 节。

（3）所用方法

①数据获取与预处理

使用当前农情遥感监测大范围监测业务常用的 MODIS 卫星遥感影像进行冬小麦长势监测分析，MODIS 遥感器最大空间分辨率为 250 m，包含 36 个离散的谱段，光谱范围 0.4～14.4 μm，扫描宽度 2330 km，两颗卫星组合每天可过境同一地区 4 次（白天 2 次，晚上 2 次），其大幅宽、高重访周期、高光谱分辨率的优势使其在全球各项遥感监测工作中得到广泛应用，同时也是农情遥感监测的重要数据源。

利用 NASA 提供的专门用于处理 MODIS 数据的 MRT（MODIS Reprojection Tool）对影像进行拼接处理，并计算获得研究区的归一化差值植被指数（NDVI）。

②分区方法

迭代自组织算法（ISODATA）是遥感影像非监督分类领域中应用十分普遍的一种算法，以类别内分类对象距离最小作为目标函数，采用迭代的思想，在初步给定的类别中心的基础上不断聚类和迭代，类别中心在迭代中不断得到修正，直到类别中心与待分类目标之间的距离小于特定阈值。在本研究中，基于冬小麦种植区域内 5 年平均值的时间序列数据进行非监督分类，实现自动分区的目的。

③构建长势监测等级划分标准

通过自然断点（Jenks）分级方法构建长势监测等级划分标准。自然断点（Jenks）分级方法是以数据分布的统计特征规律为原则，通过计算分级每类的方差，再计算这些方差之和，用方差和的大小来比较分级分类划分的合理性。自然断点（Jenks）分级方法在众

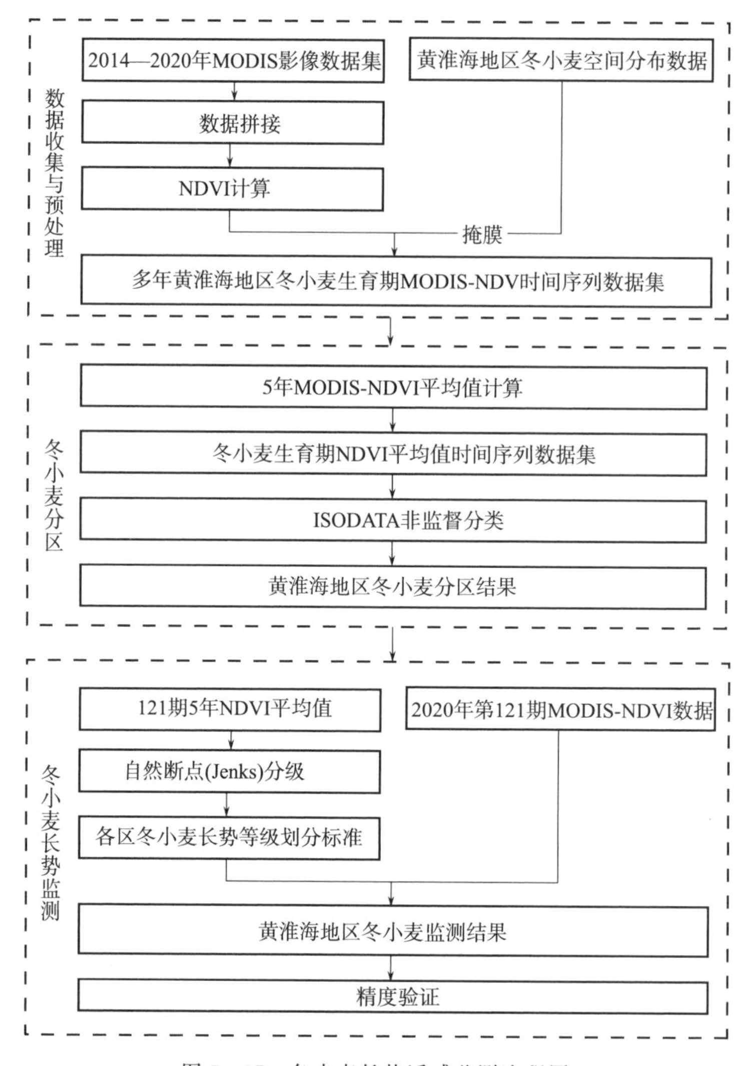


图 5-57　冬小麦长势遥感监测流程图

多分类方法中是最佳的分类选择方式之一，其分类原则是使组间方差尽可能大，并且组内方差尽可能小。

④偏度和峰度计算

偏度（Skewness）是用来评价随机变量概率分布对称性的指标，峰度（Kurtosis）则用来衡量随机变量概率分布的陡峭程度。偏度和峰度可以分别通过如下公式计算得到：

$$S=\frac{1}{n}\sum_{i=1}^{n}\left(\frac{x_i-\mu}{\sigma}\right)^3 \tag{5-28}$$

$$K=\frac{1}{n}\sum_{i=1}^{n}\left(\frac{x_i-\mu}{\sigma}\right)^4-3 \tag{5-29}$$

式中，$S$ 为偏度；$K$ 为峰度；$\mu$ 为均值；$\sigma$ 为标准差；$n$ 为样本个数。

（4）结果与分析

①黄淮海区域冬小麦分区结果

针对黄淮海区域冬小麦分布，利用冬小麦生育期内时间序列 NDVI 数据进行分区，将相近类别分布的冬小麦合并为一个区域，共划分为 5 个区域。从分类结果可以看出每一个类别冬小麦分布都相对较为集中，如图 5－58 所示。

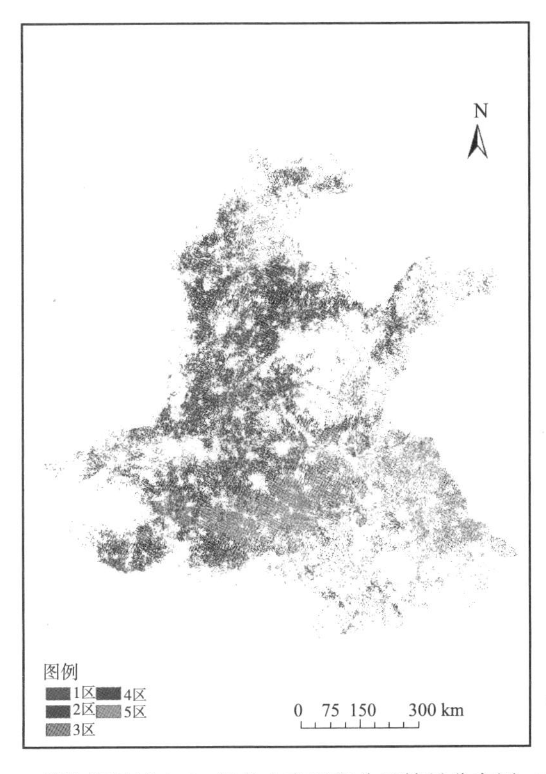


图 5－58　黄淮海区域 2020 年冬小麦面积分区结果分布图（见彩插）

分区结果呈现出明显的空间聚集特点，每一个冬小麦分区与该区域内冬小麦生长状况及其物候期紧密相关。所分的 5 个区域中河北中南部、河南北部和山东西部所在的 1 区冬小麦占比最大，也是黄淮海区域冬小麦面积最为集中的区域；江苏大部、安徽中南部所在的 5 区冬小麦所涉及的种植范围最大，但种植的集中度相对较低。

②各区冬小麦长势监测等级划分标准

利用自然断点（Jenks）分级方法对每个区域 MODIS NDVI 121 期多年平均值数据进行 5 级划分（NDVI 值统一扩大了 10 000 倍），分别对应差、较差、正常、较好和好 5 个长势等级，具体见表 5－31。

**表 5－31　多年平均值分区域、不分区等级划分**

| 区域 | 差 | 较差 | 正常 | 较好 | 好 |
|---|---|---|---|---|---|
| 1 区 | 493～4 703 | 4 703～5 681 | 5 681～6 458 | 6 458～7 165 | 7 165～9 799 |
| 2 区 | 1 269～3 500 | 3 500～4 539 | 4 539～5 513 | 5 513～6 548 | 6 548～8 878 |

**续表**

| 区域 | 差 | 较差 | 正常 | 较好 | 好 |
|---|---|---|---|---|---|
| 3 区 | 3 418～6 363 | 6 363～6 873 | 6 873～7 255 | 7 255～7 629 | 7 629～8 598 |
| 4 区 | 3 035～5 430 | 5 430～6 141 | 6 141～6 733 | 6 733～7 247 | 7 247～8 262 |
| 5 区 | 265～4 478 | 4 478～5 883 | 5 883～6 652 | 6 652～7 268 | 7 268～9 474 |
| 不分区 | 265～4 110 | 4 110～5 347 | 5 347～6 306 | 6 306～7 092 | 7 092～9 799 |

从表中可以看出每个区域的等级划分与不分区的等级划分都有一定的差异，尤其分区 2 区、3 区和 4 区中的阈值划分与不分区的阈值划分差异最大，其中 3 区长势标准如图 5 - 59 所示。

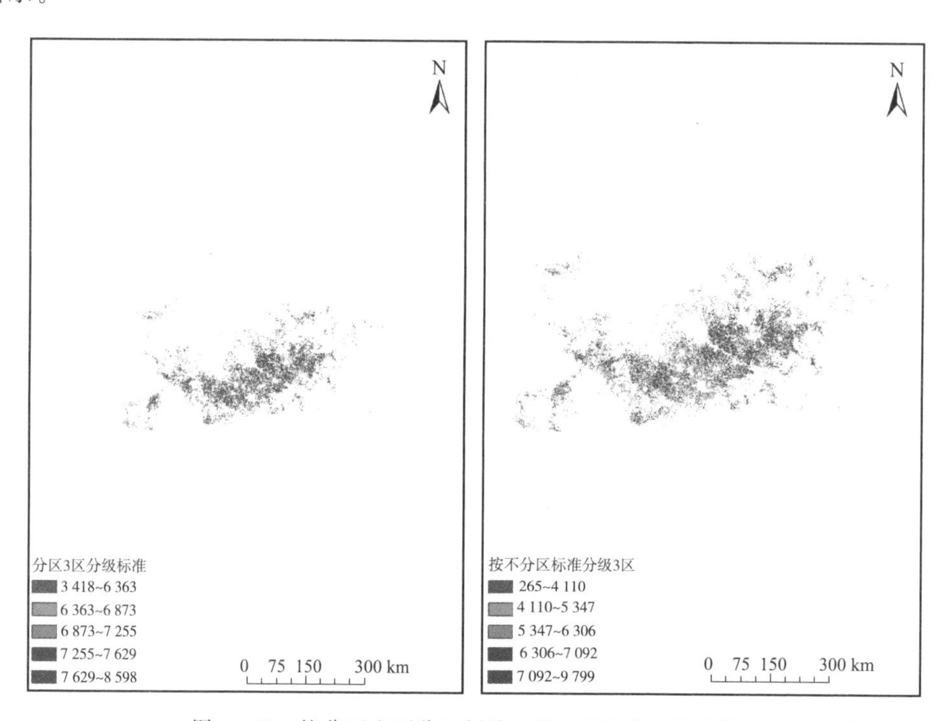


图 5 - 59　按分区和不分区划分 3 区长势标准（见彩插）

1 区和 5 区中的阈值划分与不分区的阈值划分差异较小，其中 1 区长势标准如图 5 - 60 所示。

③黄淮海区域冬小麦长势监测结果分析

根据冬小麦不同区域长势标准对 2020 年 121 期 NDVI 数据进行等级划分，获得 2020 年 121 期（2020 年 4 月 30 日—5 月 7 日）冬小麦绝对长势分布图，如图 5 - 61 所示。

按照不同区域对黄淮海区域 2020 年 121 期长势进行统计，结果见表 5 - 32。

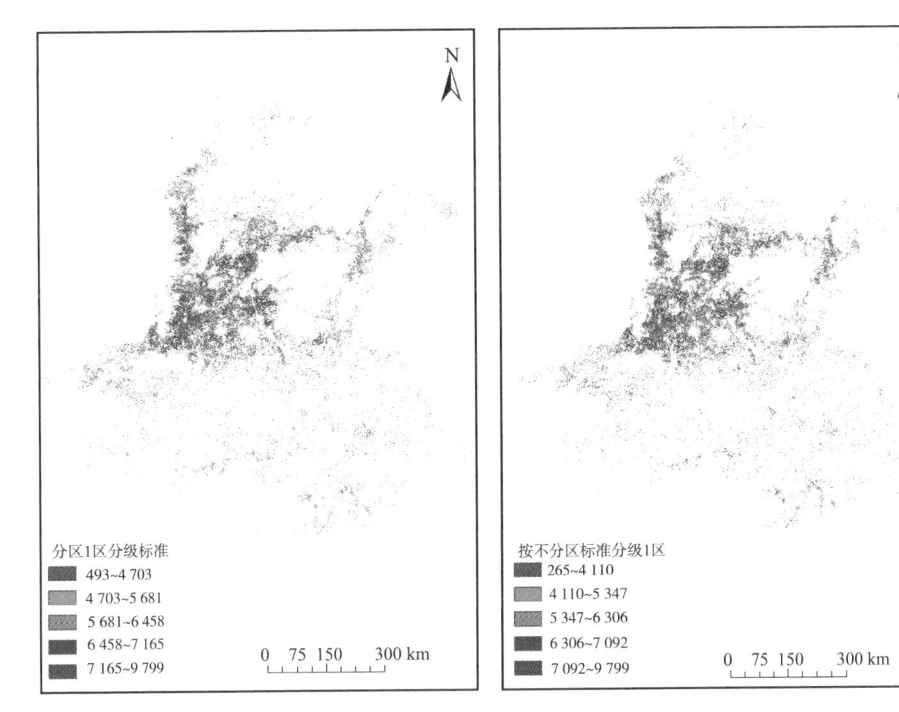


图5-60　按分区和不分区划分1区长势标准（见彩插）

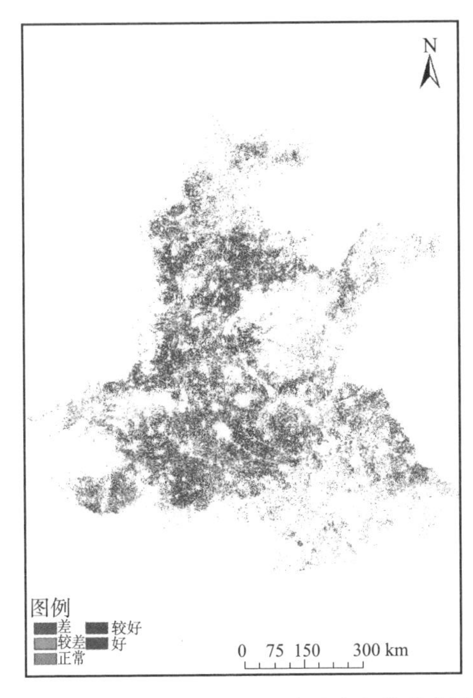


图5-61　黄淮海区域2020年121期冬小麦长势分布图（见彩插）

**表 5-32 按照分区统计黄淮海区域不同长势（%）**

| 区域 | 差 | 较差 | 正常 | 较好 | 好 | 正常及以上 |
|---|---|---|---|---|---|---|
| 1 区 | 6.67 | 12.71 | 16.64 | 20.33 | 43.65 | 80.62 |
| 2 区 | 6.43 | 12.83 | 16.39 | 22.61 | 41.74 | 80.74 |
| 3 区 | 7.30 | 11.61 | 15.43 | 19.74 | 45.92 | 81.09 |
| 4 区 | 10.21 | 12.61 | 16.09 | 20.19 | 40.90 | 77.18 |
| 5 区 | 2.28 | 9.91 | 17.11 | 24.52 | 46.18 | 87.81 |
| 分区合计 | 6.88 | 12.20 | 16.37 | 21.18 | 43.37 | 80.92 |
| 不分区 | 3.78 | 9.89 | 16.07 | 22.35 | 47.91 | 86.33 |

由表 5-32 可以看出，黄淮海区域 2020 年 121 期（4 月 30 日—5 月 7 日）冬小麦长势总体较好，长势正常、好和较好的比例为 80.92%，而长势较差、差的比例为 19.08%。从分区上看，5 区长势正常及以上的比例合计最多，为 87.81%；4 区长势较差和差的比例合计最大，为 22.82%。不分区的情况下，长势正常、好和较好的比例合计为 86.33%，而长势较差、差的比例合计为 13.67%。

④精度验证

以分区前后 NDVI 数据分布的正态性作为衡量指标，通过计算得到 NDVI 数据正态分布曲线及偏度系数、峰度系数，并对分区后长势监测结果与不分区长势监测结果进行比较。图 5-62 为黄淮海区域 2020 年 121 期冬小麦区域 NDVI 不分区情况下正态分布曲线图，从图上可以看出 NDVI 数据分布状态为尖峰状，且左偏分布。

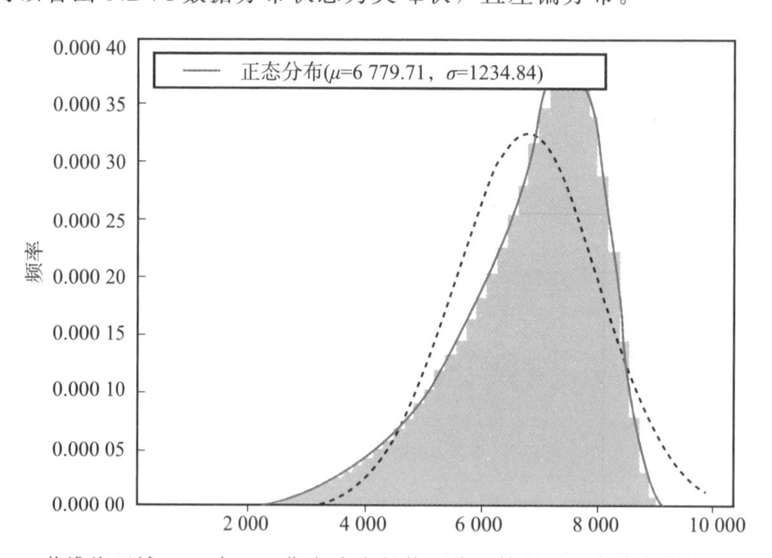


图 5-62 黄淮海区域 2020 年 121 期冬小麦长势不分区情况下正态分布曲线图（见彩插）

经过分区计算后，每个区域的分区正态曲线得到明显改善。图 5-63～图 5-67 分别为黄淮海区域 2020 年 121 期冬小麦长势不同分区正态分布曲线图。从图上可以看出，除分区 4 与不分区分布曲线图接近外，其余几个区域的 NDVI 数据分布状态均改善明显，为尖峰状，且趋于对称分布。说明分区后长势监测的效果要好于不分区的效果。

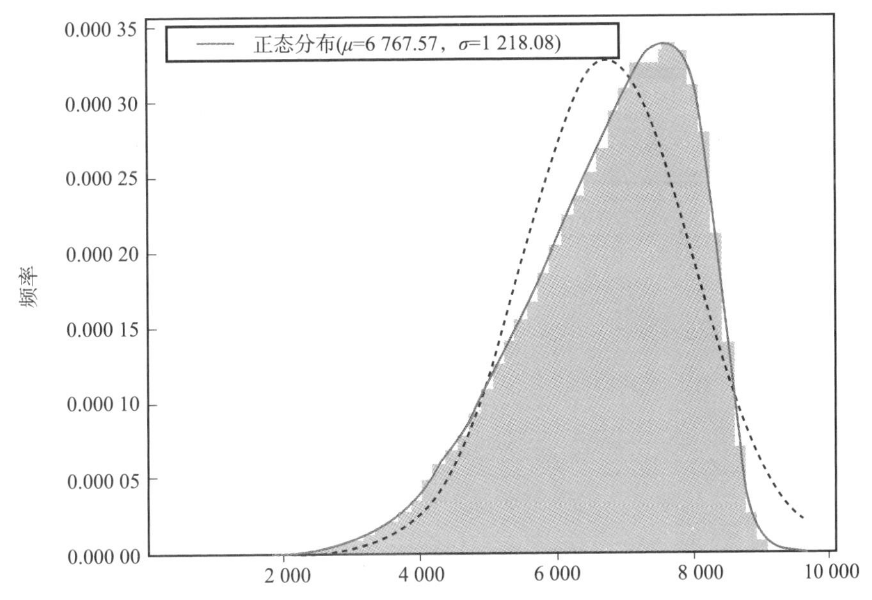


图 5－63　黄淮海区域 2020 年 121 期分区 1 区冬小麦长势情况下正态分布曲线图（见彩插）

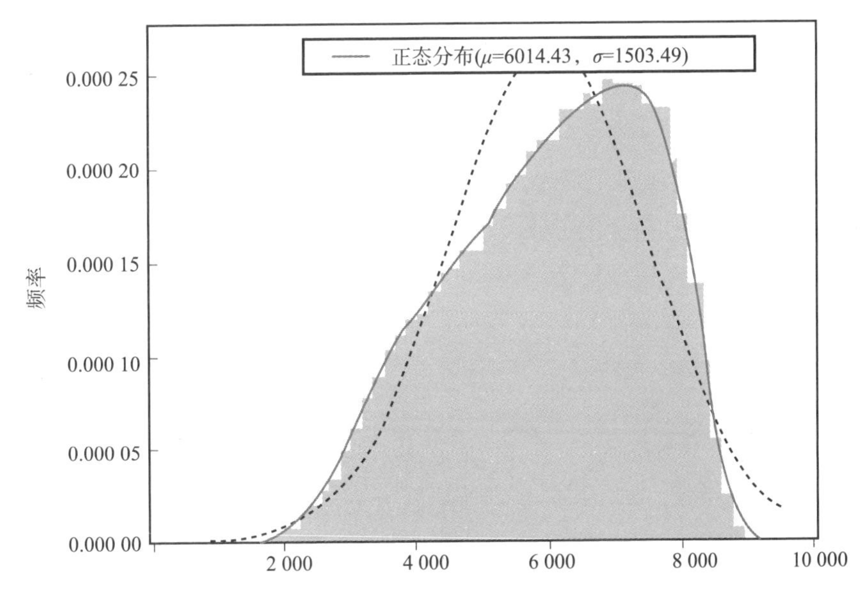


图 5－64　黄淮海区域 2020 年 121 期分区 2 区冬小麦长势情况下正态分布曲线图（见彩插）

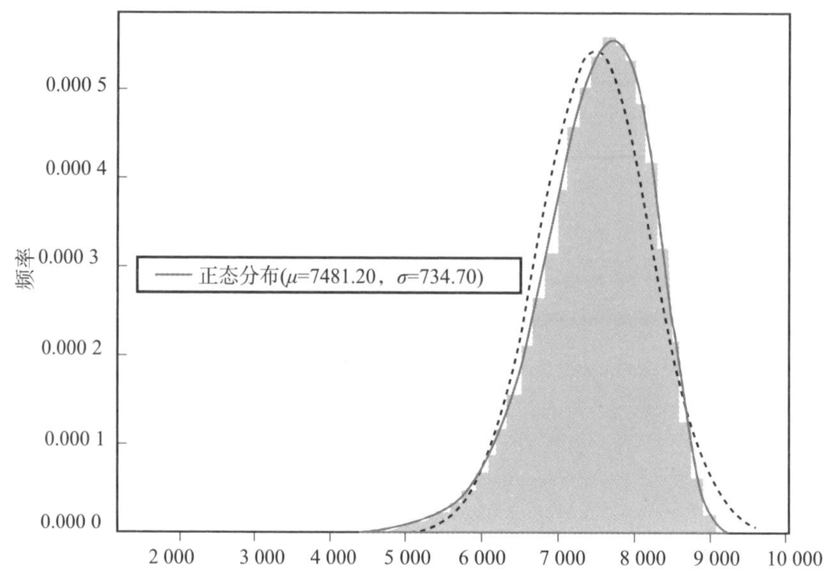


图 5－65　黄淮海区域 2020 年 121 期分区 3 区冬小麦长势情况下正态分布曲线图（见彩插）

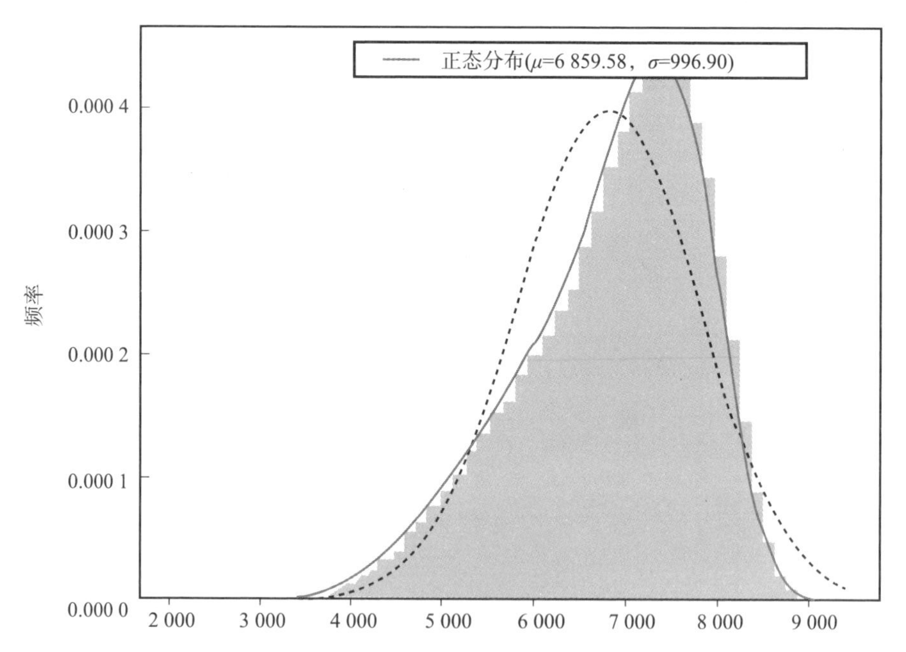


图 5－66　黄淮海区域 2020 年 121 期分区 4 区冬小麦长势情况下正态分布曲线图（见彩插）

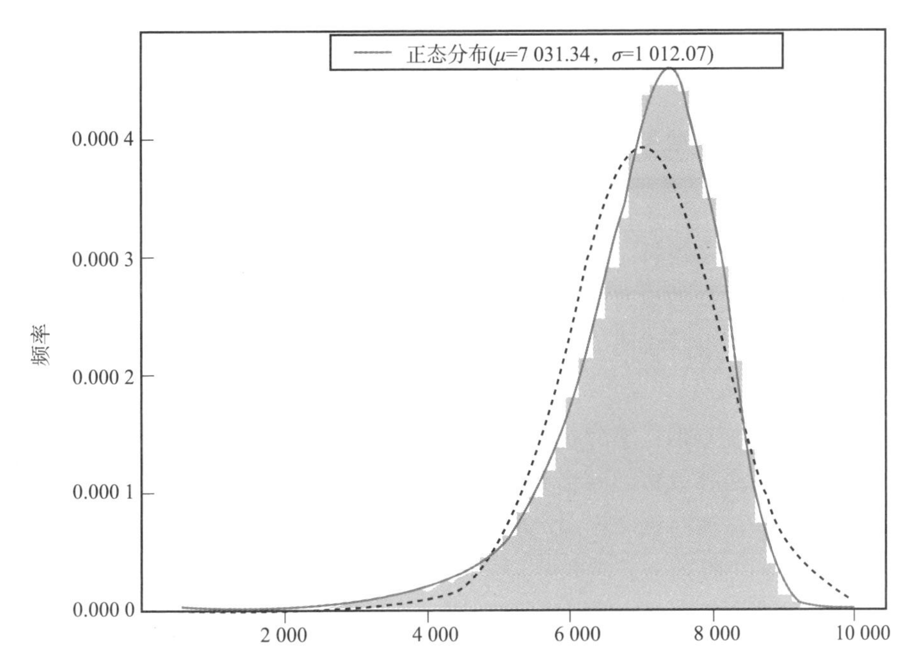


图 5－67　黄淮海区域 2020 年 121 期分区 5 区冬小麦长势情况下正态分布曲线图（见彩插）

计算分区和不分区情况下的曲线偏度系数和峰度系数，系数值越小，越接近于正态分布。表 5－33 所列为分区和不分区情况下的偏度系数和峰度系数。

**表 5－33　分区和不分区情况下的偏度系数和峰度系数**

| 区域 | 偏度统计 | 偏度标准错误 | 峰度统计 | 峰度标准错误 | 偏度系数 | 峰度系数 |
|---|---|---|---|---|---|---|
| 1 区 | －0.660 7 | 0.005 9 | －0.021 8 | 0.011 7 | 112.750 3 | 1.863 6 |
| 2 区 | －0.384 2 | 0.0079 | －0.698 5 | 0.015 7 | 48.887 9 | 44.444 2 |
| 3 区 | －0.725 1 | 0.009 1 | 1.015 8 | 0.018 1 | 79.971 9 | 56.014 8 |
| 4 区 | －0.670 2 | 0.007 5 | 0.024 0 | 0.015 0 | 89.522 3 | 1.602 2 |
| 5 区 | －1.054 8 | 0.009 5 | 1.849 9 | 0.019 0 | 111.046 6 | 97.377 9 |
| 不分区 | －0.892 7 | 0.003 4 | 0.521 5 | 0.006 8 | 262.396 6 | 76.646 8 |

将分区计算获得的偏度系数和峰度系数按照每个区域在整体中的占比折算到整个区域中，得到分区之后的整体偏度系数和峰度系数分别为 91.15、29.66。比不分区情况下的偏度系数和峰度系数都小，说明分区后的结果更趋近于正态分布形态，效果更好。

（5）结论与讨论

本研究提出了一种基于 NDVI 时间序列数据和 ISODATA 非监督算法的面向冬小麦长势监测的分区方法，在分区基础上利用自然断点（Jenks）分级方法确定了不同长势等级的分级阈值，确定了各区冬小麦绝对长势标准，并最终实现了黄淮海地区冬小麦长势的监测。

以 NDVI 值作为长势指标，对比了分区前后冬小麦 NDVI 值的分布规律，通过峰度和偏度两个参数对其正态性进行了分析，发现分区可以显著提升待分类单元的正态性。正态性强可以在一定程度上说明分区后消除了地域、物候等因素引起的分布偏差。表明该方法在大范围长势评价中具有一定的应用价值。

### 5.3.5 基于多源遥感数据和SWAP模型的农作物长势遥感监测

作物生长模型通过模拟作物的生长所需的各类参数，利用同化等方法对长势进行反演和评价，该方法的优点是逻辑严谨，监测过程中各类农学指标意义明确，但该方法依赖的参数太多，需要进行大量的地面数据采集，且数据运算量大，本节将以SWAP模型为例，对农作物长势模型监测进行说明。

(1) 总体技术流程

利用高分六号卫星数据，结合作物生长模型，重点解决作物生长模型区域参数本地化，以及作物模型与遥感数据的同化等两方面的问题。从作物生长机理上实现综合过程模拟，开展农作物生长监测与制图应用，解决农作物生长监测中的技术难题，研制农作物生长关键参数反演专题产品及农作物长势评估专题产品选择衡水市作为示范区，以高分六号卫星数据为主，结合GF-1卫星数据，以冬小麦和夏玉米为主要目标作物，生产衡水市农作物生长关键参数定量反演产品，评估作物长势，为主要农作物的动态长势监测及估产提供可靠的方法，并为农业决策提供科学依据。本研究涉及的主要技术路线如图5-68所示。

首先进行数据获取与预处理，获取原始的气象站点的气温、湿度、风速、日照和降水数据，并进一步计算获取水汽压及日照辐射数据，结合站点的经纬度数据，得到研究区各站点的逐日气象参数数据，并经过数据的坐标投影及空间插值，得到研究区各气象要素的栅格数据。为反演研究区作物关键生长参数，还需对获取的遥感数据进行预处理。其中，分别获取研究区GF-1和GF-6时序卫星影像数据，经大气校正、正射校正后，计算叶面积指数，得到GF-1和GF-6的LAI时序数据集；利用获取的MODIS的LAI数据产品对GF数据生成的LAI数据集进行处理，得到MODIS+GF-1+GF-6的LAI时序数据集和MODIS+GF-1的LAI时序数据集；对获取的MODIS的ET数据产品进行预处理得到ET时序数据集。

在数据获取的基础上，进一步通过地面调查、仪器测量、文献查找、软件优化等方式获取研究区作物生长模型的各项具体参数，并确定主要检测夏玉米和冬小麦的物候数据。然后，利用SCE-UA全局同化算法，确定适当的代价函数，对选择进行优化的参数值信息进行同化优化，从而获得区域遥感同化的作物生长模型的全过程的模拟结果，包括作物逐日的长势信息。最后，利用统计资料、实测信息等对监测结果进行验证，完成研究区的冬小麦、夏玉米长势监测。

(2) 研究区概况

衡水市位于河北省东南部，介于东经115°10′～116°34′，北纬37°03′～38°23′之间，总面积8 836 $km^2$。衡水市地处河北冲积平原，地势自西南向东北缓慢倾斜，属大陆季风气候区，为温暖半干旱型。气候特点是四季分明，冷暖干湿差异较大。衡水市年降水量为

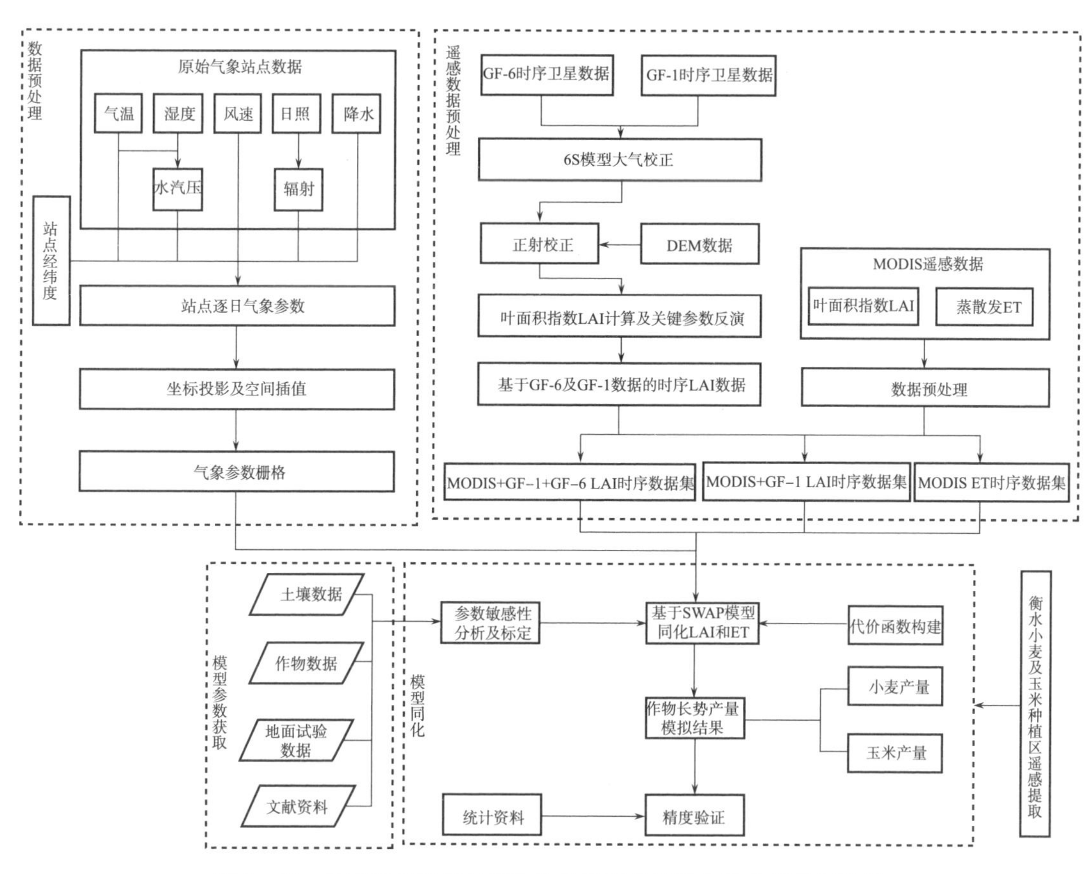


图 5-68　基于遥感数据与作物生长模型的区域作物长势监测流程

56.6 亿 $m^3$，平均降水量为 642.1 mm。衡水市土地总面积 883 783.61 $hm^2$，其中农用地 695 219.43 $hm^2$，占土地总面积的 78.65%。据第二次土壤普查，衡水市共有 3 个土纲，4 个土类，7 个亚类，26 个土属，111 个土种。其中，潮土土类是衡水市分布最广泛的农用土地土壤类型，全市潮土亚类面积 43 万 $hm^2$，占全市土地总面积的 62%。其土层深厚，质地多变，但以轻壤土为主，部分为砂质和粘质。土壤矿质养分较为丰富，但有机质、速效氮、磷养分缺乏，易受旱、涝、盐碱化威胁，历年以种植业为主。其次分布较广的是分布于古河道自然堤缓岗及高平地处的脱潮土，面积达 14 万 $hm^2$，占全市土地总面积的 20.4%，该土类地下水质好，无洪涝、盐碱威胁，处于水利条件好的地段，多是粮、棉高产区。2021 年，衡水市粮食播种面积 1 085.5 万亩（1 亩 = 666.6 $m^2$），粮食总产量 441.1 万 t，主要农作物有夏玉米、冬小麦和棉花。

（3）研究结果与精度验证

①作物面积提取结果

采用随机森林算法进行衡水市 2021 年冬小麦和夏玉米种植面积提取。首先基于预处理后的 GF-1/WFV、GF-6/WFV 数据，根据研究区作物生育期资料和专家知识等，筛选出目标作物识别的关键时相数据，其次是基于高分辨率影像和专家知识通过目视判读算法获取训练样本和验证样本，再次将训练样本和影像数据输入随机森林分类器中对样本进行训练，获取分类结果；然后采用验证样本对分类结果进行精度评价，最后将符合精度要求的分类结果输出，获取衡水市 2021 年冬小麦和夏玉米种植面积提取结果，如图 5-69 所示。

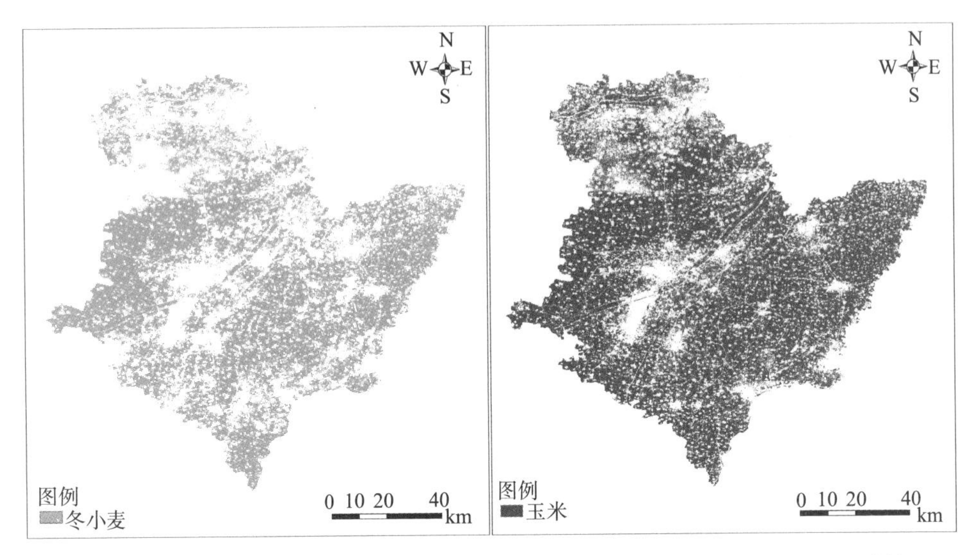


图 5-69　衡水市 2021 年冬小麦（左）和夏玉米（右）种植面积提取结果（见彩插）

②SWAP 模型参数标定

针对敏感性的作物参数，综合使用实地测量、文献查阅、默认参数、程序优化等方式确定。参数优化使用 FSEOPT 来进行。FSEOPT 优化程序是根据 Price 算法和 Downhill-Simplex 方法，利用 Fortran 语言开发的一种优化模型参数的程序，FSEOPT 优化程序通过比较模型模拟和田间观测的多组时间序列作物状态变量优化模型参数，最终获得一组最优参数，模型最多可以对 20 个参数进行优化，但是建议调整的参数不宜过多。其以拟合优度（Goodness of Fit）QT 值作为优化的评判指标，QT 值越小越好。其公式如下：

$$QT'(i) = \sqrt[IQT]{\sum_{k=1}^{n} \left| \left( \frac{d_{ik} - m_{ik}}{d_{ik} + 10^{-8}} \right) \right|^{IQT}}, IQT(=1,2) \tag{5-30}$$

$$QT = \max(QT'(i), i = 1, 2, \cdots, n) \tag{5-31}$$

其中，$d_{ik}$ 和 $m_{ik}$ 分别是实测值和模拟值，$i$ 为状态变量，本研究使用的是 LAI 和 ET，实现模拟值和观测值的比较，对比拟合优度，获得优化的参数组合结果。$k$ 为第 $i$ 个状态变量的第 $k$ 个值。IQT=1 时，QT′为绝对残差和；IQT=2 时，QT′为残差平方和的平方根。当选用多个状态变量时，取 QT 最大值。

针对研究区夏玉米参数，综合考虑实地获取、文献查找、模型优化、模型默认值等方式，对各项模型参数进行标定。模型需要调的参数较多，其中最重要的就是比叶面积（Specific Leaf Area，SLA），比叶面积指叶的单叶面积与其干重之比。一般情况下在同一个体或群落内，受光越弱则比叶面积越大，所以比叶面积可作为叶遮荫度的指数而使用。本研究使用的夏玉米比叶面积值见表 5-34。

表 5 - 34　夏玉米比叶面积参数

| DVS | SLA/(ha/kg) |
| --- | --- |
| 0.00 | 0.003 260 |
| 0.25 | 0.002 069 |
| 0.62 | 0.001 406 |
| 1.01 | 0.000 666 |
| 1.58 | 0.000 223 |
| 2.00 | 0.000 002 |

夏玉米的主要模型参数标定结果见表 5 - 35。

表 5 - 35　研究区夏玉米 SWAP 模型主要参数标定结果

| 参数 | 参数含义 | 取值 |
| --- | --- | --- |
| TSUM1 | 出苗到抽雄积温 | 1069.1 ℃ |
| TSUM2 | 抽雄到成熟积温 | 627.5 ℃ |
| TDWI | 作物初始干物质量 | 21 kg |
| DVSI | 初始发育阶段 | 0 |
| DVSEND | 成熟期发育阶段 | 2 |
| RGRLAI | 叶面积指数最大日增量 | 0.0075 |
| LAIEM | 出苗时叶面积指数 | 0.0059 |
| SPAN | 35 ℃以上叶片寿命 | 45 d |
| CVL | 干物质转化为叶片的效率 | 0.72 |
| CVO | 干物质转化为贮存器官的效率 | 0.72 |
| CVS | 干物质转化为茎的效率 | 0.69 |
| CVR | 干物质转化为根的效率 | 0.72 |
| RML | 叶相对维持呼吸速率 | 0.015 |
| RMO | 贮藏器官相对维持呼吸速率 | 0.01 |
| RMR | 根相对维持呼吸速率 | 0.01 |
| RMS | 茎相对维持呼吸速率 | 0.01 |
| DTSMTB | 积温响应函数(随温度变化) | 0.00, 0.00<br>8.00, 0.00<br>30.00, 22.00<br>45.00, 22.00 |
| TMPFTB | 平均温度下最大 $CO_2$ 同化速率的限制因子(随温度变化) | 0.00, 0.00<br>6.00, 0.00<br>30.00, 1.00<br>42.00, 1.00<br>51.00, 0.00 |

续表

| 参数 | 参数含义 | 取值 |
| --- | --- | --- |
| TMNFTB | 最低温度下的同化速率(随温度变化) | 5.00，0.00<br>12.00，1.00 |
| AMAXTB | 最大 $CO_2$ 同化速率(随 DVS 变化的函数) | 0.00，70.00<br>1.25，70.00<br>1.50，63.00<br>1.75，49.00<br>2.00，0.00 |

冬小麦生长过程中许多重要过程或参数与发育进程密切相关，直接影响冬小麦生长过程变量的模拟结果，如最大光合速率、同化物分配及比叶面积等，因此，首先需要对冬小麦生育期进行准确模拟。

对于冬小麦生育期参数，通过查阅文献及地方农气站资料，取冬小麦出苗下限温度 TBASEM 为 0 ℃，出苗上限温度 TEFFMX 为 30 ℃，播种到出苗的积温为 84.6 ℃，临界光长为 8 h，最佳光长为 14 h，同时利用地面实测生育期资料和气象数据资料，计算冬小麦从移栽到抽穗、抽穗到成熟期的理论有效积温。

与冬小麦叶面积增长最相关的参数为比叶面积（SLA）和叶片衰老指数（SPAN）。比叶面积即叶的单面面积与其干重之比，一般受到光照越弱，叶片越薄，单位面积的干重越小，而比叶面积则越大，因此比叶面积同遮荫程度有关。通过查阅文献及历史资料等方式，确定冬小麦比叶面积与生育期 DVS 的关系见表 5-36。

**表 5-36　冬小麦比叶面积参数**

| DVS | SLA/(ha/kg) |
| --- | --- |
| 0.00 | 0.003 260 |
| 0.25 | 0.002 069 |
| 0.62 | 0.001 406 |
| 1.01 | 0.000 666 |
| 1.58 | 0.000 223 |
| 2.00 | 0.000 002 |

冬小麦的主要模型参数标定结果见表 5-37。

**表 5-37　研究区冬小麦 SWAP 模型主要参数标定结果**

| 参数 | 参数含义 | 取值 |
| --- | --- | --- |
| TSUM1 | 出苗到抽雄积温 | 1 069.1 ℃ |
| TSUM2 | 抽雄到成熟积温 | 627.5 ℃ |
| TDWI | 作物初始干物质量 | 100 kg |
| DVSI | 初始发育阶段 | 0 |

续表

| 参数 | 参数含义 | 取值 |
| --- | --- | --- |
| DVSEND | 成熟期发育阶段 | 2 |
| RGRLAI | 叶面积指数最大日增量 | 0.0100 |
| LAIEM | 出苗时叶面积指数 | 0.015 |
| SPAN | 35 ℃以上叶片寿命 | 35 d |
| CVL | 干物质转化为叶片的效率 | 0.69 |
| CVO | 干物质转化为贮存器官的效率 | 0.71 |
| CVS | 干物质转化为茎的效率 | 0.66 |
| CVR | 干物质转化为根的效率 | 0.69 |
| RML | 叶相对维持呼吸速率 | 0.03 |
| RMO | 贮藏器官相对维持呼吸速率 | 0.01 |
| RMR | 根相对维持呼吸速率 | 0.015 |
| RMS | 茎相对维持呼吸速率 | 0.015 |
| DTSMTB | 积温响应函数(随温度变化) | 0.00，0.00<br>10.00，0.00<br>25.00，15.00<br>45.00，15.00 |
| TMPFTB | 平均温度下最大 $CO_2$ 同化速率的限制因子(随温度变化) | 0.00，0.00<br>12.00，0.69<br>18.00，0.85<br>24.00，1.00<br>42.00，1.00 |
| TMNFTB | 最低温度下的同化速率(随温度变化) | 0.00，0.00<br>3.00，1.00 |
| AMAXTB | 最大 $CO_2$ 同化速率(随 DVS 变化的函数) | 0.00，72.00<br>1.25，68.00<br>1.50，62.00<br>1.75，42.00<br>2.00，0.00 |

③SWAP 模型算法选择

1）同化算法选择。当前应用较多的同化算法主要是集合卡尔曼滤波算法（Ensemble Kalman Filter，EnKF）和穿梭复合演化算法（Shuffled Complex Evolution Algorithm，SCE－UA），本研究主要使用 SCE－UA 进行作物模型与遥感数据的同化。该方法由美国亚利桑那大学 Duan 等（Gupta，1994；Duan，1992）于 20 世纪 90 年代提出，该算法是下山单纯形算法的发展，采用多个单纯形并行地搜索解空间的策略，这种策略被证明有助于克服下山单纯形算法可能会收敛于局部最小的缺点（栾承梅，2006）。SCE－UA 可以有效地解决高维度参数的全局性优化问题，能快速获取全局最优解并避免陷入局部最优现象，具有良好的全局优化性能和效率（Gupta，1994）。

2）代价函数构建。同化数值的代价函数中最简单的形式是应用最小二乘法构建代价函数，但是这种方法有一个重要的假设是观测资料是准确无偏的，如果观测资料也有误差的情况下，这种方法会带来很大的误差。目前，在数据同化中，受到遥感器的响应水平、大气条件等各种因素影响，遥感数据反演指数依然存在较大误差，如果没有大量实测数据的校正，采用这些数据构建基于数值的代价函数会带来很大的误差。为了尽可能减少遥感指数不准确及不同遥感器差异所带来的影响，本研究选用了黄健熙等（2015）提出的基于一阶差分的代价函数。该方法利用遥感 LAI 监测数值与模型模拟 LAI 之间的单调性作为目标函数，通过最小化两者之间的单调性差异，优化模型输入参数。这一方法可以避免直接对观测 LAI 和模拟 LAI 值的大小的比较，从而避免因为遥感 LAI 低估可能造成的模型误差。

基于一阶差分概念的代价函数是通过最小化遥感观测值和模型模拟值之间的单调性差异来构建的。其主要步骤是对遥感观测曲线和模型模拟曲线分别按步长的一阶差分正负性采集单调性信息，从而来建立代价函数。

一阶差分指时间序列曲线上下一时刻的值与当前时刻的值的差，其正负性代表曲线在这一点的单调性，若一阶差分为正，则此点的单调性为单调递增；反之为单调递减。如果两条曲线的一阶差分的正负相同，说明这两条曲线的单调性一致，两条曲线相似。基于这种方法构建代价函数的具体步骤如下（以 LAI 为例，ET 步骤类似）：

分别计算遥感观测 LAI 与 SWAP 模型模拟 LAI 的时间序列曲线的一阶差分的正负性 $\mathrm{Dif}_i$。

$$\mathrm{Dif}_i = \begin{cases} 1, & \mathrm{LAI}_{i+1} - \mathrm{LAI}_i > \mathrm{thresold} \\ 0 & -\mathrm{thresold} < \mathrm{LAI}_{i+1} - \mathrm{LAI}_i < \mathrm{thresold} \\ -1, & \mathrm{LAI}_{i+1} - \mathrm{LAI}_i < -\mathrm{thresold} \end{cases} \tag{5-32}$$

比较每个时间节点 $i$ 处遥感观测 LAI 与 SWAP 模型模拟 LAI 的时间序列曲线的一阶差分的正负，如果相同，说明相似性相同，代价函数减小，反之，代价函数增大。

$$J_i = \begin{cases} J_{i-1} - 1, & \mathrm{Dif}_{i-1}^{\mathrm{Obs}} = \mathrm{Dif}_{i-1}^{\mathrm{Sim}} \\ J_{i-1}, & \mathrm{Dif}_{i-1}^{\mathrm{Obs}} \neq \mathrm{Dif}_{i-1}^{\mathrm{Sim}} \end{cases} \tag{5-33}$$

其中，$\mathrm{Dif}_i$ 表示时间节点 $i$ 处曲线的一阶差分的正负性，若为 1 则增长，若为 −1 则下降，若为 0 表示没有变化；threshold 为两条曲线的一阶差分的阈值，取遥感观测值的精度的正数；$J$ 为代价函数值；Obs 为遥感观测值，Sim 为 SWAP 模型模拟值。

同样，通过 SCE－UA 不断调整 SWAP 模型的输入参数，最小化 SWAP 模型模拟的 LAI、ET 与 MODIS LAI、ET 之间的差异，即不断迭代最小化代价函数 $J$ 的值，直到代价函数值 $J$ 达到收敛条件后，获得 SWAP 模型的最优参数。

代价函数的收敛条件如下，当达到以下之一条件时则停止同化：连续 5 次循环后待优化参数值已收缩到指定的值域范围；代价函数值在 5 次循环后精度无法提高 0.1%；代价函数的计算次数超过 5 000 次（见图 5－70）。

④冬小麦长势监测结果

基于 SWAP 模型遥感同化方法，结合 GF－1、GF－6 和 MODIS 遥感影像产品及气象

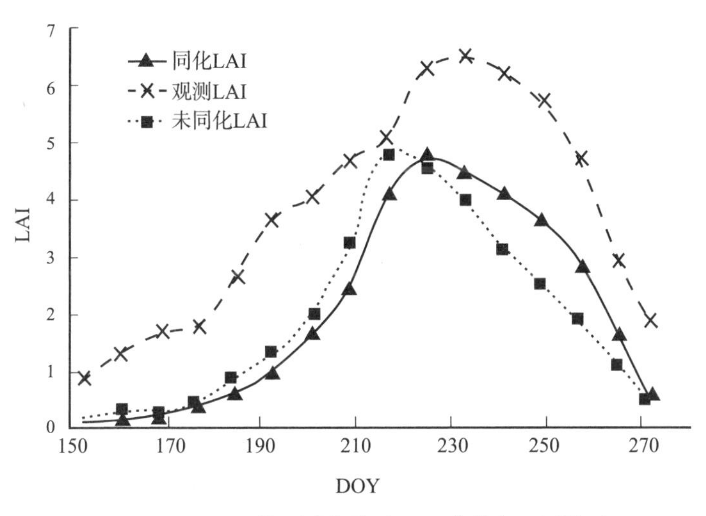


图 5-70　SWAP 模型同化前后 LAI 数值与观测值对比

数据，获得研究区冬小麦全过程长势监测和模拟结果，得到位于冬小麦生长中后期的 2021 年 4 月 22 日至 2021 年 6 月 3 日每周一次的作物长势监测结果，共得到 7 次冬小麦长势监测结果，使用自然断点方法，将其分为 5 级，评价不同时期研究区冬小麦的长势情况，结果如图 5-71 所示。

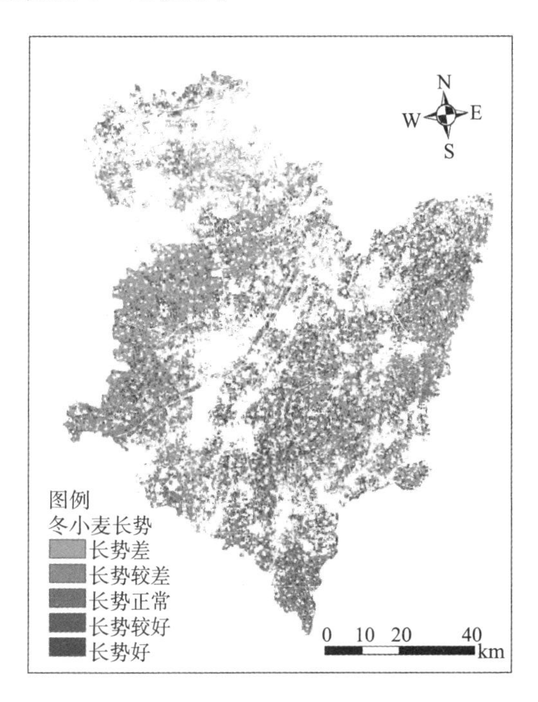


(a) 20210422衡水冬小麦长势

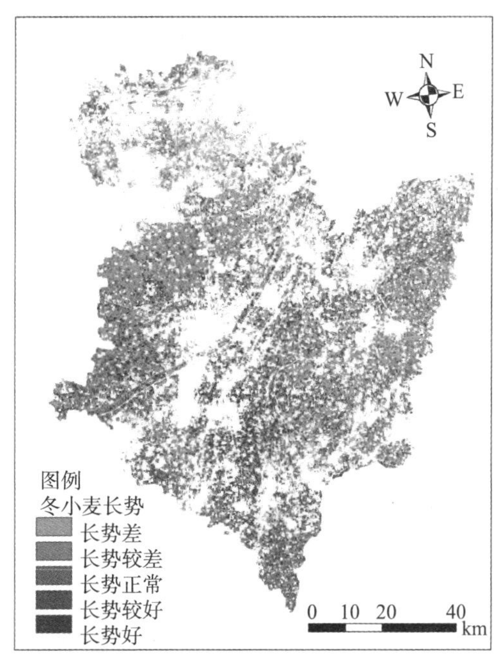


(b) 20210429衡水冬小麦长势

图 5-71　衡水市冬小麦长势监测结果（见彩插）

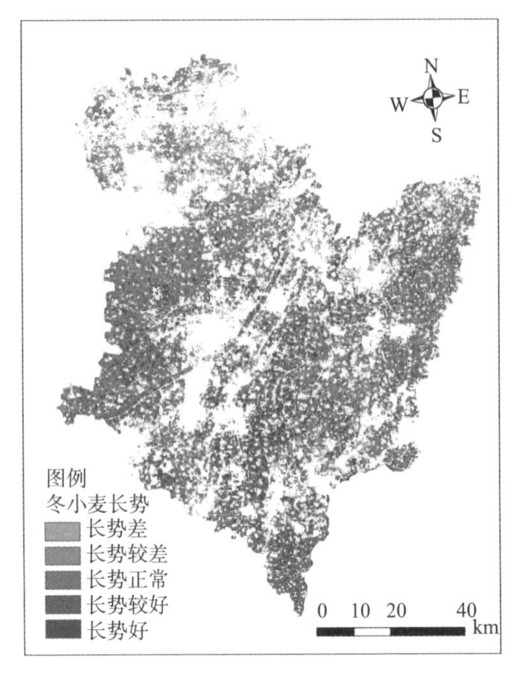


(c) 20210506衡水冬小麦长势

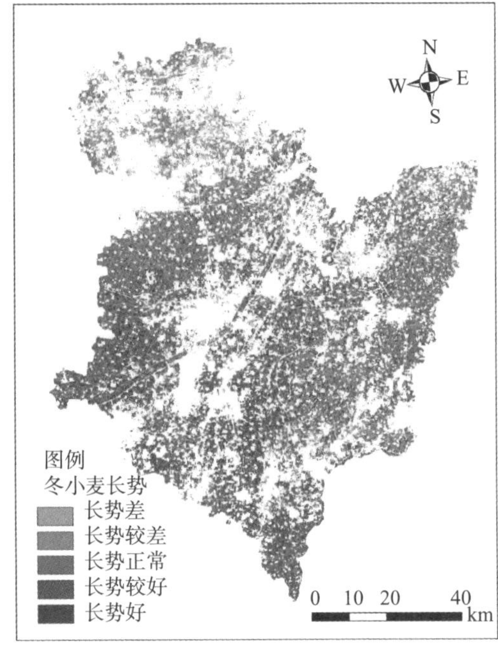


(d) 20210513衡水冬小麦长势

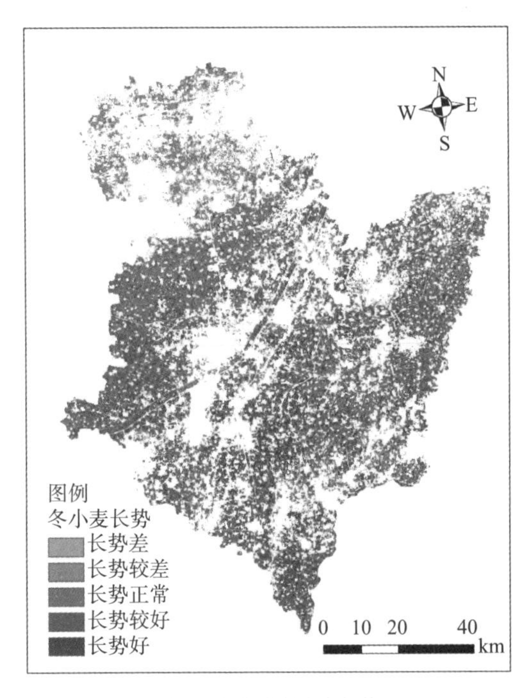


(e) 20210520衡水冬小麦长势

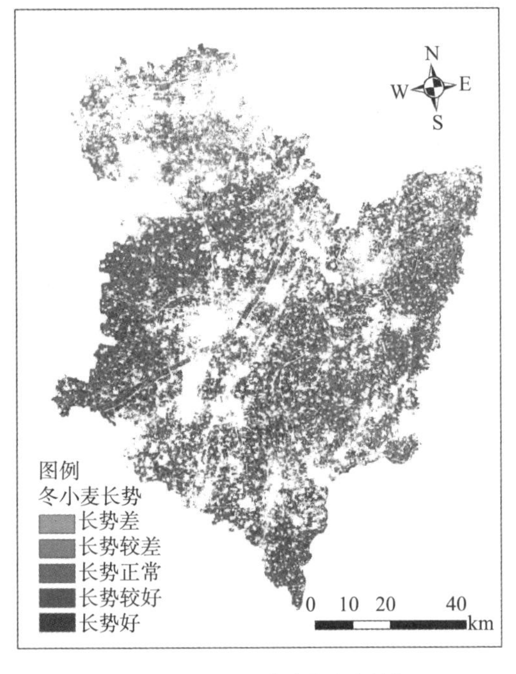


(f) 20210527衡水冬小麦长势

图 5－71　衡水市冬小麦长势监测结果（续）（见彩插）

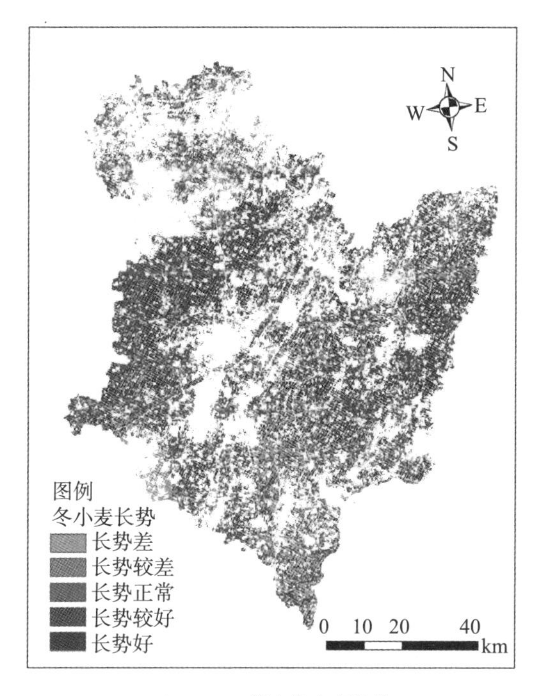


(g) 20210603衡水冬小麦长势

图 5 - 71　衡水市冬小麦长势监测结果（续）（见彩插）

由上图可见，衡水南部的冬小麦长势相对北部要偏好，而到了冬小麦成熟期左右，衡水市中部的长势逐渐追上南部。这一研究结果表明，基于高分卫星和其他多源卫星遥感数据，结合作物生长模型及气象数据，可以实现区域冬小麦生长的长期连续性监测。

⑤夏玉米长势监测结果

基于 SWAP 模型遥感同化方法，结合 GF - 1、GF - 6、MODIS 遥感影像产品及气象数据，获得研究区 2021 年夏玉米全过程长势监测和模拟结果，得到位于夏玉米生长中后期的 2021 年 7 月 9 日至 2021 年 9 月 24 日之间每周一次的作物长势监测结果，共得到 12 次夏玉米长势监测结果，使用自然断点方法，将其分为 5 级，评价不同时期研究区夏玉米的长势情况，结果如图 5 - 72 所示，可以看出，衡水北部的夏玉米长势总体要弱于中南部。

## 5.4　农作物产量遥感监测

粮食安全问题一直是我国重点关注的问题，因此及时、准确地对粮食作物产量进行估测对保障粮食安全具有重要的意义。由于卫星遥感监测的成本低、效率高、客观性强等优势，可以采用卫星遥感技术进行园区级、县级等小尺度的作物产量监测，对省级、区域级、全国乃至全球的作物产量监测也是可行的，监测精度也有一定的保障。基于目前已较为成熟可靠的农作物产量遥感监测技术方法，研究利用卫星数据及遥感技术手段监测作物产量的主要技术流程和指标，可以为我国农业的可持续、现代化发展提供有效的支持。

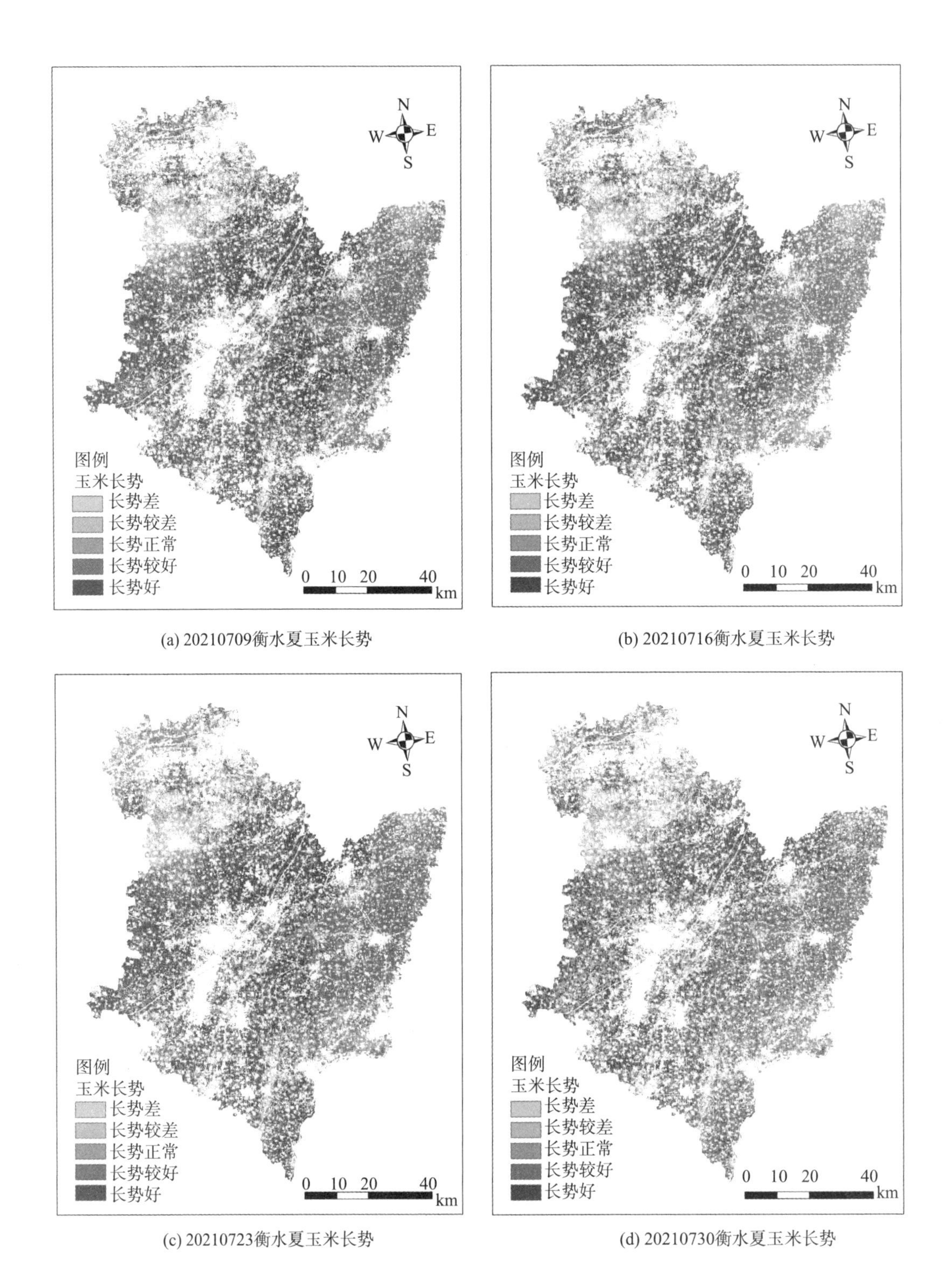


(a) 20210709衡水夏玉米长势

(b) 20210716衡水夏玉米长势

(c) 20210723衡水夏玉米长势

(d) 20210730衡水夏玉米长势

图 5-72　2021年衡水夏玉米长势监测情况（见彩插）

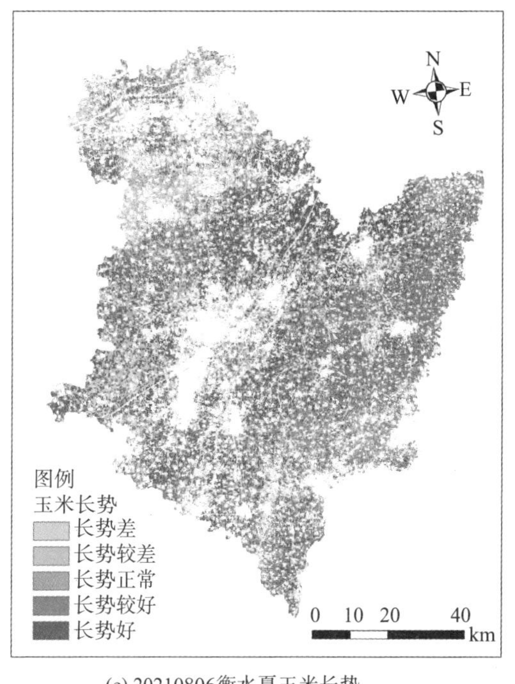


(e) 20210806衡水夏玉米长势

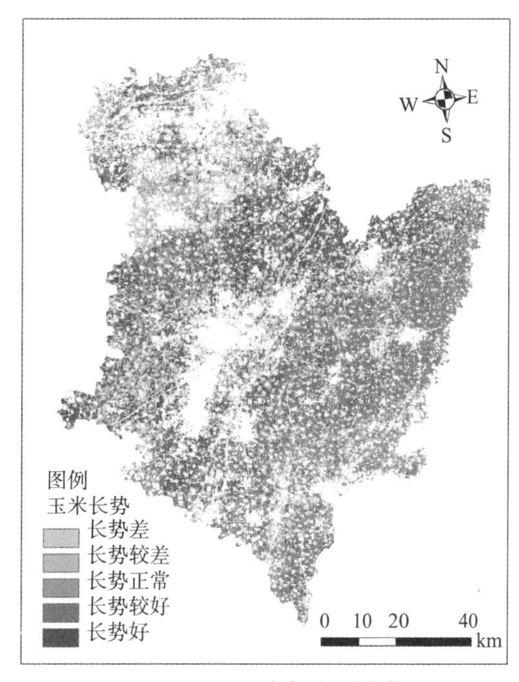

(f) 20210813衡水夏玉米长势

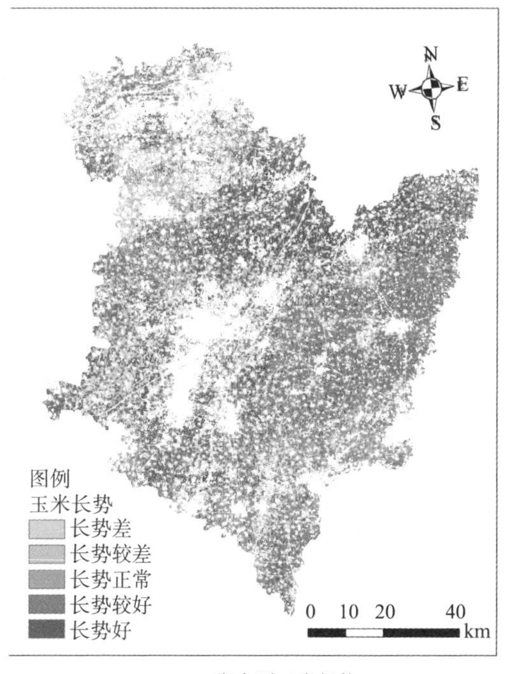


(g) 20210820衡水夏玉米长势

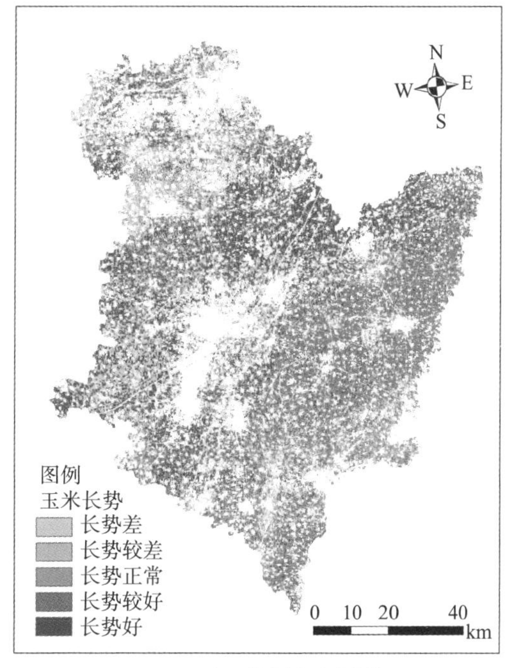


(h) 20210827衡水夏玉米长势

图 5－72　2021 年衡水夏玉米长势监测情况（续）（见彩插）

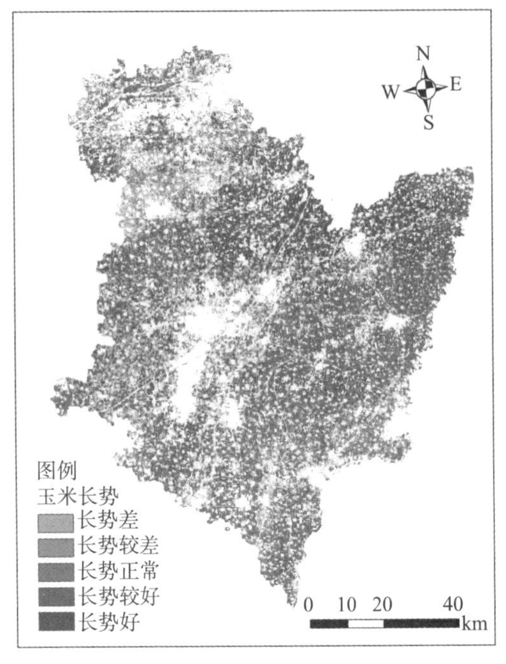


(i) 20210903衡水夏玉米长势

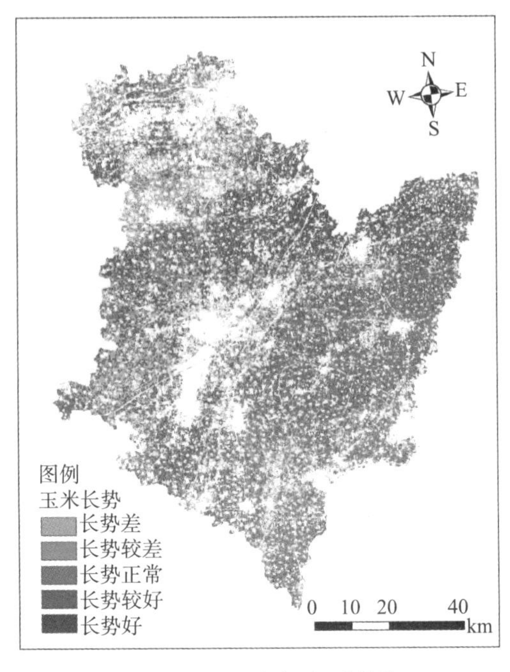


(j) 20210910衡水夏玉米长势

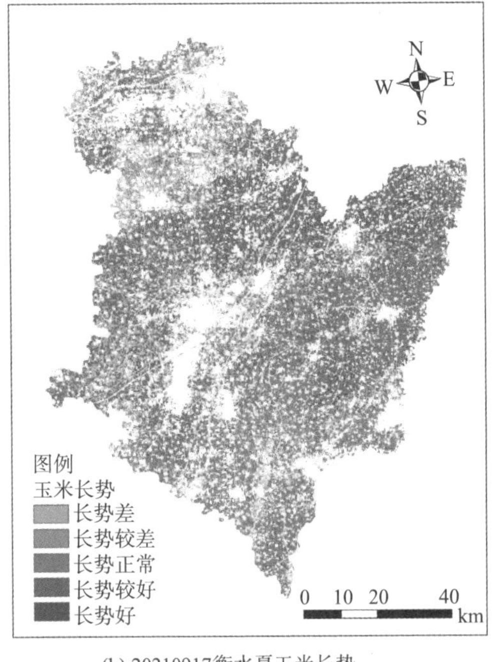


(k) 20210917衡水夏玉米长势

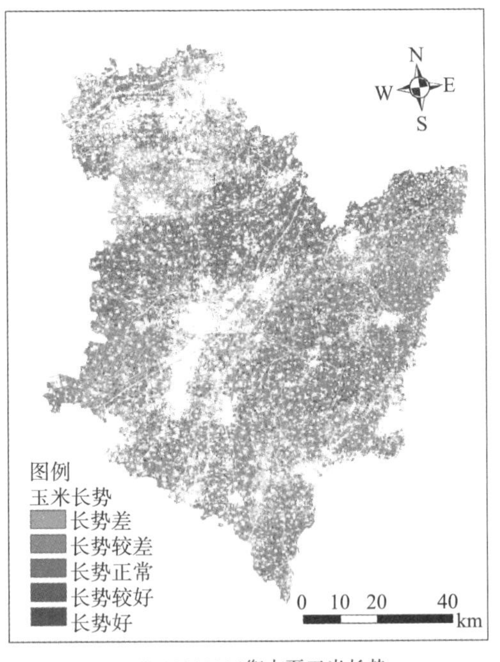


(l) 20210924衡水夏玉米长势

图 5-72　2021 年衡水夏玉米长势监测情况（续）（见彩插）

目前农作物产量遥感监测的方法主要有遥感指数农作物产量标定方法和基于作物生长模型遥感同化的产量监测方法。其中，遥感指数农作物产量标定方法是以产量敏感的低分辨率遥感指数作为数据源，采用地面调查或统计数据进行标定的方法。基于作物生长模型遥感同化的产量监测方法则是基于 WOFOST、DSSAT、SWAP 等模拟不同发育期内的各项生理、生化参数，然后进行遥感区域化，完成区域作物产量遥感监测。

本节基于多年的农作物产量遥感监测工作经验和研究，分析和总结农作物产量遥感监测的技术流程，为农作物产量遥感监测业务工作提供规范化指南，并基于 GF－1、GF－6、Sentinel－2、MODIS、CBERS－04A 等遥感数据，结合不同的产量监测方法进行农作物产量遥感监测应用示例。

### 5.4.1　农作物产量遥感监测通用规程

依据农作物产量遥感监测工作的多年试验与对比分析，参考相关的科研成果、文献资料等，确定了农作物产量的遥感监测的通用规程。

（1）总体技术流程

农作物产量遥感监测流程包括农作物产量遥感监测的数据源与数据处理、农作物地面样方产量测定、模型构建与产量遥感监测、监测结果精度验证、监测专题图制作等内容。首先进行数据获取与预处理，同时进行农作物地面样方产量测定，在上述两个结果的基础上，结合农作物种植区空间分布数据、行政区划等数据，通过建立植被指数与地面实测农作物产量的回归相关性，构建农作物产量遥感监测模型，获取产量遥感监测结果，并对结果进行精度验证；最后完成农作物产量监测专题图制作部分内容，农作物产量遥感监测技术流程如图 5－73 所示。

（2）数据获取与处理

①遥感数据

1）遥感数据选择。当前农作物产量遥感监测研究多基于多光谱卫星数据，当前国内外常用多光谱遥感卫星数据基本可以满足从区域到国家尺度的农作物长势遥感监测工作。除数据源以外，影像数据应尽量选择云量低，无数据丢失，无明显条纹、点状和块状噪声，定位准确，无严重畸变的数据。当监测时期内云雾占比较高时，可通过多时相合成技术满足该要求，或者通过插补技术有效弥补不可使用的数据区域。

2）遥感数据预处理。农作物产量遥感监测所采用的数据需要经过辐射定标、大气校正、几何校正这 3 个基本的预处理过程，在此基础上，按照监测区范围、农作物种植区空间分布图或耕地分布图对校正后影像进行剪裁和掩膜处理，获取监测区域目标农作物覆盖区域或者耕地覆盖区域的影像数据。

3）植被指数计算。植被指数已广泛应用于农作物的产量监测，如归一化植被指数（NDVI）、增强型植被指数（Enhanced Vegetation Index，EVI）、比值植被指数（Ratio Vegetation Index，RVI）等。其中归一化植被指数（NDVI）是当前应用最为广泛普遍的植被指数，具有较强的适用性。此外，NDVI 的计算仅需要近红外谱段和红光谱段即可，

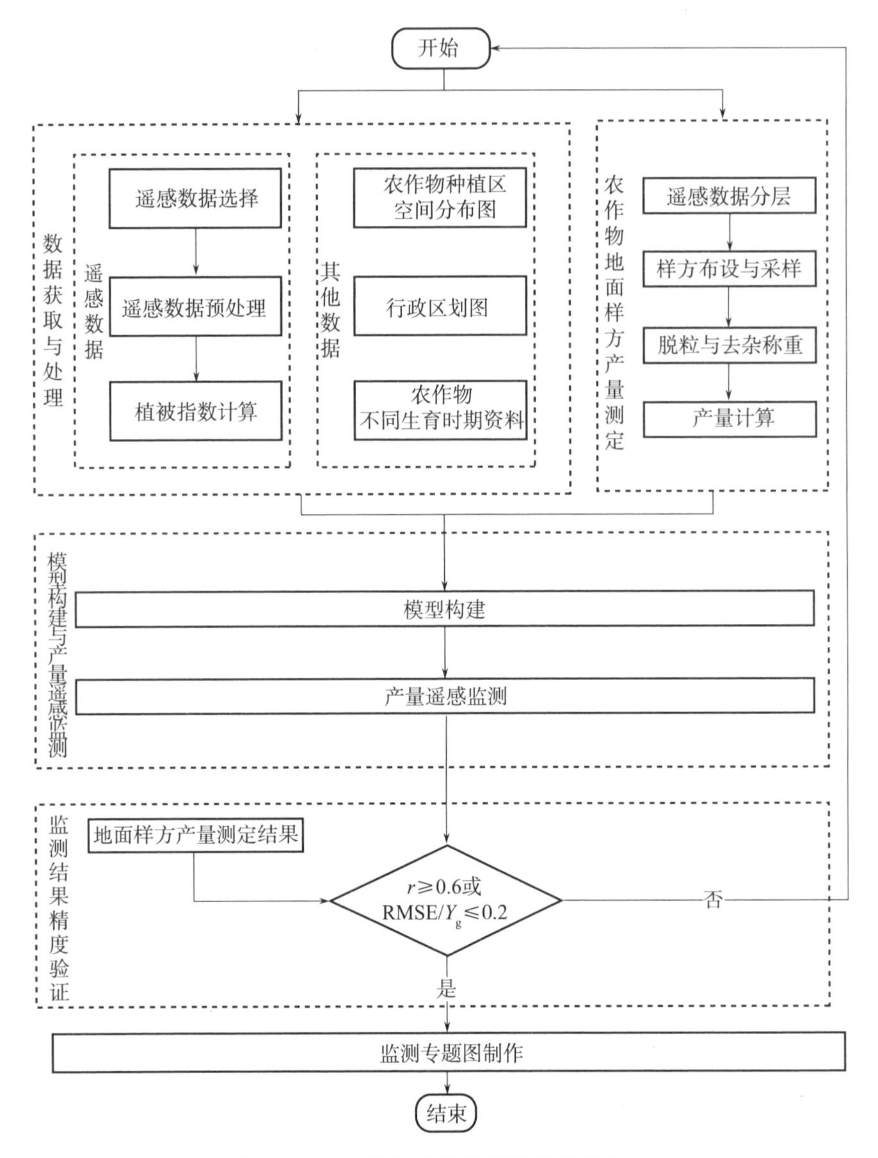


图 5-73　农作物产量遥感监测技术流程

目前绝大部分的中高分辨率卫星都包含这两个谱段，且计算简便，原理清晰。

②其他数据

其他数据包括了监测区域的作物种植区空间分布图或者耕地分布图、监测区域行政区划图、监测区域农作物不同生育时期资料等。其中，行政区划图主要用来筛选遥感影像数据、明确产量监测任务区域、产量监测结果的统计等；耕地分布图则主要用于进行作物区域的掩膜识别；监测区域作物不同生育期资料则主要为了确定产量遥感监测的业务工作开展时间，保证产量遥感监测覆盖作物的主要生育时期。

(3) 农作物地面样方产量测定

地面样方产量测定主要包括调查点布设和产量测定。地面样方产量测定是作物产量遥感监测的重要组成步骤，其产量测定结果对于遥感监测结果的标定和精度验证具有重要的意义。

①调查点布设

地面调查点的设置对地面产量调查结果的可靠性和客观性具有重要的影响。地面调查点的设置原则参考作物灌浆至乳熟期 NDVI 大小，调查点应覆盖好、较好、正常、较差、差的产量等级序列，并且位置应离村庄或建筑物 100 m 以上，选择比较平整和规则的地块，记录 GNSS 坐标信息。选点可采用灌浆至乳熟期 NDVI 数据辅助分层抽样方式，将 NDVI 数值范围划分为 10 层，每层选择不应少于 3 个调查点。当监测范围较大时，可适当增加调查点数量。另外，由于我国尤其是南方地区种植结构复杂、地形复杂，为保证地块内仅包括目标农作物类型，产量基本一致，各调查点地块覆盖范围应大于 3×3 个像元。

②地面产量测定

样方内选取测产样点时，应避免在地头、边行及缺苗断垄的位置取点，样点一般采用对角线方法选取，且每个样方内不少于 3 个样点。每个取样点取一定单元大小，按照作物生物特性和国家标准要求进行脱粒晾晒至标准水分，去除杂物后称重，计算样方内全部样点的平均产量，并对样方内作物总产量进行估算，最后结合样方面积计算得到作物产量。

(4) 产量遥感监测模型构建

样方内作物产量数据应采用地面实测方式获取，并应随机等分为训练样方和验证样方数据集。产量遥感监测模型是基于训练样方数据集建立的，产量遥感监测可在像元尺度也可在地块尺度开展，当像元尺度测产操作性差，且易受异常值影响时，宜在地块尺度开展。建立训练样方的作物单位面积产量与样方内全部像元 NDVI 的均值之间的线性回归关系，获取作物产量遥感监测模型，通过计算获得监测区域遥感监测作物产量空间分布结果。作物产量遥感监测模型的计算公式如下：

$$Y_r = a \cdot \mathrm{NDVI} + b \tag{5-34}$$

式中，$Y_r$ 为遥感监测作物产量（$kg/hm^2$）；NDVI 为像元尺度归一化差值植被指数，NDVI 可采用单期数据，也可采用相近数期数据的均值；$a$、$b$ 分别为斜率和截距，在产量遥感监测模型构建中拟合获得。

(5) 监测结果精度验证

采用 Pearson 相关系数或者均方根误差（RMSE）的方法基于地面实测的验证样本作物产量数据对农作物产量遥感监测结果进行精度验证。

方法一是采用相关系数进行产量遥感监测结果的精度验证，即计算地面实测作物产量（$Y_g$）与遥感监测作物产量（$Y_r$）间的 Pearson 相关系数 $r$，同时 $r \geqslant 0.6$ 作为合格标准，计算公式如下：

$$r = \frac{\mathrm{cov}(Y_g, Y_r)}{\sigma_{Y_g}\sigma_{Y_r}} \tag{5-35}$$

式中，$r$ 为 Pearson 相关系数；$\mathrm{cov}(Y_g, Y_r)$ 为地面实测作物产量与遥感监测作物产量的协方差；$\sigma_{Y_g}$ 为地面实测作物产量的标准差；$\sigma_{Y_r}$ 为遥感监测作物产量的标准差。

方法二是采用相关系数进行产量遥感监测结果的精度验证，即计算地面实测作物产量

($Y_g$) 与遥感监测作物产量 ($Y_r$) 的均方根误差 (RMSE)。RMSE 应通过除以均值的方法消除验证数据数量级对均方根误差的影响。计算得到 RMSE/mean，并以 RMSE/mean 不超过 0.20 作为合格标准。

$$\mathrm{RMSE}=\sqrt{\frac{1}{n}\sum_{i=1}^{n}(Y_{gi}-Y_{ri})^2} \tag{5-36}$$

$$\frac{\mathrm{RMSE}}{\mathrm{mean}}=\frac{\sqrt{\frac{1}{n}\sum_{i=1}^{n}(Y_{gi}-Y_{ri})^2}}{(\sum_{n=1}^{n}Y_{gi})/n} \tag{5-37}$$

式中，$n$ 为验证样方数量；$i$ 为第 $i$ 个验证点；$Y_g$ 为地面实测作物产量；$Y_r$ 为遥感监测作物产量；mean 为地面实测作物产量均值。

国内外农作物产量遥感监测精度评价参数以及具体精度见表 5-38。

**表 5-38 国内外农作物产量遥感监测精度**

| 作者 | 监测区域 | 监测作物 | 遥感影像及指数 | 精度评价方法 | 精度(%) |
|---|---|---|---|---|---|
| I. Becker-Reshef 等 | 美国卡萨斯州和乌克兰 | 冬小麦 | MODIS/NDVI | 基于年度统计数据进行精度评价 | RMSE 分别为 0.18 和 0.44 t/hm$^2$<br>$R$ 分别为 0.88 和 0.74 |
| Merryn L 等 | 英国 | 冬小麦 | Sentinel-2A/谱段反射率及气象数据 | 基于实际测产数据进行精度评价 | $R^2$= 0.91<br>RMSE 介于 0.24～1.94 t/ha |
| Skakun S 等 | 乌克兰 | 冬小麦 | Landsat-8<br>Sentinel-2A/<br>NDVI 最大值 | 基于年度统计数据进行精度评价 | $R^2$=0.446<br>$A$ = −0.17 t/ha<br>$U$ =0.31 t/ha<br>$R_u$ = 7.7% |
| Al-Gaadi KA | 沙特阿拉伯 | 马铃薯 | Landsat-8<br>Sentinel-2A/<br>NDVI 和 SAVI | 基于实测产量进行精度评价 | Landsat-8 数据 $R^2$ 介于 0.39～0.65，RMSE 介于 5.25%～8.74%<br>Sentinel-2A 数据 $R^2$ 介于 0.47～0.65，RMSE 介于 4.96%～8.8% |
| Zhang K 等 | 江苏省 | 水稻 | 地面多光谱仪器/NDRE | 基于实测产量进行精度评价 | $R^2$=0.78<br>RMSE = 0.144 1 |
| 欧阳玲等 | 北安市 | 大豆和玉米 | GF-1 Landsat-8<br>NDVI EVI GNDVI | 基于实测产量进行精度评价 | $R^2$= 0.823 7<br>RMSE = 135.45 g/m$^2$ |

(6) 监测专题图制作

根据具体的研究情况确定相对应的行政区划地理信息、比例尺、地图投影、分辨率等相关信息，然后进行农作物产量遥感监测专题制图，主要包括农作物的产量等级的内容。再根据要求确定各产量等级的颜色以及添加指北针、图名、图例、图幅框等地图整饰。

### 5.4.2　基于Sentinel-2数据的农作物产量遥感监测

本节的“基于Sentinel-2数据的农作物产量遥感监测”严格按照5.4.1节的“农作物产量遥感监测通用规程”部分的步骤、流程和要求开展，主要内容如下。

（1）数据预处理

经辐射定标、大气校正、几何校正后得到中国农业科学院廊坊试验站区域预处理后的Sentinel-2A影像，影像获取时间分别为2018年9月22日和2019年5月23日，分别对应夏玉米和冬小麦的乳熟期，两期影像假彩色合成图如图5-74所示。

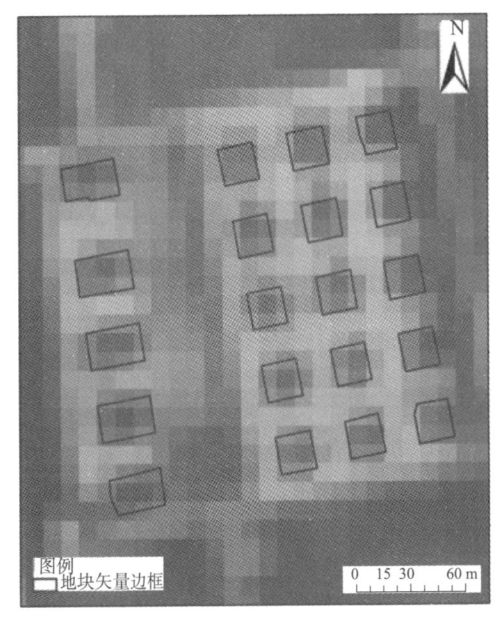


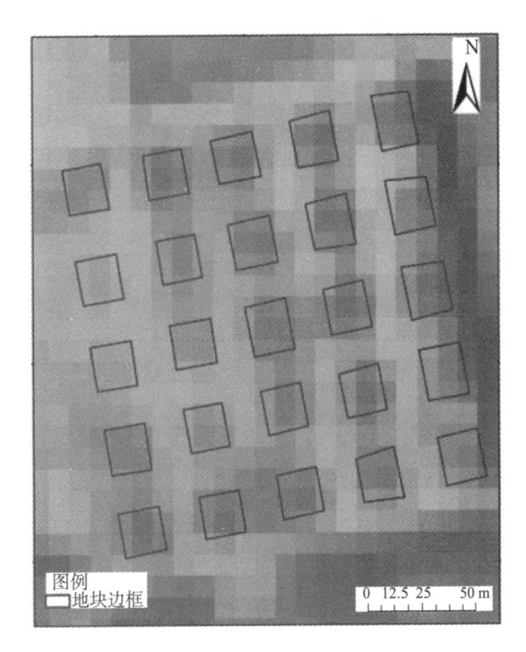


图5-74　廊坊试验站区域夏玉米（左）与冬小麦（右）假彩色合成（见彩插）

（2）植被指数计算

计算获得2018年9月22日和2019年5月23日廊坊试验站区域冬小麦种植区NDVI，为了便于运算，所有NDVI数值统一扩大了10 000倍，研究区NDVI分布结果如图5-75所示。

（3）农作物地面样方产量测定

通过地面测量和产量测定获取样方的面积和样方内作物产量，在廊坊市试验站共获得了2018年夏玉米和2019年冬小麦地面实测产量。夏玉米和冬小麦地面样方产量测定结果见表5-39、表5-40，其中，地块编号与5.3.3节一致，冬小麦编号为0至4的样方由于受周围其他作物影响较大，未参与运算。

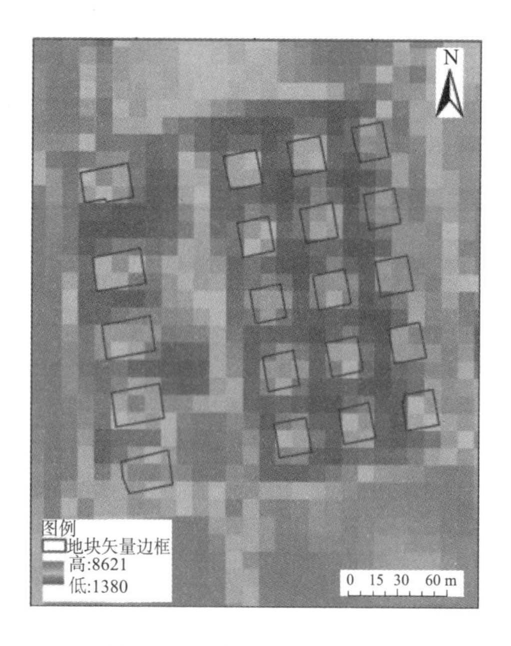

图 5-75　廊坊试验站区域夏玉米（左）与冬小麦（右）NDVI 分布图（见彩插）

**表 5-39　2018 年夏玉米地面样方测定产量**

| 地块编号 | 地块面积/$m^2$ | 地块总产量/kg | $Y_g$/(kg/$hm^2$) |
|---|---|---|---|
| 1 | 558.02 | 449.00 | 8 046.29 |
| 2 | 580.43 | 454.50 | 7 830.37 |
| 3 | 583.48 | 304.50 | 5 218.67 |
| 4 | 587.13 | 259.00 | 4 411.33 |
| 5 | 544.89 | 223.50 | 4 101.75 |
| 6 | 388.06 | 142.00 | 3 659.27 |
| 7 | 394.13 | 223.50 | 5 670.76 |
| 8 | 382.83 | 177.50 | 4 636.49 |
| 9 | 392.95 | 174.00 | 4 428.04 |
| 10 | 397.78 | 206.50 | 5 191.29 |
| 11 | 398.07 | 146.00 | 3 667.71 |
| 12 | 390.10 | 101.50 | 2 601.90 |
| 13 | 399.25 | 138.50 | 3 469.01 |
| 14 | 397.38 | 211.50 | 5 322.37 |
| 15 | 405.40 | 249.50 | 6 154.42 |
| 16 | 391.24 | 277.50 | 7 092.85 |
| 17 | 396.74 | 227.00 | 5 721.62 |

**续表**

| 地块编号 | 地块面积/$m^2$ | 地块总产量/kg | $Y_g$/(kg/$hm^2$) |
|---|---|---|---|
| 18 | 399.51 | 239.00 | 5 982.34 |
| 19 | 392.73 | 187.00 | 4 761.53 |
| 20 | 398.64 | 99.00 | 2 483.43 |

**表 5-40　2019 年冬小麦地面样方测定产量**

| 地块编号 | 地块面积/$m^2$ | 小区总产量/kg | $Y_g$/(kg/$hm^2$) |
|---|---|---|---|
| 0 | 460.09 | 105.20 | — |
| 1 | 482.33 | 67.50 | — |
| 2 | 486.59 | 116.50 | — |
| 3 | 493.71 | 59.80 | — |
| 4 | 472.81 | 65.20 | — |
| 5 | 446.84 | 99.30 | 2 222.27 |
| 6 | 431.69 | 116.50 | 2 698.68 |
| 7 | 436.22 | 124.60 | 2 856.33 |
| 8 | 460.46 | 127.50 | 2 768.97 |
| 9 | 457.19 | 118.30 | 2 587.54 |
| 10 | 426.87 | 85.30 | 1 998.27 |
| 11 | 454.21 | 103.10 | 2 269.85 |
| 12 | 487.97 | 100.00 | 2 049.32 |
| 13 | 420.08 | 70.50 | 1 678.25 |
| 14 | 423.84 | 91.70 | 2 163.56 |
| 15 | 383.38 | 104.20 | 2 717.93 |
| 16 | 386.51 | 64.70 | 1 673.95 |
| 17 | 417.66 | 50.30 | 1 204.32 |
| 18 | 393.67 | 61.90 | 1 572.37 |
| 19 | 405.27 | 102.70 | 2 534.10 |
| 20 | 408.24 | 64.40 | 1 577.49 |
| 21 | 413.26 | 31.80 | 7 69.48 |
| 22 | 407.79 | 34.50 | 8 46.02 |
| 23 | 417.03 | 93.00 | 2 230.07 |
| 24 | 414.05 | 155.50 | 3 755.57 |

(4) 产量遥感监测模型构建

在 2018 年夏玉米 20 个监测地块中，选择偶数编号的地块（共计 10 个），用于构建夏玉米地面实测作物产量 $Y_g$ 与 NDVI 之间的回归关系式，每个地块的实测作物产量及对应的 NDVI 值见表 5-41。

**表 5-41 廊坊试验站夏玉米 $Y_g$ 及 NDVI**

| 地块编号 | NDVI | $Y_g$(kg/hm$^2$) |
|---|---|---|
| 2 | 5389.11 | 7 830.37 |
| 4 | 4787.15 | 4 411.33 |
| 6 | 4377.57 | 3 659.27 |
| 8 | 4362.33 | 4 636.49 |
| 10 | 4434.24 | 5 191.29 |
| 12 | 4360.67 | 2 601.90 |
| 14 | 4808.62 | 5 322.37 |
| 16 | 5160.91 | 7 092.85 |
| 18 | 5341.28 | 5 982.34 |
| 20 | 4647.39 | 2 483.43 |

在 2019 年冬小麦 20 个观测地块中（不含编号 0 至 4 的地块），选择偶数编号的地块（共计 10 个），用于构建冬小麦地面实测作物产量 $Y_g$ 与 NDVI 之间的回归关系式，每个地块的实测作物产量及对应的 NDVI 值见表 5-42。

**表 5-42 廊坊试验站冬小麦 $Y_g$ 及 NDVI**

| 地块编号 | NDVI | $Y_g$/(kg/hm$^2$) |
|---|---|---|
| 6 | 3 476.74 | 2 698.68 |
| 8 | 3 614.31 | 2 768.97 |
| 10 | 3 029.02 | 1 998.27 |
| 12 | 3 399.62 | 2 049.32 |
| 14 | 3 648.24 | 2 163.56 |
| 16 | 2 499.40 | 1 673.95 |
| 18 | 2 981.53 | 1 572.37 |
| 20 | 2 826.85 | 1 577.49 |
| 22 | 2 315.31 | 8 46.02 |
| 24 | 3 863.72 | 3 755.56 |

基于表中的数据，分别建立廊坊试验站区域夏玉米和冬小麦地面实测作物产量 $Y_g$ 与相应位置遥感影像 NDVI 之间的回归关系式，如图 5-76 所示。

（5）监测结果

基于回归关系式及遥感影像获取的 NDVI 值，得到廊坊试验站夏玉米和冬小麦区域遥感反演作物产量 $Y_r$ 分布，结果如图 5-77 所示。

（6）精度验证

在廊坊试验站 2018 年夏玉米 20 个监测地块中，选择奇数编号的地块（共计 10 个），用于遥感反演作物产量的精度评价。每个地块的遥感反演作物产量 $Y_r$ 与地面实测作物产量 $Y_g$ 值见表 5-43。

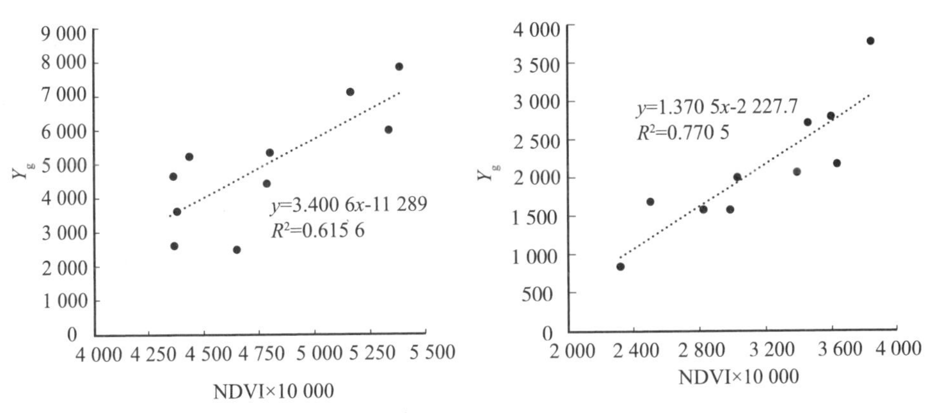


图 5-76　廊坊试验站夏玉米（左）和冬小麦（右）$Y_g$ 与 NDVI 回归关系式

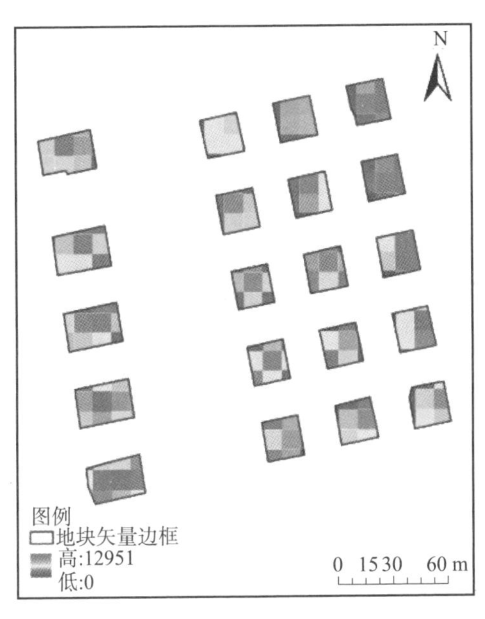


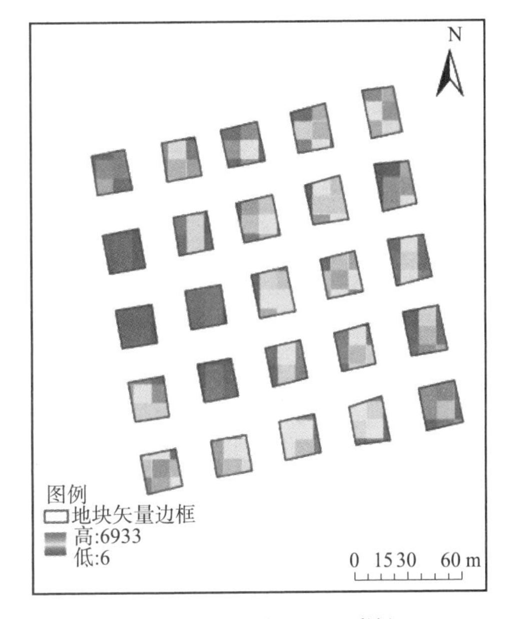


图 5-77　廊坊试验站夏玉米（左）和冬小麦（右）遥感反演作物产量（见彩插）

**表 5-43　廊坊试验站 2018 年夏玉米 $Y_r$ 及 $Y_g$**

| 地块编号 | $Y_g$/(kg/hm²) | $Y_r$/(kg/hm²) |
| --- | --- | --- |
| 1 | 5 914.00 | 8 046.29 |
| 3 | 4 794.42 | 5 218.67 |
| 5 | 4 947.68 | 4 101.75 |
| 7 | 4 770.33 | 5 670.76 |
| 9 | 4 551.48 | 4 428.04 |
| 11 | 4 631.42 | 3 667.71 |
| 13 | 4 504.17 | 3 469.01 |
| 15 | 4 831.55 | 6 154.42 |

续表

| 地块编号 | $Y_g$/(kg/hm²) | $Y_r$/(kg/hm²) |
|---|---|---|
| 17 | 5 083.48 | 5 721.62 |
| 19 | 5 182.93 | 4 761.53 |

基于表中的数据，廊坊试验站 2018 年夏玉米产量遥感监测精度评价结果为：Pearson 相关系数 $r=0.803$，RMSE/mean=0.06<0.20，满足精度要求。

廊坊试验站夏玉米地面实测作物产量 $Y_g$ 和遥感反演作物产量 $Y_r$ 二维散点图如图 5-78 所示，可以看出散点大致分布于 1∶1 标准线附近。

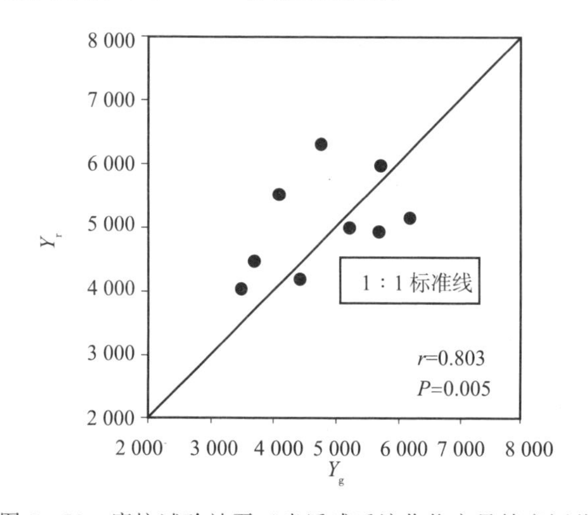


图 5-78 廊坊试验站夏玉米遥感反演作物产量精度评价

在廊坊试验站 2019 年冬小麦 20 个观测地块中（不含编号 0 至 4 的地块），选择奇数编号的地块（共计 10 个），用于遥感反演作物产量的精度评价。每个地块的遥感反演作物产量 $Y_r$ 与地面实测作物产量 $Y_g$ 值见表 5-44。

**表 5-44 廊坊试验站 2019 年冬小麦 $Y_r$ 及 $Y_g$**

| 地块编号 | $Y_g$/(kg/hm²) | $Y_r$/(kg/hm²) |
|---|---|---|
| 5 | 2 222.27 | 2 339.38 |
| 7 | 2 856.33 | 2 885.16 |
| 9 | 2 587.54 | 2 430.45 |
| 11 | 2 269.85 | 2 315.50 |
| 13 | 1 678.25 | 2 136.89 |
| 15 | 2 717.92 | 2 814.41 |
| 17 | 1 204.32 | 1 407.73 |
| 19 | 2 534.10 | 2 609.76 |
| 21 | 769.48 | 925.66 |
| 23 | 2 230.07 | 2 220.89 |

基于表中的数据，廊坊试验站 2019 年冬小麦产量遥感监测精度评价结果为：Pearson 相关系数 $r=0.976$，RMSE/mean=0.09<0.20，满足精度要求。

廊坊试验站冬小麦地面实测作物产量 $Y_g$ 和遥感反演作物产量 $Y_r$ 二维散点图如图 5－79 所示，可以看出散点大致分布于 1∶1 标准线附近。

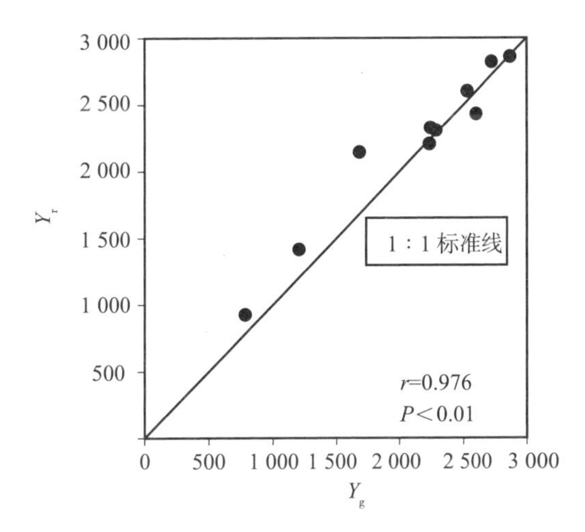


图 5－79　廊坊试验站冬小麦遥感反演作物产量精度评价

### 5.4.3　基于多源遥感数据和 SWAP 模型的农作物产量估测

利用地面实测产量构建产量反演经验模型，具有简单方便的优势，但经验模型的通用性较差，不同区域的经验模型可能相差很大。为了解决这一问题，基于作物生长模型的农作物产量估算方法得到了广泛的应用，本节将以 SWAP 模型为例，对作物产量估算过程进行说明。

（1）总体技术流程

基于 SWAP 模型进行作物参数的同化和模拟，可以同时实现对作物产量的估算，本节中的总体技术流程与 5.3.5 节一致，具体内容请参见相应的 5.3.5 节内容。

（2）研究区概况

本节的研究中，仍然以河北省衡水市作为研究区域，研究区域的具体情况请参见 5.3.5 节的内容。

（3）研究结果与精度验证

①冬小麦产量监测

以 GF－1、GF－6 和 MODIS 数据作为 SWAP 模型的输入数据，得到衡水市冬小麦产量空间分布结果，如图 5－80 所示。

基于这一监测结果，统计 2021 年衡水市冬小麦的模型同化监测单产为 6 542.41 kg/ha，总产量为 216.55 万 t，而统计年鉴结果为约 6467.07 kg/ha，总产量为 214.06 万 t，单产平均绝对误差（Mean Absolute Error，MAE）为 75.34 kg/ha，总产量 MAE 为2.49 万 t，产量相对平均绝对误差（Relative Mean Absolute Error，RMAE）仅为 1.16%，精度为

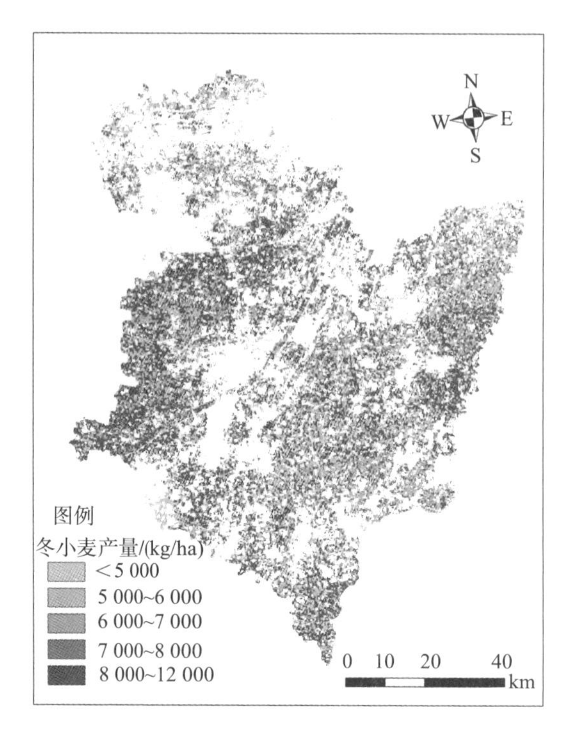


图 5-80　基于 GF-1、GF-6、MODIS 研究区 2021 年冬小麦产量监测图（见彩插）

98.66%。这一结果表明了基于高分系列卫星数据结合 MODIS 数据，通过作物生长模型同化气象数据的方式，可以有效地进行大区域尺度的作物长势及产量的监测。

另一方面，同样单纯基于 GF-1 数据与 MODIS 数据结合，通过 SWAP 模型同化气象数据的方式，获取衡水市的冬小麦产量监测结果，如图 5-81 所示。

根据监测结果统计衡水市的冬小麦单产为 6 042.40 kg/ha，总产量为 200.00 万 t，而统计年鉴结果为约 6467.07 kg/ha，总产量为 214.06 万 t，单产 MAE 为 424.67 kg/ha，总产量 MAE 为 14.06 万 t，产量 RMAE 为 6.57%，精度为 93.43%。这一结果表明，基于 GF-1 和 GF-6 数据的作物产量监测，相比单纯基于 GF-1 数据，精度提高约 5.60%。

按照衡水的行政区划，在县级尺度上对两种数据集的冬小麦产量进行统计，并与统计资料进行对比，结果如图 5-82 所示。可以看出，分区县统计的产量中，基于 GF-1、GF-6 和 MODIS 数据的产量监测结果相比单纯基于 GF-1 和 MODIS 数据更加接近 1∶1 线。统计结果表明，分区县产量中，基于 GF-1 和 MODIS 数据的产量监测结果 RMSE 为 17 301.01 t，而在加入 GF-6 数据之后，RMSE 降低为 9146.22 t，这也表明加入 GF-6 数据后，可以有效提高冬小麦产量监测的精度。

②夏玉米产量监测

根据 SWAP 模型结合 GF-1、GF-2 和 MODIS 数据，制作衡水市夏玉米产量空间分布结果，如图 5-83 所示。

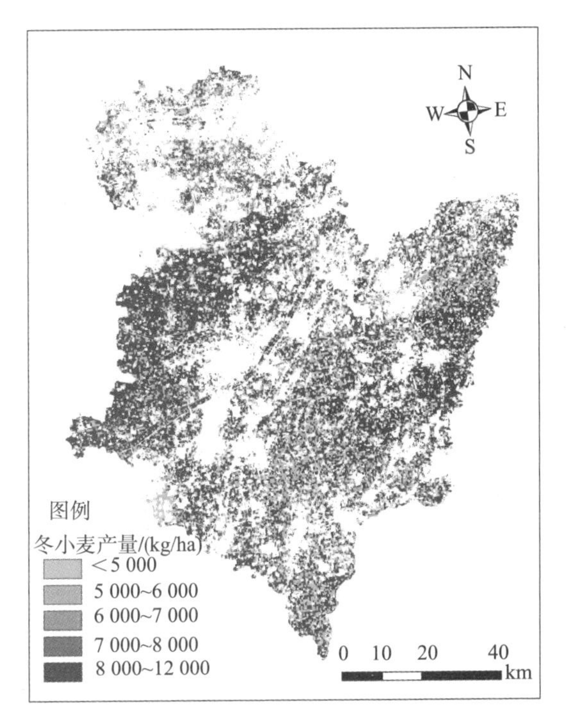


图5-81　基于GF-1、MODIS影像数据的研究区2021年冬小麦产量监测图（见彩插）

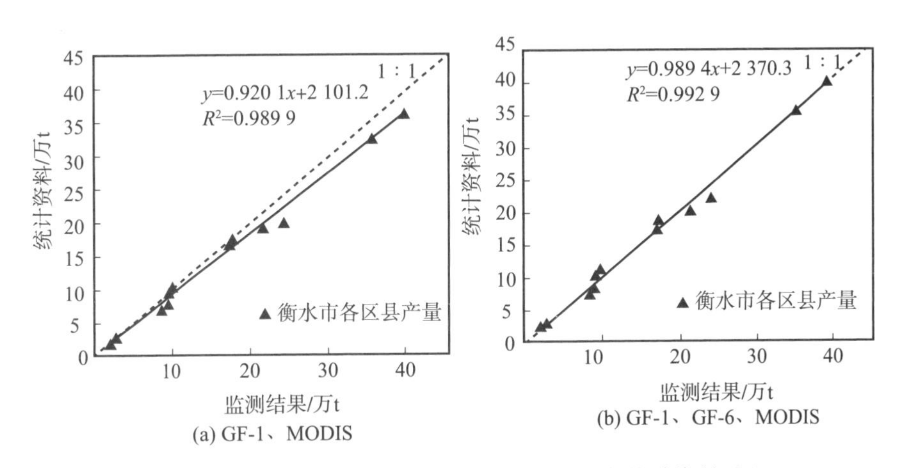


图5-82　衡水市分区县冬小麦产量监测结果与统计资料对比

基于这一监测结果，统计2021年衡水市夏玉米的模型同化监测单产为5 680.51 kg/ha，夏玉米总产量为208.2万t，而统计年鉴结果为约5851.06 kg/ha，夏玉米总产量为214.5万t，夏玉米单产MAE为170.55 kg/ha，夏玉米总产量MAE为6.3万t，衡水夏玉米产量的RMAE仅为2.91%，精度为97.09%。

作为对比，单纯基于GF-1数据与MODIS数据结合，同样通过SWAP模型同化气象数据的方式，获取衡水市的夏玉米产量监测结果，如图5-84所示。

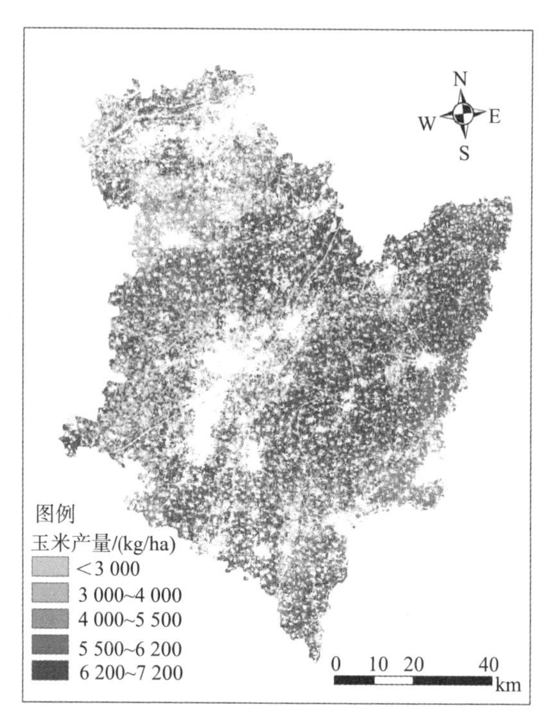


图 5-83　2021 年衡水市夏玉米产量监测情况（见彩插）

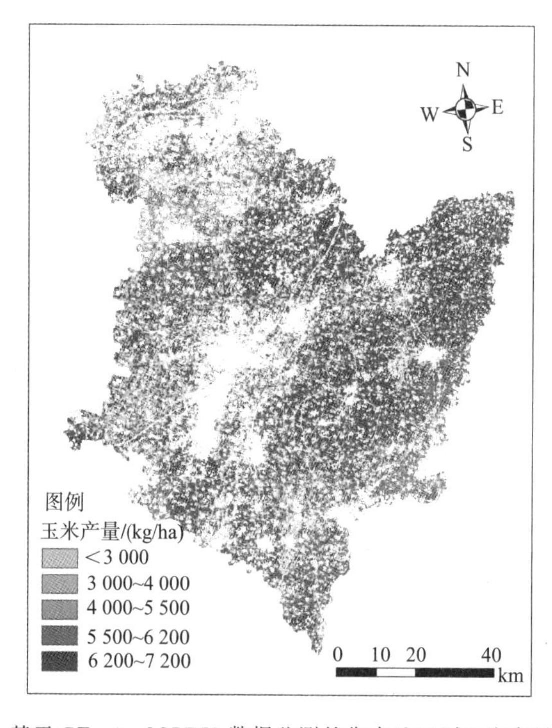


图 5-84　基于 GF-1、MODIS 数据监测的衡水地区夏玉米产量（见彩插）

根据监测结果统计衡水市的夏玉米单产为 5 375.62 kg/ha，总产量为 197.07 万 t，而统计年鉴结果为约 5 851.06 kg/ha，总产量为 214.5 万 t，夏玉米单产 MAE 为 475.44 kg/ha，夏玉米总产量 MAE 为 17.43 万 t，夏玉米产量 RMAE 为 8.13%，精度为 91.87%。这一结果表明，基于 GF-1 和 GF-6 数据结合的夏玉米作物产量监测，相比单纯基于GF-1数据，精度提高约 5.38%。

按照衡水的行政区划，在县级尺度上对两种数据集的夏玉米产量进行统计，并与统计资料进行对比，结果如图 5-85 所示。可以看出，分区县统计的产量中，基于 GF-1、GF-6 和 MODIS 数据的产量监测结果相比单纯基于 GF-1、MODIS 数据更加接近 1∶1 线。统计结果表明，分区县产量中，基于 GF-1、MODIS 数据的产量监测结果 RMSE 为 22 299.88 t，而在加入 GF-6 数据之后，RMSE 降低为 16 568.16 t，这也表明加入 GF-6 数据后，可以有效提高夏玉米产量监测的精度。

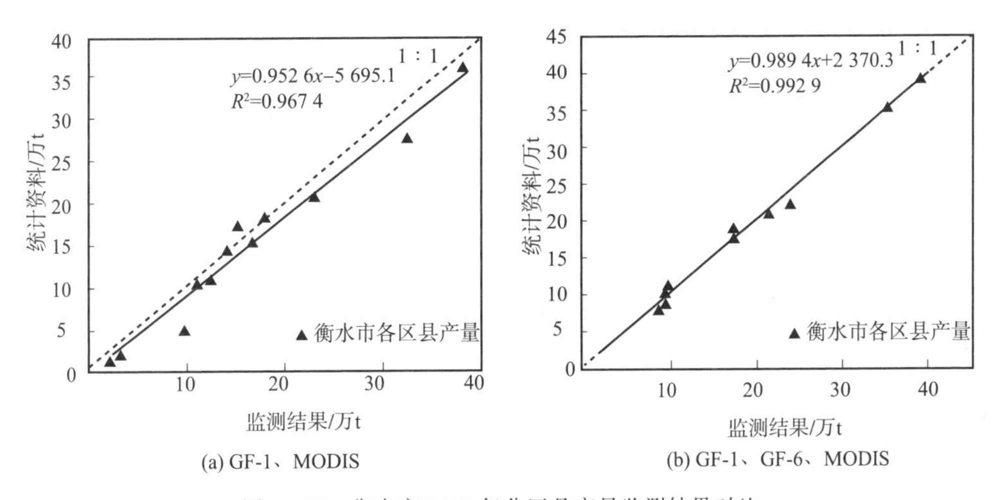


图 5-85　衡水市 2021 年分区县产量监测结果对比

## 5.5　耕地土壤墒情遥感监测应用

目前基于卫星影像的耕地土壤墒情遥感监测采用的光谱谱段主要包括两类：可见光与红外谱段以及微波谱段。基于可见光与红外谱段的土壤墒情遥感监测方法主要有三种，第一种是基于对土壤和植被热特性或作物生理反应进行描述的方法，如土壤热惯量、植被供水指数等方法；第二种是基于水分平衡原理，对蒸散过程进行模拟的作物生理模型，如作物缺水指数的方法；第三种是基于作物指数多年平均的距平比较方法。基于微波反演土壤含水量方法主要有三类，第一类是经典的数理统计算法，第二类是对地表特征进行模拟的理论或经验模型算法，第三类是基于辐射传输方程的机理算法。

本节基于多年的耕地土壤墒情遥感监测工作经验和研究，分析和总结耕地土壤墒情遥感监测的技术流程，为耕地土壤墒情遥感监测业务工作提供规范化指南，并基于 GF-3、Sentinel-1 和 HY-1D 等遥感数据结合不同的耕地土壤墒情监测方法进行耕地土壤墒情遥感监测应用示例。

### 5.5.1 耕地土壤墒情遥感监测通用规程

对于耕地土壤墒情遥感监测业务化运行来说，确定监测处理流程时主要考虑两个方面，一是遥感数据的可获取性和连续性；二是监测方法比较成熟，并已试验运行多年，经实践检验可行。综合以上考虑，经过农业部遥感应用中心1998年以来开展的“农业部土壤墒情遥感监测系统”工作多年试验与对比分析，基于可见光与红外谱段采用表观热惯量指数（Apparent Thermal Inertia，ATI）和植被供水指数（Vegetation Supply Water Index，VSWI）的方法是一套行之有效的耕地土壤墒情遥感监测方法，即基于ATI或VSWI，结合土壤墒情地面调查数据，反演估算监测区域土壤相对湿度，然后确定耕地土壤墒情等级。

在选择耕地土壤墒情遥感监测指标时，根据“农业部土壤墒情遥感监测系统”工作多年试验与对比分析以及国内外研究成果，规定处在苗期生长的作物区域，宜采用ATI模型；处在苗期生长以后的作物区域，宜采用VSWI模型。因ATI模型在耕地植被覆盖浓密时，土壤墒情遥感监测精度较低，ATI模型适合在苗期植被覆盖较少时采用；而VSWI模型要求地面植被生长较为旺盛，适用于苗期之后的作物区域土壤墒情遥感监测。

（1）总体技术流程

对卫星数据完成预处理后，按以下处理流程进行耕地土壤墒情遥感监测，首先根据作物种植类型分布图以及作物生育时期数据，计算监测区域耕地土壤墒情遥感监测指标，包括表观热惯量指数（ATI）或植被供水指数（VSWI）。处在苗期生长的作物区域，宜采用ATI模型；处在苗期生长以后的作物区域，宜采用VSWI模型；然后结合土壤墒情地面调查数据，反演估测监测区域土壤相对湿度；在此基础上，确定监测区域耕地土壤墒情等级，并进行结果验证；最后完成耕地土壤墒情遥感监测报告的编制，具体流程如图5-86所示。

（2）数据源和数据预处理

①遥感数据

1）遥感数据的选择。遥感数据主要用于计算表观热惯量指数或植被供水指数，需要可见光、近红外、热红外谱段的遥感数据。因此要求卫星遥感器应同时具有红光谱段、近红外谱段、热红外谱段范围的感应能力，例如中国风云3号系列极轨气象卫星（FY-3）以及美国EOS/MODIS、Landsat-8/OLI等卫星影像数据。除此之外，影像数据应尽量选择云量低，无数据丢失，无明显条纹、点状和块状噪声，定位准确，无严重畸变等情况的数据。其中，考虑到耕地土壤墒情监测所使用的卫星数据一般幅宽较大，一般单景影像的部分区域都会存在一定的云雾，难以获取完全晴空影像，当监测时期内云雾占比较高时，可以通过插补技术有效弥补不可使用的数据区域。

2）遥感数据预处理。耕地土壤墒情监测前，应根据不同的遥感器选择相应的辐射定标参数进行遥感影像数据辐射定标，并进行大气校正；同时影像数据需进行几何校正，配

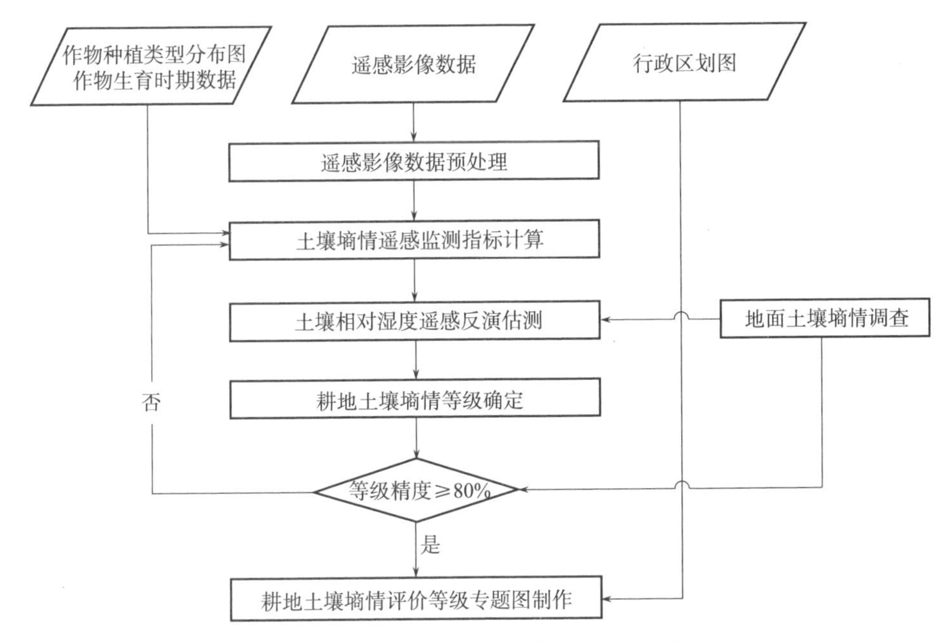


图 5－86　耕地土壤墒情遥感监测处理流程图

准误差在 1 个像元之内；并且涉及多时相、多景遥感影像数据预处理时，应实现无缝镶嵌；在此基础上，按照监测区范围、农作物种植区空间分布图或耕地分布图对校正后影像进行剪裁和掩膜处理，获取所监测区域内的遥感影像数据。

②地面土壤墒情监测数据

收集整理覆盖监测区域、监测时间的地面土壤墒情监测数据，至少包括：监测点的经纬度坐标、海拔、10 ～20 cm 层次的土壤含水量，用于土壤相对湿度遥感反演估算和耕地土壤墒情等级确定精度验证。其中地面土壤墒情监测深度要求为 10～20 cm，主要考虑该层水分对耕层土壤水分的代表性较强，与农业干旱关系更为密切。

地面土壤墒情监测点空间分布宜采用格网均匀布设方式，监测区域内每种作物类型监测点数量应满足统计模型估计的基本要求，有关地面土壤墒情监测点的设置、土壤湿度测定方法、数据采集要求、数据格式和处理说明等内容参见 NY/T 1782—2009《农田土壤墒情监测技术规范》。

③其他数据

其他数据包括了监测区域作物种植类型分布图或耕地分布图、监测区域行政区划数据、监测区域农作物不同生育时期资料等。其中，作物种植类型分布图主要用于提取监测区域的耕地类型，监测区域农作物不同生育时期资料是土壤墒情遥感监测指标类型选择的参考依据，行政区划数据则是进行土壤墒情区域评估的重要参考依据。

（3）土壤墒情遥感监测指标计算

①表观热惯量指数（ATI）

ATI 方法是热惯量法的典型方法。热惯量是物质热特性的一种综合量度，反映了物质

与周围环境能量交换的能力，在地物温度的变化中热惯量起着决定性的作用。通常可表示为

$$P=\sqrt{\rho\gamma c} \tag{5-38}$$

式中，$P$ 为热惯量（$J\cdot m^{-2}\cdot K^{-1}\cdot s^{-0.5}$）；$\rho$ 为密度（$kg\cdot m^{-3}$）；$\gamma$ 为热导率（$J\cdot m^{-1}\cdot K^{-1}\cdot s^{-1}$）；$c$ 为比热容（$J\cdot kg^{-1}\cdot K^{-1}$）。土壤热惯量与土壤的热传导率、比热容等有关，而这些特性与土壤含水量密切相连，通过计算不同土壤的热惯量可以推算土壤水分含量。

由于遥感数据无法直接获取原始热惯量模型中参数 $\rho$、$\gamma$、$c$ 的值，Price（1977）根据地表热量平衡方程和热传导方程提出了表观热惯量。在实际应用时，通常使用表观热惯量（ATI）来代替真实热惯量（$P$），建立表观热惯量与土壤含水量之间的关系。

热惯量法及其改进方法模型都是从土壤本身的热特性出发反演土壤水分，要求获取纯土壤单元的温度信息，因此热惯量法主要适用于裸土类型或植被覆盖较少的土壤类型。因此处在苗期生长的作物区域，采用 ATI 模型。按照式（5－39）计算 ATI，获得监测区域 ATI 空间分布图。

$$\mathrm{ATI}=(1-\mathrm{ABE})/\Delta T \tag{5-39}$$

式中，ABE 为地表全谱段反照率，以百分数（%）表示；$\Delta T$ 为每日最高温度、最低温度温差（K）。

根据采用的卫星数据，选择适宜的方法计算 ABE 和$\Delta T$。其中，采用 MODIS 数据计算 ABE 和$\Delta T$ 如下：

1）地表全谱段反照率（ABE）计算。按照式（5－40）计算 ABE。

$$\mathrm{ABE}=0.16\mathrm{CH}_1+0.291\mathrm{CH}_2+0.243\mathrm{CH}_3+0.116\mathrm{CH}_4+0.112\mathrm{CH}_5+0.081\mathrm{CH}_7-0.0015 \tag{5-40}$$

式中，$CH_1$、$CH_2$、$CH_3$、$CH_4$、$CH_5$、$CH_7$ 为 MODIS 数据第 1、第 2、第 3、第 4、第 5、第 7 通道的反射率（无量纲）。

2）$\Delta T$ 计算。按照式（5－41）和式（5－42）计算$\Delta T$。采用 MODIS 数据第 31 谱段的亮度温度差代替实际地表温度差：

$$\Delta T=2\frac{T(t_1)-T(t_2)}{\sin\left(\frac{\pi t_1}{12}+\omega\right)-\sin\left(\frac{\pi t_2}{12}+\omega\right)} \tag{5-41}$$

$$\omega=\arccos(-\tan\phi\tan\delta) \tag{5-42}$$

式中，$T(t_1)$ 为 $t_1$ 时间的亮度温度（K）；$T(t_2)$ 为 $t_2$ 时间的亮度温度（K）；$\phi$ 为当地纬度（°）；$\delta$ 为太阳赤纬（°）。

3）$T_i(t)$ 计算。按照式（5－43）计算 $T_i(t)$：

$$T_i(t)=\frac{K_{i,2}}{\ln\left(1+\frac{K_{i,1}}{I_i}\right)} \tag{5-43}$$

式中，$T_i(t)$ 为 $t$ 时间 MODIS 数据第 $i$（$i=31$，32）谱段的亮度温度（K）；$I_i$ 为 MODIS

数据第 $i$（$i=31$，32）谱段的辐射亮度（$W \cdot m^{-2} \cdot sr^{-1} \cdot \mu m^{-1}$）；$K_{i,1}$ 为常量，对于 $i=31$ 谱段，$K_{31,1}=729.541\ 636\ W/(m^2 \cdot sr \cdot \mu m)$，对于 $i=32$ 谱段，$K_{32,1}=474.684\ 780\ W/(m^2 \cdot sr \cdot \mu m)$；$K_{i,2}$ 为常量，对于 $i=31$ 谱段，$K_{31,2}=1\ 304.413\ 87\ K$；对于 $i=32$ 谱段，$K_{31,2}=1\ 196.978\ 785\ K$。

4）作物冠层温度（$T_s$）计算。按照式（5-44）计算 $T_s$：

$$T_s=1.034\ 6T_{31}+2.577\ 9(T_{31}-T_{32})-10.05 \tag{5-44}$$

式中，$T_{31}$ 为MODIS数据第31谱段（远红外谱段）的亮度温度（K）；$T_{32}$ 为MODIS数据第32谱段（远红外谱段）的亮度温度（K）。

5）归一化差值植被指数（NDVI）计算。按照式（5-45）计算基于MODIS数据的NDVI：

$$NDVI=(CH_2-CH_1)/(CH_2+CH_1) \tag{5-45}$$

式中，$CH_1$ 为MODIS数据第1通道的反射率（无量纲）；$CH_2$ 为MODIS数据第2通道的反射率（无量纲）。

②植被供水指数（VSWI）

植被供水指数（VSWI）方法是最为典型的综合冠层温度、作物长势的土壤墒情遥感监测方法。植被冠层的气孔在植被缺水胁迫下会关闭气孔防止水分的蒸发，这也同时导致植被冠层温度的升高。当出现土壤墒情较差时，植被长势较差，NDVI较低，同时由于蒸腾作用等的减弱，导致植被冠层温度增高，因此VSWI值较小，反之则说明土壤墒情较为湿润。因此VSWI值越小，指示土壤墒情越严重。VSWI模型主要适用于植被覆盖度较高的区域，因此将VSWI方法的应用范围限制在作物苗期之后。

1）VSWI的计算公式。按照式（5-46）计算VSWI，获得监测区域VSWI空间分布图：

$$VSWI=NDVI/T_s \tag{5-46}$$

式中，$T_s$ 为作物冠层温度（K）；NDVI为监测时段的归一化差值植被指数（无量纲）。

2）作物冠层温度（$T_s$）。表5-45给出了用于地表温度反演的典型红外遥感器及其谱段设置情况。根据遥感器的谱段设置，对应的地表温度反演方法可以分为三种，单谱段算法、分裂窗算法和多谱段算法。

**表5-45 用于反演地表温度典型的红外遥感器**

| 遥感器 | 谱段 | 光谱范围/μm | 主要算法 |
| --- | --- | --- | --- |
| AVHRR/NOAA | 3，4，5 | 3.55～3.93<br>10.30～11.30<br>11.50～12.50 | 分裂窗算法<br>多谱段算法 |
| ETM+/Landsat-7 | 6 | 10.4～12.5 | 单谱段算法 |

续表

| 遥感器 | 谱段 | 光谱范围/μm | 主要算法 |
| --- | --- | --- | --- |
| MODIS/EOS | 20，22，23，29，31，32，33 | 3.66～3.84<br>3.929～3.989<br>4.02～4.08<br>8.4～8.7<br>10.78～11.28<br>11.77～12.77<br>13.185～13.485 | 分裂窗算法<br>多谱段算法 |
| ASTER/EOS | 10，11，12，13，14 | 8.125～8.475<br>8.475～8.825<br>8.925～9.275<br>10.25～10.95<br>10.95～11.65 | 多谱段算法 |
| IRS/HJ－1 | 4 | 10.5～12.5 | 单谱段算法 |
| VIRR/FY－3 | 3，4，5 | 3.55～3.93<br>10.3～11.3<br>11.5～12.5 | 分裂窗算法<br>多谱段算法 |
| MERSI/FY－3 | 5 | 中心波长:11.25 | 单谱段算法 |

3）归一化差值植被指数（NDVI）。按照式（5－47）计算NDVI，获得监测区域NDVI空间分布图。详细的NDVI处理流程见GB/T 30115—2013《卫星遥感影像植被指数产品规范》。其中采用MODIS数据计算NDVI参见如下公式：

$$\mathrm{NDVI}=(\mathrm{NIR}-R)/(\mathrm{NIR}+\mathrm{R}) \tag{5-47}$$

式中，NIR为近红外谱段反射率（无量纲）；$R$为可见光红光谱段反射率（无量纲）。

（4）土壤相对湿度遥感反演估算

土壤相对湿度是耕地土壤墒情等级划分的指标，能直接反映作物可利用水分的状况。土壤相对湿度土层厚度取10～20 cm。按照如下公式反演估算土壤相对湿度，获得监测区域土壤相对湿度空间分布图。

$$\mathrm{SHI}=ax+b \tag{5-48}$$

式中，SHI为遥感反演估算的土壤相对湿度，以百分数（%）表示；$x$为ATI或VSWI值；$a$、$b$为系数。应针对不同地区和不同作物类型，根据土壤墒情地面观测值拟合$a$、$b$系数。

（5）耕地土壤墒情等级确定

耕地土壤墒情划分五个等级：湿润（1级墒情）、正常（2级墒情）、轻旱（3级墒情）、中旱（4级墒情）和重旱（5级墒情）。耕地土壤墒情等级划分标准见表5－46。

**表5-46　耕地土壤墒情等级划分**

| 土壤墒情等级 | 土壤相对湿度(SHI) | 土壤墒情对作物旱情影响程度 |
| --- | --- | --- |
| 湿润(1级) | SHI >80% | 土壤相对湿度适宜农作物相应生育期的生育。地表湿润,无旱象 |
| 正常(2级) | 60%<SHI ≤ 80% | 土壤相对湿度适宜农作物相应生育期的生育。地表正常,无旱象 |
| 轻旱(3级) | 50%<SHI ≤ 60% | 土壤相对湿度降低使农作物生育受到较轻微影响的程度。地表蒸发量较小,近地表空气干燥 |
| 中旱(4级) | 40%<SHI ≤ 50% | 土壤相对湿度降低使农作物生育受到很大影响,造成农作物减产的程度。土壤表面干燥,地表作物叶片有萎蔫现象 |
| 重旱(5级) | SHI≤ 40% | 土壤相对湿度降低使农作物不能生育,造成农作物濒临绝收的程度。土壤出现较厚的干土层,地表作物萎蔫,叶片干枯,果实脱落 |

(6) 等级精度计算

①地面观测样点土壤相对湿度计算

1) 土壤湿度。用重量含水量表示的土壤湿度，按式（5-49）计算：

$$W=\frac{m_{\mathrm{w}}-m_{\mathrm{d}}}{m_{\mathrm{d}}}\times 100\% \tag{5-49}$$

式中，$W$ 为土壤湿度，以百分数（%）表示；$m_{\mathrm{w}}$ 为湿土重量（g）；$m_{\mathrm{d}}$ 为干土重量（g）。

2) 土壤田间持水量。土壤田间持水量测定和计算多采用田间小区灌水法：选择 4 $\mathrm{m}^2$（2 m×2 m）的小区，除草平整后，做土埂围好；对小区进行灌水，灌水量按式（5-50）计算：

$$Q=B\cdot\frac{(\alpha-W)\cdot\rho\cdot S\cdot H}{100} \tag{5-50}$$

式中，$Q$ 为灌水量（$\mathrm{m}^3$）；$\alpha$ 为所测土层中的假设平均田间持水量，一般砂土取 20%，壤土取 25%，粘土取 27%；$W$ 为灌水前的土壤湿度，以重量含水量（%）表示；$\rho$ 为所测深度的土壤密度（$\mathrm{g/m}^3$）；$S$ 为小区面积（$\mathrm{m}^2$）；$H$ 为测定的深度（m）；$B$ 为小区需水量的保证系数，一般取 2。

在土壤排除重力水后，测定土壤湿度，即田间持水量（$f_{\mathrm{c}}$）。土壤排除重力水的时间因土质而异，一般砂性土需 1～2 d，壤性土需 2～3 d，粘性土需 3～4 d。在测定土壤湿度时，每天取样一次，每次取 4 个重复的平均值，当同一层次前后两次测定的土壤湿度差值 $<2.0\%$ 时，则第 2 次的测定值即为该层的田间持水量。

3) 土壤相对湿度。地面样点土壤相对湿度按式（5-51）计算：

$$\mathrm{SRM}=\frac{\bar{w}}{\bar{f}_{\mathrm{c}}}\times 100\% \tag{5-51}$$

式中，SRM 为监测土层平均土壤相对湿度，以百分数（%）表示；$\bar{w}$ 为监测土层平均土壤湿度，以重量含水量（%）表示；$\bar{f}_{\mathrm{c}}$ 为监测土层平均田间持水量，以百分数（%）表示。

②耕地土壤墒情遥感监测结果等级精度计算

在监测区域范围内，对同期地面观测土壤湿度的样点计算土壤相对湿度。将地面观测样点土壤相对湿度分级结果与对应的遥感监测区域耕地土壤墒情等级分布图同名像点进行比较，按照式（5－52）计算等级精度：

$$A = \frac{R}{N} \times 100\% \tag{5-52}$$

式中，$A$ 为等级精度，以百分数（%）表示；$R$ 为遥感监测与地面观测样点比较土壤墒情分级正确数据（个）；$N$ 为地面土壤墒情观测样点数（个）。

将等级精度≥80%的监测结果定为合格，该阈值的设定依据来源于公开发表的参考文献、以往承担的研究项目以及“农业部墒情遥感监测系统”的业务运行工作经验。表5－47对公开发表的相关土壤墒情遥感监测精度参考文献进行了归纳。

**表5－47 土壤墒情遥感监测方法及精度**

| 作者 | 研究区 | 时间 | 土层深度/cm | 数据源 | 方法 | 平均精度(%) |
|---|---|---|---|---|---|---|
| 刘虹利等 | 济南市农田区 | 4月下旬 | 0～20 | MODIS | VSWI | 80.34 |
| 陈少丹等 | 长江中下游 | 3月22日<br>6月10日<br>9月14日<br>12月19日 | 0～20 | MODIS | VSWI、ATI | 89.89<br>90.58<br>88.76<br>91.43 |
| 郭茜等 | 辽宁10个站点 | 4月至5月 | 0～10<br>10～20 | NOAA | ATI | 89.00<br>87.20 |
| 余桥 | 内蒙古神东矿区 | 10月上旬 | 5～10 | MODIS | ATI | 91.72 |
| 杨丽萍等 | 山东29个站点 | 4月上旬 | 0～20 | MODIS | VSWI | 84.54 |
| 魏文秋等 | 辽宁东北地区 | 8月上旬 | 0～10 | NOAA | ATI | 81.10 |
| 李星敏等 | 陕西关中地区 | 10月上旬 | 0～10 | NOAA | ATI | 82.70 |
| 郑有飞等 | 黑龙江 | 5月至9月 | 0～10<br>10～20 | MODIS | ATI、VSWI | 85.70<br>88.40 |
| | | | 0～10<br>10～20<br>20～50 | | | 82.10<br>87.80<br>88.60 |
| 宋荣杰 | 陕西关中地区 | 3月下旬<br>4月下旬 | 0～20 | MODIS | ATI、VSWI | 93.81<br>89.62 |
| 邸兰杰 | 河北平原区 | 5月<br>7月<br>10月 | 0～10 | MODIS | ATI | 74.90<br>80.75<br>79.04 |
| 于健等 | 辽宁阜新地区 | 4月 | 0～10<br>10～20<br>20～30 | MODIS | ATI | 94.60<br>89.18<br>83.50 |
| 程宇等 | 河北怀来玉米实验场 | 4月至5月 | 0～20 | MODIS | ATI | >90.00 |
| 董小曼 | 山东章丘地区 | 10月中旬 | 0～10 | MODIS | ATI | 87.16 |

续表

| 作者 | 研究区 | 时间 | 土层深度/cm | 数据源 | 方法 | 平均精度(%) |
|---|---|---|---|---|---|---|
| 张茜茹 | 河南省 | 12月 | 0～10 | MODIS | ATI | 83.63 |
| | | | 10～20 | | | 84.90 |
| | | | 20～50 | | | 78.50 |
| | | 1月 | 0～10 | | | 84.79 |
| | | | 10～20 | | | 84.62 |
| | | | 20～50 | | | 87.01 |
| | | 2月 | 0～10 | | | 86.04 |
| | | | 10～20 | | | 85.76 |
| | | | 20～50 | | | 88.07 |
| | | 3月 | 0～10 | | | 81.51 |
| | | | 10～20 | | | 82.69 |
| | | | 20～50 | | | 82.36 |
| | | 4月 | 0～10 | | | 82.11 |
| | | | 10～20 | | | 85.41 |
| | | | 20～50 | | | 85.10 |
| | | 5月 | 0～10 | | | 73.00 |
| | | | 10～20 | | | 76.30 |
| | | | 20～50 | | | 75.39 |
| 王利民等 | 黄淮海平原 | 10月 | 0～10 | MODIS | ATI、VSWI | 89.00 |
| | | | 10～20 | | | 92.00 |
| | | 11月 | 0～10 | | | 81.00 |
| | | | 10～20 | | | 83.00 |
| | | 3月 | 0～10 | | | 86.00 |
| | | | 10～20 | | | 91.00 |
| | | 4月 | 0～10 | | | 91.00 |
| | | | 10～20 | | | 94.00 |
| | | 5月 | 0～10 | | | 84.00 |
| | | | 10～20 | | | 91.00 |

(7) 耕地土壤墒情遥感监测专题图制作和报告编写

①专题图制作

根据具体的研究情况确定相对应的行政区划地理信息、比例尺、地图投影、分辨率等相关信息，然后进行耕地土壤墒情遥感监测专题制图，主要包括湿润（1级墒情）、正常（2级墒情）、轻旱（3级墒情）、中旱（4级墒情）和重旱（5级墒情）5个等级的内容。再根据要求确定各耕地土壤墒情等级的颜色以及添加指北针、图名、图例、图幅框等地图整饰。

②监测报告编写

耕地土壤墒情遥感监测报告内容包括采用的卫星及遥感器、监测时间范围、耕地土壤墒情等级及比例等遥感监测结果信息，统计表格包括根据遥感监测结果获取的耕地土壤墒情等级和比例等信息。

### 5.5.2　基于 HY－1D 数据和 TVDI 的土壤墒情监测

耕地土壤墒情遥感监测是采用遥感技术对耕地土壤水分含量进行监测的方法。以光学影像开展土壤水分监测，由于地表或者冠层温度、作物生长状况等参数是土壤水分含量间接的反映，所以可以采用温度、生长参数，或者两者综合的方式构建光学遥感指数，开展土壤水分含量监测。温度植被干旱指数（Temperature Vegetation Dryness Index，TVDI）方法是光学遥感指数综合冠层温度的土壤墒情遥感监测方法，本节将重点利用 TVDI 开展土壤墒情监测。

（1）总体技术流程

本节基于国产 HY－1D 卫星数据，以整个河南省为研究区，基于 TVDI 进行土壤墒情监测，具体技术流程如图 5－87 所示。首先对 HY－1D/OCT 原始数据与 MODIS 数据产品 MOD11A2 进行一致性分析，基于线性回归方程，将数据映射到 MOD11A2 值域范围内，并进行地表温度（Land Surface Temperature，LST）的反演。然后结合 NDVI 和 LST 数据，计算得到温度植被干旱指数（TVDI），最终基于 TVDI 进行耕地墒情的监测，本节的研究将以整个河南省为研究区。

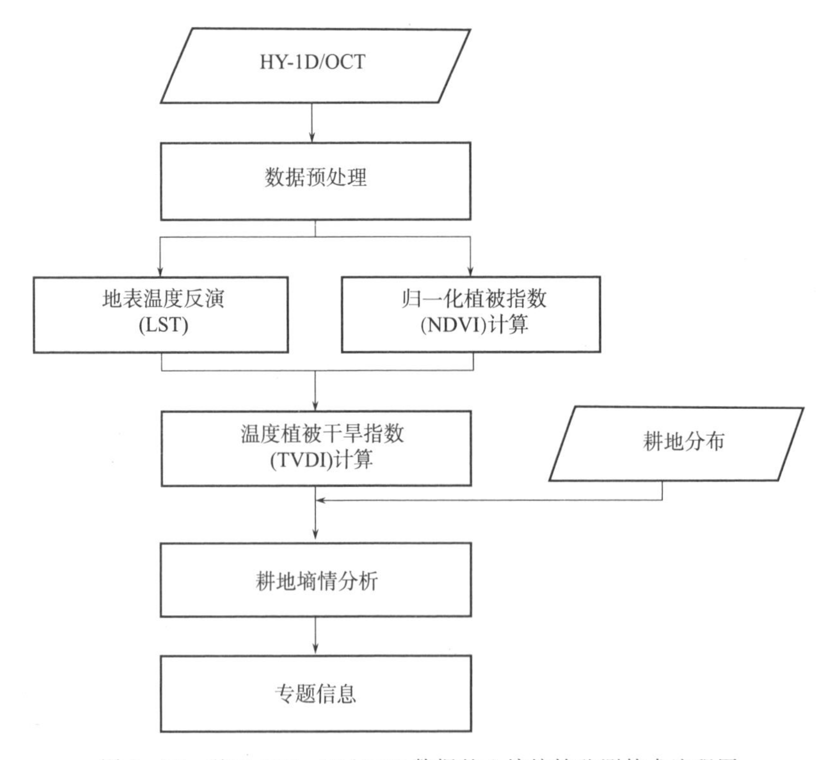


图 5－87　基于 HY－1D/OCT 数据的土壤墒情监测技术流程图

（2）方法介绍

根据如下经验公式反演地表温度（LST）：

$$\mathrm{LST}=0.002T-273.15 \tag{5-53}$$

式中，$T$ 为 OCT 计算的亮温。

统计研究区玉米区域的 NDVI 每个间隔地表温度的最大、最小值，根据式（5-54）计算温度植被干旱指数（TVDI），并基于 NDVI 数据计算干边、湿边方程，进行墒情监测。其中：

$$\mathrm{TVDI}=\frac{\mathrm{LST}-\mathrm{LST}_{min}}{\mathrm{LST}_{max}-\mathrm{LST}_{min}} \tag{5-54}$$

$$\mathrm{TS}_{max}=a_1 \cdot \mathrm{NDVI}+b_1 \tag{5-55}$$

$$\mathrm{TS}_{min}=a_2 \cdot \mathrm{NDVI}+b_2 \tag{5-56}$$

式中，LST 为某像元的地表温度；$\mathrm{LST}_{max}$ 为该像元 NDVI 值对应的最高温度（干边温度）；$\mathrm{LST}_{min}$ 为该像元 NDVI 值对应的最低温度（湿边温度）。

（3）研究结果

①HY-1D 数据的一致性检验

在研究区内等间距设置数据一致性分析采样点，如图 5-88 所示。

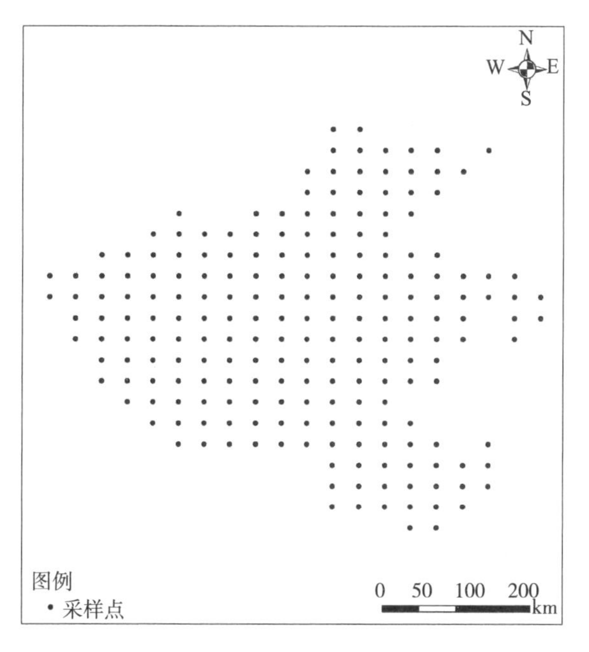


图 5-88 一致性分析采样点

基于采样点获取的 HY-1D/OCT 数据和 MOD11A2 数据，进行一致性检验，以 MOD11A2 产品为横坐标，HY-1D 原始数据为纵坐标，绘制散点图，并进行线性拟合，决定系数达到了 0.81，如图 5-89 所示。表明国产 HY-1D 卫星数据与 MODIS 数据的一致性较高，基于 HY-1D 数据进行墒情监测真实可靠。

②TVDI 计算

获取玉米区域的地表温度和 NDVI，以 NDVI 间隔为准，依次统计地表温度的最大最

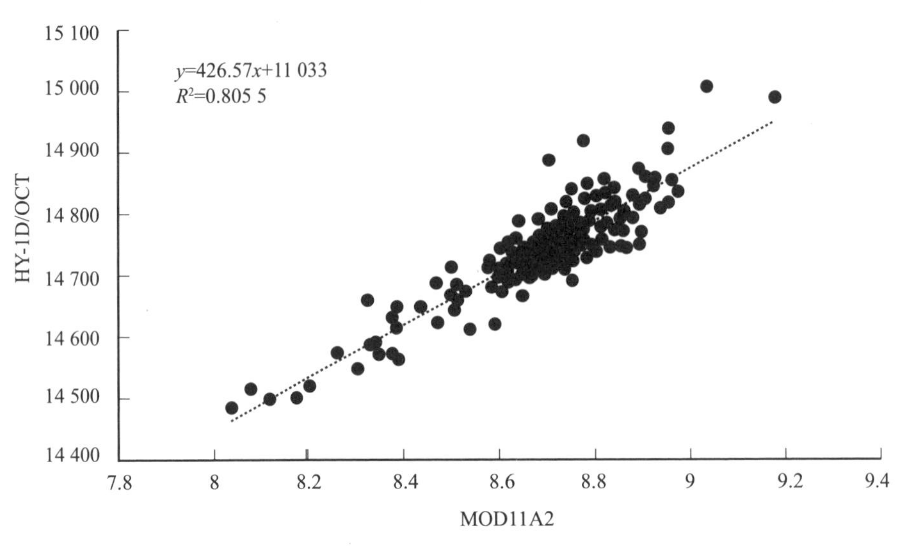


图 5-89　基于 MOD11A2 数据的一致性检验

小值，计算 TVDI 的干边方程（$TS_{max}$）、湿边方程（$TS_{min}$）。

$$TS_{max} = 0.0001 \cdot NDVI + 23.617 \quad (5-57)$$

$$TS_{min} = 0.0013 \cdot NDVI + 8.0381 \quad (5-58)$$

基于 HY-1D/OCT 干湿边方程如图 5-90 所示。

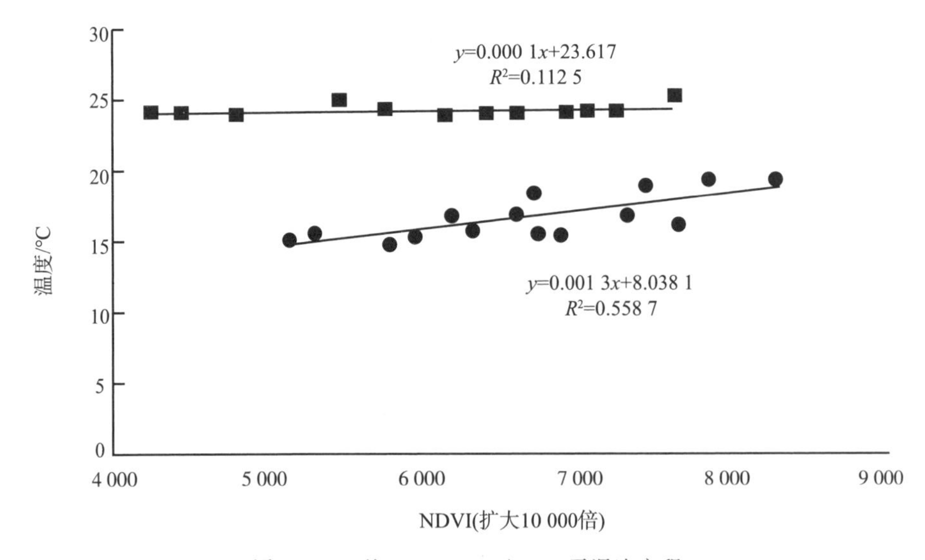


图 5-90　基于 HY-1D/OCT 干湿边方程

③土壤墒情监测

根据 TVDI 计算公式计算得到 TVDI，TVDI 值域范围在［0，1］之间，值越大，相对旱情越重，根据旱情分级标准，将 TVDI 等分六级，形成重旱、中旱、轻旱、适宜、湿润和过湿六个等级，获取河南省夏玉米种植区土壤墒情监测结果，具体分布如图 5-91 所示。结果表明此时河南省玉米区域以适宜和轻旱为主。

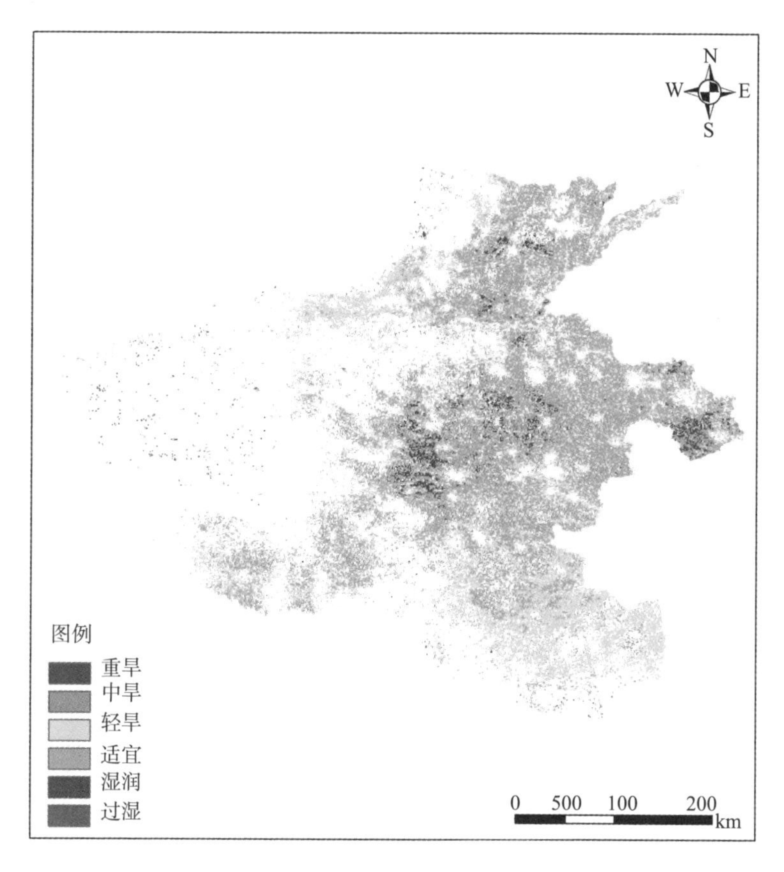


图 5－91　基于 HY－1D/OCT 数据的河南省夏玉米种植区土壤墒情监测结果分布图（见彩插）

### 5.5.3　基于雷达数据的土壤墒情监测

除了光学数据外，雷达数据也被广泛应用于土壤墒情监测中，由于土壤水分影响土壤介电常数，而土壤介电常数与雷达后向散射系数密切相关，因此可以通过构建土壤水分与接收到的微波信号后向散射之间的关系来反演土壤水分。本节将重点利用雷达数据开展土壤墒情监测。

（1）总体技术流程

基于 GF－3C 和 Sentinel－1 数据进行农作物种植区耕地土壤墒情监测，主要技术流程包括数据收集与预处理、墒情监测和相对精度说明三部分，具体技术流程如图 5－92 所示。首先进行数据收集与预处理，主要包括收集 GF－3C 和 Sentinel－1 雷达数据、GF－1/WFV 多光谱数据以及研究区边界、DEM 等辅助数据。然后进行数据预处理，对 GF－3 数据进行定标、地理编码、后向散射系数计算、极化分解、几何配准和掩膜等预处理，对 Sentinel－1 数据进行地理编码和计算后向散射系数等预处理，对 GF－1/WFV 数据进行定标、大气校正、几何配准和掩膜等预处理。在此基础上，将获取的后向散射系数及极化特征分别与土壤含水量构建对应的线性方程，然后反演植被区土壤含水量，进行墒情等级划分形成土壤墒情监测结果。最后，选取验证样点，将基于 GF－3C 数据和 Sentinel－1 数据反演得到的土壤墒情结果进行对比，以此评价土壤墒情反演结果的相对精度。

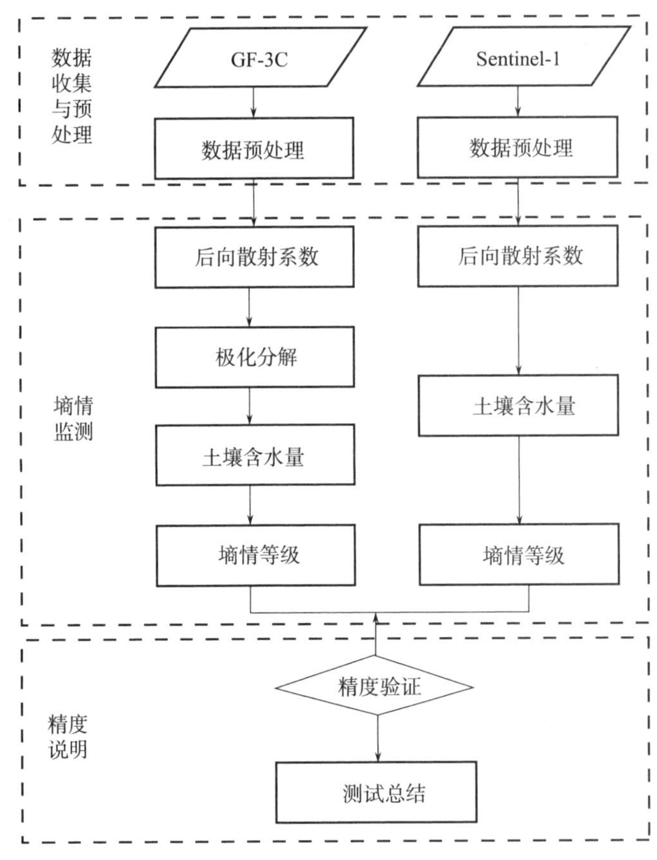


图 5－92　基于 GF－3C 数据的农作物种植区土壤墒情监测技术流程图

（2）研究区概况

本节的研究区为武邑县，武邑县地处东经 115°45′～116°08′，北纬 37°37′～38°00′之间，东西最宽 27 km，南北最长 42.5 km，总面积 832 km²，位于河北省东南部，衡水市东北部，东邻阜城县、景县，西接桃城区、深州市，南与枣强县接壤，北与武强县毗连，东北与泊头市为邻。武邑县属于河北省中南部平原，全境地势平坦，由西南向东北平微倾斜，海拔 15.10～22.50 m，平均海拔 20 m。武邑县属暖温带半干旱季风气候，气候温和，四季分明，年平均日照时间 2 575.6 h，全年日照率 58%，年平均气温 12.6 ℃，无霜期 195 天，年平均降水量 518.5 mm 左右。武邑县土壤类型主要为潮土亚类，东南沙，西北粘，中间碱，沿河两岸是良田，耕地面积 5.9 万 hm²，为传统农业大县。七月份是秋收作物关键生育时期，此时含水量巨大，进行墒情监测对产量预测具有重要意义。

（3）所用数据

研究采用的是成像时间为 2022 年 07 月 06 日的高分三号 C 星和成像时间为 2022 年 07 月 05 日的 Sentinel－1 数据，以及成像时间为 2022 年 07 月 24 日的 GF－1/WFV 数据，具体采用数据见表 5－48。其中 GF－3C 和 Sentinel－1 用于土壤墒情的反演，GF－1/WFV 数据用于研究区内作物的识别和面积提取。

**表 5－48　土壤墒情监测所用数据一览表**

| 序号 | 卫星 | 数据编号 | 采集时间 |
|---|---|---|---|
| 1 | GF－3C | GF3C_MYC_FSI_001304_E115.9_N38.0_20220706_L1A_HHHV_L10000029629 | 2022.7.6 |
| 2 | Sentinel－1 | S1A_IW_GRDH_1SDV_20220705T101338_20220705T101403_043964_053F7C_9B30 | 2022.7.5 |
| 3 | GF－1/WFV | GF1_WFV4_E115.7_N38.5_20220724_L1A0006621490 | 2022.7.24 |

（4）研究结果与精度评价

①研究区作物面积提取

基于 GF－1/WFV 数据，采用随机森林算法提取研究区内玉米和棉花的农作物面积分布，具体分布结果如图 5－93 所示。

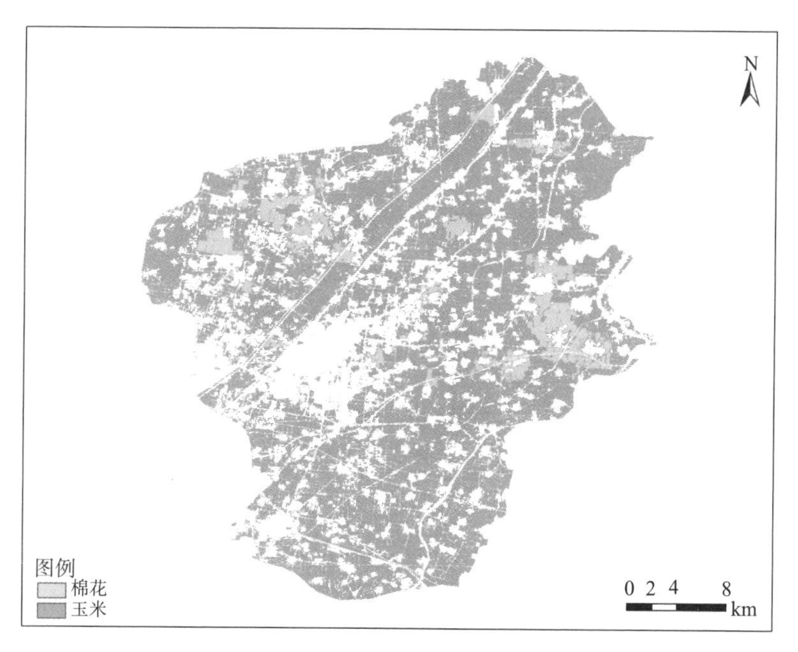


图 5－93　研究区玉米、棉花空间分布（见彩插）

②基于后向散射系数的土壤湿度反演

基于 Sentinel－1 数据 HV 极化模式下的后向散射系数和土壤含水量数据，构建土壤含水量反演模型，结果如下公式所示：

$$SM = -0.2819\sigma_{HV} + 3.051 \tag{5-59}$$

式中，SM 为土壤含水量；$\sigma_{HV}$ 为 HV 极化模式下的后向散射系数。

对比 GF－3C 双极化数据的不同特征对土壤含水量反演的敏感性，经测试特征 H&A 组合特征（1－H）A 的反演效果最好，选择该特征进行土壤水分反演模型构建，获得的反演公式如下所示。

$$y = 2.265x + 5.7711 \tag{5-60}$$

式中，$x$ 为 H&A 组合特征值；$y$ 为土壤含水量。

以土壤含水量 6%、9%作为阈值，将玉米和棉花种植区土壤墒情分为轻旱、适宜和湿润，研究区土壤墒情监测结果如图 5 - 94 所示。

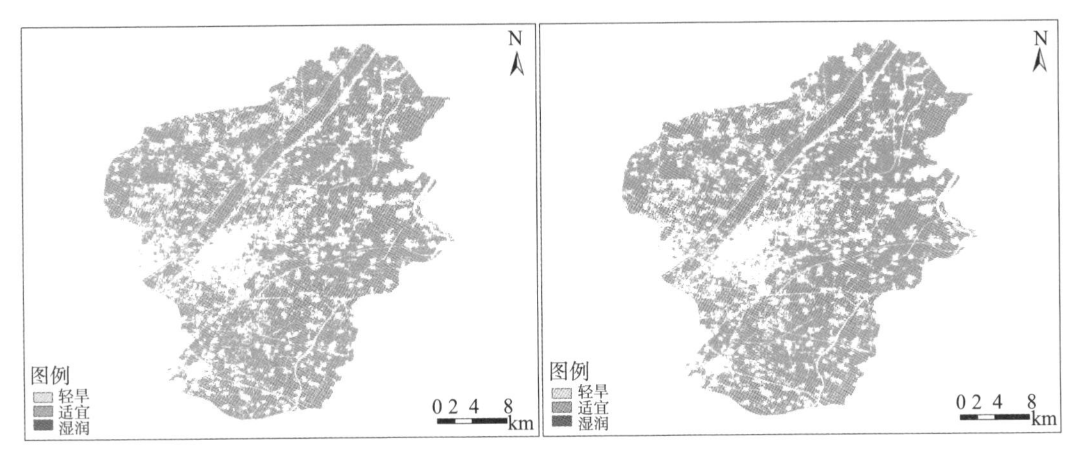


图 5 - 94 基于 GF - 3C（左）和 Sentinel - 1（右）数据的作物种植区土壤墒情（见彩插）

③精度评价

以 Sentinel - 1 数据的监测结果为基准，对基于 GF - 3C 数据的墒情评价结果进行精度评价，相对精度达到了 85.5%，见表 5 - 49。

**表 5 - 49 墒情监测精度分析**

| 基于 Sentinel - 1 的墒情等级 | 基于 GF - 3C 的墒情等级 | 像元数量 | 相对精度 |
|---|---|---|---|
| 轻旱 | 轻旱 | 186 | 85.5% |
| 适宜 | 轻旱 | 64 267 | |
| 湿润 | 轻旱 | 1 | |
| 轻旱 | 适宜 | 1 128 | |
| 适宜 | 适宜 | 384 381 | |
| 湿润 | 适宜 | 2 | |

## 5.6 农业设施遥感监测应用

随着我国农业生产水平的不断提高，各类农业设施正在逐步建成和完善，农业设施的不断进步极大地促进了田间交通和农田灌溉，是我国农业稳产、丰产的重要基础。随着遥感数据空间分辨率的不断提升，基于遥感数据的农业设施监测逐渐成为可能。目前，主要采用的是基于中高分辨率遥感数据结合目视判读法开展农业设施遥感监测。本节将从水产养殖、高标准农田、设施农业和农田骨干设施四个方面对农业设施遥感监测的应用进行说明。

### 5.6.1 基于CBERS－04A数据的水产养殖遥感监测

（1）总体技术流程

总体技术流程包括数据预处理、数据融合、养殖水面提取和精度验证等内容。其中数据预处理指将原始的卫星影像经过辐射定标获得反射率数据。并利用影像的RPC参数和ASTER GDEM高程数据，对影像进行区域网平差和几何精校正；数据融合指将CBERS－04A卫星数据和辅助数据GF－2卫星数据采用NND算法对影像进行全色和多光谱数据融合，获得2 m分辨率CBERS－04A融合数据和1 m分辨率GF－2融合数据；水产养殖水面识别指基于水体和渔业养殖区域的光谱和纹理特征，采用人工目视判读方法，识别并提取陆地水产养殖区域，计算陆地水产养殖区域面积；精度评价指利用GF－2融合数据进行目视识别，提取陆地水产养殖区域面积。将GF－2融合数据提取结果作为标准值，评价CBERS－04A数据提取的陆地水产养殖区域面积识别精度和面积吻合度。总体的技术流程如图5－95所示。

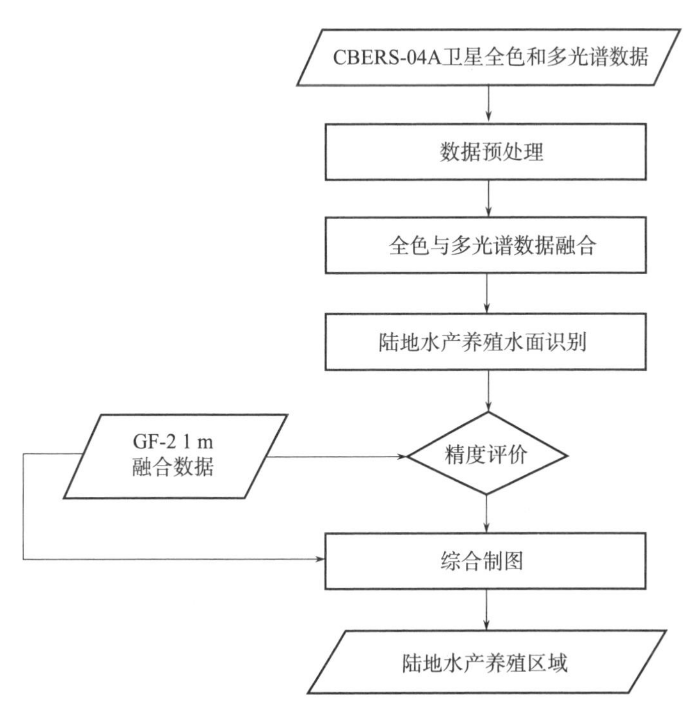


图5－95 陆地水产养殖遥感监测总体的技术流程

（2）研究区概况

研究区位于湖北省潜江市和荆州区，地处湖北省中南部、江汉平原腹地。域内大小河流纵横交错，湖库塘堰星罗棋布，水产资源极为丰富，发展水产生产的条件得天独厚。研究区在北纬30°附近，属北亚热带季风性湿润气候，四季分明，夏热冬寒，热量、雨量比较充足，无霜期较长，年平均气温16.1 ℃，年平均日照时数为1 949～1 988 h，全年无霜期约250天。荆州市共有水域面积520万亩，占全市版图面积的24.78%，其中湖泊52万亩，水库6.5万亩，沟渠12.5万亩，精养鱼池75万亩，塘堰30万亩，其他水面25万亩，水产业已成为荆州的特色产业和支柱产业。潜江市虾-稻共作面积达到80万亩，小龙虾交易额突破80亿元，虾-稻产业综合产值达到420亿元。潜江龙虾区域公用品牌价值203.7亿元，位居全国小龙虾品牌首位。潜江全市主要农作物耕种收综合机械化水平在83%以上，大田机械耕整率在98%以上。

(3) 所用数据

以CBERS-04A卫星全色和多光谱融合影像作为输入，进行水产养殖水面遥感监测。所用CBERS-04A卫星数据的具体信息见表5-50。

**表5-50　所用CBERS-04A影像列表**

| 序号 | 区域 | CBERS-04A WPM影像名称 | 拍摄日期 | 地形特征 |
|---|---|---|---|---|
| 1 | 湖北省荆州市潜江市 | CB04A_WPM_E116.5_N35.0_20200426_L1A0000037957 | 2020年09月08日 | 平原 |

采用GF-2融合1 m影像辅助数据作比较，进行调查产品的精度评价和比较。辅助数据采用情况见表5-51。

**表5-51　水产养殖识别所用GF-2辅助影像列表**

| 序号 | 区域 | 影像名称 | 拍摄日期 | 地形特征 |
|---|---|---|---|---|
| 1 | 湖北省荆州市 | GF2_PMS1_E112.2_N30.5_20200320_L1A0004687398 | 2020年03月20日 | 平原 |
| 2 | 湖北省潜江市 | GF2_PMS1_E112.5_N30.5_20200815_L1A0004992500 | 2020年08月15日 | 平原 |
| 3 | 湖北省潜江市 | GF2_PMS2_E112.8_N30.4_20200815_L1A0004992561 | 2020年08月15日 | 平原 |

(4) 研究结果与精度验证

研究区水产养殖水面提取结果如图5-96、图5-97所示。

基于GF-2融合1 m影像，采用目视识别的方法提出陆地水产养殖水面作为标准值。对GF-2融合影像提取的结果和CBERS-04A影像识别结果进行比对，面积总精度达到96.52%，其中湖北省荆州市荆州区纪南镇鱼塘养殖水面提取精度为97.31%，湖北省潜江市浩口镇柳洲村稻田养殖水面提取精度为95.72%。精度评价结果见表5-52。

**表5-52　研究区陆地水产养殖水面提取结果精度**

| 序号 | 区域名称 | GF-2影像(NND融合1 m)/亩 | CBERS-04A影像(NND融合2 m)/亩 | 精度(%) |
|---|---|---|---|---|
| 1 | 湖北省荆州市荆州区纪南镇鱼塘养殖水面 | 5 201.14 | 5 344.65 | 97.31 |
| 2 | 湖北省潜江市浩口镇稻田养殖水面 | 629.30 | 657.43 | 95.72 |
| 3 | 总体精度(%) | 96.52 | | |

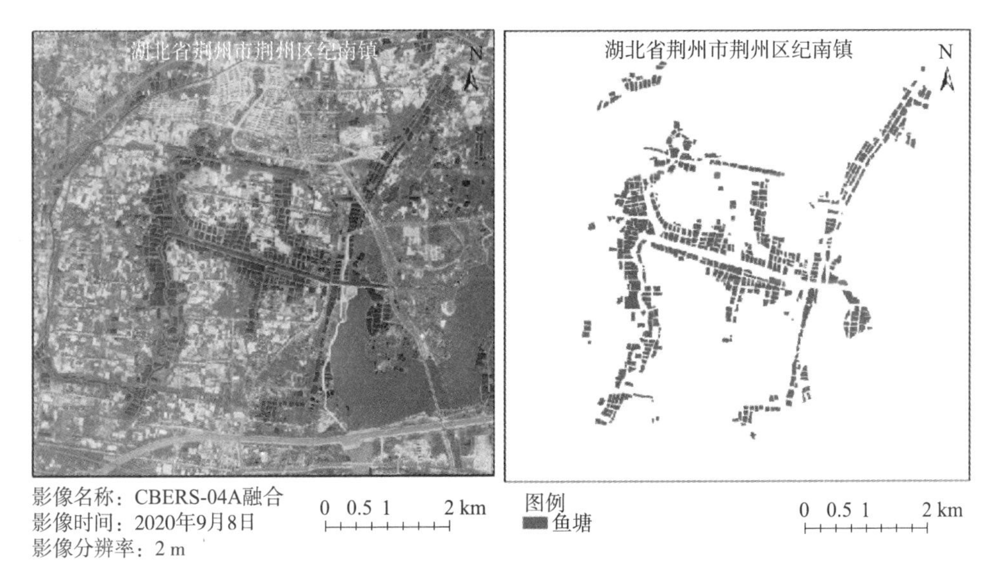


图 5－96　湖北省荆州市荆州区纪南镇鱼塘养殖水面监测 CBERS－04A 影像结果（见彩插）

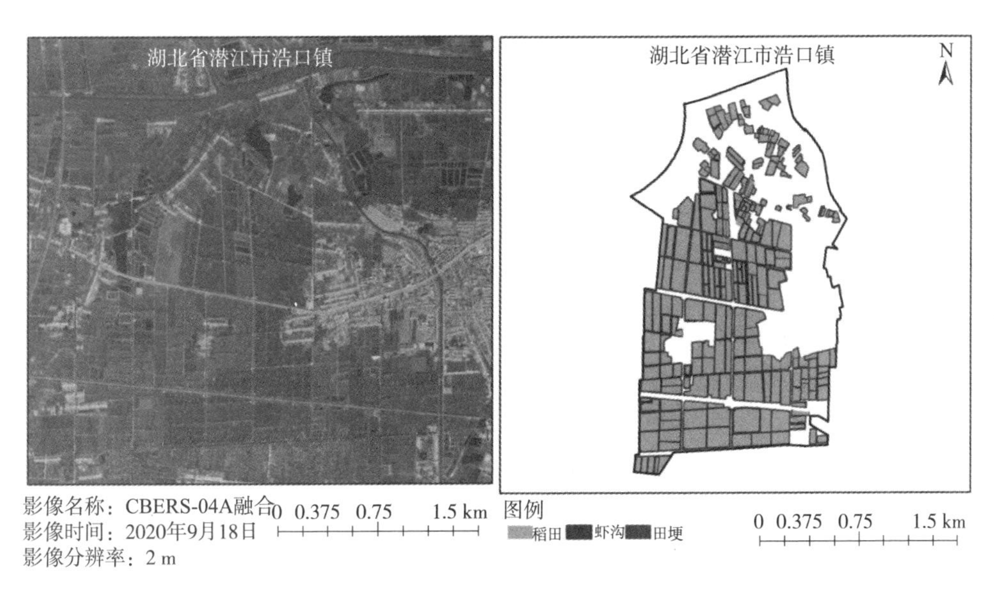


图 5－97　湖北省潜江市浩口镇稻田养殖监测 CBERS－04A 影像结果（见彩插）

### 5.6.2　基于 CBERS－04A 数据的高标准农田遥感监测

（1）总体技术流程

基于 CBERS－04A 数据的高标准农田遥感监测主要包括影像预处理、高标准农田信息提取和精度评价等内容，具体技术流程如图 5－98 所示。

①影像预处理

对 CBERS－04A 影像进行 RPC 校正、几何精校正，再采用 NND 算法进行全色和多

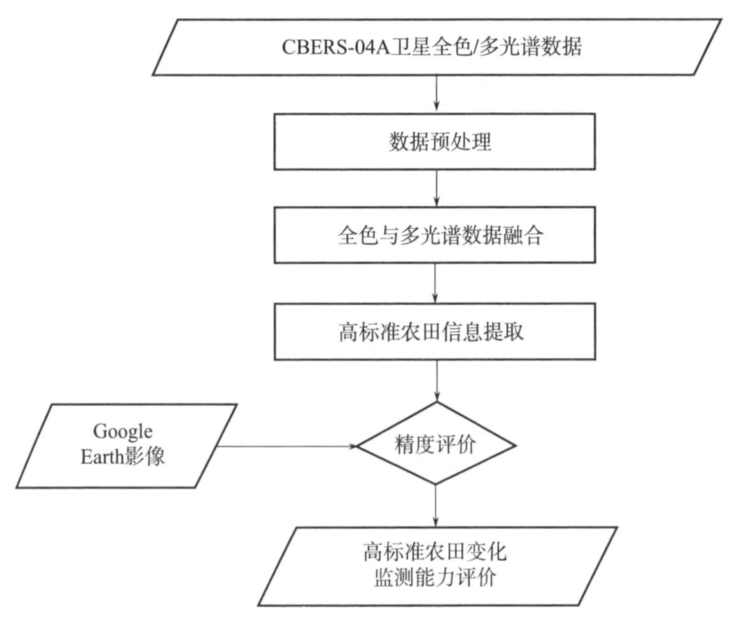


图 5－98　高标准农田变化监测评价流程

光谱数据融合。

②高标准农田信息提取

基于耕地、水渠、道路、树木、房屋等地物的光谱和纹理特征，采用人工目视判读方法，识别并提取高标准农田空间分布信息。

③精度评价

与 GoogleEarth 影像的识别结果相比较，评价 CBERS－04A 数据对高标准农田耕地、水渠、道路、树木、房屋等地物的识别能力。

（2）研究区概况

研究区位于山东省济宁市金乡县。为适应现代化的农业作业方式，改善农田基础设施，进一步促农增收，从 2014 年开始实施高标准基本农田建设，工程建设包括土地平整、灌溉与排水、田间道路、农田防护与生态环境保持等 4 大工程，已建成“田成方、地平整、土肥沃、旱能灌、涝能排、路相通、树成行”的旱涝保收高标准农田 25 000 亩，主要包括新打机井 304 眼，维修机井 266 眼，配套机井 512 眼，安装出水口 3 490 个，埋设 PVC－U 管道 135.73 km，架设 10 kV 高压线路 6.42 km，敷设低压电缆 146.23 km，安装变压器 22 套；新挖各类沟渠 83 417.32 m，清淤各类沟渠 37 145.09 m；修建各类桥涵 507 座，重修混凝土路面机耕干道 25 19.8 m，新修混凝土路面机耕道 35 861.68 m，新修碎石路面机耕支道、生产路 29 973.76 m，栽植防护林 27 878 株，平整土地 414 318 $m^3$。

(3) 研究结果与精度评价

融合后的 CBERS-04A 影像采用目视判读方法，可以很清楚地识别出耕地、林地、交通用地、住宅用地等典型的地表覆盖情况。局部区域 CBERS-04A 影像及高标准农田土地利用类型的提取结果如图 5-99 所示。

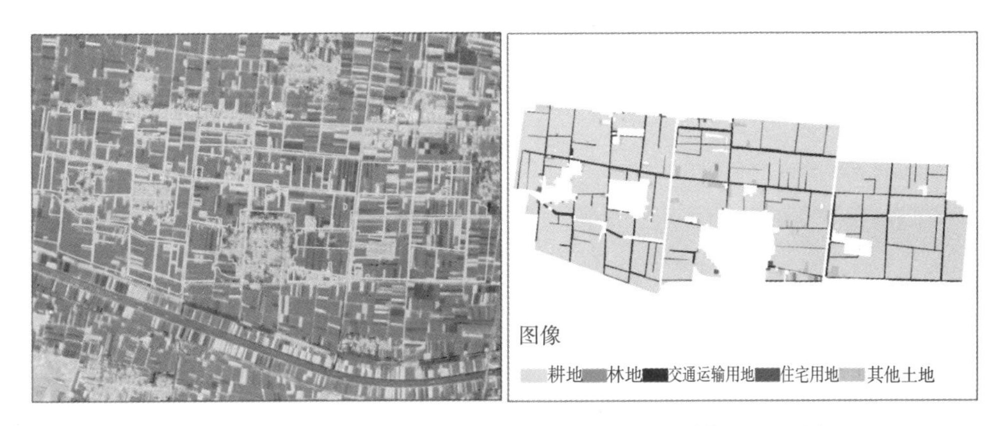


图 5-99　局部高标准农田 CBERS-04A 影像及识别结果（见彩插）

以 2015 年 12 月 15 日 Google Earth (GE) 影像作为基准，提取高标准农田土地利用类型作为原始的基础数据。与 2020 年 4 月 26 日 CBERS-04A 影像提取结果进行对比，评价 CBERS-04A 影像提取结果的高标准农田后期用地类型变化情况。图 5-100 为 2015 年 12 月 15 日 Google Earth 影像和 2020 年 4 月 26 日 CBERS-04A 影像提取结果图。

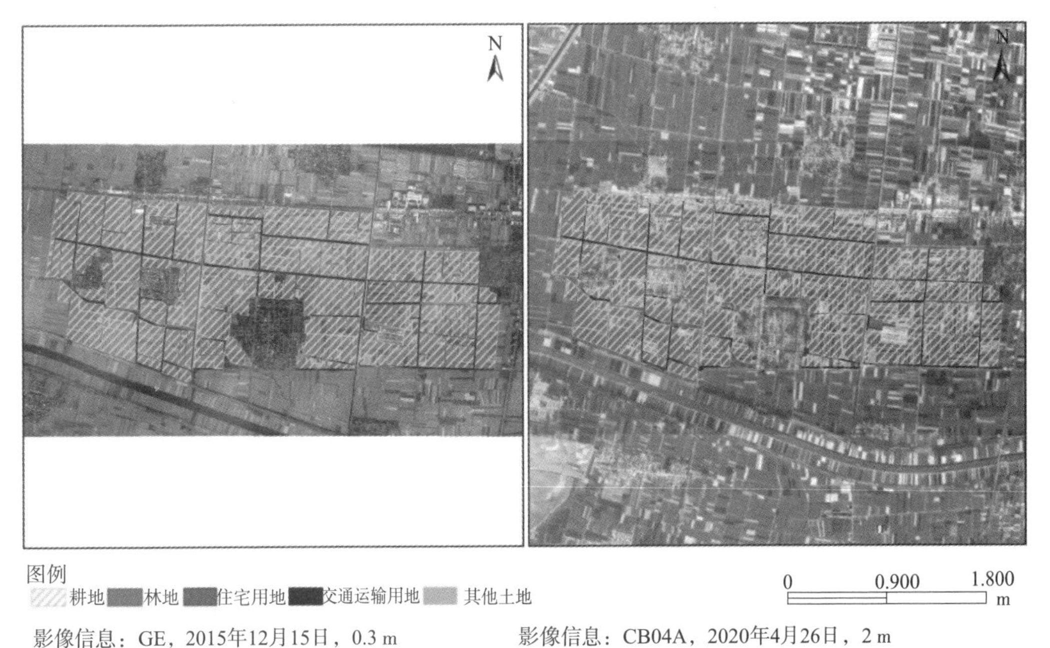


图 5-100　局部高标准农田 2015 年 GE 影像对比 2020 年 CBERS-04A 影像土地利用（见彩插）

由图 5－100 可以看出 CBERS－04A 影像可以识别出来的土地利用类型包括耕地、住宅用地、交通用地和其他用地等，其中果园和林地容易混淆，水利设施难以识别。为了更好地评价 CBERS－04A 影像在高标准农田后期用地类型管护方面的监测能力，通过目视判读的方式对研究区 2019 年 11 月 10 日 Google Earth 影像进行目视识别，提取结果如图 5－101 所示。

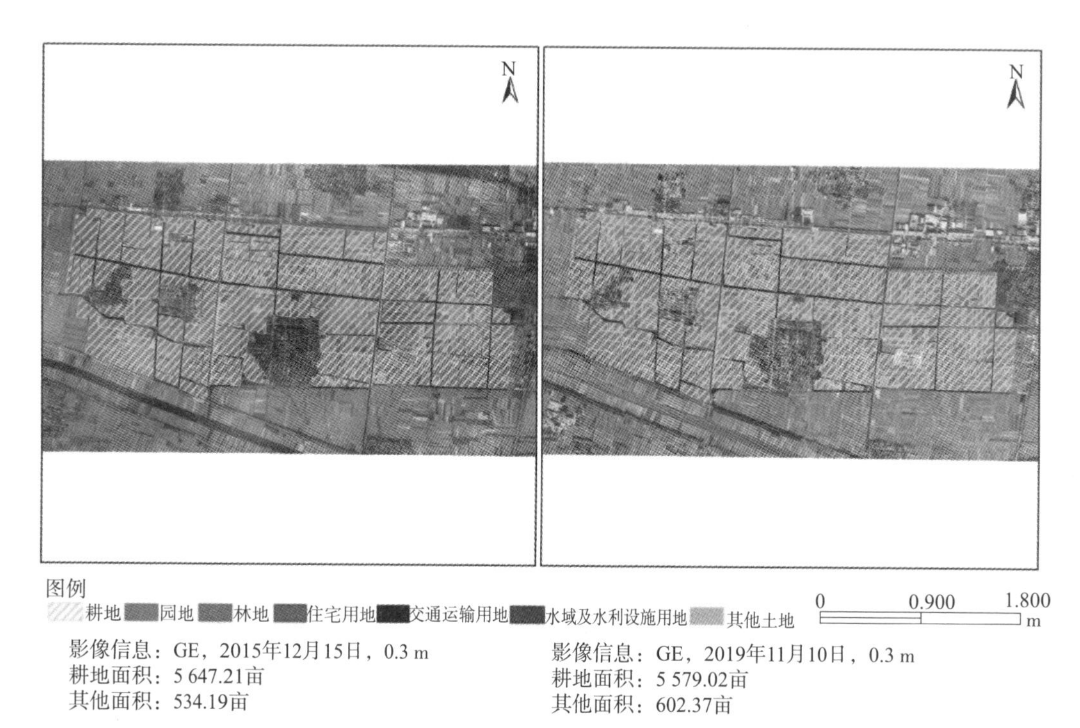


图 5－101　局部高标准农田 2015 年 GE 影像和 2019 年 GE 影像土地利用对比（见彩插）

通过两个年度识别结果的对比评价可以看出 CBERS－04A 影像可以识别出来的土地利用类型包括耕地、住宅用地、交通用地和其他用地等，其中果园和林地容易混淆，水利设施识别不出，具体见表 5－53。

**表 5－53　高标准农田变化面积计算**

| 影像时间 | 耕地/亩 | 非耕地/亩 | | | | | |
|---|---|---|---|---|---|---|---|
| | | 园地 | 林地 | 住宅用地 | 交通运输用地 | 水域及水利设施用地 | 其他土地 |
| 2015－GE 影像(0.3 m) | 5 647.21 | 0.00 | 0.00 | 18.39 | 201.05 | 245.57 | 69.18 |
| 2019－GE 影像(0.3 m) | 5 579.02 | 11.04 | 2.95 | 18.60 | 204.89 | 245.85 | 119.05 |
| 2020－CBERS 04A 影像(2 m) | 5 615.45 | 0.00 | 11.45 | 14.83 | 398.25 | 0.00 | 142.42 |
| GE 耕地变化计算 | −68.18 | 11.04 | 2.95 | 0.21 | 3.83 | 0.27 | 49.87 |
| CBERS 04A 耕地变化计算 | −31.76 | 0.00 | 11.45 | −3.56 | 197.19 | −245.57 | 73.24 |

### 5.6.3　基于 CBERS－04A 数据的设施农业遥感监测

（1）总体技术流程

基于 CBERS－04A 数据的设施农业遥感监测包括数据获取与预处理、数据融合、设施农业识别和精度评价等内容，具体流程如图 5－102 所示。

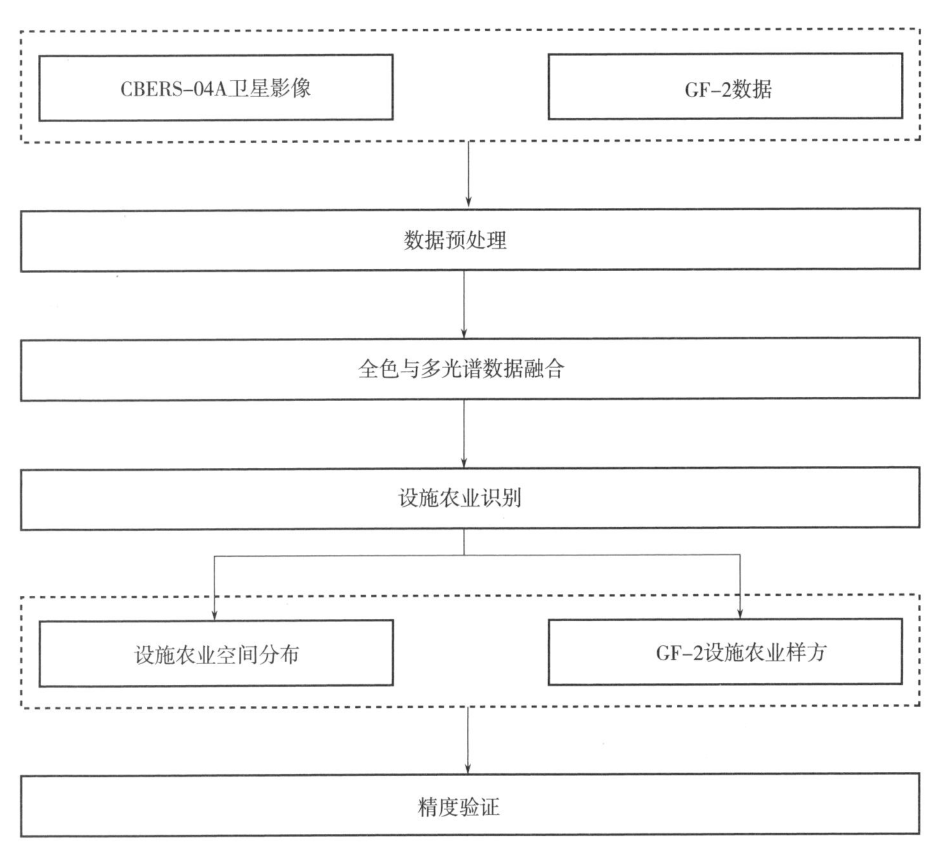


图 5－102　设施农业遥感监测总体技术流程

①数据获取与预处理

研究采用的数据为 2020 年 8 月 18 日的 CBERS－04A 卫星数据和 2020 年 3 月 5 日的 GF－2 卫星数据。原始的卫星影像为 1A 级，经过辐射定标获得反射率数据。利用影像的 RPC 参数和 ASTER GDEM 高程数据，对影像进行区域网平差和几何精校正。

②数据融合

遥感器采用 NND 算法分别对 CBERS－04A 卫星数据和 GF－2 卫星数据进行全色和多光谱数据融合，获得 2 m 空间分辨率 CBERS－04A 融合数据和 1 m 空间分辨率 GF－2 融合数据。

③设施农业识别

基于设施农业的光谱和纹理特征，采用人工目视判读方法，识别并提取设施农业空间分布信息，计算设施农业的数量。

④精度评价

利用 GF-2 融合数据，选取 5 个 500 m×500 m 样方提取设施大棚面积。将样方结果作为标准值，评价 CBERS-04A 数据可以识别的设施农业类型，计算设施农业的识别精度和面积吻合度。

(2) 研究区概况

研究区位于山东省聊城市莘县，县境介于北纬 35°48′～36°25′，东经 115°20′～115°43′之间，属于黄泛平原，地势平坦，土层深厚，海拔 35.7～49 m，西南高，东北低，主要由河滩高地、沙质河槽地、缓平坡地、河间浅平洼地、河道决口扇形地等组成，属暖温带半干旱季风型大陆性气候，四季分明，干湿季明显，雨热同季。莘县是农业大县、蔬菜大县。莘县瓜菜菌播种面积达到 100 万亩，总产超过 500 万 t，拥有冬暖式蔬菜大棚 27 万座，大拱棚 25 万亩。

(3) 所用数据

原始的 CBERS-04A 卫星影像为 1A 级产品，产品信息见表 5-54。以全色和多光谱融合影像作为输入。

**表 5-54　设施农业遥感监测所用 CBERS-04A 影像列表**

| 序号 | 区域 | CBERS-04A 影像名称 | 拍摄日期 | 地形特征 |
|---|---|---|---|---|
| 1 | 山东省莘县 | CB04A_WPM_E115.2_N35.8_20200818_L1A0000078723 | 2020 年 8 月 18 日 | 平原 |

获取研究区 1 m/4 m GF-2 数据作为辅助数据，进行调查产品的精度评价。辅助数据采用情况见表 5-55。

**表 5-55　设施农业遥感监测所用辅助数据列表**

| 序号 | 区域 | 影像名称 | 拍摄日期 | 地形特征 |
|---|---|---|---|---|
| 1 | 山东省莘县 | GF2_PMS2_E115.5_N36.1_20200305_L1A0004656181 | 2020 年 3 月 5 日 | 平原 |

(4) 研究结果与精度评价

基于 GF-2 融合 1 m 影像，随机选取 5 个 500 m×500 m 格网，采用目视识别的方法对 GF-2 融合 1 m 影像进行识别，提出设施农业空间分布作为标准值。GF-2 融合影像样方位置及提取结果如图 5-103 所示。随机选取其中 2 个 500 m×500 m 样方内设施大棚面积结果相比较。设施农业样方对比影像如图 5-104、图 5-105 所示。选取的 2 个随机样方的总面积为 750 亩，GF-2 融合影像设施农业占地面积 370.23 亩，对应的 CBERS-04A 卫星影像监测结果为 380.06 亩，面积吻合度达到 97.41%。精度评价结果见表5-56。

图 5 - 103　山东省莘县妹冢镇设施农业样方及提取结果图（见彩插）

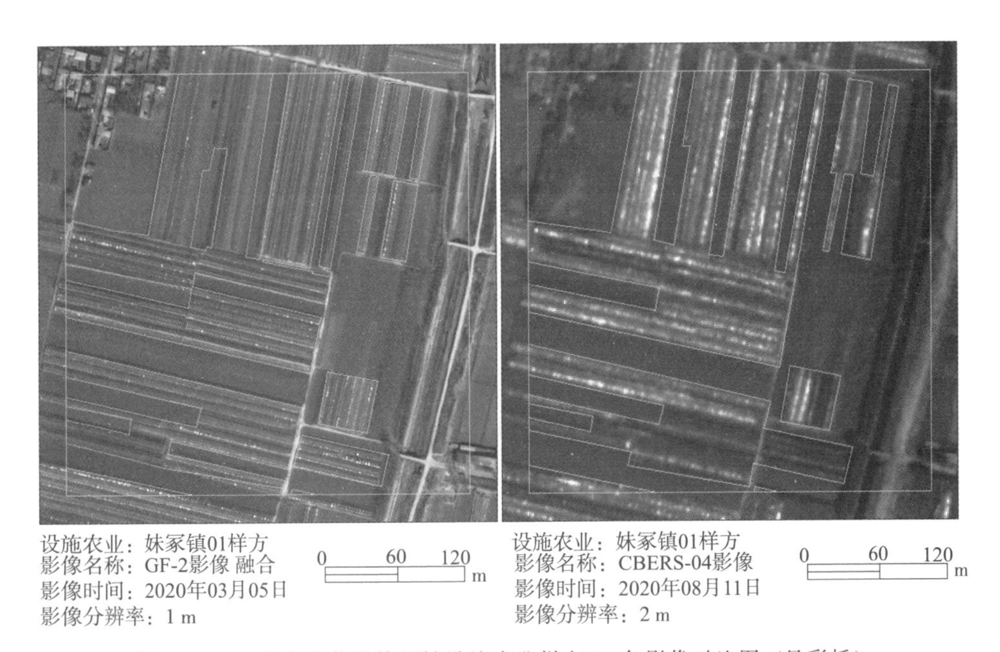


图 5 - 104　山东省莘县妹冢镇设施农业样方 01 各影像对比图（见彩插）

**表 5 - 56　影像样方精度计算**

| 序号 | 样方编号 | 标准图幅面积/亩 | GF - 2 影像(1m)<br>面积/亩 | CBERS - 04 影像(2 m)<br>面积/亩 | 精度(%) |
|---|---|---|---|---|---|
| 1 | 妹冢镇大棚 01 | 375.00 | 172.21 | 177.16 | 97.21 |
| 2 | 妹冢镇大棚 02 | 375.00 | 198.02 | 202.90 | 97.60 |
| 合计 | | 750 | 370.23 | 380.06 | 97.41 |

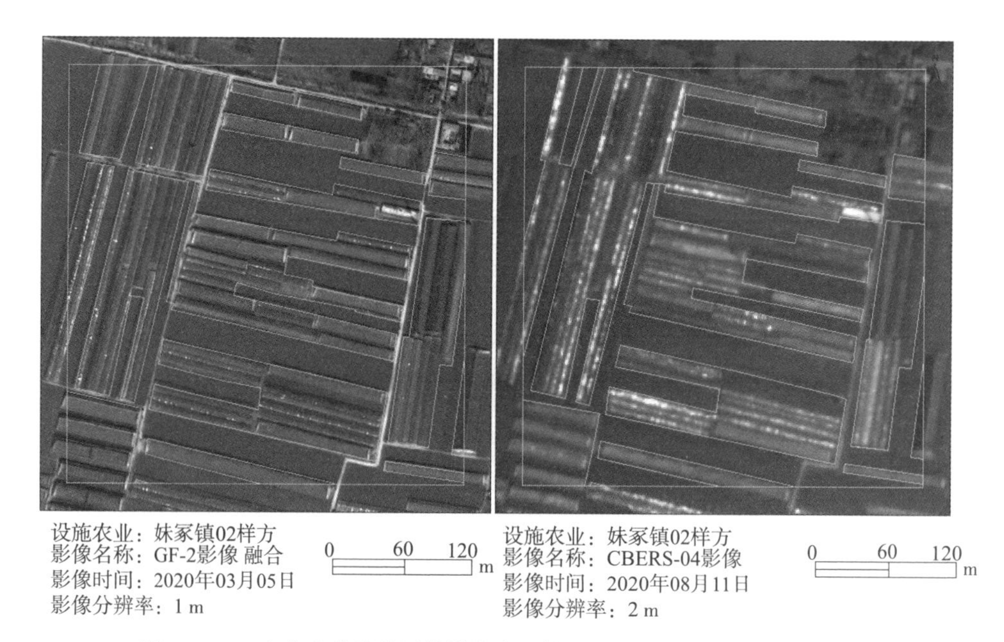


图 5－105 山东省莘县妹冢镇设施农业样方 02 各影像对比图（见彩插）

### 5.6.4 基于 GF－1 和 GF－3 数据的农田骨干设施遥感监测

农田骨干设施主要包括田间基础设施工程、田网、渠网、路网、电网等建设，这些农田骨干设施主要是提高农田抗灾减灾能力、农田排灌能力和农机作业能力，因此农田骨干设施监测对于资源清查、设计规划，以及农作物稳产、丰产具有重要意义。

（1）总体技术路线

基于 GF－3C/C－SAR 数据进行农田骨干设施监测，主要技术流程包括数据收集与预处理、农田骨干设施监测和精度评价三个方面，具体流程如图 5－106 所示。

①数据收集与预处理

需要收集的数据包括研究所用的 GF－3C/C－SAR 数据、GF－1/WFV 宽幅多光谱数据，以及研究区边界和 DEM 等辅助数据。获取数据后需要进行必要的预处理，对 GF－3 数据需要进行定标、地理编码、后向散射系数计算、极化分解、几何配准和掩膜等预处理。对 GF－1/WFV 数据需要进行定标、大气校正、几何配准和掩膜等预处理。

②农田骨干设施监测

首先是基于 GF－1/WFV 数据进行目视识别并生成样本点，同时对预处理后的 GF－3C 数据与 GF－1 多光谱数据进行融合和滤波。然后基于样本点对滤波后数据进行分类，获取农田骨干设施的分类结果。

③精度评价

采用混淆矩阵法对农田骨干设施分类结果进行精度验证。

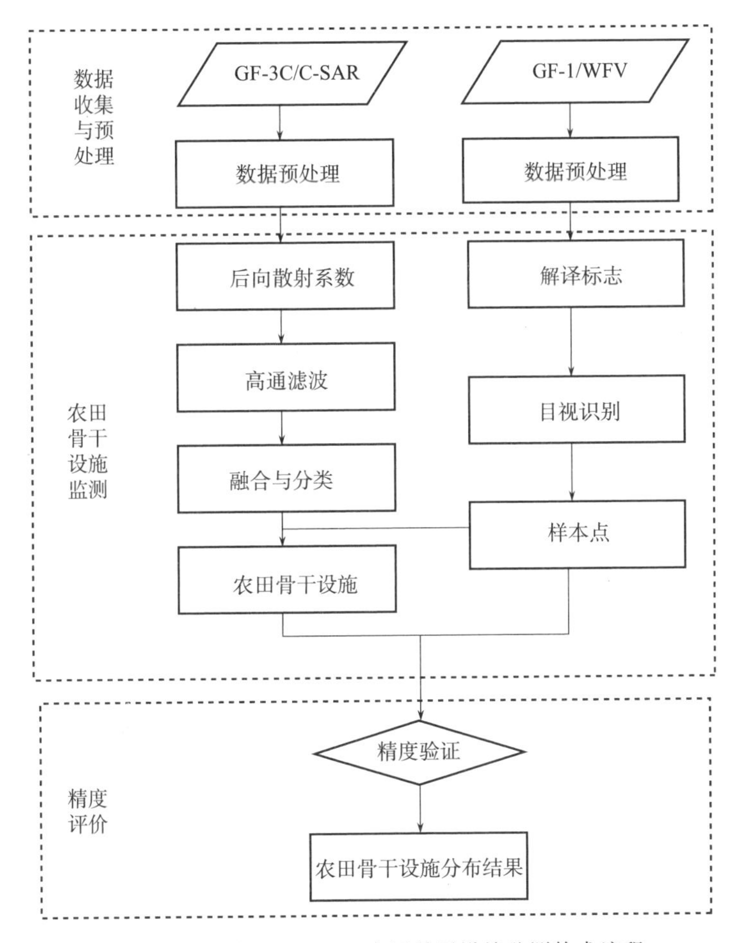


图 5-106　基于 GF-3C 农田骨干设施监测技术流程

(2) 研究区概况

栾城区隶属于河北省石家庄市，地处东经 114°28′～114°49′，北纬 37°47′～38°36′之间，东西最宽 30 km，南北最长 25 km，总面积 345 $km^2$，位于冀中平原西部，河北省西南部，省会石家庄东南方，东邻藁城区，南接赵县，西靠鹿泉区、元氏县，北接桥西区、裕华区。栾城区属太行山东麓山前倾斜平原的南部，由滹沱河洪积冲积扇南缘、槐沙河洪积冲积扇的北部及其扇间洼地所组成，地势自西北向东南缓缓倾斜，海拔 45～66 m，地势平坦，位于东部季风区，处于暖温带半湿润地区，属温带大陆性季风气候，气候温和，光照充足，降水适中，四季分明，春季干燥多风，夏季炎热多雨，秋季凉爽多雾，冬季寒冷少雪，年平均气温 12.8 ℃，年平均降水量 474.0 mm，年平均无霜期 205 天，年日照总时数 2 521.9 h，年平均太阳辐射总量 125.438 kcal/$cm^2$，年平均风速为 2.6 m/s。

(3) 所用数据

所用数据为高分三号 C 星，成像时间为 2022 年 07 月 08 日，FSI 扫描成像模式，双极化数据，数据质量良好。辅助数据选择的是成像时间为 2022 年 07 月 20 日的高分一号数据，具体数据见表 5-57。

**表 5-57　农田骨干设施提取所用数据**

| 序号 | 数据编号 | 采集时间 |
| --- | --- | --- |
| 1 | GF3C_KSC_FSI_001342_E114.6_N37.9_20220708_L1A_HHHV_L10000030362 | 2022.7.8 |
| 2 | GF1_WFV4_E115.1_N38.5_20220720_L1A0006609587 | 2022.7.20 |

（4）研究方法

①高通滤波方法

图像中的边缘、细节部分属于图像的高频信息；图像的非边缘、细节部分属于图像的低频信息。高通滤波器的作用顾名思义，就是可以让高频信号通过的滤波器，从而获取图像中的边缘和细节部分。核心是滤波窗 $\begin{pmatrix} 0 & -0.25 & 0 \\ -0.25 & 8 & -0.25 \\ 0 & -0.25 & 0 \end{pmatrix}$，边缘部分经过该模板之后，中心像元扩大；非边缘部分经过该模板卷积之后，中心像元减小，这样就可以很好地区别边缘和非边缘部分了。

②Gram-Schmidt 融合方法

基于像元级别，将 C-SAR 数据替换全色谱段，与 GF-1/WFV 多光谱数据进行融合，首先使用多光谱影像对 C-SAR 影像模拟，然后是对模拟 C-SAR 影像和多光谱影像进行多维线性正交变换，再利用高空间分辨率全色替换正交变化的第一分量（GS-1），最后 GS 逆变换。该方法优势在于融合谱段数量没有限制，影像的光谱信息保持良好。

（5）监测结果与精度评价

①数据融合、高通滤波结果

采用数据融合及高通滤波算法，对原始数据进行处理，得到处理后的影像如图 5-107 所示。从图中可以看出，数据纹理更加清晰。

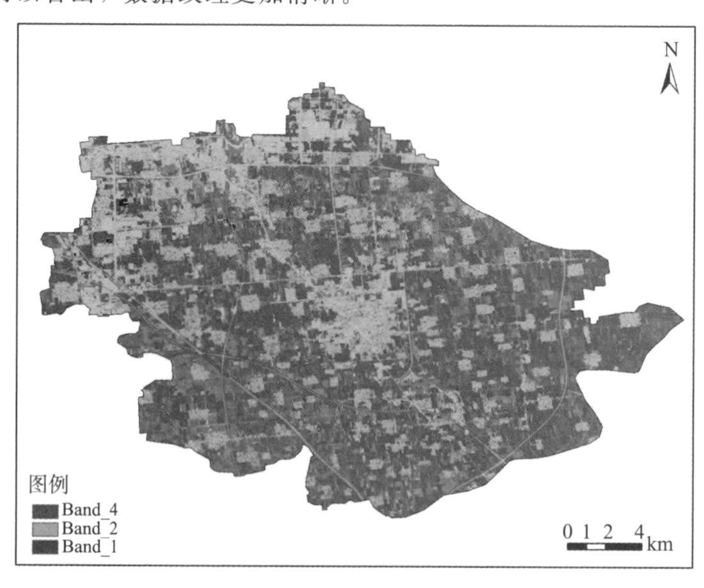


图 5-107　融合和滤波后数据（见彩插）

②目视判读标志的建立

基于数据融合及高通滤波的数据，获取不同地物的目视判读标志，不同地物的特征和具体说明见表5－58。

**表5－58　目视判读标志（见彩插）**

| 一级分类 | 二级分类 | 影像特征 | 说明 |
| --- | --- | --- | --- |
| 农田骨干设施 | 道路 | | 长条形分布,形状规则,呈蓝白色,纹理清晰 |
| | 河流 | | 长条形分布,多弧度,呈黑色,纹理清晰 |
| | 田间路 | | 长条形分布,形状较为规则,常伴随作物分布 |
| 其他 | 作物 | | 呈红色,内部纹理一致,边界多不规则 |
| | 城镇 | | 呈亮白色,内部点状纹理,呈团状分布 |
| | 裸地 | | 颜色以墨绿色为主,内部纹理一致 |

③监测结果

基于目视判读得到的训练数据采用随机森林分类算法对研究区内的农田骨干进行监测，得到农田骨干的空间分布如图5－108所示。

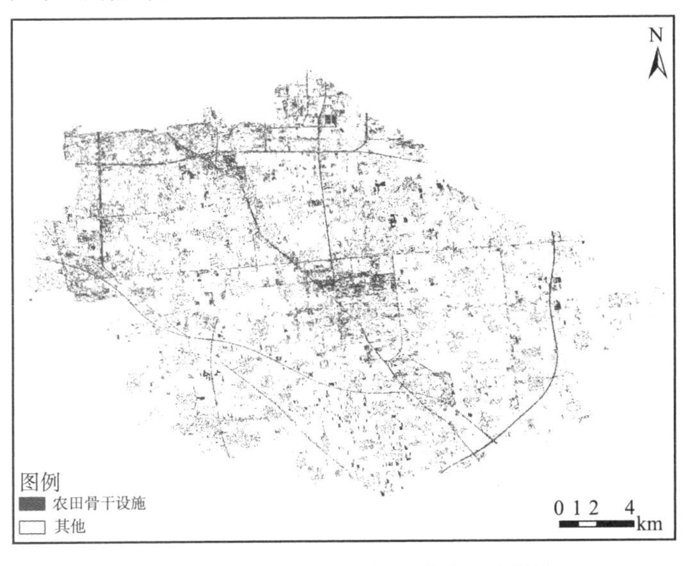


图5－108　农田骨干设施监测图（见彩插）

④精度评价

采用目视识别法获取200个验证样本，然后采用混淆矩阵法对研究区农田骨干设施监测结果进行精度验证，验证结果表明，分类的总体精度为86.5%，Kappa系数达到了0.76，见表5-59。

**表5-59 精度分析**

| 分类 | 其他 | 农田骨干设施 | 用户精度 |
|---|---|---|---|
| 其他 | 101 | 23 | 81.5% |
| 农田骨干设施 | 4 | 72 | 94.7% |
| 制图精度 | 96.2% | 75.8% | — |
| 总体精度 | 86.5% | | |
| Kappa | 0.76 | | |

## 5.7 农村环境要素遥感监测应用

“三农”工作的大政方针和决策部署要求，坚持农业农村优先发展，加快农业农村现代化建设。在这样的时代背景下，农业遥感监测的对象逐渐从农作物和农田扩展到农业农村的方方面面，尤其是农村居民点、农村宅基地和农村人居环境等方面的监测越来越广泛，本节将从村庄分布和宅基地监测两个方面对遥感技术在农村环境要素监测中的应用情况进行介绍。

### 5.7.1 基于CBERS-04A数据的村庄分布遥感监测

(1) 总体技术流程

基于CBERS-04A数据的村庄分布遥感监测主要包括数据获取与预处理、数据融合、村庄空间分布监测和精度评价等内容，总体技术流程如图5-109所示。

①数据获取与预处理

研究分别采用2020年8月18日的CBERS-04A卫星和2020年5月28日GF-2卫星的多光谱数据。原始的卫星影像为1A级，经过辐射定标获得反射率数据。利用影像的RPC参数和ASTER GDEM高程数据，对影像进行区域网平差和几何精校正。

②数据融合

遥感器采用NND算法分别对CBERS-04A数据和GF-2数据的全色和多光谱数据进行融合，获得2 m分辨率CBERS-04A融合数据和1 m分辨率GF-2融合数据。

③村庄空间分布监测

基于农村村庄的光谱和纹理特征，采用人工目视判读方法，识别并提取农村村庄的空间分布信息，计算村庄的面积。

④精度评价

利用GF-2融合数据，选取南乐县西邵乡和谷金楼乡进行目视识别，提取农村村庄面

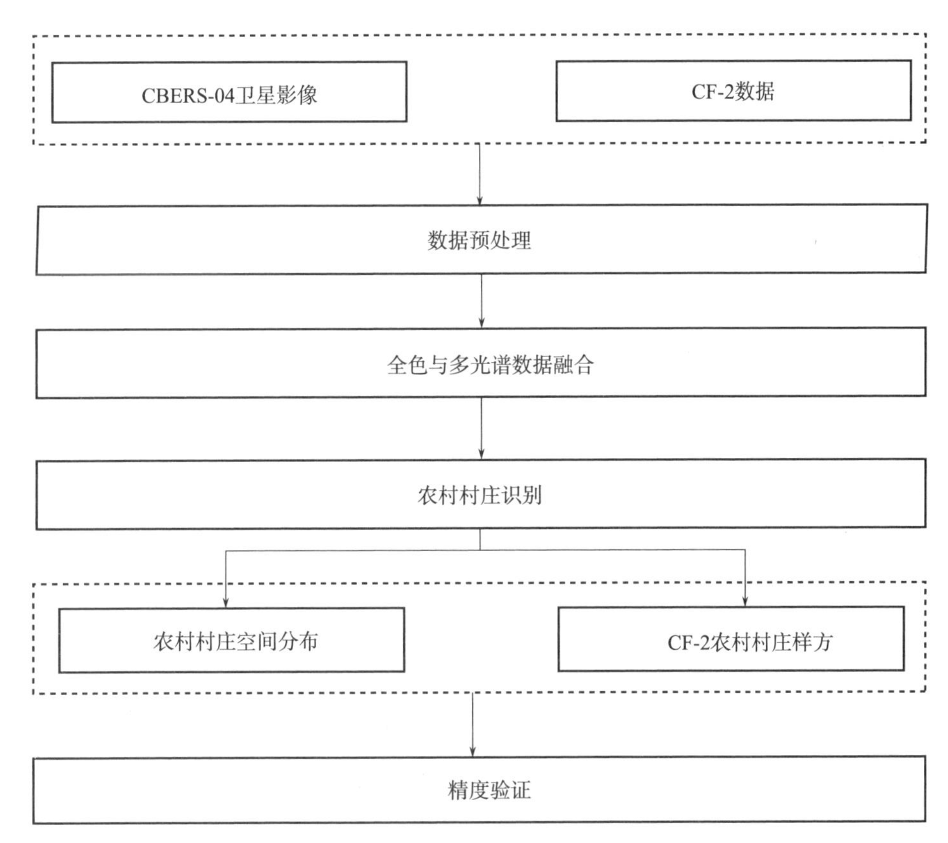


图 5－109　村庄分布遥感监测技术流程

积。将样方结果作为标准值，评价 CBERS－04A 数据识别农村村庄的识别精度和面积吻合度。

（2）研究区概况

南乐县地处河南省东北部黄河之滨，豫、冀、鲁三省交界处，隶属于濮阳市。南乐县属于暖温带大陆性季风气候，四季分明，春季干旱、多风沙，夏季炎热、雨集中，秋季凉爽、日照长，冬季寒冷、少雨雪，雨热同期。南乐县年平均气温 13.8 ℃，年均降水量 599.7 mm，年平均日照时数 2 526 h。南乐县辖 7 个镇、5 个乡、322 个行政村，其中西邵乡辖 27 个行政村，谷金楼乡辖 25 个行政村。

（3）所用数据

获取研究区 CBERS－04A 卫星影像数据，采用数据具体信息见表 5－60。

**表 5－60　研究区 CBERS－04A 卫星影像信息列表**

| 序号 | 区域 | CBERS－04A 影像名称 | 拍摄日期 | 地形特征 |
|---|---|---|---|---|
| 1 | 河南省南乐县 | CB04A_WPM_E115.2_N35.8_20200818_L1A0000078723 | 2020 年 8 月 18 日 | 平原 |

获取研究区 1 m/4 m GF－2 数据作为辅助数据，进行调查产品的精度评价。辅助数据采用情况见表 5－61。

**表 5 - 61 农村村庄分布监测所用辅助数据列表**

| 序号 | 区域 | 影像名称 | 拍摄日期 | 地形特征 |
|---|---|---|---|---|
| 1 | 河南省南乐县 | GF2_PMS2_E115.2_N36.1_20200528_L1A0004826956 | 2020 年 5 月 28 日 | 平原 |

（4）研究结果与精度评价

基于研究区融合后的 CBERS - 04A 影像采用目视判读方法，识别农村村庄分布情况。研究区农村村庄的提取结果如图 5 - 110 所示。

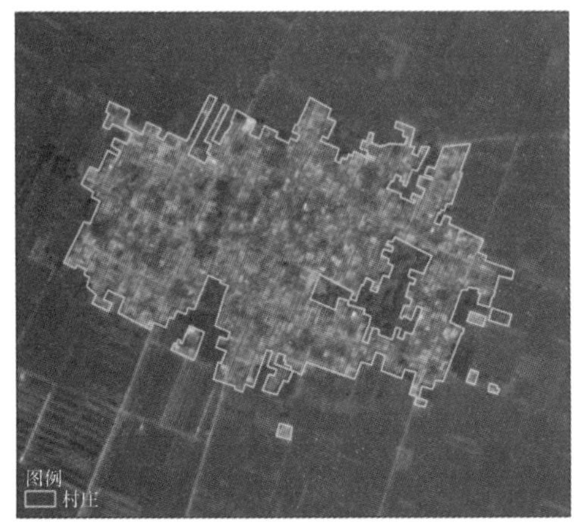


图 5 - 110 研究区 CBERS - 04A 卫星识别农村村庄分布结果（见彩插）

将基于更高分辨率的 GF - 2 融合 1 m 影像提取的农村村庄空间分布监测结果作为标准值。GF - 2 融合影像提取的研究区农村村庄空间分布结果如图 5 - 111 所示。

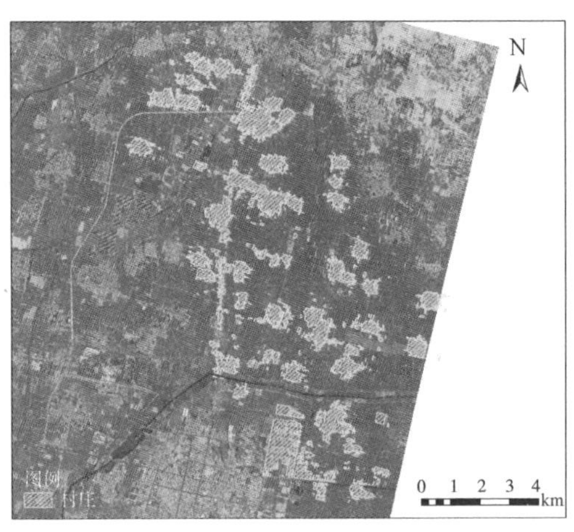

图 5 - 111 研究区 GF - 2 卫星识别农村村庄分布结果（见彩插）

将 GF - 2 融合影像提取的结果和 CBERS - 04A 影像识别结果进行比对，面积总精度达到 98.22%，其中谷金楼乡面积吻合度为 98.51%，西邵乡面积吻合度为 97.93%。精度评价结果见表 5 - 62。

表5-62　影像样方精度计算

| 项目 | GF-2影像融合(1 m)/$m^2$ | CBERS-04A影像融合(2m)/$m^2$ | 面积吻合度(%) |
| --- | --- | --- | --- |
| 河南省南乐县谷金楼乡 | 8 303 560.36 | 8 429 442.14 | 98.51 |
| 河南省南乐县西邵乡 | 7 868 812.71 | 8 035 204.39 | 97.93 |
| 面积总精度(%) | 98.22 | | |

## 5.7.2　基于高分数据的宅基地遥感监测

(1) 总体技术流程

基于高分数据的宅基地遥感监测主要包括数据收集、数据预处理、遥感影像分析提取、精度评价和宅基地制图等内容。其中，收集的数据主要是GF-7卫星影像和GF-2卫星的多光谱与全色融合影像；数据预处理主要包括辐射定标、大气校正、正射校正、几何精校正、数据融合等预处理；遥感影像分析提取指通过地面数据确定宅基地光谱及纹理信息，采用目视判读方法进行宅基地空间分布信息提取；精度评价采用航空三线阵优于0.2 m影像数据及地面采集数据进行精度评价；最后，根据提取结果绘制宅基地空间分布图，具体技术流程如图5-112所示。

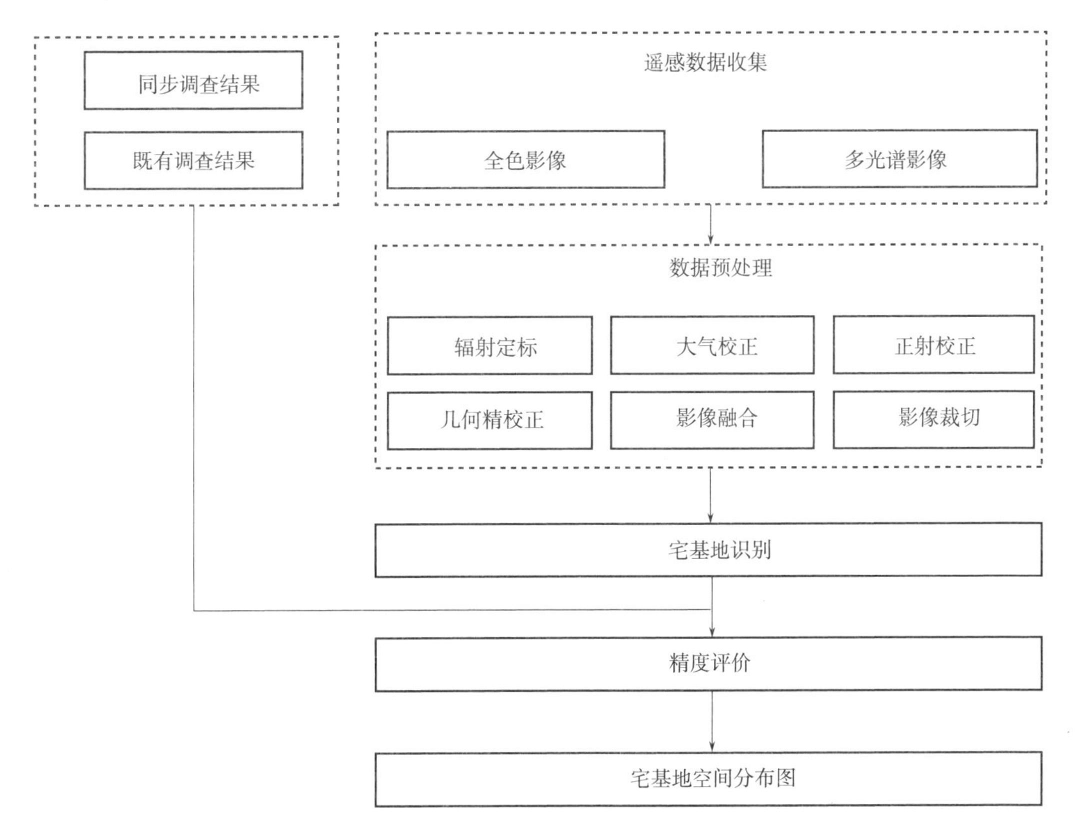


图5-112　宅基地遥感监测技术流程

（2）所用数据

11 景 GF－7/DLC 影像和 16 景 GF－2/PMS 影像为研究区宅基地提取数据源，1 景 Google Earth－18 级影像为几何精校正参考影像，2 景航空载荷影像为精度验证影像，数据列表详见表 5－63。

**表 5－63　专题产品采用影像数据清单**

| 序号 | 影像名称 | 影像来源 |
|---|---|---|
| 1 | GF7_DLC_E126.1_N46.7_20211021_L1A0000598094－BWDFUS.tiff | 中国卫星资源应用中心 |
| 2 | GF7_DLC_E126.2_N46.7_20220901_L1A0000924533－BWDFUS.tiff | 中国卫星资源应用中心 |
| 3 | GF7_DLC_E126.2_N46.9_20211021_L1A0000598093－BWDFUS.tiff | 中国卫星资源应用中心 |
| 4 | GF7_DLC_E126.2_N46.9_20211031_L1A0000608375－BWDFUS.tiff | 中国卫星资源应用中心 |
| 5 | GF7_DLC_E126.2_N46.9_20220901_L1A0000924532－BWDFUS.tiff | 中国卫星资源应用中心 |
| 6 | GF7_DLC_E126.3_N47.1_20211031_L1A0000608374－BWDFUS.tiff | 中国卫星资源应用中心 |
| 7 | GF7_DLC_E126.3_N47.1_20220901_L1A0000924531－BWDFUS.tiff | 中国卫星资源应用中心 |
| 8 | GF7_DLC_E126.3_N47.1_20220901_L1A0000924531－BWDFUS.tiff | 中国卫星资源应用中心 |
| 9 | GF7_DLC_E126.7_N46.9_20200404_L1A0000076288－BWDFUS.tiff | 中国卫星资源应用中心 |
| 10 | GF7_DLC_E126.7_N46.9_20200404_L1A0000076288－BWDFUS.tiff | 中国卫星资源应用中心 |
| 11 | GF7_DLC_E126.7_N46.9_20200404_L1A0000076288－BWDFUS.tiff | 中国卫星资源应用中心 |
| 12 | GF2_PMS1_E126.1_N46.8_20220323_L1A0006365419－FUS1.tiff | 中国卫星资源应用中心 |
| 13 | GF2_PMS1_E126.1_N46.8_20220323_L1A0006365419－FUS1.tiff | 中国卫星资源应用中心 |
| 14 | GF2_PMS1_E126.1_N46.8_20220323_L1A0006365419－FUS1.tiff | 中国卫星资源应用中心 |
| 15 | GF2_PMS1_E126.3_N46.8_20221030_L1A0006861894－FUS1.tiff | 中国卫星资源应用中心 |
| 16 | GF2_PMS1_E126.4_N47.0_20221030_L1A0006861888－FUS1.tiff | 中国卫星资源应用中心 |
| 17 | GF2_PMS1_E126.4_N47.0_20221030_L1A0006861888－FUS1.tiff | 中国卫星资源应用中心 |
| 18 | GF2_PMS1_E126.4_N47.0_20221030_L1A0006861888－FUS1.tiff | 中国卫星资源应用中心 |
| 19 | GF2_PMS1_E126.4_N47.0_20221030_L1A0006861888－FUS1.tiff | 中国卫星资源应用中心 |
| 20 | GF2_PMS1_E126.4_N47.0_20221030_L1A0006861888－FUS1.tiff | 中国卫星资源应用中心 |
| 21 | GF2_PMS1_E126.4_N47.0_20221030_L1A0006861888－FUS1.tiff | 中国卫星资源应用中心 |
| 22 | GF2_PMS1_E126.4_N47.0_20221030_L1A0006861888－FUS1.tiff | 中国卫星资源应用中心 |
| 23 | GF2_PMS2_E126.6_N46.6_20221030_L1A0006861840－FUS2.tiff | 中国卫星资源应用中心 |
| 24 | GF2_PMS2_E126.6_N46.6_20221030_L1A0006861840－FUS2.tiff | 中国卫星资源应用中心 |
| 25 | GF2_PMS2_E126.6_N46.6_20221030_L1A0006861840－FUS2.tiff | 中国卫星资源应用中心 |
| 26 | GF2_PMS2_E126.6_N46.6_20221030_L1A0006861840－FUS2.tiff | 中国卫星资源应用中心 |
| 27 | GF2_PMS2_E126.7_N47.1_20221030_L1A0006861835－FUS2.tiff | 中国卫星资源应用中心 |
| 28 | 航空三线阵影像数据 186_26－193_68.tif | |
| 29 | 航空三线阵影像数据 194－206.tif | |
| 30 | google_level_18.tif | |

（3）所用方法

①目视判读方法

目视判读法是遥感应用的基础，是高精度农作物类型遥感识别的重要方案，也是其他分类法中样本选取和验证样本获取的重要途径，但识别过程对工作人员的先验知识要求较高。目视判读一般先根据专家知识基于预处理后的影像分析相关的目标作物和周围相关遥感信息，建立判读标志，完成初步判读，再结合野外调查或者资料进行详细判读，形成相关成果，然后进行精度验证，满足精度要求后，进行结果统计和专题制图。

1）数据准备。为了提高目视判读质量，需要认真做好判读前的数据准备工作。根据判读任务与要求，搜集与分析有关资料，选择目标区域的合适谱段与恰当时相的遥感影像数据。然后对获取的遥感数据进行几何精校正和增强处理。几何精校正保证了遥感卫星数据与地面实际地理位置的一致性，增强处理则保证了目标作物与背景地物的差异最大化以便于识别。

2）初步判读。初步判读的主要任务是掌握判读区域特点，确立典型判读样区，建立目视判读标志，探索判读方法，为全面判读奠定基础。

3）详细判读。初步判读区的野外考察，奠定了室内判读的基础。建立遥感影像判读标志后，在室内进行后续详细判读。

4）野外验证。室内目视判读的初步结果，需要进行野外验证，以检验目视判读的质量和判读精度。对于详细判读中出现的疑难点、难以判读的地方则需要在野外验证过程中补充判读。

5）成果制图。遥感图像目视判读成果，一般以专题图或遥感影像图的形式表现出来。根据用户需求、制图要求等内容制作农村宅基地空间分布专题图。农村宅基地目视判读具体流程图如图 5－113 所示。

②精度评价方法

采用航空遥感及野外实地调查数据对宅基地识别应用示范结果进行精度评价。采用地面采集的宅基地信息点评价宅基地提取结果的个数，采用航空载荷数据 0.2 m 分辨率影像的目视判读结果作为标准值，评价农村宅基地的面积精度。分别对 GF－7/GF－2 影像目视判读宅基地，提取房屋建筑的宅基地主房、宅基地偏房以及无建筑房屋的闲置宅基地、无宅基地房屋（违章建筑）等属性总个数、总面积，单个宅基地属性房屋建筑面积和院落面积进行综合评价。

（4）研究结果与精度验证

①地面信息调查结果

根据地面采集的信息掌握判读区域宅基地特点，在地面样点的基础上识别出房屋纹理信息，然后将试验区内每景影像根据地面样点纹理信息建立判读标志，以进行宅基地空间信息提取。

选取望奎县孙吉屯村和黄家店村进行一户一点的调查，利用 GPS 点来记录宅基地户数。调查结果如图 5－114～图 5－116 所示。

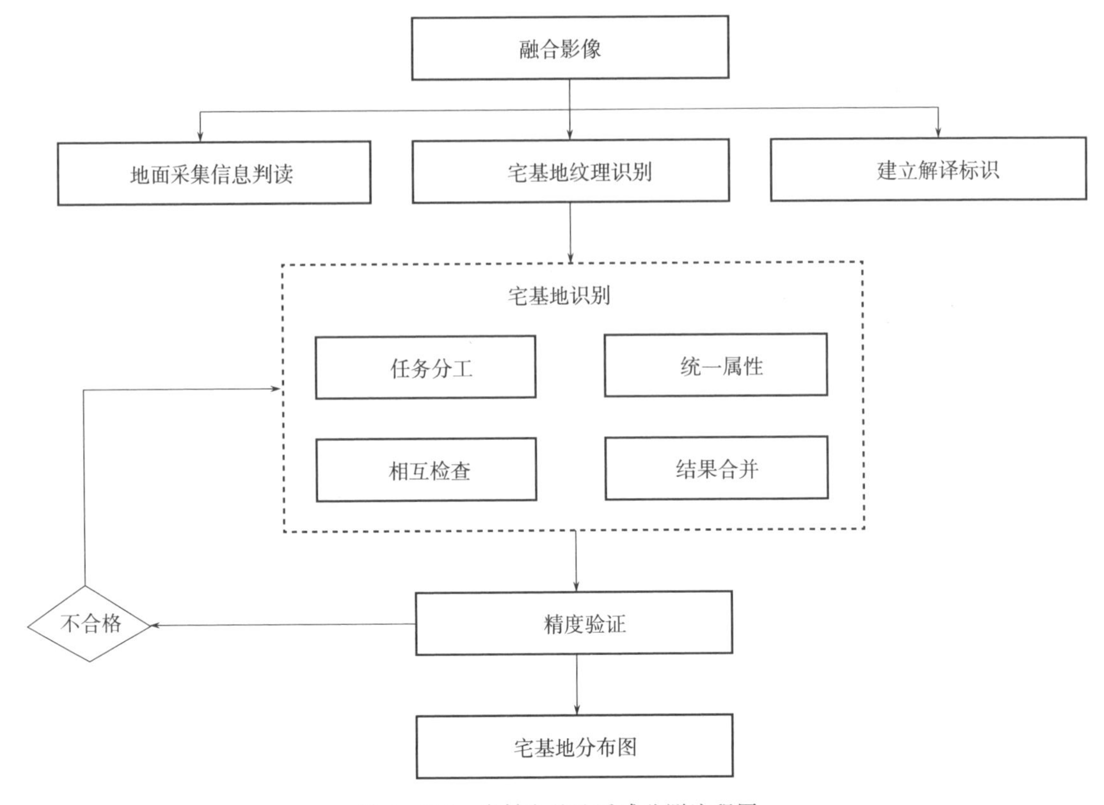


图 5-113　农村宅基地遥感监测流程图

图 5-114　研究区黄家店村样本点分布（见彩插）

图 5-115　研究区孙吉屯村样本点分布（见彩插）

图 5-116　示范区样本点分布（见彩插）

②基于 GF－7 影像的识别结果与精度评价

将航空分辨率 0.2 m 影像和 GF－7 分辨率 0.65 m 融合影像目视判读结果对比。两种数据源同一村统计出宅基地数，和地面调查一致。宅基地总面积对比是 99.2%。选取 10 座宅基地单个对比精度是 95%～99%之间，平均 97.3%。

③基于 GF－2 影像的识别结果与精度评价

将航空影像分辨率 0.2 m 影像和 GF－2 分辨率 0.8 m 融合影像的望奎县黄家店村农村宅基地提取结果进行对比。结果表明：基于 GF－2 影像提取的宅基地的属性吻合度为 91%。宅基地总面积的精度为 94. 9%。选取 12 座宅基地单个对比精度在 89%～97%之间，平均精度为 93.7%。综合以上精度可以看出 GF－7 影像优于 GF－2 影像接近于航空影像。

（本章作者：王利民，姚保民，刘佳，季富华，高建孟，杨福刚，李映祥，杨玲波，滕飞，李丹丹）

# 参考文献


[1] 曹娟，张朝，张亮亮，等．基于Google Earth Engine和作物模型快速评估低温冷害对大豆生产的影响 [J]. 地理学报，2020，75（9）：1879－1892.

[2] 车涛，李弘毅，晋锐，等．遥感综合观测与模型集成研究为黑河流域生态环境保护与可持续发展提供科技支撑 [J]. 中国科学院院刊，2020，35（11）：1417－1423.

[3] 陈少丹，张利平，闪丽洁，等．长江中下游流域土壤湿度遥感反演研究及其影响因素分析 [J]. 应用基础与工程科学学报，2017，25（4）：657－669.

[4] 程宇，陈良富，柳钦火，等．基于MODIS数据对不同植被覆盖下土壤水分监测的可行性研究 [J]. 遥感学报，2006，10（5）：783－788.

[5] 邸兰杰．基于TVDI和ATI模型河北省土壤湿度遥感反演 [D]. 石家庄：河北师范大学，2014.

[6] 董金玮，吴文斌，黄健熙，等．农业土地利用遥感信息提取的研究进展与展望 [J]. 地球信息科学学报，2020，22（4）：772－783.

[7] 董小曼．基于MODIS数据的章丘市土壤含水量遥感反演研究 [D]. 济南：山东师范大学，2011.

[8] 封志明，郑海霞，刘宝勤．基于遗传投影寻踪模型的农业水资源利用效率综合评价 [J]. 农业工程学报，2005（3）：66－70.

[9] 冯爱萍，吴传庆，王雪蕾，等．海河流域氮磷面源污染空间特征遥感解析 [J]. 中国环境科学，2019，39（7）：2999－3008.

[10] 冯美臣，杨武德，张东彦，等．基于TM和MODIS数据的水旱地冬小麦面积提取和长势监测 [J]. 农业工程学报，2009，25（3）：103－109，313.

[11] 郭交，朱琳，靳标．基于Sentinel－1和Sentinel－2数据融合的农作物分类 [J]. 农业机械学报，2018，49（4）：192－198.

[12] 郭茜，李国春．用表观热惯量法计算土壤含水量探讨 [J]. 中国农业气象，2005，26（4）：215－219.

[13] 郭伟，赵春江，顾晓鹤，等．乡镇尺度的玉米种植面积遥感监测 [J]. 农业工程学报，2011，27（9）：69－74.

[14] 黄健熙，马鸿元，田丽燕，等．基于时间序列LAI和ET同化的冬小麦遥感估产方法比较 [J]. 农业工程学报，2015，31（4）：197－203.

[15] 黄健熙，武思杰，刘兴权，等．基于遥感信息与作物模型集合卡尔曼滤波同化的区域冬小麦产量预测 [J]. 农业工程学报，2012，28（4）：142－148.

[16] 黄亚博，廖顺宝．首套全球30m分辨率土地覆被产品区域尺度精度评价：以河南省为例 [J]. 地理研究，2016，35（8）：1433－1446.

[17] 黄友昕，刘修国，沈永林，等．农业干旱遥感监测指标及其适应性评价方法研究进展 [J]. 农业工程学报，2015，31（16）：186－195.

[18] 蒋凌霄，安悦，谭雪兰，等．近30年来长株潭地区农作物种植结构演变及优化对策 [J]. 经济地理，2020，40（1）：173－180.

[19] 解文欢，张有智，刘述彬．农业洪涝灾害研究进展 [J]. 中国农业资源与区划，2020，41（1）：204－211.

[20] 李萍，赵庚星，高明秀，等．黄河三角洲土壤含水量状况的高光谱估测与遥感反演 [J]. 土壤学报，2015，52（6）：1262－1272.

[21] 李平阳，郭品文，国文哲．基于 HJ－1A 卫星数据的衡水地区冬小麦面积遥感估算应用 [J]. 气象与减灾研究，2015，38（2）：47－54.

[22] 李霞，王飞，徐德斌，等．基于混合像元分解提取大豆种植面积的应用探讨 [J]. 农业工程学报，2008，24（1）：213－217.

[23] 李鑫川，徐新刚，王纪华，等. 基于时间序列环境卫星影像的作物分类识别 [J]. 农业工程学报，2013，29（2）：169－176.

[24] 李星敏，刘安麟，张树誉，等．热惯量法在干旱遥感监测中的应用研究 [J]. 干旱地区农业研究，2005，23（1）：54－59.

[25] 林俊杰，曾悦，陈建利．基于遥感的龙岩市新罗区畜禽养殖场专题提取 [J]. 福州大学学报（自然科学版），2011，39（3）：380－384.

[26] 刘二华，周广胜，周莉，等．夏玉米不同生育期叶片和冠层含水量的遥感反演 [J]. 应用气象学报，2020，31（1）：52－62.

[27] 刘国栋，邬明权，牛铮，等. 基于 GF－1 卫星数据的农作物种植面积遥感抽样调查方法 [J]. 农业工程学报，2015，31（5）：160－166.

[28] 刘虹利，王红瑞，吴泉源，等．基于 MODIS 数据的济南市农田区土壤含水量模型 [J]. 中国农村水利水电，2012（8）：12－15.

[29] 刘吉凯，钟仕全，梁文海. 基于多时相 Landsat8 OLI 影像的作物种植结构提取 [J]. 遥感技术与应用，2015，30（4）：775－783.

[30] 刘佳，王利民，杨福刚，等．基于 HJ 时间序列数据的农作物种植面积估算 [J]. 农业工程学报，2015，31（3）：199－206.

[31] 刘佳，王利民，杨玲波，等. 基于 6S 模型的 GF－1 卫星影像大气校正及效果 [J]. 农业工程学报，2015，31（19）：159－168.

[32] 刘琼欢，张镱锂，刘林山，等．七套土地覆被数据在羌塘高原的精度评价 [J]. 地理研究，2017，36（11）：2061－2074.

[33] 刘忠，万炜，黄晋宇，等．基于无人机遥感的农作物长势关键参数反演研究进展 [J]. 农业工程学报，2018（34）：60－71.

[34] 栾承梅．流域水文模型参数优化问题研究 [D]. 南京：河海大学，2006.

[35] 罗军，潘瑜春，王纪华，等．基于高分辨率遥感影像的设施农业资源信息采集技术研究 [J]. 地理与地理信息科学，2007（3）：51－54.

[36] 满卫东，王宗明，刘明月，等．1990—2013 年东北地区耕地时空变化遥感分析 [J]. 农业工程学报，2016，32（7）：1－10.

[37] 欧阳玲，毛德华，王宗明，等. 基于 GF－1 与 Landsat8 OLI 影像的作物种植结构与产量分析 [J]. 农业工程学报，2017，33（11）：147－156.

[38] 宋荣杰．基于遥感的旱区土壤湿度反演方法研究 [D]. 咸阳：西北农林科技大学，2013.

[39] 孙炜琳，王瑞波，姜茜，等．农业绿色发展的内涵与评价研究 [J]. 中国农业资源与区划，2019，40（4）：14－21.

[40] 汪滨，张志强．黄土高原典型流域退耕还林土地利用变化及其合理性评价 [J]. 农业工程学报，2017，33 (7)：235 - 245，316.

[41] 王利民，刘佳，邓辉，等．黄淮海地区旱情遥感监测实践 [J]. 中国农业科技导报，2007，9 (4)：73 - 78.

[42] 王利民，刘佳，高建孟，等. 冬小麦面积遥感识别精度与空间分辨率关系 [J]. 农业工程学报，2016，32 (23)：152 - 160.

[43] 王利民，刘佳，季富华，等．中国小麦面积种植结构时空动态变化分析 [J]. 中国农学通报，2019，35 (18)：12 - 23.

[44] 王利民，刘佳，杨福刚，等. 基于 GF - 1 卫星遥感的冬小麦面积早期识别 [J]. 农业工程学报，2015，31 (11)：194 - 201.

[45] 王利民，刘佳，杨玲波，等. 短波红外谱段对玉米大豆种植面积识别精度的影响 [J]. 农业工程学报，2016，32 (19)：169 - 178.

[46] 王利民，刘佳，杨玲波，等. 基于 NDVI 加权指数的冬小麦种植面积遥感监测 [J]. 农业工程学报，2016，32 (17)：127 - 135.

[47] 王利民，刘佳，邵杰，等．基于高光谱的春玉米大斑病害遥感监测指数选择 [J]. 农业工程学报，2017，33 (5)：170 - 177.

[48] 王清川，寿绍文，许敏，等. 廊坊市暴雨洪涝灾害风险评估与区划 [J]. 干旱气象，2010，28 (4)：475 - 482.

[49] 王祥峰，蒙继华．土壤养分遥感监测研究现状及展望 [J]. 遥感技术与应用，2015，30 (6)：1033 - 1041.

[50] 魏文秋，陈秀万．气象卫星监测土壤含水量模型及其应用 [J]. 武汉水利电力大学学报，1993，26 (6)：629 - 637.

[51] 吴文斌，杨鹏，李正国，等．农作物空间格局变化研究进展评述 [J]. 中国农业资源与区划，2014，35 (1)：12 - 20.

[52] 武易天，陈甫，马勇，等．基于 Landsat 8 数据的近海养殖区自动提取方法研究 [J]. 国土资源遥感，2018，30 (3)：96 - 105.

[53] 徐涵秋．区域生态环境变化的遥感评价指数 [J]. 中国环境科学，2013，33 (5)：889 - 897.

[54] 徐新刚，李强子，周万村，等. 应用高分辨率遥感影像提取作物种植面积 [J]. 遥感技术与应用，2008，23 (1)：17 - 23.

[55] 许青云，杨贵军，龙慧灵，等．基于 MODIS NDVI 多年时序数据的农作物种植识别 [J]. 农业工程学报，2014，30 (11)：134 - 144.

[56] 杨邦杰，裴志远．农作物长势的定义与遥感监测 [J]. 农业工程学报，1999 (3)：214 - 218.

[57] 杨丽萍，隋学艳，杨洁，等．山东省春季土壤墒情遥感监测模型构建 [J]. 山东农业科学，2009 (5)：17 - 20.

[58] 杨闫君，占玉林，田庆久，等．基于 GF - 1/WFV NDVI 时间序列数据的作物分类 [J]. 农业工程学报，2015，31 (24)：155 - 161.

[59] 杨永可，肖鹏峰，冯学智，等．大尺度土地覆盖数据集在中国及周边区域的精度评价 [J]. 遥感学报，2014，18 (2)：453 - 475.

[60] 于健，杨国范，王颖，等．基于 MODIS 数据反演阜新地区土壤水分的研究 [J]. 遥感技术与应用，2011，26 (4)：413 - 419.

[61] 余桥．土壤湿度不同遥感方法的对比分析 [D]. 沈阳：东北大学，2013.

[62] 张凝，杨贵军，赵春江，等．作物病虫害高光谱遥感进展与展望 [J]. 遥感学报，2021，25 (1)：403-422.

[63] 张焕雪，李强子. 空间分辨率对作物识别及种植面积估算的影响研究 [J]. 遥感信息，2014，29 (2)：36-40.

[64] 张茜茹．基于 MODIS 数据的河南省干旱遥感监测研究 [D]. 南京：南京信息工程大学，2015.

[65] 张小平，曹卫彬，刘姣娣. 基于遥感影像的棉花种植面积提取方法研究 [J]. 安徽农业科学，2011，39 (7)：4226-4228.

[66] 赵丽花，李卫国，杜培军. 基于多时相 HJ 卫星的冬小麦面积提取 [J]. 遥感信息，2011 (2)：41-45.

[67] 郑有飞，刘茜，王云龙，等．能量指数法在黑龙江干旱监测中的适用性研究 [J]. 土壤，2012，44 (1)：149-157.

[68] 邹文涛，吴炳方，张森，等．农作物长势综合监测：以印度为例 [J]. 遥感学报，2015，19 (4)：539-549.

[69] ADAB H，MORBIDELLI R，SALTALIPPI C，et al. Machine Learning to Estimate Surface Soil Moisture from Remote Sensing Data [J]. Water，2020，12 (11)：3223.

[70] AL-GAADI KA，HASSABALLA AA，TOLA E，et al. Prediction of potato crop yield using precision agriculture techniques [J]. PLoS One，2016，11 (9)：1-16.

[71] BELGIU M，CSILLIK O. Sentinel-2 cropland mapping using pixel-based and object-based time-weighted dynamic time warping analysis [J]. Remote sensing of environment，2018 (204)：509-523.

[72] BREIMAN L，FRIEDMAN J H，OLSHEN R，et al. Classification and regression trees [J]. Encyclopedia of Ecology，1984 (57)，582-588.

[73] BREIMAN L. Random forests [J]. Machine Learning，2001 (45)：5-32.

[74] CHEN Y，ZHANG Z，TAO F L，et al. Impacts of heat stress on leaf area index and growth duration of winter wheat in the North China Plain [J]. Field Crops Research，2018 (222)：230-237.

[75] CHANG Z Q，MENG J H，QIAO Y Y，et al. Preliminary Study of Soil Available Nutrient Simulation Using a Modified WOFOST Model and Time-Series Remote Sensing Observations [J]. Remote Sensing，2018，10 (1).

[76] CHUANG Y C M，SHIU Y S. A comparative analysis of machine learning with WorldView-2 pan-sharpened imagery for tea crop mapping [J]. Sensors，2016，16 (5)：594.

[77] CLARK M L，AIDE T M，GRAU H R，et al. A scalable approach to mapping annual land cover at 250 m using MODIS time series data：A case study in the Dry Chaco ecoregion of South America [J]. Remote Sensing of Environment，2010，114 (11)：2816-2832.

[78] DONG J，XIAO X，MENARGUEZ M A，et al. Mapping paddy rice planting area in northeastern Asia with Landsat 8 images，phenology-based algorithm and Google Earth Engine [J]. Remote Sensing of Environment 2016 (185)：142-154.

[79] DUAN Q Y. The Shuffled Complex Evolution (SCE-UA) Method [D]. Tucson：University of Arizona Tucson，1992.

[80] GERSTMANN H, MÖLLER M, GLÄßER C. Optimization of spectral indices and long - term separability analysis for classification of cereal crops using multi - spectral RapidEye imagery [J]. International Journal of Applied Earth Observation and Geoinformation, 2016 (52): 115 - 125.

[81] GUPTA V K. Optimal use of the SCE - UA global optimization method for calibrating watershed models [J]. Journal of Hydrology, 1994, 158 (3/4): 265 - 284.

[82] KARTHIKEYAN L, CHAWLA I, MISHRA A K. A review of remote sensing applications in agriculture for food security: Crop growth and yield, irrigation, and crop losses [J]. Journal of Hydrology, 2020, 586.

[83] KUSSUL N, LAVRENIUK M, SKAKUN S, et al. Deep Learning Classification of Land Cover and Crop Types Using Remote Sensing Data [J]. Ieee Geoscience and Remote Sensing Letters, 2017, 14 (5): 778 - 782.

[84] LUNETTA R S, SHAO Y, EDIRIWICKREMA J, et al. Monitoring agricultural cropping patterns across the Laurentian Great Lakes Basin using MODIS - NDVI data. [J]. International Journal of Applied Earth Observation and Geoinformation, 2010, 12 (2): 81 - 88.

[85] HUNT M L, BLACKBURN G A, CARRASCO L, et al. High resolution wheat yield mapping using Sentinel - 2 [J]. Remote Sensing of Environment, 2019, 233.

[86] MOSLEH M K, HASSAN Q K, CHOWDHURY E H. Application of Remote Sensors in Mapping Rice Area and Forecasting Its Production: A Review [J]. Sensors, 2015, 15 (1): 769 - 791.

[87] OLOFSSON P, FOODY G M, HEROLD M, et al. Good practices for estimating area and assessing accuracy of land change [J]. Remote Sensing of Environment, 2014 (148): 42 - 57.

[88] PRICE JOHN C. Thermal inertia mapping: A new view of the Earth [J]. Journal of Geophysical Research, 1977, 82 (18): 2582 - 2590.

[89] SAITOH S I, MUGO R, RADIARTA I N, et al. Some operational uses of satellite remote sensing and marine GIS for sustainable fisheries and aquaculture [J]. Ices Journal of Marine Science, 2011, 68 (4): 687 - 695.

[90] SINGHA M, DONG J W, SARMAH S, et al. Identifying floods and flood - affected paddy rice fields in Bangladesh based on Sentinel - 1 imagery and Google Earth Engine [J]. Isprs Journal of Photogrammetry and Remote Sensing, 2020 (166): 278 - 293.

[91] SINGH L A, WHITTECAR W R, DIPRINZIO M D, et al. Low cost satellite constellations for nearly continuous global coverage [J]. Nature Communications, 2020, 11 (200).

[92] SKAKUN S, VERMOTE E, ROGER J C, et al. Combined use of Landsat - 8 and Sentinel - 2A images for winter crop mapping and winter wheat yield assessment at regional scale [J]. AIMS Geosciences, 2017, 3 (2): 163 - 186.

[93] SONOBE R, YAMAYA Y, TANI H, et al. Assessing the suitability of data from Sentinel - 1A and 2A for crop classification [J]. Giscience & Remote Sensing, 2017, 54 (6): 1 - 21.

[94] WANG G Q, LI J W, SUN W C, et al. Non - point source pollution risks in a drinking water protection zone based on remote sensing data embedded within a nutrient budget model [J]. Water Research, 2019 (157): 238 - 246.

[95] WANG J, HUANG J, ZHANG K, et al. Rice Fields Mapping in Fragmented Area Using Multi - Temporal HJ - 1A/B CCD Images [J]. Remote Sens, 2015 (7): 3467 - 3488.

[96] WEISS M, JACOB F, DUVEILLER G. Remote sensing for agricultural applications: A meta - review [J]. Remote Sensing of Environment, 2020, 236.

[97] WEST H, QUINN N, HORSWELL M. Remote sensing for drought monitoring & impact assessment: Progress, past challenges and future opportunities [J]. Remote Sensing of Environment, 2019, 232.

[98] YANG Y J, REN W, TAO B, et al. Characterizing spatiotemporal patterns of crop phenology across North America during 2000 - 2016 using satellite imagery and agricultural survey data [J]. Isprs Journal of Photogrammetry and Remote Sensing, 2020 (170): 156 - 173.

[99] ZHANG G L, XIAO X M, BIRADAR C M, et al. Spatiotemporal patterns of paddy rice croplands in China and India from 2000 to 2015 [J]. Science of the Total Environment, 2017 (579): 82 - 92.

[100] ZHANG K, GE X K, SHEN P C, et al. Predicting rice grain yield based on dynamic changes in vegetation indexes during early to mid - growth stages [J]. Remote Sensing, 2019, 11 (4): 387.

# 第 6 章　面向农业应用的星地一体化卫星设计展望

星地一体化卫星设计的理念是工程系统化的具体体现，符合科学理论、技术应用的一般性规律。随着航天遥感技术的发展，农业遥感应用的深入，星地一体化卫星设计理念将得到普遍应用，也将推动农业遥感理论研究的深化，为农业遥感技术的广泛应用奠定基础。

## 6.1　农业遥感应用的卫星指标需求分析

星地一体化卫星设计主要是充分理解用户对观测区域、重访周期、谱段等需求，把这些需求转化为具体的卫星性能指标，然后协调和综合各系统的需求和约束，采用系统工程方法，开展协同设计，以形成满足要求的、优化的系统方案。遥感作为一项客观、高效、经济的技术手段，在农业领域的应用已经得到广泛的认可。特别是最近 20 年来航天遥感技术和农业遥感监测技术的快速发展，以农业生产监测应用为主要目标的农业卫星研制的条件已经成熟。卫星有效载荷的指标设计是卫星研制的重点和难点，卫星有效载荷技术指标主要包括空间分辨率、时间分辨率、光谱分辨率、辐射分辨率、谱段设置和观测幅宽等，这些指标设计也是行业应用能力的基础。根据农业行业遥感应用需求研制的卫星有效载荷主要技术指标，可以更好地实现星地一体化卫星设计理念和满足遥感数据的农业行业应用需求。

本章结合作者以往研究的经验，首先针对当前农情监测业务需求及今后发展方向，从遥感数据的时间分辨率、空间分辨率和谱段设置 3 个主要指标，具体分析了农作物轮作遥感监测的遥感数据指标需求。另外针对当前部分业务监测时序的频率高、覆盖范围广的需求，以及受到高空间分辨率遥感数据时间尺度获取能力的不足和监测技术的限制，高时频中低空间分辨率的遥感数据是部分农业遥感监测业务中较为常用的数据源，本章对高时频中低空间分辨率的遥感数据的应用性能进行评估，为部分农情遥感监测业务的数据源向国产高分数据转变提供依据，同时也为中高空间分辨率遥感数据的覆盖周期设计提供参考。同时基于国内外中高分辨率影像，开展不同谱段的农作物识别能力分析，为遥感数据的谱段设置提供参考。通过这三个方面的分析，为今后中国农业行业卫星有效载荷技术指标的设计提供参考，为农业遥感卫星体系建设奠定基础。

### 6.1.1　卫星重访频率需求分析

遥感数据的观测频率的设置与观测地区晴空覆盖率及监测目标的影像需求频率相关。根据陈志军（2005）的中国区域气候平均晴空指数空间分布结果，获取中国区域全年平均晴空覆盖率和中国区域全年平均云覆盖率，以此推算遥感影像的晴空观测能力。晴空覆盖率结合农作物生长发育时期，可以推算出卫星载荷的重访周期。

经统计，全国不同区域的全年可成像时间见表 6－1，适合于光学遥感卫星成像的窗口期为 3～5 个月，要求影像的重访周期短、覆盖能力强。

**表 6－1　全国不同区域的全年可成像时间**

| 序号 | 地区 | 城市数量 | 适合拍摄月度 |
|---|---|---|---|
| 1 | 华北平原、山东、山西、陕西 | 35 | 第一季度:3 月<br>第二季度:4/5/6 月<br>第三季度:9 月<br>第四季度:10/11 月 |
| 2 | 新疆、内蒙古西北部、青海、甘肃、宁夏、西藏 | 8 | 第二季度:5/6 月<br>第三季度:7/8/9 月 |
| 3 | 辽宁、吉林、黑龙江、华北北部、内蒙古东北部 | 28 | 第二季度:5/6 月<br>第三季度:9 月<br>第四季度:10/11 月 |
| 4 | 四川、重庆 | 8 | 第二季度:5/6 月<br>第三季度:7/8/9 月 |
| 5 | 长江中下游、华南、云南、贵州、广西 | 85 | 第一季度:1/2/3 月<br>第四季度:10/11/12 月 |

以云覆盖率最高的四川盆地的大豆监测为例，说明在云覆盖率最高、生育期最短的条件下，卫星的重访周期如何设计才能获取作物生长的早、中、晚 3 个时期的晴空影像。四川盆地云覆盖率属于全国最高值区域，约为 70%。大豆的生育期是农作物中相对较短的，一般在 90～110 天，这里取最短的 90 天作为大豆的生育期。大豆的生育期可以划分为第 1 月为早期、第 2 月为中期、第 3 月为晚期，在 70%的云覆盖率条件下，理论上重访 10 次可以获取 3 次晴空影像，重访 4 次可以获取 1 次晴空影像，也就是每月重访 4 次、每 7 天重访 1 次就可以获取 1 次晴空影像。考虑到夏、秋两季云覆盖率会更高，以 2 次晴空保证率计算，则需要每 3.5 天重访 1 次，以整数天计算为每 3 天重访 1 次，即重访概率达到 10 次/月方可保证 1～2 幅的晴空影像。在非上述极端情况下，卫星的重访周期也不宜大于 5 天，考虑到目前主流的中高分辨率卫星的重访周期为 4 天左右，因此未来卫星（尤其是用于农业领域的光学卫星）设计时应在 4 天重访的基础上进一步缩短重访周期。

### 6.1.2　卫星载荷空间分辨率需求分析

空间分辨率关系到量算精度和最小地块识别两个方面。量算精度高要求的遥感数据的空间分辨率是 0.3 m，这里分析一下最小识别地块对遥感数据的空间分辨率的要求。中国农作物地块破碎度较大，并且在东北、华北、西北、华东、华中、华南以及西南等地区地块破碎度也不尽一致，在中国，田埂宽度一般为 0.30 m 左右（张明杰，2015；姜子绍等，2016），因此能够识别 0.3 m 的宽度是卫星空间分辨率的最高需求。中国东北地区有部分农户习惯于单垄条播（邱强等，2006），条播的宽度也在 0.3 m 左右，因此能识别 0.3 m

田埂宽度的遥感影像，也能够识别条播种植的作物。图 6 - 1 给出了无人机影像对 0.3 m 宽度的冬小麦田埂识别效果，由图可以看出，在 0.1 m 分辨率下，地面实际宽度 0.3 m 的线状田埂能够明确定性；0.2 m 空间分辨率下，结合地面调查经验，也可以定性为田埂；在 0.3 m 分辨率下，单纯从影像上已不能确认为田埂。

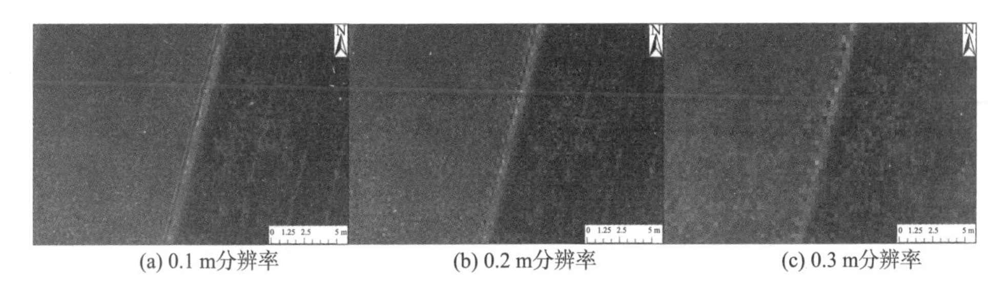


(a) 0.1 m分辨率　(b) 0.2 m分辨率　(c) 0.3 m分辨率

图 6 - 1　不同空间分辨率无人机影像对 0.3 m 宽度田埂识别能力的比较（见彩插）

王利民等（2016）的研究表明，当影像分辨率由 2 m 变为 250 m 时，作物面积识别的总体精度逐步由 98.6%降低到 70.1%，精度降低 28.5 个百分点。面积数量比例由 5.5%扩大到 110.6%，误差增加 105.1 个百分点。此外，地块破碎度越高的地区，分辨率提高对于作物面积提取精度的提升作用越明显；同等分辨率下，地块破碎度越高的地区，面积识别精度越低，要达到与低破碎度地区相同的精度，必须使用更高分辨率的卫星影像。因此，提高影像分辨率对于提高作物识别的精度具有重要的作用，尤其在地块较为破碎的地区。

从卫星研制能力角度来看，优于 0.3 m 空间分辨率民用遥感影像目前还不多见，暂时不考虑遥感器材料与技术限制因素，仅以以往不同空间分辨率卫星出现的时间周期，来估计优于 0.3 m 空间分辨率数据未来能够普遍获取的时间。30 m、15 m 空间分辨率的 Landsat - TM 数据分别出现在 1982 年、1999 年；20 m、10 m、2.5 m、1.5 m 空间分辨率的 SPOT 数据分别出现在 1986 年、1986 年、2002 年、2012 年；5 m 空间分辨率的 RapidEye 数据出现在 2008 年；0.5 m、0.3 m 空间分辨率的 WorldView 数据出现在 2007 年、2014 年；0.61 m 空间分辨率的 QuickBird 数据出现在 2001 年。而在国内卫星中，资源一号卫星的空间分辨率为 20 m，发射于 1999 年，比同分辨率 SPOT 卫星晚 13 年；资源三号卫星的空间分辨率为 2.1 m，发射于 2012 年，比同分辨率 SPOT 卫星晚 10 年；2018 年发射成功的高景一号 03/04 星，与 2016 年发射的高景一号 01/02 星组成了最高分辨率为 0.5 m 的卫星星座，标志着民用国产卫星正式进入了 0.5 m 分辨率的时代，这相比 WorldView 同分辨率卫星晚 9 年。可以看出，国内卫星与国际卫星最高分辨率的差距不断缩小，预计在 2032 年前后达到 0.1 m 空间分辨率。

通过上述分析，可知 0.1 m 空间分辨率的遥感影像，能够同时满足最窄条播地块和最小田埂宽度的识别的需求。0.3 m 空间分辨率的遥感影像，能够满足以最小宽度田埂分界的地块的识别，但是不能满足条播地块识别的需要。

### 6.1.3　卫星载荷光谱谱段需求分析

多光谱数据是目前应用比较多，也是比较普遍的数据，在高光谱数据谱段没有较可靠谱段设置之前，多光谱数据仍然是农作物轮作识别唯一的选择。用于农作物遥感识别的多光谱数据除可见光-近红外、短波红外两大类，目前海岸蓝、黄边、红边等谱段在一些遥感器中也开始出现（Li，Roy，2017），应用较为成熟的主要是红边谱段。本节主要从可见光-近红外、红边、短波红外等 3 个谱段出发，讨论农作物轮作监测对遥感数据光谱谱段设置的需求。图 6－2 给出了基于 RapidEye、OLI 数据可见光、近红外、红边、短波红外等 3 个不同谱段组合的玉米、大豆两种作物的彩色合成效果。

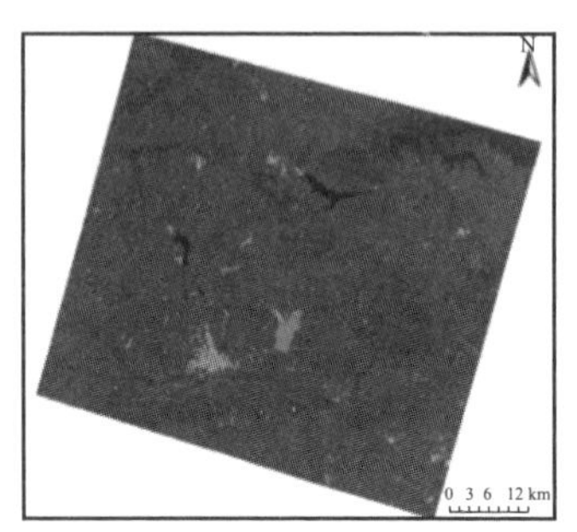

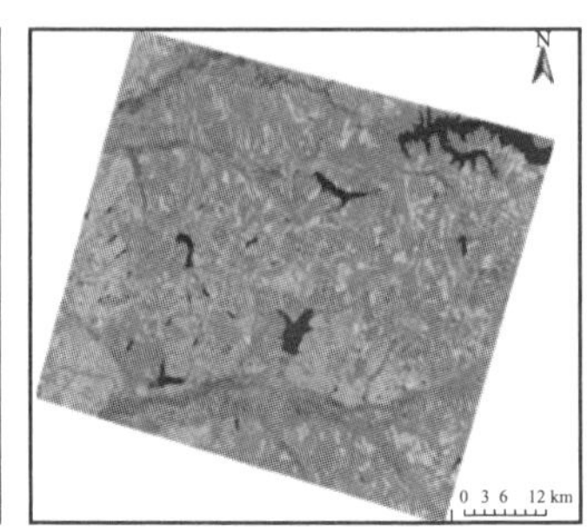

(a) OLI近红外、红光、绿光谱段合成

(b) RapidEye近红外、红边、红光谱段合成

(c) OLI短波、近红外、红光谱段合成

图 6－2　OLI 和 RapidEye 不同波段组合效果比较（见彩插）

图 6－2（a）、（b）、（c）分别是 OLI 影像 5（近红）－4（红）－3（绿）谱段、Rapideye 影像 5（近红）－4（红边）－3（红）谱段、OLI 影像 6（短波）－5（近红）－4（红）谱段的合成效果。其中，RapidEye 和 OLI 影像的时间分别是 2014 年 7 月 27 日和 5 月 29 日，研究区为黑龙江省北安市东胜乡及其周边区域。除玉米、大豆外，研究区其他地类主要包括城镇、水体及林地和河滩草地，林地的归一化植被指数（Normal Difference Vegetation Index，NDVI）值均较其他作物高，而河滩草地 NDVI 则较低，均易与玉米和大豆进行区分。

仅有可见光＋近红谱段的影像，玉米、大豆都呈红色基调，玉米呈暗红色，大豆呈亮红色。有红边的影像，玉米、大豆呈现不同的色调，玉米呈红色，大豆呈黄色。有短波红外的影像，玉米、大豆呈现黄色调，玉米呈棕红色，大豆呈杏黄色，较仅有可见光＋近红外谱段的红色调影像更容易区分，区分能力与红边类似。就红边谱段而言，无红边和有红边两种情况下，玉米、大米识别的总体精度分别为 73.1％和 80.5％，玉米和大豆识别的用户精度分别提高了 16.6 和 3.7 个百分点，制图精度分别提高了 11.0 和 11.6 个百分点；就短波谱段而言，无短波和有短波两种情况下，玉米、大豆识别的总体精度分别为 65.7％和 74.7％，玉米和大豆识别的用户精度分别提高了 2.8 和 17.4 个百分点，制图精度分别提高了 10.3 和 6.4 个百分点，见表6－2。

综上分析可以明确，以蓝、绿、红、近红谱段为基础，增加红边、短波红外谱段，形成包括蓝、绿、红、红边、近红、短波红外谱段的多光谱谱段，将能够有效提高不同农作物的识别能力。其中，具体谱段设置可以参考现有高分系列卫星、RapidEye 系列卫星和 Landsat 系列卫星的遥感器的谱段设置，蓝、绿、红、近红谱段为 0.450～0.520 $\mu$m、

0.520～0.590 μm、0.630～0.690 μm 和 0.770～0.890 μm，红边谱段为 0.690～0.730 μm，短波谱段为 1.560～1.660 μm 和 2.100～2.300 μm。

**表 6-2　增加红边及短波红外谱段情况下玉米和大豆分类精度**

| 作物类型 | | RapidEye 影像 | | Landsat OLI 影像 | |
|---|---|---|---|---|---|
| | | 仅可见光 | 增加红边 | 仅可见光 | 增加短波 |
| 总体精度 | | 73.10% | 80.50% | 65.70% | 74.70% |
| 用户精度 | 玉米 | 61.00% | 77.60% | 64.00% | 66.80% |
| | 大豆 | 67.60% | 71.30% | 53.50% | 70.90% |
| | 其他 | 93.40% | 93.10% | 85.10% | 88.30% |
| 制图精度 | 玉米 | 81.50% | 92.50% | 77.40% | 87.70% |
| | 大豆 | 73.10% | 84.70% | 72.50% | 78.90% |
| | 其他 | 67.70% | 69.80% | 53.50% | 63.30% |

## 6.2　遥感谱段设置与农作物识别能力分析

遥感谱段设置即遥感光谱设置，简单而言，是光谱分辨能力的直接体现。当前研究进展显示，遥感卫星谱段设置仍缺乏成熟的理论支持，因而多具有一定的经验性。但是，在卫星发射前根据应用需求选择合适的谱段，或者基于已有光谱数据开展应用性能评估来评价谱段设置的合理性，是星地一体化卫星设计中的必要步骤。

本节基于 GF-6/WFV 数据，在山东省选择局部区域为研究区域，以研究区内在田农作物为对象，开展了不同谱段、不同谱段组合条件下农作物识别精度的研究，并据此分析不同谱段组合条件下精度分布规律，目的是分析不同谱段的农作物识别能力，为优化谱段设置与谱段选择提供可参考的依据。

（1）研究区与实验数据

①研究区概况

研究区地处山东半岛中部，地理范围为北纬 37°7′16″～37°14′6″，位于山东省烟台市的栖霞市与海阳市交界处，东经 120°56′53″～121°5′49″之间，属暖温带东亚大陆性季风型半湿润气候，四季分明，年平均降水量为 640～846 mm，主要集中在夏季，年平均温度 11.4 ℃，年均日照总时数为 2 659.9 h，地貌类型以丘陵为主。研究区农作物类型以一年一作的花生、红薯、玉米为主，园地以苹果树为主，人工林及次生的针阔混交林也是本区的主要植被类型（山衍鹏，2018；吴泉源等，2005；王燕等，2007）。研究区玉米的生育期为 6 月上旬至 10 月上旬，花生的生育期为 4 月中旬至 9 月中旬，红薯的生育期为 4 月下旬至 9 月中旬，苹果树的生育期为 3 月中旬至 10 月下旬。

②遥感数据获取及预处理

本节采用的是谱段相对较多的国产卫星的高分六号宽幅数据（GF-6/WFV），有海岸蓝谱段、蓝谱段、绿谱段、红谱段、黄谱段、红边谱段Ⅰ、红边谱段Ⅱ和近红谱段 8 个谱段，获取的研究区影像时间为 2020 年 8 月 10 日，大小为 1 294×1 264 像元，约 12 939 m×12 649 m。分类前，对影像进行几何精校正处理，并采用中国资源卫星中心（http：//www.cresda.com/CN/Downloads/dbcs/index.shtml）提供的定标参数进行了辐射定标及大气校正。为叙述方便，依据中心波长由小到大的顺序，对谱段进行了重新编号，表 6－3 给出了重新编号与原始编号顺序的对照，以及各谱段的波长范围。

**表 6－3　GF－6/WFV 数据谱段编号及波长范围**

| 新编谱段序号 | 原谱段序号 | 谱段名称 | 波长范围/μm |
|---|---|---|---|
| B1 | B7 | 海岸蓝谱段 | 0.40～0.45 |
| B2 | B1 | 蓝谱段 | 0.45～0.52 |
| B3 | B2 | 绿谱段 | 0.52～0.59 |
| B4 | B8 | 黄谱段 | 0.59～0.63 |
| B5 | B3 | 红谱段 | 0.63～0.69 |
| B6 | B5 | 红边谱段Ⅰ | 0.69～0.73 |
| B7 | B6 | 红边谱段Ⅱ | 0.73～0.77 |
| B8 | B4 | 近红外谱段 | 0.77～0.89 |

注：新编谱段序号为按照波长范围对谱段进行的编号，文中所说谱段号均指此编号。

（2）研究方法

①谱段组合设计

采用枚举法进行谱段组合来分析 GF－6/WFV 数据的不同谱段农作物识别能力，即考虑了 GF－6/WFV 数据 8 个谱段组合的所有可能情况，从 B1、B2、B3、B4、B5、B6、B7、B8 这 8 个谱段中每次取出 $m$ 个不同谱段（$m=1$，2，…，8），然后将取出的谱段合成一组。为研究不同谱段数量和谱段属性条件下，各谱段及谱段组合的农作物识别能力，本研究将所有的谱段组合按照谱段属性、谱段数量进行分类统计，并统计每类的平均值、最小值和最大值，其中谱段属性指按照波长将 GF－6/WFV 数据的 8 个谱段分为可见光、红边、近红外 3 个谱段范围，分别是谱段 1～5、谱段 6～7 和谱段 8 等 3 个谱段范围；谱段数量指谱段数量为 1 至谱段数量为 8 的情况。另外为了确定新增谱段对作物识别能力的作用，在 GF－6/WFV 卫星蓝谱段、绿谱段、红谱段和近红谱段这四个谱段基础上，按照谱段数量 1、2、3、4 增加海岸蓝谱段、黄边谱段、红边谱段Ⅰ、红边谱段Ⅱ这四个新增谱段，分别统计基于新增谱段的总体精度及其与蓝谱段、绿谱段、红谱段和近红谱段组合间精度的变化量。

②随机森林方法

随机森林分类方法对于样本的质量及过度拟合问题具有较好的包容性，在农作物识别与提取中具有明显优势（张颖等，2016；于新洋等，2019），本研究中采用随机森林方法对不同谱段组合的影像进行分类。随机森林算法（Random Forest，RF）由 Leo Breiman（2001）提出，其核心方案是通过二叉树的方式构造一系列的决策树，通过投票的方式对系列决策树的分类结果进行评价，选择投票结果最高的决策树结果作为最终输出。其中，每棵树的训练集是从总的训练集中随机采样而来的。在训练每棵树的节点时，RF 从随机选取的特征中选择一个最优的特征来划分左右子树。在寻找最佳的分类特征和阈值时，评判标准为

$$\text{argmax} = \text{Gini}_{\text{parent}} - \text{Gini}_{\text{leftchild}} - \text{Gini}_{\text{rigtchild}} \tag{6-1}$$

即需要找出最优的特征和阈值，使得当前父节点的 Gini 值与左子节点的 Gini 值和右子节点的 Gini 值的差值达到最大，其中 Gini 系数的计算公式如下：

$$\text{Gini} = 1 - \sum [P(i) * P(i)] \tag{6-2}$$

式中，$P(i)$ 为当前节点上数据集中第 $i$ 类样本的比例。

③样本选择方案

该项研究分类体系分为农作物、其他两种类型，农作物指大田作物，如小麦、水稻、玉米等粮食作物，经济作物中的油料作物、糖料作物、棉花、麻类、烟、药等，其他则包括果树、蔬菜、河流、城镇、裸地等地物以及影像上的云和阴影。根据研究区作物生育期，8 月 10 日研究区农作物包括花生、红薯、玉米等类型，其他包括果树、人工林及次生的针阔混交林、河流、村庄、裸地、云及阴影等。随机森林方法的样本是在研究区影像范围内随机生成 1 000 个样本点，逐点目视识别区分农作物、其他两类；其中农作物样本点 241 个，其他样本点 759 个。研究区内农作物的目视修正结果及两类样本点的分布如图 6-3 所示。

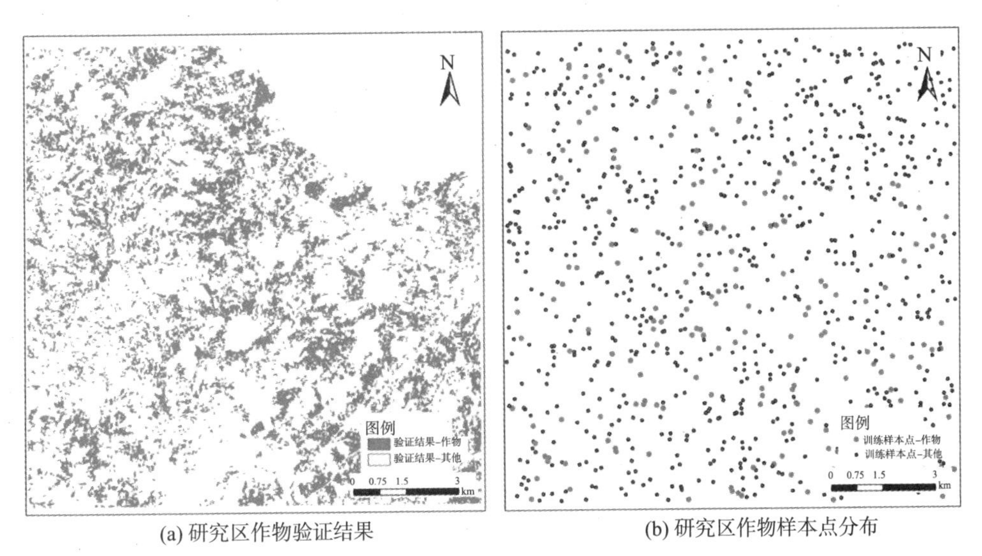


(a) 研究区作物验证结果　　(b) 研究区作物样本点分布

图 6-3　目视判读结果及样本点数据分布（见彩插）

④农作物识别精度评价指标

本节以基于随机森林方法的农作物识别结果精度作为评判不同谱段农作物识别能力的依据，采用广泛应用于准确性评估的混淆矩阵法对农作物识别结果进行精度验证，共获取总体精度、Kappa 系数、制图精度与用户精度等 4 个与精度有关的指标。总体精度综合考虑了两类地物的精度，同时也比 Kappa 系数更为敏感，统一采用总体精度作为精度衡量

指标。

（3）结果与分析

①农作物识别精度总体情况分析

GF－6/WFV 数据共 8 个谱段，1 个谱段组合共有 8 种方式，2 个谱段组合共有 28 种方式，3、4、5、6、7、8 个谱段组合分别有 56、70、56、28、8、1 种组合方式，所有 8 个谱段合计有 255 种组合方法，每种组合作为一种识别影像，共有 255 种影像。以这 255 种影像为数据源，每次使用上述的 1 000 个样本点进行分类，分类结果采用覆盖研究区的目视判读专题图进行验证，并获取总体精度，共获得了 255 个总体精度。这 255 个谱段组合的总体精度，平均值为 89.69%；最小值是 68.7%，为 B5 谱段组合识别精度；最大值是 95.4%，为 B1567 谱段组合识别精度；另外随机选择了 B78 和 B357，这四组农作物识别结果如图 6－4 所示。

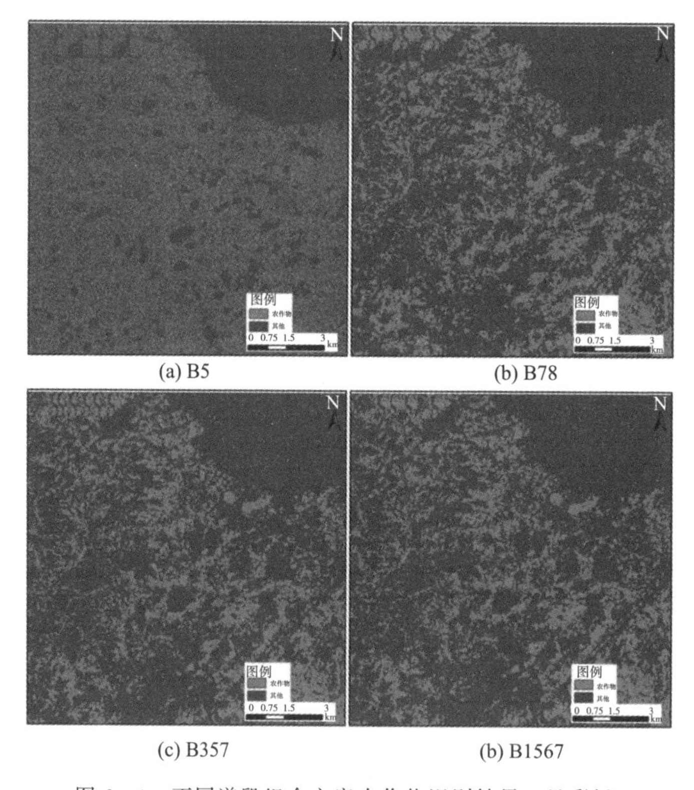


(a) B5　(b) B78

(c) B357　(b) B1567

图 6－4　不同谱段组合方案农作物识别结果（见彩插）

将这 255 个谱段组合和总体分类精度按照谱段属性和谱段数量进行统计，为叙述方便，可见光、红边、近红外 3 个谱段属性分别用 A、B、C 代表。从谱段属性看，分为 A、B、C、AB、AC、BC、ABC 这 7 种组合，农作物识别结果精度平均值分别为 74.9%、84.8%、84.5%、89.6%、91.8%、92.3%、94.1%，精度平均值最低的是单个谱段属性的可见光谱段，最高的是可见光、红边、近红外 3 个谱段属性的组合，说明总体上谱段属性组增加，识别精度也会增加。从谱段数量看，谱段数量为 1 至 8 个的谱段组合农作物识别结果总体精度平均值分别为 75.2%、82.8%、87.7%、90.8%、92.8%、94.0%、94.9%、95.2%，说明总体上谱段数量增加，识别精度也会增加，但是增幅呈下降趋势，由 1 个谱段数量到 2 个谱段数量精度平均值的增幅 7.6%下降至 7 个谱段数量到 8 个谱段数量精度平均值的增幅 0.3%，见表 6-4。

**表 6-4　谱段组合方式与总体精度统计（%）**

| 谱段数量 | 统计参数 | A | B | C | AB | AC | BC | ABC | 平均值 1 |
|---|---|---|---|---|---|---|---|---|---|
| 1 | 平均值 | 71.3 | 80.3 | 84.5 | | | | | 75.2 |
| | 组合数 | 5 | 2 | 1 | | | | | |
| | 最小值及其谱段组合 | 68.7 | 71.7 | 84.5 | | | | | 74.9 |
| | | B5 | B6 | B8 | | | | | |
| | 最大值及其谱段组合 | 73.7 | 88.8 | 84.5 | | | | | 82.3 |
| | | B1 | B7 | B8 | | | | | |
| 2 | 平均值 | 73.6 | 94.0 | | 85.0 | 91.0 | 91.3 | | 82.8 |
| | 组合数 | 10 | 1 | | 10 | 5 | 2 | | |
| | 最小值及其谱段组合 | 71.8 | 94.0 | | 74.5 | 90.1 | 90.8 | | 84.2 |
| | | B12 | B67 | | B16 | B18 | B78 | | |
| | 最大值及其谱段组合 | 77.4 | 94.0 | | 94.8 | 91.8 | 91.9 | | 90.0 |
| | | B35 | B67 | | B57 | B58 | B68 | | |
| 3 | 平均值 | 76.1 | | | 88.2 | 91.7 | 94.3 | 93.3 | 87.7 |
| | 组合数 | 10 | | | 25 | 10 | 1 | 10 | |
| | 最小值及其谱段组合 | 73.5 | | | 75.4 | 90.8 | 94.3 | 92.3 | 85.3 |
| | | B125 | | | B236 | B128 | B678 | B468 | |
| | 最大值及其谱段组合 | 78.4 | | | 95.3 | 92.0 | 94.3 | 94.9 | 91.0 |
| | | B135 | | | B567 | B158 | B678 | B578 | |
| 4 | 平均值 | 78.0 | | | 90.0 | 92.1 | | 93.9 | 90.8 |
| | 组合数 | 5 | | | 30 | 10 | | 25 | |
| | 最小值及其谱段组合 | 76.0 | | | 76.6 | 91.7 | | 92.5 | 84.2 |
| | | B1245 | | | B1236 | B1248 | | B2468 | |
| | 最大值及其谱段组合 | 79.2 | | | 95.4 | 92.4 | | 95.2 | 90.5 |
| | | B2345 | | | B1567 | B1458 | | B5678 | |
| 5 | 平均值 | 79.2 | | | 91.5 | 92.3 | | 94.1 | 92.8 |
| | 组合数 | 1 | | | 20 | 5 | | 30 | |
| | 最小值及其谱段组合 | 79.2 | | | 80.0 | 92.0 | | 92.6 | 85.9 |
| | | B12345 | | | B12346 | B12348 | | B12468 | |
| | 最大值及其谱段组合 | 79.2 | | | 95.3 | 92.5 | | 95.2 | 90.6 |
| | | B12345 | | | B13567 | B13458 | | B35678 | |

续表

| 谱段数量 | 统计参数 | A | B | C | AB | AC | BC | ABC | 平均值 1 |
|---|---|---|---|---|---|---|---|---|---|
| 6 | 平均值 | | | | 93.1 | 92.5 | | 94.4 | 94.0 |
| | 组合数 | | | | 7 | 1 | | 20 | |
| | 最小值及其谱段组合 | | | | 81.8 | 92.5 | | 92.7 | 89.0 |
| | | | | | B123456 | B123458 | | B123468 | |
| | 最大值及其谱段组合 | | | | 95.3 | 92.5 | | 95.3 | 94.4 |
| | | | | | B134567 | B123458 | | B135678 | |
| 7 | 平均值 | | | | 95.2 | | | 94.8 | 94.9 |
| | 组合数 | | | | 1 | | | 7 | |
| | 最小值及其谱段组合 | | | | 95.2 | | | 92.9 | 94.1 |
| | | | | | B1234567 | | | B1234568 | |
| | 最大值及其谱段组合 | | | | 95.2 | | | 95.2 | 95.2 |
| | | | | | B1234567 | | | B1235678 | |
| 8 | 总体精度及其谱段组合 | | | | | | | 95.2 | 95.2 |
| | | | | | | | | B12345678 | |
| | 组合数 | | | | | | | 1 | |
| 总体 | 平均值 2 | 74.9 | 84.8 | 84.5 | 89.6 | 91.8 | 92.3 | 94.1 | |
| | 最小值 | 68.7 | 71.7 | 84.5 | 74.5 | 90.1 | 90.8 | 92.3 | |
| | 最大值 | 79.2 | 94.0 | 84.5 | 95.4 | 92.5 | 94.3 | 95.3 | |

注：A，可见光谱段，谱段新编号 1～5；B，红边谱段，谱段新编号 6、7；C，近红谱段，谱段新编号 8。

平均值 1：各数量组合总体精度的平均、最大值的平均、最小值的平均。

平均值 2：各属性谱段所有组合总体精度的平均。

②谱段属性与农作物识别精度的关系

从谱段属性个数角度分析，就覆盖 1 个谱段属性的组合而言，共有 A、B、C 三种覆盖 1 个谱段属性的组合。可见光谱段的不同谱段数量组合的农作物识别精度平均值、最小值和最大值分别为 74.9%、68.7%和 79.2%；红边谱段的不同谱段数量组合的农作物识别精度平均值、最小值和最大值分别为 84.8%、71.7%和 94.0%；近红外谱段组合只有 1 种，农作物识别精度为 84.5%。由精度的平均值和最大值可知，红边谱段农作物识别精度最高，其次是近红外谱段，最低是可见光谱段的组合。

就覆盖 2 个属性范围谱段组合而言，共有 AB（可见光-红边谱段组合）、AC（可见光-近红外谱段组合）、BC（红边-近红外谱段组合）三种覆盖 2 个属性范围谱段组合。AB 谱段组合的农作物识别精度平均值、最小值和最大值分别为 89.6%、74.5%和 95.4%，精度变化比较大；AC 谱段的精度平均值、最小值和最大值分别为 91.8%、90.1%和 92.5%，精度变化较小；BC 谱段的精度平均值、最小值和最大值分别为 92.3%、90.8%和 94.3%，精度比较高且稳定。由各属性谱段所有组合总体精度的平均值和最小值可知，识别精度最高的是红边-近红外谱段组合，其次是可见光-近红外谱段组合，最低的是可见光-红边谱段组合。

就覆盖 3 个属性范围谱段组合而言，只有 ABC 这一种覆盖 3 个谱段属性的组合，其农作物识别精度平均值为 94.1%，最小值与最大值分别为 92.3%和 95.3%。ABC 谱段组合的总体精度平均值比 AB、AC、BC 分别高 4.5%、2.3%和 1.8%，比 A、B、C 分别高 19.2%、9.3%和 9.6%，说明了总体上谱段属性组增加，识别精度也会增加。ABC 谱段组合的总体精度最大值比 AB 低 0.1%，比 AC、BC 分别高 2.8%和 1.0%，比 A、B、C 分别高 16.1%、1.3%和 10.8%，由此可以说明谱段组合中可见光-红边谱段组合的农作物识别精度最高。

总体来看，当为单个谱段属性时，GF－6/WFV 数据的红边谱段、近红外谱段较可见光谱段在作物识别中具有更重要的作用；另外谱段属性增加，总体上农作物识别能力随之增加；但也存在所有谱段属性组合中，可见光-红边谱段组合的农作物识别精度最高的情况。

③谱段数量与农作物识别精度的关系

由上述不同谱段数量的总体精度平均值变化分析可知，总体上随着谱段数量增加，识别精度也会增加，但是增幅呈下降趋势。而谱段数量为 1 至 8 的农作物识别结果总体精度最大值分别为 88.8%、94.8%、95.3%、95.4%、95.3%、95.3%、95.2%和 95.2%，其中精度最高的是谱段数量为 4，谱段数量为 5 至 8 的精度最大值略低于谱段数量为 4，说明谱段数量对农作物识别精度没有绝对的提升作用。

为进一步明确各谱段属性组合条件下，各谱段属性范围内谱段数量对农作物识别精度的影响，本研究以各谱段属性组合条件下精度最大值作为依据。当单个谱段属性时，可见光谱段组合条件下，谱段数量为 1 至 5 个的谱段组合农作物识别结果总体精度最大值分别为 73.7%、77.4%、78.4%、79.2%和 79.2%，精度呈上升趋势，说明谱段数量越多，作物识别总体精度越高，谱段数量为 4 和 5 的时候精度最高，说明了可见光谱段组合条件下，谱段数量达到 5 时，已存在数据冗余；另外谱段数量 1～2、2～3、3～4、4～5 间的精度增幅分别为 3.7%、1.0%、0.8%和 0.0%，增幅呈下降趋势，说明谱段数量增加对精度的影响力是减小的。红边谱段组合条件下，谱段数量 1、谱段数量 2 的精度最大值分别为 88.8%和 94%，增幅为 5.2%，进一步说明谱段数量越多，农作物识别总体精度越高。

当 2 个谱段属性时，可见光-红边谱段组合条件下，谱段数量为 2 至 7 个的谱段组合农作物识别结果总体精度最大值分别为 94.8%、95.3%、95.4%、95.3%、95.3%和 95.2%，谱段数量为 5、6、7 的时候精度最大值低于谱段数量为 4 时，说明了可见光-红边谱段组合条件下，谱段数量达到 6 时，已存在数据冗余，另外谱段数量 2～3、3～4、4～5、5～6、6～7 间的精度增幅分别为 0.5%、0.1%、－0.1%、0.0%和－0.1%，说明农作物识别会因数据冗余而导致精度降低。可见光-近红外谱段组合条件下，谱段数量为 2 至 6 个的谱段组合农作物识别结果总体精度最大值分别为 91.8%、92.0%、92.4%、92.5%和 92.5%，也能说明谱段数量越多，农作物识别总体精度越高，谱段数量为 5 和 6 时精度一致，说明存在数据冗余；另外谱段数量 2～3、3～4、4～5、5～6 间的精度增幅分别为0.2%、0.4%、0.1%和0.0%，增幅呈下降趋势，进一步证明谱段数量增加对精度的影响力是减小的。红边-近红外谱段组合条件下，谱段数量2、谱段数量3的精度最大值分别为91.9%和94.3%，增幅为2.4%，也说明了谱段数量越多，农作物识别总体精度越高。

当3个谱段属性时，即可见光-红边-近红外谱段组合条件下，谱段数量为3至8个的谱段组合农作物识别结果总体精度最大值分别为94.9%、95.2%、95.2%、95.3%、95.2%和95.2%，谱段数量3到8精度增加了0.3%，说明当覆盖3个谱段属性时，谱段数量对农作物识别影响非常小，进一步说明谱段属性跨度比谱段数量对农作物识别的作用更大。

总体来看，谱段数量越多，农作物识别总体精度越高，但在谱段属性确定条件下，谱段数量在2以上时，谱段数量变化引起的总体精度变化较小；另外当单属性谱段时谱段数量增加，精度能提升5.2%，三个谱段属性时谱段数量增加，精度仅提升0.3%，随谱段属性范围扩大，谱段数量对精度的提升作用越来越低，进一步说明谱段属性跨度比谱段数量对农作物识别的作用更大。

④最优农作物识别效果的谱段组合分析

为进一步明确不同谱段数量和谱段属性的农作物识别能力，为农作物识别的最佳谱段组合选择奠定基础，本研究在各谱段数量条件下从各谱段组合的农作物识别精度角度分析。当谱段数量为1时，有A、B、C三类谱段组合，其中可见光谱段的农作物识别精度的最小值和最大值分别为68.7%和73.7%，分别是B5谱段和B1谱段；红边谱段的农作物识别精度的最小值和最大值分别为71.7%和88.8%，分别是B6谱段和B7谱段；近红外谱段B8的农作物识别精度为84.5%。综上，GF-6/WFV的8个谱段中农作物识别精度最高的是红边谱段中的B7即红边谱段Ⅱ，其次是近红谱段B8，最后是可见光谱段和红边谱段中的B6即红边谱段Ⅰ。

当谱段数量为2～5时，有A、AB、AC、BC、ABC这5种谱段属性组合，比较复杂。谱段数量为2的组合中，农作物识别精度的最小值和最大值分别为71.8%和94.8%，分别为A谱段组合的B12和AB谱段组合的B57；谱段数量为3的组合中，农作物识别精度的最小值和最大值分别为73.5%和95.3%，分别为A谱段组合的B125和AB组合的B567；谱段数量为4的组合中，农作物识别精度的最小值和最大值分别为76.0%和95.4%，分别为A谱段组合的B1245和AB谱段组合的B1567；谱段数量为5的组合中，农作物识别精度的最小值和最大值分别为79.2%和95.3%，分别为A谱段组合的B12345和AB谱段组合的B13567；不同数量条件下谱段组合中，精度最低的均是A谱段组合即可见光谱段，进一步证明了可见光谱段较其他两个谱段属性对农作物识别的作用更弱；精度最高的均为AB谱段组合即可见光-红边谱段组合，表明相同谱段数量条件下可见光-红边谱段组合是农作物识别的理想谱段组合。另外，精度最高的谱段组合中均含有B7，进一步证明了红边谱段Ⅱ在农作物识别研究中具有重要意义。当谱段数量为2时，农作物识别精度的最大值为94.8%，比谱段数量为3、4、5的精度最大值低0.5%、0.6%、0.5%，精度差异不大。

当谱段数量为6～7时，有AB、AC、ABC三类谱段属性组合。谱段数量为6的组合中，农作物识别精度的最小值和最大值分别为81.8%和95.3%，分别为AB谱段组合的B123456和AB谱段组合的B134567、ABC谱段组合的B135678；谱段数量为7的组合中，农作物识别精度的最小值和最大值分别为92.9%和95.2%，分别为ABC谱段组合的B1234568和AB谱段组合的B1234567、ABC谱段组合的B1235678；谱段数量为8的组合只有1种，农作物识别精度为95.2%，为ABC谱段组合的B12345678。当谱段数量为6时，农作物识别精度已最高。不同数量条件下谱段组合中，农作物识别总体精度最高的谱段组合中均含有B7，精度最低的谱段组合中均无B7，表明红边谱段Ⅱ在农作物识别研究中具有重要意义。

综上，GF-6/WFV数据的8个谱段中红边谱段Ⅱ的农作物识别精度最高，其次是近红外谱段，能够有效提高作物识别的能力。若以90%作为作物识别能力的标准，可选择谱段数量2且含红边谱段Ⅱ的谱段组合，此类谱段组合谱段少且农作物识别精度高，有助于提高农作物识别效率；若追求更高且稳定的农作物识别效果，可选择谱段数量为6且含红边谱段Ⅱ的相应谱段组合。

⑤GF-6/WFV新增谱段的作用

GF-6/WFV卫星影像新增了1个海岸蓝谱段、1个黄边谱段、2个红边谱段。为了确定新增谱段对作物识别能力的提升作用，分别统计在GF-6/WFV卫星B2358谱段组合基础上，增加1、2、3、4个新增谱段的总体精度及其变化量，结果见表6-5。

**表6-5 GF-6/WFV新增谱段与作物识别总体精度（%）**

| 新增谱段数量 | 新增谱段 | 谱段组合 | 总体精度 | 总体精度变化 | 变化平均值 |
|---|---|---|---|---|---|
| 0 | — | B2358 | 92.1 | — | — |
| 1 | 1 | B23581 | 92.3 | 0.2 | 0.9 |
|  | 4 | B23584 | 92.4 | 0.3 |  |
|  | 6 | B23586 | 92.7 | 0.6 |  |
|  | 7 | B23587 | 94.8 | 2.7 |  |
| 2 | 14 | B235814 | 92.5 | 0.4 | 1.7 |
|  | 16 | B235816 | 92.8 | 0.7 |  |
|  | 17 | B235817 | 94.8 | 2.7 |  |
|  | 46 | B235846 | 92.9 | 0.8 |  |
|  | 47 | B235847 | 94.9 | 2.8 |  |
|  | 67 | B235867 | 95.2 | 3.1 |  |
| 3 | 146 | B2358146 | 92.9 | 0.8 | 2.5 |
|  | 147 | B2358147 | 95.1 | 3.0 |  |
|  | 167 | B2358167 | 95.2 | 3.1 |  |
|  | 467 | B2358467 | 95.2 | 3.1 |  |
| 4 | 1467 | B23581467 | 95.2 | 3.1 | 3.1 |

注：总体精度变化量为引入新增谱段组合后的作物识别总体精度与基础谱段2358组合作物识别总体精度的差值。

从表中可以看出：单时相原始谱段影像引入1个新增谱段后，作物识别总体精度平均提高了 0.9%，其中引入 B7 的作物识别总体精度变化最大，绝对精度提高了 2.7%，表明红边谱段Ⅱ的引入能够有效提高作物识别精度。引入 2 个新增谱段后，作物识别总体精度平均提高了 1.7%，其中引入 B17、B47、B67 的作物识别总体精度变化最大，绝对精度分别提高了 2.7%、2.8%、3.1%；引入 3 个新增谱段后，作物识别总体精度平均提高了 2.5%，其中引入 B147、B167、B467 的作物识别总体精度变化最大，绝对精度分别提高了 3.0%、3.1%、3.1%；引入 4 个新增谱段后，作物识别总体精度提高了 3.1%。引入不同数量的新增谱段，作物识别总体精度变化较高的谱段组合均含有谱段 7，进一步证明了红边谱段Ⅱ的引入能够有效提高作物识别精度。同时，引入两个红边谱段后作物识别总体精度的变化量已经达到峰值，并且 B2358 引入 2 个红边谱段后，再引入新增谱段 1、4，作物识别总体精度均未有所提高，这表明增加红边谱段较在可见光谱段内新增谱段在作物识别中具有更高的能力。最终确定高分六号新增谱段中红边谱段能够有效提高作物识别能力，而新增的 1 个海岸蓝谱段、1 个黄边谱段这两个可见光谱段对作物识别能力的提高无明显作用。

(4) 讨论与结论

基于国产卫星 GF-6/WFV 影像 8 个谱段，采用枚举法获得所有谱段组合类型的影像数据，在此基础上，采用随机森林分类方法获取研究区农作物识别结果，并采用混淆矩阵法对结果进行精度验证，通过分析谱段属性和谱段数量与农作物识别精度的关系、最优谱段组合以及 GF-6/WFV 新增谱段的作用，比较了 GF-6/WFV 数据各谱段对农作物的遥感识别能力。从谱段属性看，1 个谱段属性组合中，作物识别能力由高到低分别为红边谱段、近红外谱段和可见光谱段，总体精度平均值分别为 84.8%、84.5%和 74.9%；2 个谱段属性组合中，作物识别能力由高到低分别为红边-近红谱段组合、可见光-近红外谱段组合和可见光-红边谱段组合，总体精度平均值分别为 92.3%、91.8%和 89.6%；3 个谱段属性的总体精度平均值为 94.1%；谱段属性组数从 1 增加到 2 和从 2 增加到 3，精度提升最高分别为 17.4%和 4.5%，增幅比较明显。从谱段数量看，在谱段属性确定条件下，谱段数量在 2 以上时，谱段数量变化引起的总体精度变化较小；同时，谱段数量增加，精度提升量从单谱段属性的 5.2%降低到三谱段属性的 0.3%。另外红边谱段较近红外谱段和可见光谱段在农作物识别中的作用更大。结果表明，随着谱段属性增加，农作物识别精度总体呈增加趋势，各属性段范围内谱段数量的增加对精度提升作用不如属性段增加明显，因此农业卫星的谱段设置应尽量增加谱段属性跨度，另外，需要对农作物识别能力最强的红边谱段。

## 6.3　星地一体化理念农业卫星应用展望

### 6.3.1　农业遥感应用发展趋势

为充分发挥现代遥感技术高空间、高时间、高光谱的数据优势，从农业资源信息获取过程上看，数据处理、信息提取、结果分析是三个不可或缺的过程。多源遥感数据融合应用技术、遥感分类技术、高效计算技术在农业遥感监测中的发展趋势，使得农业遥感监测的结果准确性更高、时效性更强、费效比更低、尺度更多元，能够满足不同用户的需求，为农业监测提供更客观、更高效的途径。

（1）多源遥感数据融合应用

丰富的遥感数据转化为可用的监测数据源，需要多源卫星数据融合应用技术作为媒介，进而实现更高效的观测。首先是来源于不同遥感器遥感数据的融合，如 0.5～4 km 空间分辨率的 FY－04 多通道扫描成像辐射计数据、250 m 的 HY－1B/CZI 数据、50 m 的 GF－4/PMS 数据、30 m 的 HJ－1A/CCD 数据、16 m 的 GF－1/WFV 数据、2 m/8 m 的 GF－1/PMS 数据、1 m/4 m 的 GF－2/PMS 数据等，由于空间分辨率、光谱位置与宽度，以及遥感器工艺设计的不同，针对具体的观测对象，其光谱响应特征可能表现出显著差异。因此需要在各自遥感器光谱观测特征基础上，重新构建光谱同化模型，映射到相同的数据标准空间，才能实现多源遥感数据的综合应用。其次是来自不同卫星平台上的相同类型遥感器，以及相同卫星平台相同遥感器不同观测时间的遥感数据的融合。如 RapidEye 卫星星座的 5 颗卫星组网运行在太阳同步轨道上，可同时获取遥感观测数据；国产的 WFV 数据，则可以由 GF－1、GF－6 等卫星平台获取。虽然这类数据的光谱观测差异可能小于异构数据、小于异源遥感器的差异，但仍然存在着差异，因此不同平台来源的数据、不同观测时间的数据按照统一的标准进行处理，才能满足农业遥感监测的精度要求。

在 21 世纪以前，遥感数据源相对单一，农业遥感监测主要以单星应用为主；目前，遥感数据源显著丰富，数据融合技术也快速发展，通过多源遥感数据融合技术，进一步补充和挖掘遥感监测的数据，逐步实现区域范围内的双星或多星联合，大幅提升了农业遥感监测效率与精度。

（2）农业资源遥感智能分类

农业遥感分类一般指以农作物种植类型作为研究对象，以空间距离、概率分布函数模拟各类别间的差异，采用样本或者经验获取阈值，划定类别、确定类型的方法。而农业资源遥感分类的监测内容，不仅仅是农作物种植类型，也包括农业用水、农业用地、农业气候、农业生物、社会经济、农业废弃物等主要农业资源监测对象。

遥感分类方法是影响监测精度的关键因素，农业资源遥感分类技术的发展大致经历了以下阶段。在 20 世纪，遥感分类主要以目视判读为主，这种方法受限于影像质量、人工劳动强度以及解译者的主观判断。进入 21 世纪以来，遥感分类技术得到了快速发展，监督分类、非监督分类、决策树、面向对象分类的方法得到了极大的发展与应用，更进一步，在前者基础上考虑植被物候、地形、纹理等相关辅助信息与多源遥感数据相结合的方法，在一定程度上提高了分类精度；近年来，人工智能技术被广泛应用到遥感分类中，人工神经网络、支持向量机和卷积神经元网络等方法也在一定程度上提升了遥感分类的精度（杨超等，2018）。目前，针对特定农业资源对象，农业资源遥感分类技术已经能够从较为客观、系统的角度出发，实现农业资源特征的快速、精准识别。

(3) 多维海量数据高效计算

当前遥感数据高空间、高时间、高光谱分辨率的特点，这直接导致数据量呈几何级数增长。然而，在实际应用中，遥感器通道数量、地表数据获取的过程中存在的重叠现象，以及计算过程中产生的大量的数据冗余，会让数据量呈几倍甚至几十倍增大。以 16 m 空间分辨率 GF-6/WFV 数据为例，理想状态下获取覆盖我国陆地范围的 8 个谱段数据 1 个频次最少需要 4.4 TB 以上的数据量；按高分六号卫星标称的 4 天重访周期计算，每天约需1.2 TB；如果考虑计算过程，产生的数据量可能会增加 5 至 8 倍。如此巨量的数据，若没有相应的存储能力和高效的计算技术，将无法实现农业资源的有效监测与评价。

随着计算机硬件、多核 CPU 与 GPU 计算技术的快速发展，图像处理的速度显著提升，使用户以较低的技术门槛即可广泛应用高效计算技术。目前较为常见的方式是脱离本地计算机的硬件环境，依靠云平台的高效计算能力实现数据快速处理，如 Google Earth Engine 平台。高效计算技术的普及不仅显著提高了小范围遥感监测的效率，还使区域乃至全球等大尺度范围的遥感数据存储与计算逐渐实现，从而整体提升了农业遥感监测计算效率。

遥感技术在农业监测中的潜力尚有深入挖掘的空间。一是遥感技术本身仍有较大的挖掘空间。当前遥感数据的存储量巨大，对现有遥感数据的应用却相对不足，仍有大量的数据未被挖掘与利用，遥感数据应用规模的扩大与效率的提升，将推动农业遥感监测高精度、高时效的发展。二是遥感技术在农业中的应用将会更为广泛且深入。尽管当前遥感技术在农业领域已经开展了广泛的应用，并已经实现了业务化的运行，但仍存在许多待开发的方向，尤其是在农业资源整体评价与农业资源可持续利用方面有待探索与应用。

### 6.3.2 星地一体化理念农业卫星应用展望

(1) 实现卫星载荷指标明确化

在以往的卫星设计实践中，应用需求是卫星指标设计的第一输入源，这是毋庸置疑的。但往往由于以下几种情况，造成第一输入源作用不大的错觉，淡化了一体化设计理念的重要性。第一种情况是，当卫星设计指标仿照其他卫星指标时，会存在对所参考卫星的设计指标缺乏深入理解，无法系统性阐述卫星指标设计依据，但往往又能获得较好的应用效果的情况。另外，存在当应用指标需求不甚明确，产生不能满足应用需求的错觉。应用指标需求的不合理性，主要表现为指标过高和应用需求过于宽泛两种情况。指标过高指应用需求提出的指标要求，远远超出航天技术现阶段发展水平，事实上也远远超出当前遥感应用现阶段发展水平，对卫星技术的发展、应用水平的提高，以及资源的有效利用，都是不利的。应用需求过于宽泛指应用指标过多，远远超出单颗或多颗卫星所能满足的范围，这种情况在用户较多时更容易出现，也不利于卫星遥感应用健康发展。

随着星地一体化理念应用不断深入，以及农业遥感技术和理论的不断发展，通过深入分析农业需求，将农作物面积、长势与产量动态监测、农业灾害评估以及土壤环境监测等具体需求精准转化为明确的卫星载荷指标，确保这些指标能够全面反映农业资源的动态变化，并满足精细化管理的要求。在卫星设计阶段融入农业用户的实际需求，实现卫星技术与地面农业应用的高度匹配，既避免“技术过剩”，又防止“指标不足”，从而显著提升卫星技术在农业领域的应用效能。

星地一体化卫星设计理念是技术应用实践中的理论总结，系统性地概括了卫星指标设计的总体思路，并提出了卫星设计需要遵循的一般原则，这一理念有助于避免应用需求、卫星设计和载荷实现过程中出现的不必要的问题。星地一体化卫星设计理念的明确阐述，可以进一步促进卫星设计的顺利实施，从而推动卫星遥感应用的稳步发展。从技术发展的角度来看，星地一体化卫星设计理念将会得到更为广泛的认可，为未来技术实践提供重要指导。

(2) 促进农业遥感理论的深化

星地一体化卫星设计理念的核心思想是“自如设计”代替“经验设计”，通过实现自如设计，达到应用驱动和设计精准的目标。并且，将应用需求有效转换为设计指标，也是推动农业遥感理论发展的重要基础。就发展现状而言，星地一体化卫星设计理念能在以下几个方面推动农业遥感理论的发展。

首先是空间分辨率、时间分辨率、光谱分辨率优化设计理论的发展。空间、时间、光谱分辨率是遥感器的核心指标，也是卫星设计需要重点解决的问题。面向不同的地物观测对象、不同农业对象，需要建立统一理论指导下的优化指标获取方法。按照优化理论的一般性过程，通过建立优化目标与影响因素之间的函数关系，理论模拟可帮助实现效费比最高的设计方案，而优化函数的建立是需要遥感理论支持的。从这个意义上来说，星地一体化卫星设计理念必将推动该领域理论的进一步发展。

其次是推动农业遥感应用理论的发展，进而也会推动农业遥感应用技术的发展。农业遥感应用基本任务就是农业相关的现状分析、趋势评价两个部分，其中现状分析就是采用遥感技术从不同角度对农业现状信息获取的过程，如农作物种植面积、长势、产量、灾害等内容；趋势评价就是对当前状况合理性的评价，即各个现状内容之间分布是否合理，系统状态是否稳定等内容。无论是现状分析，还是趋势评价，都建立在遥感观测理论基础上，或者说建立在遥感数据对农业现状解析理论基础上，而星地一体化卫星设计需求更是建立在成熟的农业遥感理论基础上。从这个意义上分析，星地一体化卫星设计理念也将促进农业遥感应用理论的发展。

(3) 推动农业遥感应用系统化

系统化的农业遥感应用至少表现在监测对象的系统性、监测技术的标准化、监测结果的一致性等三个方面。监测对象的系统性，指农业遥感应用监测或者研究对象是全部农业生产系统的组成部分，不同的监测或者研究对象之间具有互补性、包容性、连接性；反映在光谱特征上，则是监测或者研究对象光谱特征间相似程度的大小、光谱构成上总体与分量之间的关系。监测技术的标准化，指不同监测或者研究对象之间的监测技术具有类同性，这不仅指逻辑关系上的类同性，更多是指相同遥感原理在不同技术领域的体现。监测结果的一致性，指来自不同对象的监测或者研究结果都是农业生产系统某个方面的解释，各个结果之间相互印证、互为解释。

作为以服务农业应用为目标的遥感技术，可以将遥感技术理解为农业遥感应用在光谱维度的具体体现，星地一体化卫星设计理念就可以理解为不同层次的农业遥感应用系统化的设计需求；换言之，星地一体化卫星设计理念就是监测对象的系统性、监测技术的标准化、监测结果一致性等三个方面的归纳总结，这三个方面的内容实际上也构成了星地一体化卫星设计理念的内容。当将星地一体化卫星设计理念作为卫星设计的普遍指导思想时，实际是采用光谱数据将农业遥感应用系统化、标准化，其结果也一定是具有一致性的。从这个意义上来说，星地一体化卫星设计也将推动农业遥感应用的系统化。

（本章作者：王利民，陆春玲，刘佳，季富华，李映祥，滕飞，姚保民，杨福刚）

# 参考文献


[1] 陈志军. 我国月晴空指数模型探讨 [J]. 南京气象学院学报，2005，28（5）：649-655.

[2] 姜子绍，马强，宇万太，等. 田埂宽度与种豆对稻田速效磷侧渗流失的影响 [J]. 土壤通报，2016，47（3）：688-694.

[3] 刘佳，王利民，滕飞，等. Google Earth 影像辅助的农作物面积地面样方调查 [J]. 农业工程学报，2015，31（24）：149-154.

[4] 邱强，李东波，石一鸣，等. 大豆高产种植方式的研究 [J]. 吉林农业科学，2006，31（4）：8-10.

[5] 山衍鹏. 烟台市种植业结构调整现状与发展对策研究 [D]. 泰安：山东农业大学，2018.

[6] 王利民，刘佳，高建孟，等. 冬小麦面积遥感识别精度与空间分辨率的关系 [J]. 农业工程学报，2016，32（23）：152-160.

[7] 王利民，刘佳，杨玲波，等. 基于 NDVI 加权指数的冬小麦种植面积遥感监测 [J]. 农业工程学报，2016，32（17）：127-135.

[8] 王燕，王巍萍，王慧婷. 烟台市水资源状况及对策研究 [J]. 山东水利，2007（4）：40-41，66.

[9] 吴泉源，鲍文东，张祖陆，等. 基于空间分析技术的烟台市景观空间格局研究 [J]. 山东师范大学学报（自然科学版），2005，20（1）：40-43.

[10] 杨超，邬国锋，李清泉，等. 植被遥感分类方法研究进展 [J]. 地理与地理信息科学，2018，34（4）：9.

[11] 于新洋，赵庚星，常春艳，等. 随机森林遥感信息提取研究进展及应用展望 [J]. 遥感信息，2019，34（2）：8-14.

[12] 张明杰. 基于航空影像的平坦区田埂界线识别与提取研究 [D]. 北京：中国矿业大学，2015.

[13] 张颖，高倩倩. 基于随机森林分类算法的巢湖水质评价 [J]. 环境工程学报，2016，10（2）：992-998.

[14] BREIMAN L. Random forests [J]. Machine Learning，2001，45（1）：5-32.

[15] LI J，ROY D P. A global analysis of Sentinel-2A，Sentinel-2B and Landsat-8 data revisit intervals and implications for terrestrial monitoring [J]. Remote Sensing，2017，9（9）：1-17.

# 附　录

## 常量表

WGS－84 椭球常数如下：

地球平均半径：$R=6\ 371.004$ km

地球赤道半径：$R_e=6\ 378.140$ km

地心引力常数：$\mu=398\ 600.5\ \mathrm{km^3/s^2}$

地球自转角速度：$\omega_e=7.292\ 115\ 8\times10^{-5}$ rad/s $=4.178\ 074\ 6\times10^{-3}$ (°)/s

## 缩略语

| | |
|---|---|
| ANRA | 澳大利亚自然资源地图集(Australian Natural Resources Atlas) |
| TM | 主题制图仪(Thematic Mapper) |
| ADEOS | 先进地球观测卫星(Advanced Earth Observing Satellite) |
| AgRISTARS | 航空航天遥感农业和资源库存调查项目(Agriculture and Resources Inventory Surveys through Aerospace Remote Sensing) |
| ARS | 农业研究服务局(Agricultural Research Service) |
| ARVI | 大气阻抗植被指数(Atmosphere Resistant Vegetation Index) |
| ASAR | 先进的合成孔径雷达(Advanced Synthetic Aperture Radar) |
| ATI | 表观热惯量指数(Apparent Thermal Inertia) |
| AVHRR | 甚高分辨率辐射计(Advanced Very High Resolution Radiometer) |
| CCD | 电荷耦合器件(Charge Coupled Device) |
| CS | 英国乡村调查(Countryside Survey) |
| DSSAT | 农业技术转移决策支持系统(Decision Support System for Agrotechnology Transfer) |
| EIGSC | 园地光谱特征增强指数(Enhancement Index of Garden Spectral Characteristics) |
| EnKF | 集合卡尔曼滤波算法(Ensemble Kalman Filter) |
| ESA | 欧空局(European Space Agency) |
| ETM+ | 增强主题制图仪改进型(Enhanced Thematic Mapper Plus) |
| EVI | 增强型植被指数(Enhanced Vegetation Index) |
| FFE | 地物特征分布规律的特征增强(Feature Filtering and Enhancement) |
| GCI | 叶绿素指数(Green Chlorophyll Index) |

**续表**

| | |
|---|---|
| GPS | 全球定位系统(Global Positioning System) |
| GNSS | 全球导航卫星系统(Global Navigation Satellite System) |
| GSD | 地面采样间距(Ground Sample Distance) |
| IRS | 印度遥感(Indian Remote Sensing) |
| ISODATA | 迭代自组织数据分析技术算法(Iterative Self - Organizing Data Analysis Technique Algorithm) |
| LACIE | 大面积作物库存实验项目(Large Area Crop Inventtory Experiment) |
| LAI | 叶面积指数(Leaf Area Index) |
| OLI | 陆地成像仪(Operational Land Imager) |
| LST | 地表温度(Land Surface Temperature) |
| MAE | 平均绝对误差(Mean Absolute Error) |
| MLC | 最大似然分类(Maximum Likelihood Classification) |
| MNDWI | 改进的归一化差异水体指数(Modified Normalized Difference Water Index) |
| MSI | 多光谱成像仪(Multispectral Imager) |
| MSS | 多光谱扫描仪(Multi - Spectral Scanner) |
| NASA | 美国国家航空航天局(National Aeronautics and Space Administration ) |
| NDVI | 归一化植被指数(Normalized Difference Vegetation Index) |
| NOAA | 美国国家海洋和大气管理局(National Oceanic and Atmospheric Administration) |
| NRI | 美国国家资源存量(National Resources Inventory) |
| RF | 随机森林算法(Random Forest) |
| RMAE | 相对平均绝对误差(Relative Mean Absolute Error) |
| RVI | 比值植被指数(Ratio Vegetation Index) |
| SAVI | 土壤调节植被指数(Soil - Adjusted Vegetation Index) |
| SCE - UA | 穿梭复合演化算法(Shuffled Complex Evolution Algorithm) |
| SLA | 比叶面积(Specific Leaf Area) |
| SVM | 支持向量机(Support Vector Machine) |
| SWAP | 土壤-水分-大气-植物模型(Soil, Water, Atmosphere, and Plant) |
| TIROS | 电视摄影及红外观测卫星(Television Infrared Observation Satellite) |
| TIRS | 热红外遥感器(Thermal Infrared Sensor) |
| TVDI | 温度植被干旱指数(Temperature Vegetation Dryness Index) |
| USDA | 美国农业部(United States Department of Agriculture ) |
| VSWI | 植被供水指数(Vegetation Supply Water Index) |
| WOFOST | 世界粮食研究模型(World Food Studies) |

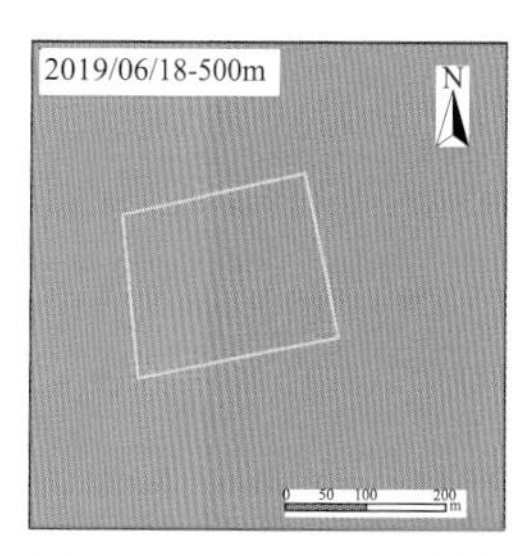


(a) Terra/Aqua/MODIS标准反射率数据RGB谱段合成

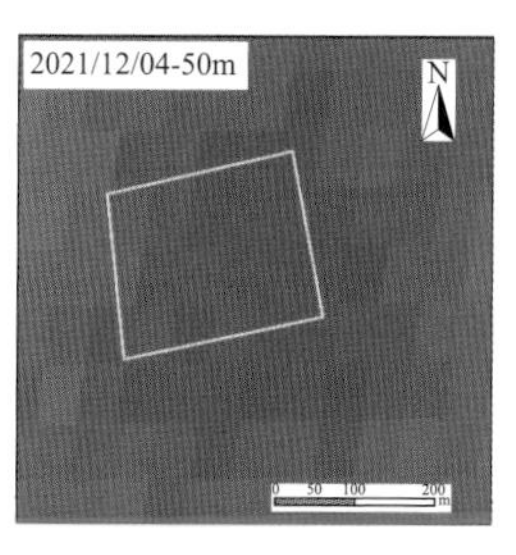


(b) GF-4/PMS的NIR、R、G谱段合成

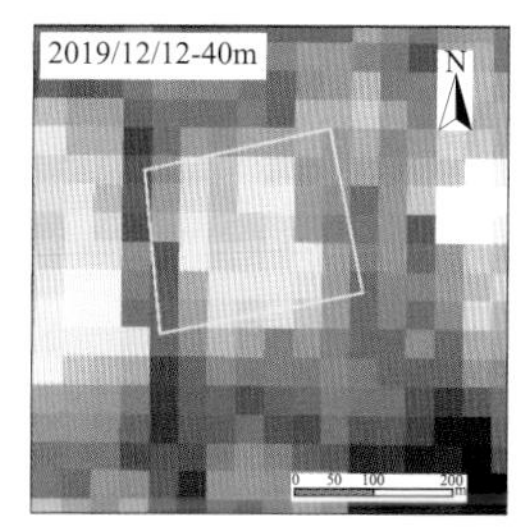


(c) GF-5/AHSI的R(59)、G(38)、B(20)谱段合成

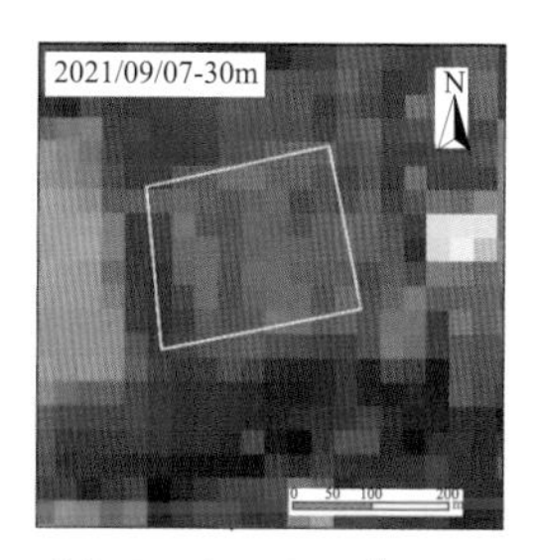


(d) Landsat-8/OLI的NIR、R、G谱段合成

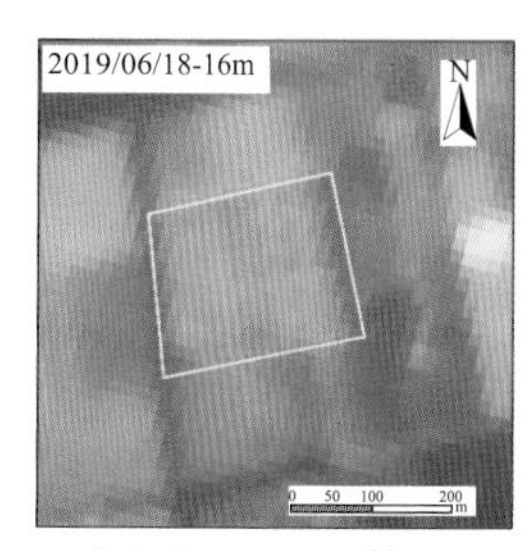


(e) GF-1/WFV3的NIR、R、G谱段合成

(f) Sentinel-2A/MSS的NIR、R、G谱段合成

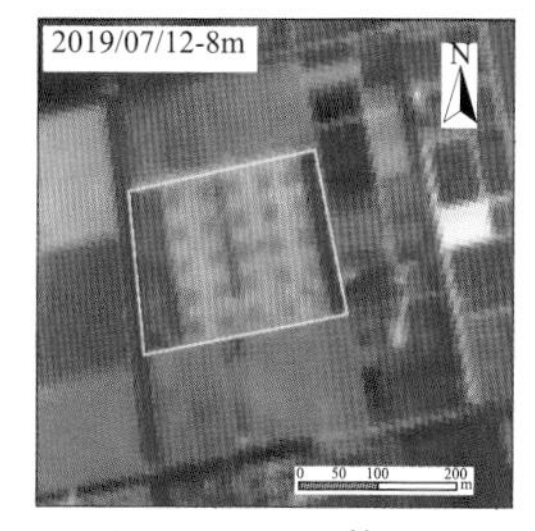


(g) GF-1/PMS2的NIR、R、G谱段合成

(h) RapidEye/MSS的NIR、R、G谱段合成

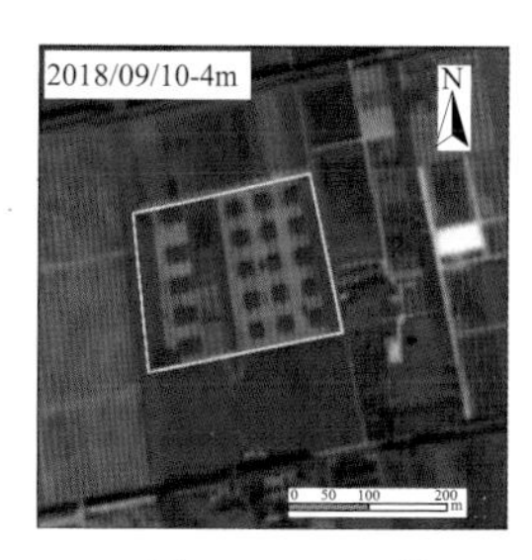


(i) GF-2/PMS1的NIR、R、G谱段合成

(j) WorldView-2/MSS的NIR、R、G谱段合成

(k) GF-2卫星PMS1的Pan1数据

(l) 无人机航拍数据RGB谱段合成

图 1-11 河北省廊坊市局部区域不同空间分辨率卫星数据示例 (P22)

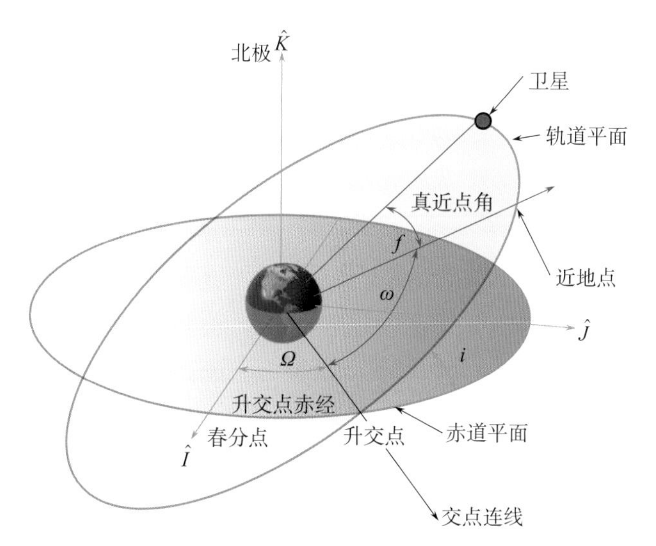


图 3-5 轨道名词示意图 (Singh 等, 2020) (P38)

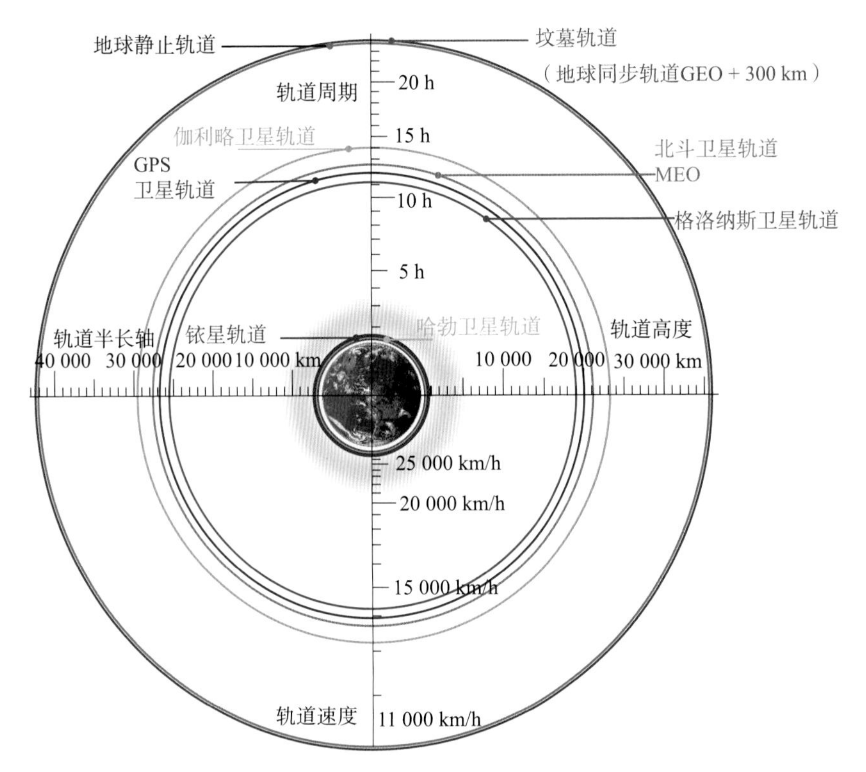


图 3-6　不同轨道高度（半长轴）对应的轨道周期、轨道速度（P39）

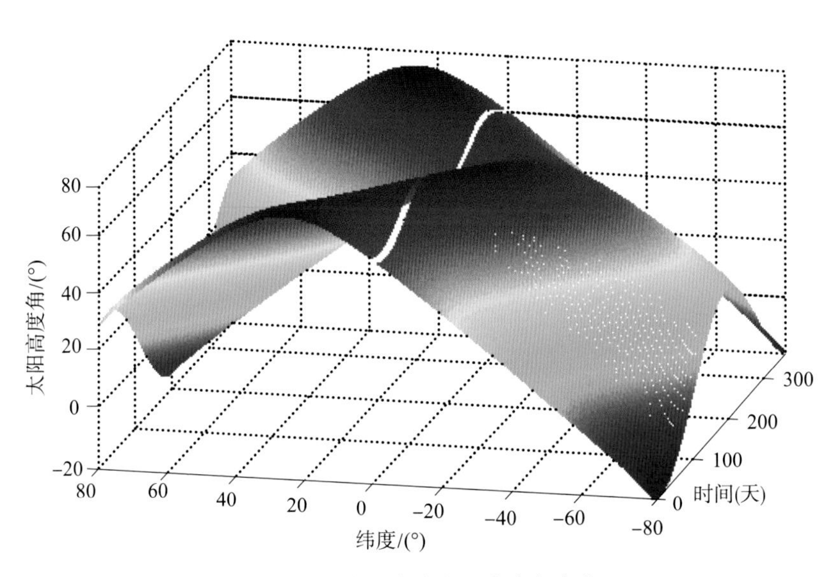


图 3-12　一年内南北半球太阳高度角变化（P50）

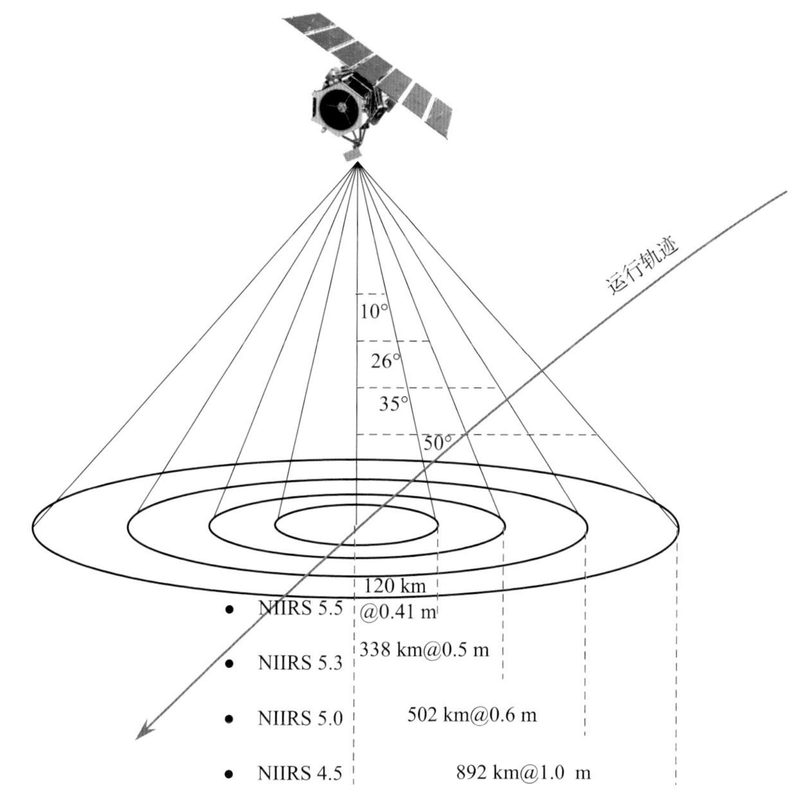


图 3-16 Geoeye-1 偏离星下点的地面像元分辨率及可视范围变化（Singh 等，2020）（P57）

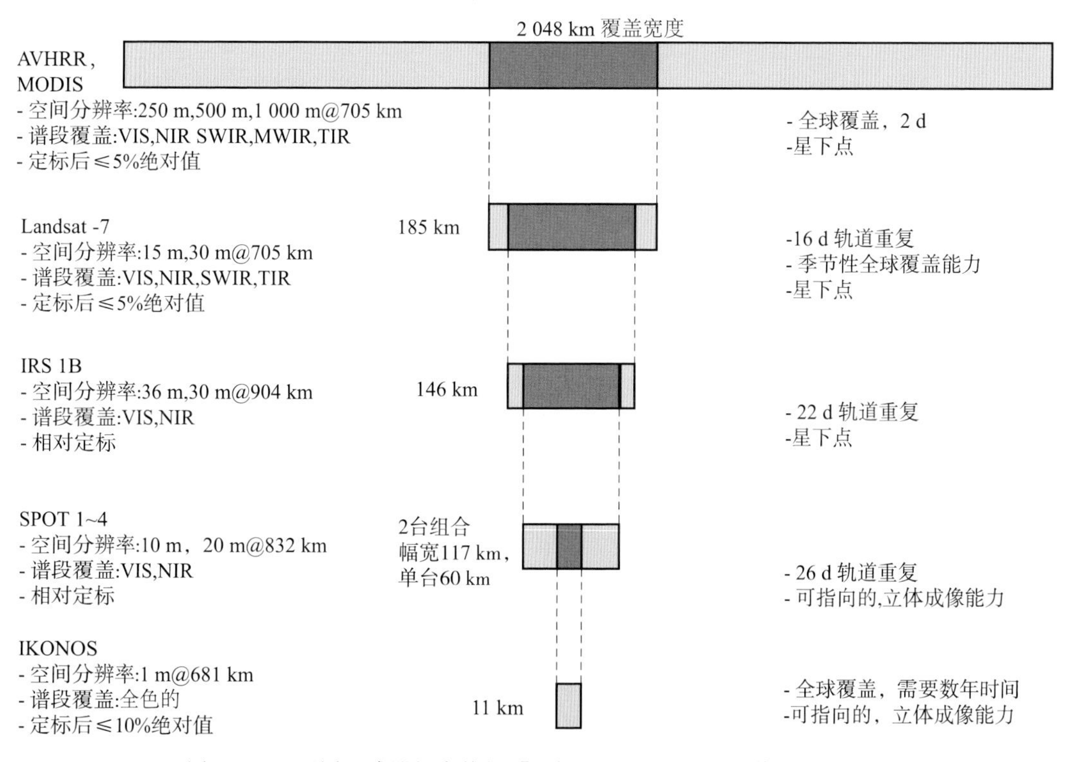


图 3-19 不同遥感器幅宽特征［根据 Vaughn（2019）修改］（P59）

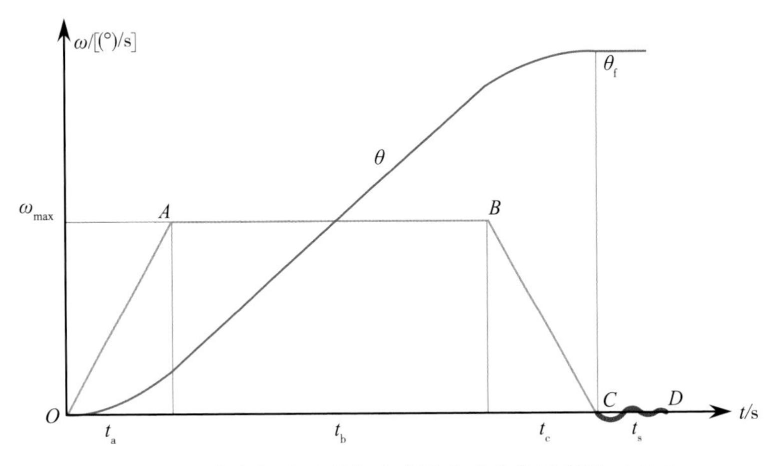


图 3－23　姿态机动过程角速度及角度变化示意图（P76）

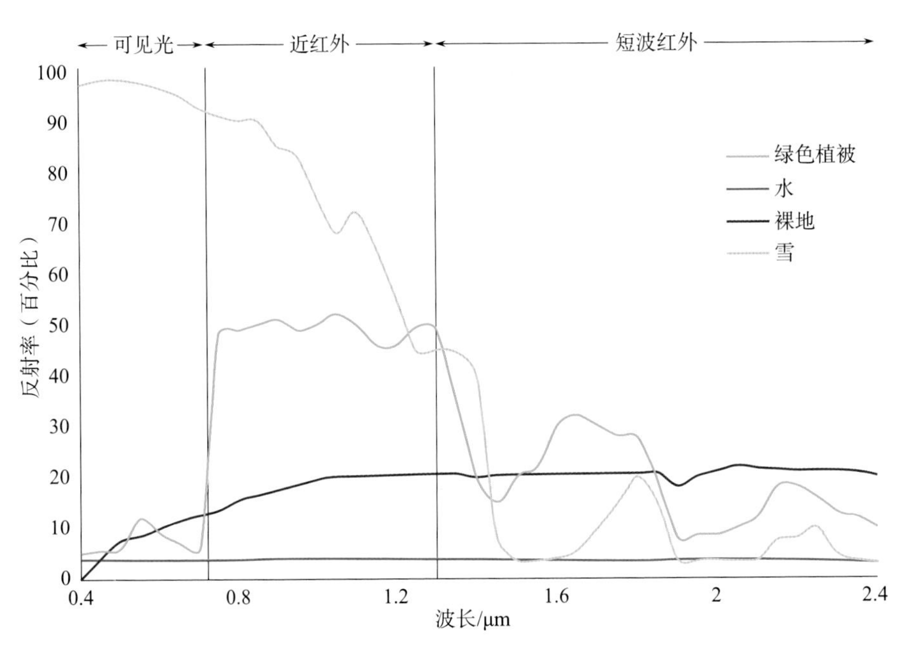


图 5－1　不同地物的反射光谱曲线（P125）

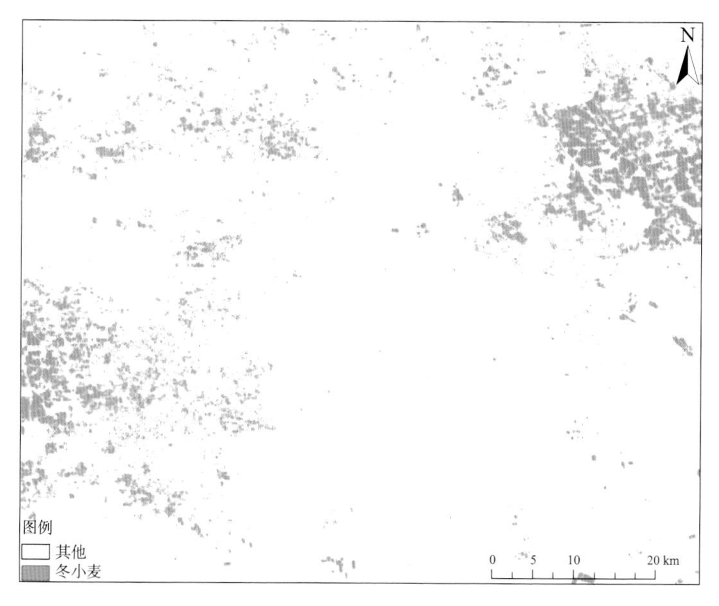


图 5－4　冬小麦本底调查分布（P136）

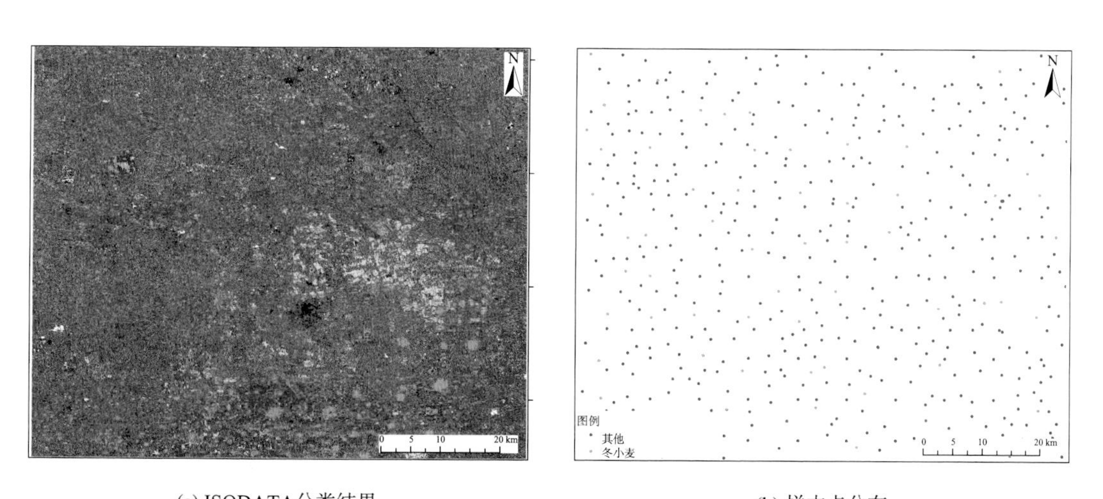


图 5－5　ISODATA 分类结果及样本点分布（P139）

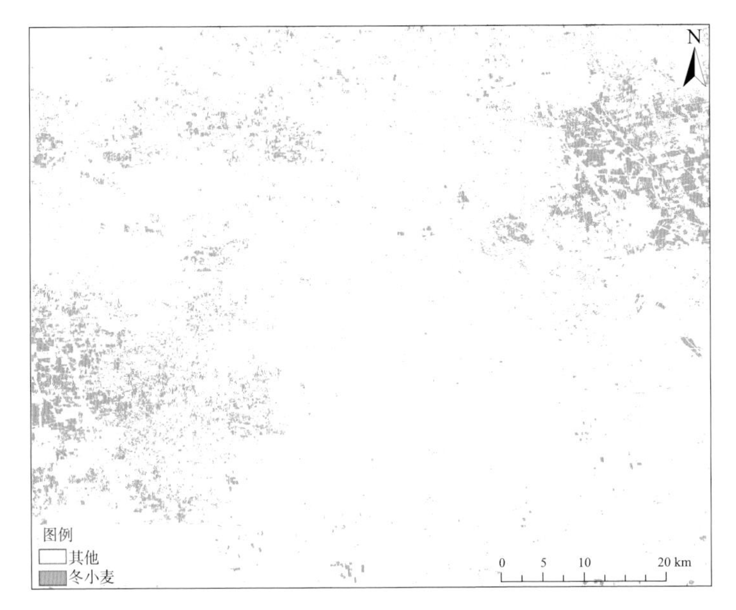


图 5－6　基于自动分类方法的冬小麦空间分布（P140）

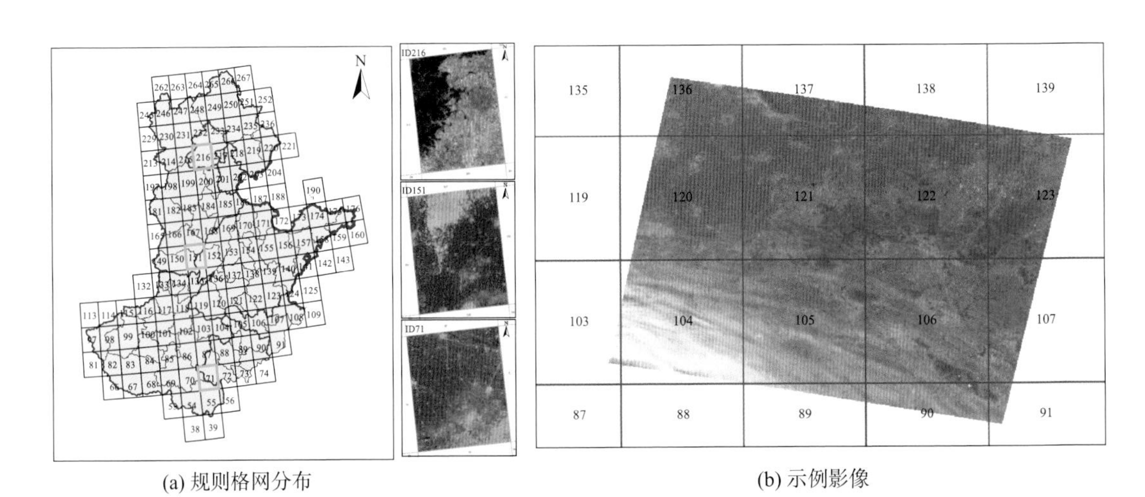


(a) 规则格网分布　　(b) 示例影像

图 5－8　研究区规则格网分布与示例影像（P145）

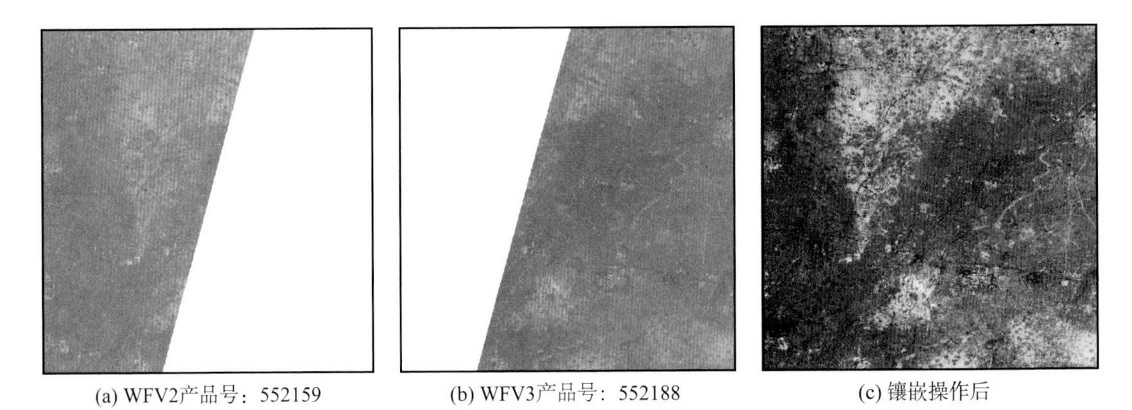

(a) WFV2产品号：552159　　(b) WFV3产品号：552188　　(c) 镶嵌操作后

图 5－9　2014 年 12 月 29 日格网 ID151 的 GF－1 同期影像镶嵌前后对比（P145）

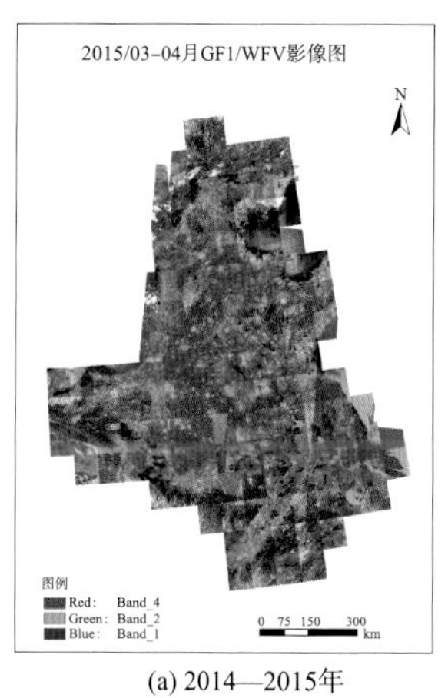


(a) 2014—2015年

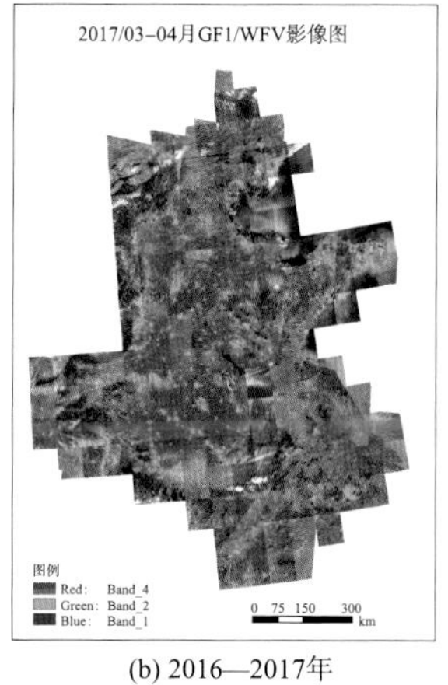


(b) 2016—2017年

(b) 2019—2020年

图 5-10 研究区 GF-1 有效数据筛选结果（P146）

**表 5-9 研究区不同地物目视判读标志**（P147）

| 影像时间 | 冬小麦 | 河流 | 林地 | 城镇居民用地 |
|---|---|---|---|---|
| 2019/10/19 | | | | |
| 2019/11/08 | | | | |
| 2019/12/31 | | | | |
| 2020/01/01 | | | | |
| 2020/02/22 | | | | |
| 2020/03/30 | | | | |
| 2020/04/20 | | | | |
| 2020/05/27 | | | | |
| 2020/06/21 | | | | |

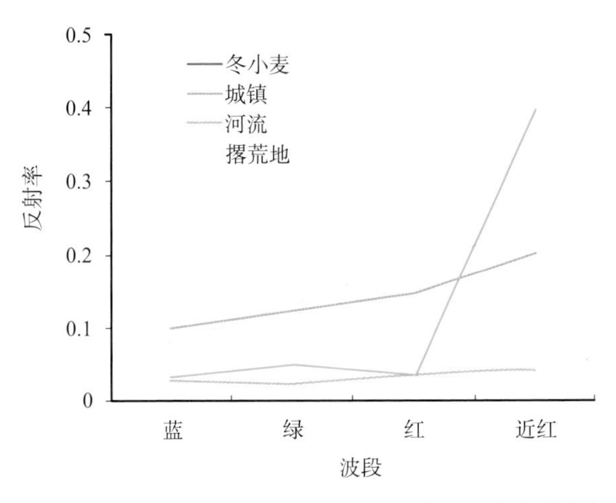


图 5-11　试验区基于 2015 年 04 月 10 日 GF-1 影像的地物光谱特征曲线（P148）

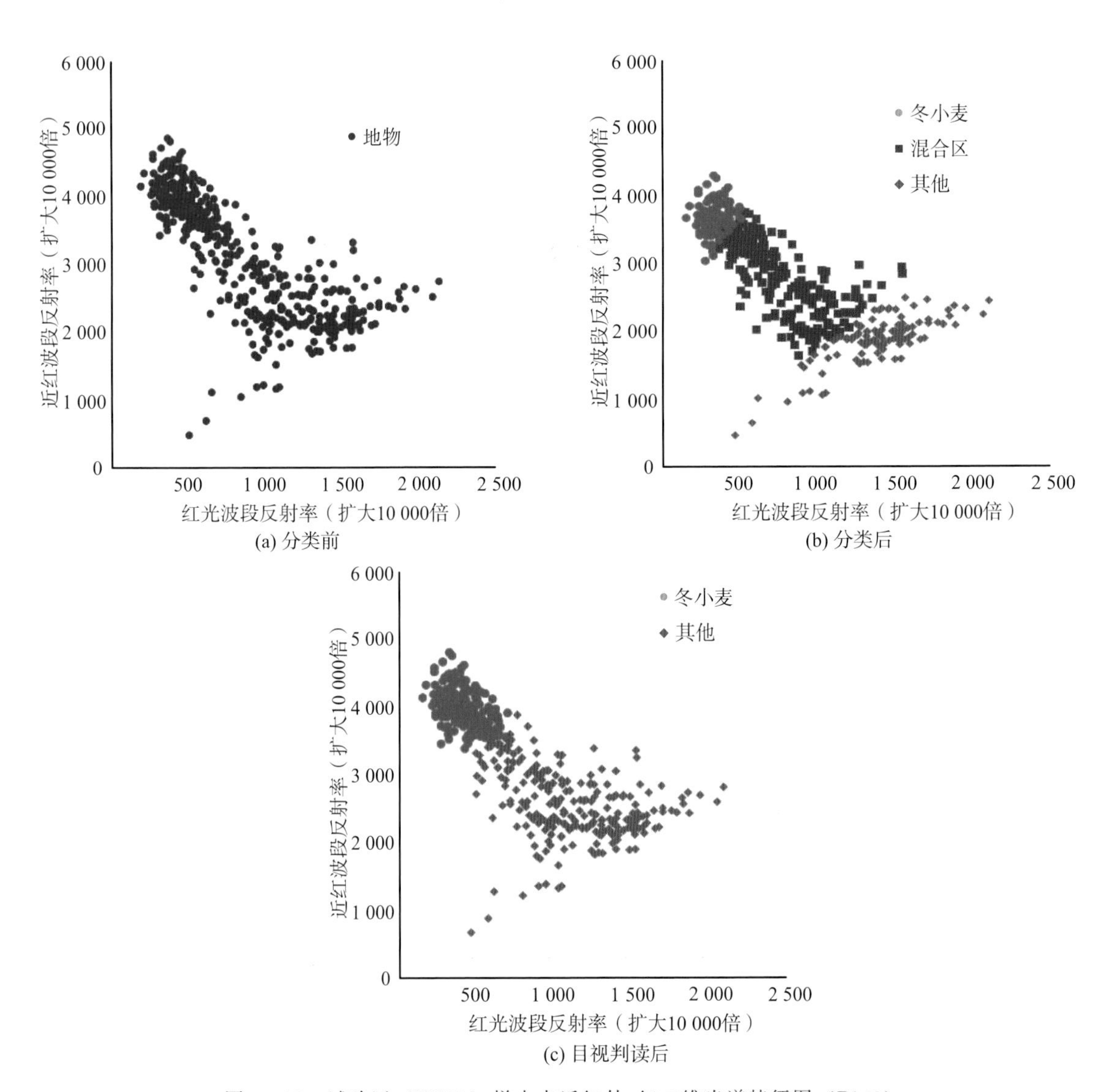


图 5-12　试验区（ID150）样本点近红外-红二维光谱特征图（P149）

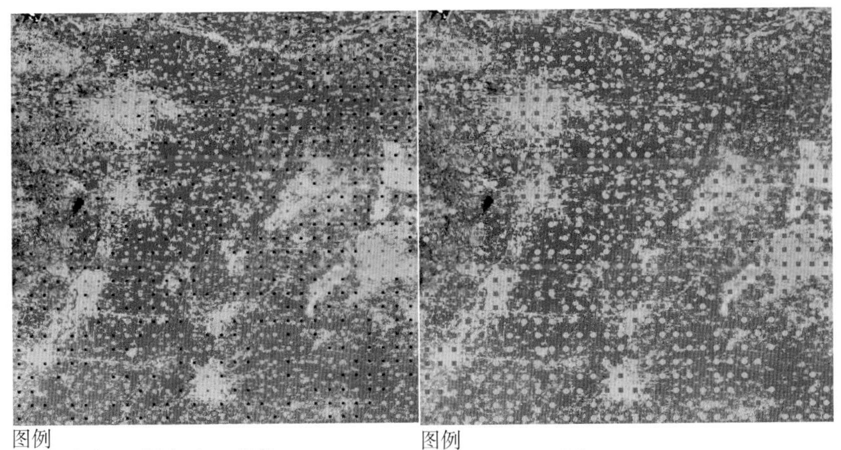


图 5－13　研究区地理位置及样本点分布（P150）

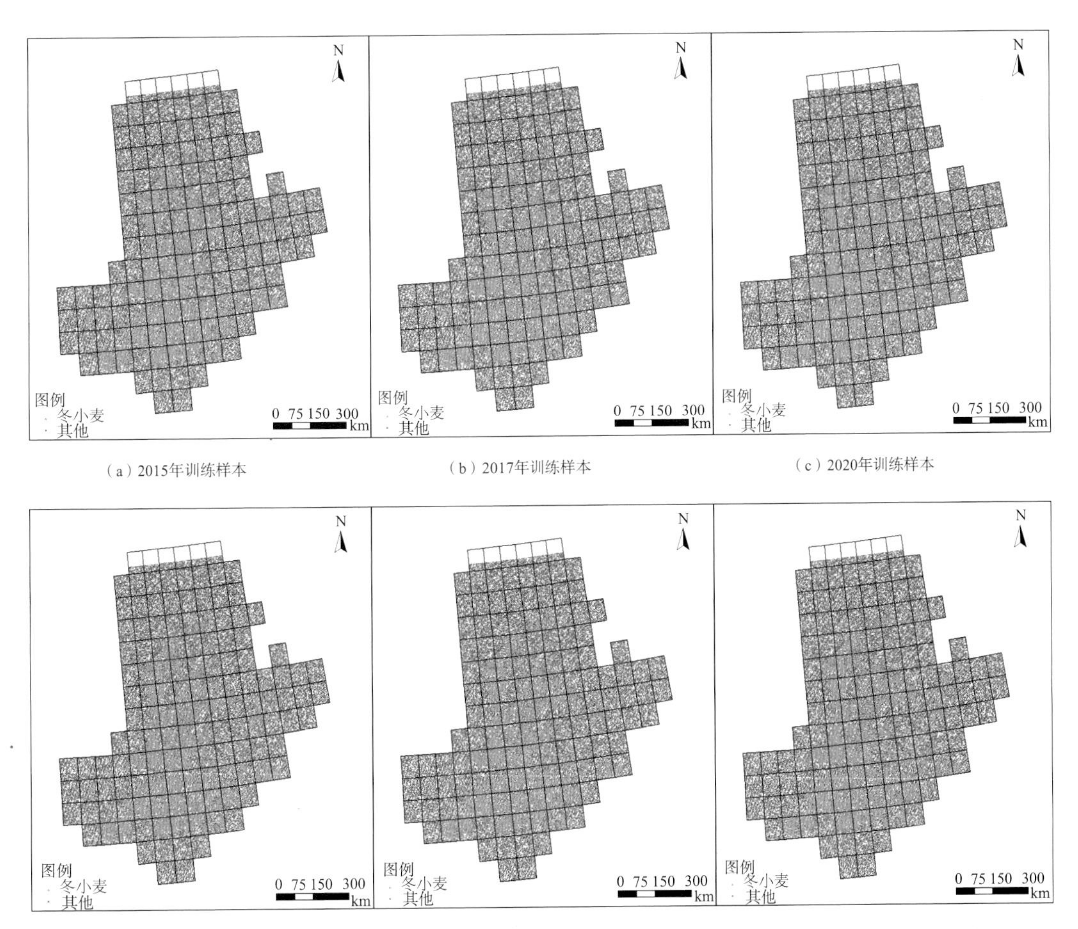


图 5－14　黄淮海平原样本点分布（P151）

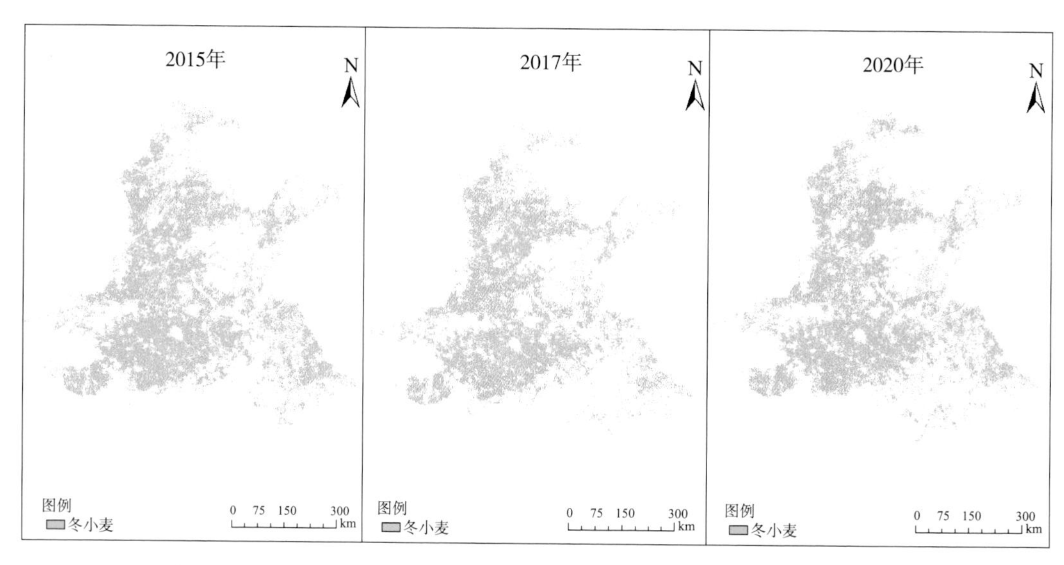


图 5－15　黄淮海平原 2015、2017 和 2020 年冬小麦空间分布结果（P152）

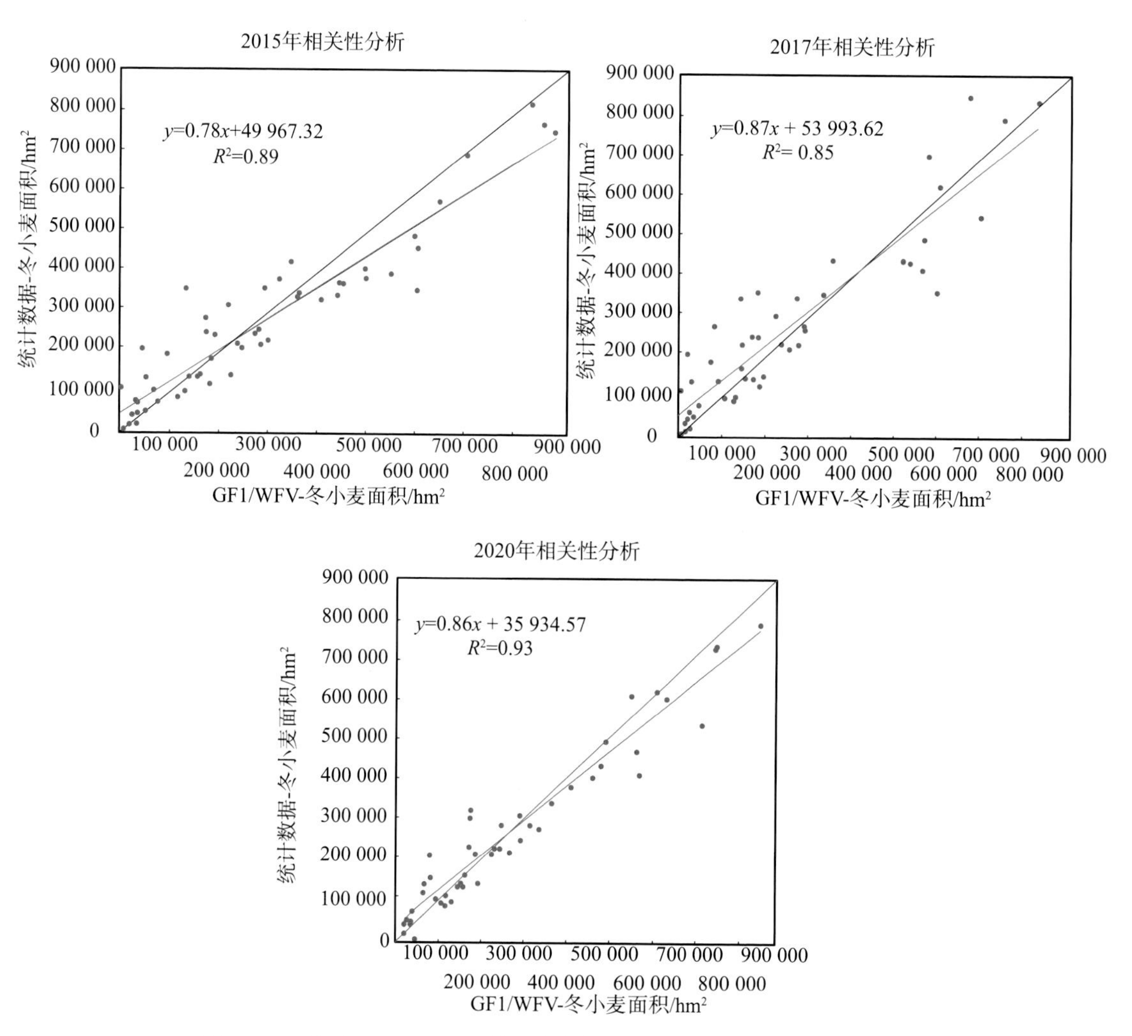


图 5－16　基于 GF－1/WFV 的冬小麦提取面积与统计数据对比（P153）

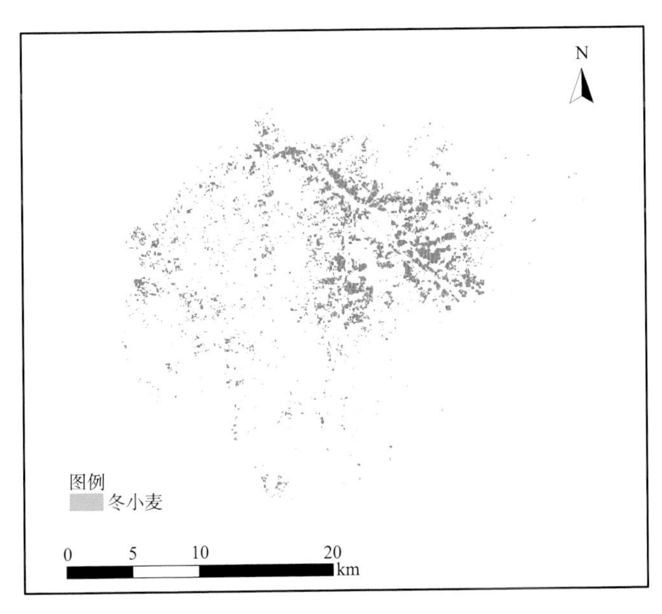


图 5-19　冬小麦识别结果（P156）

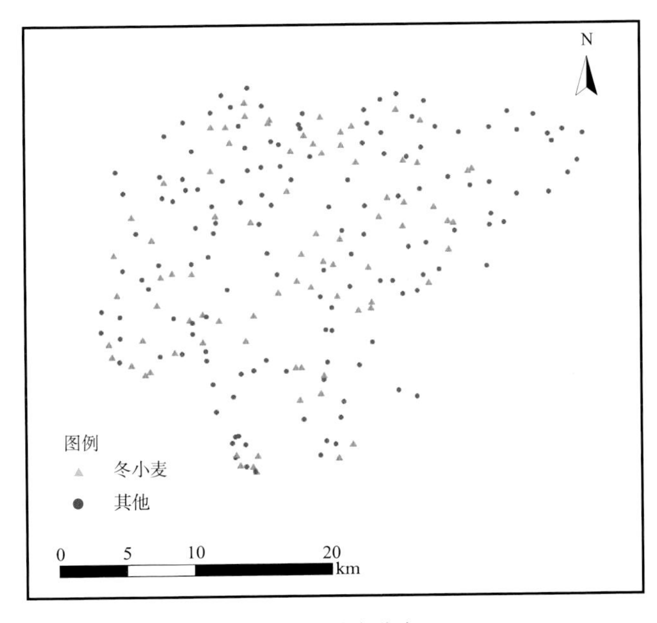


图 5-20　验证样本分布（P156）

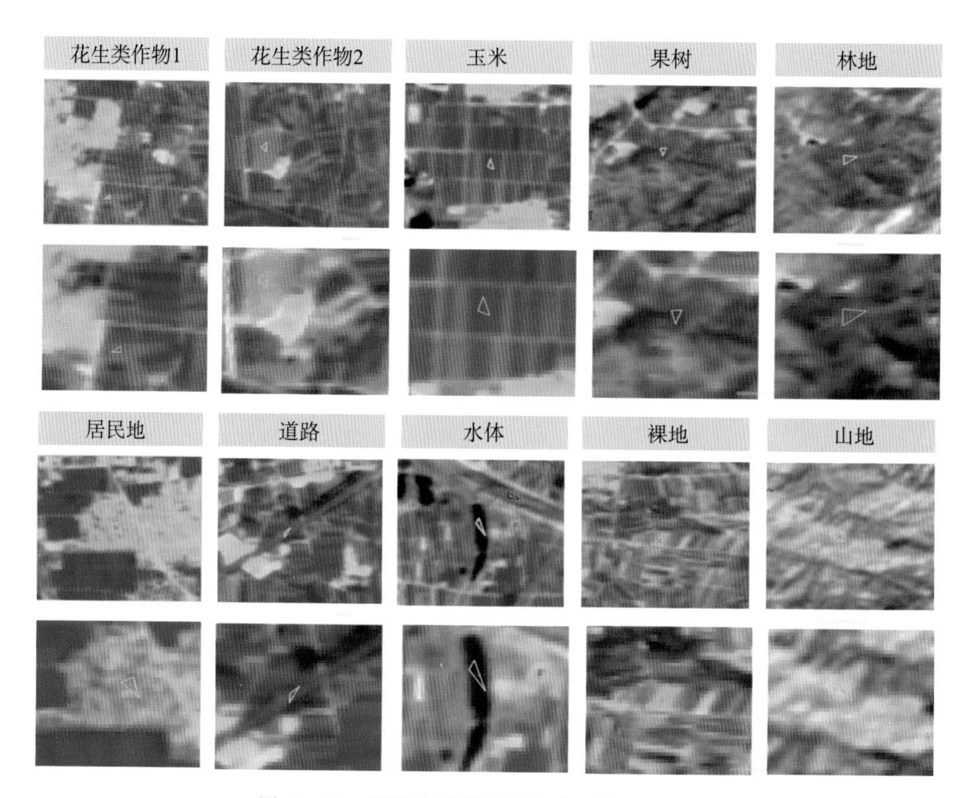


图 5－22　招远市目视判读标志示例（P159）

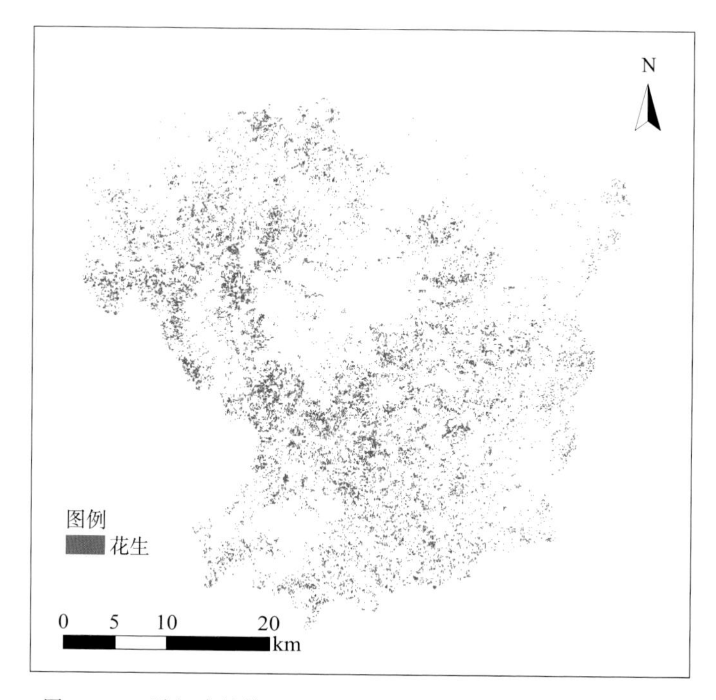


图 5－24　随机森林算法的花生类作物面积监测结果图（P160）

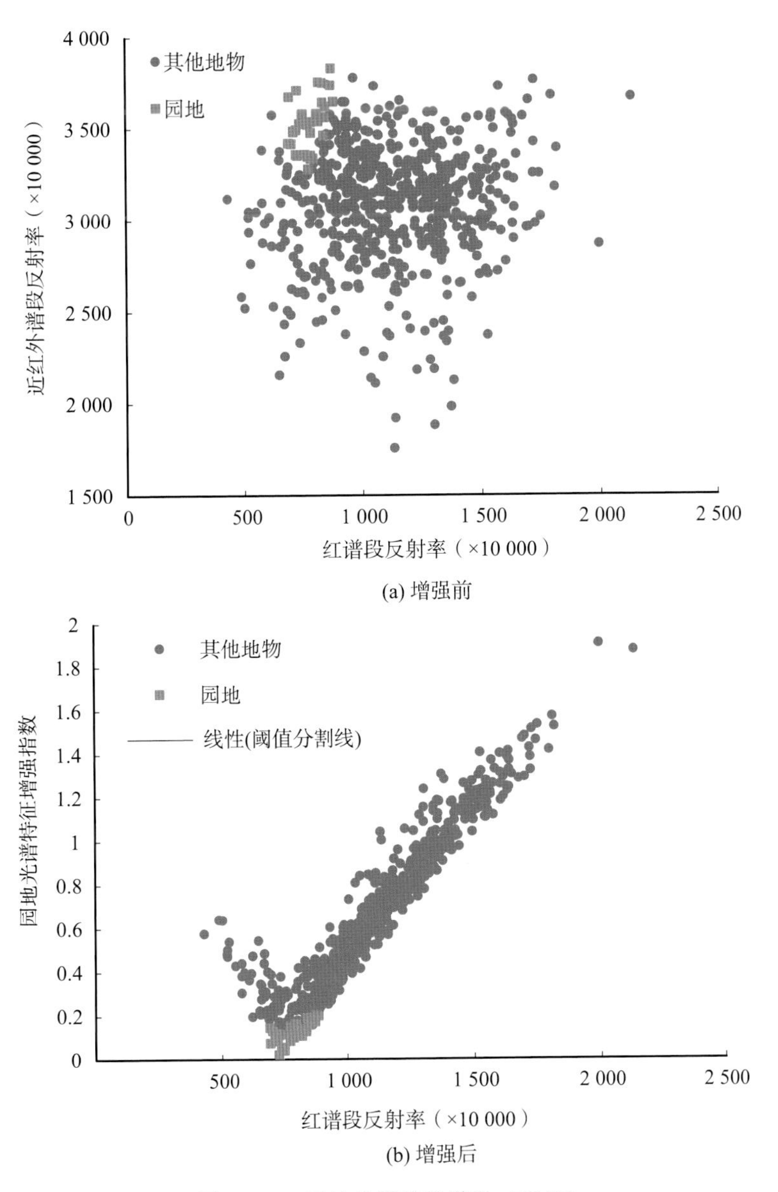


图 5－27　园地光谱特征增强（P162）

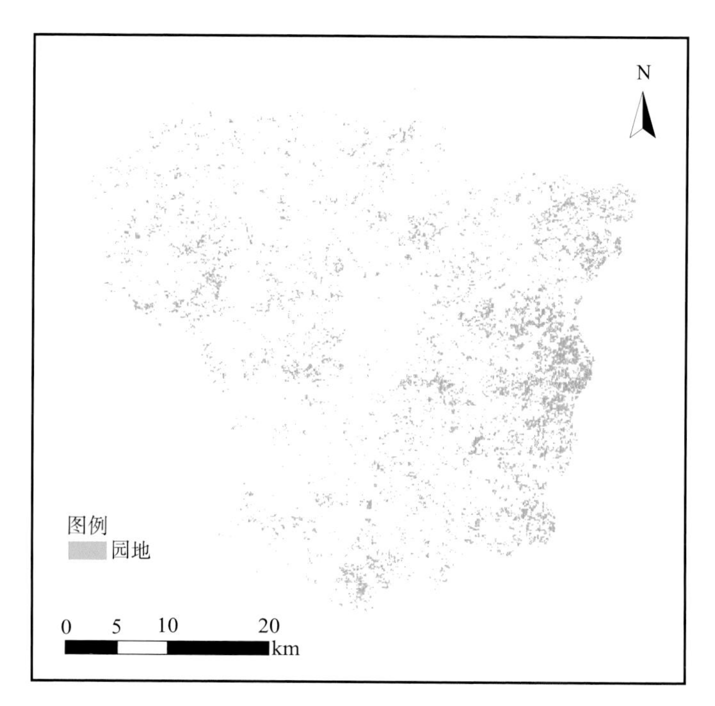


图 5 - 28　招远市园地面积监测结果（P163）

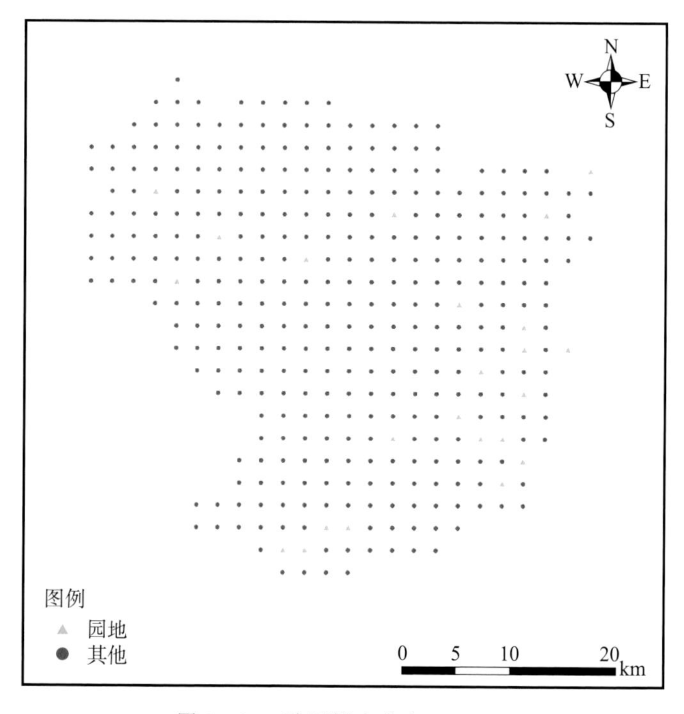


图 5 - 29　验证样本分布（P164）

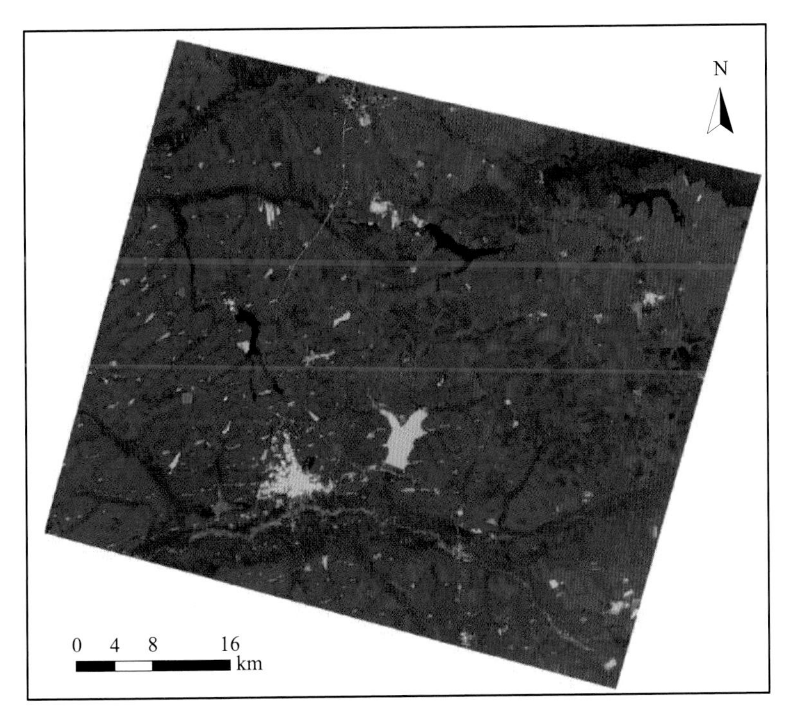


Landsat－8 OLI 影像假彩色合成（R/G/B：近红/红/绿）

图 5－30 研究区示意图（P165）

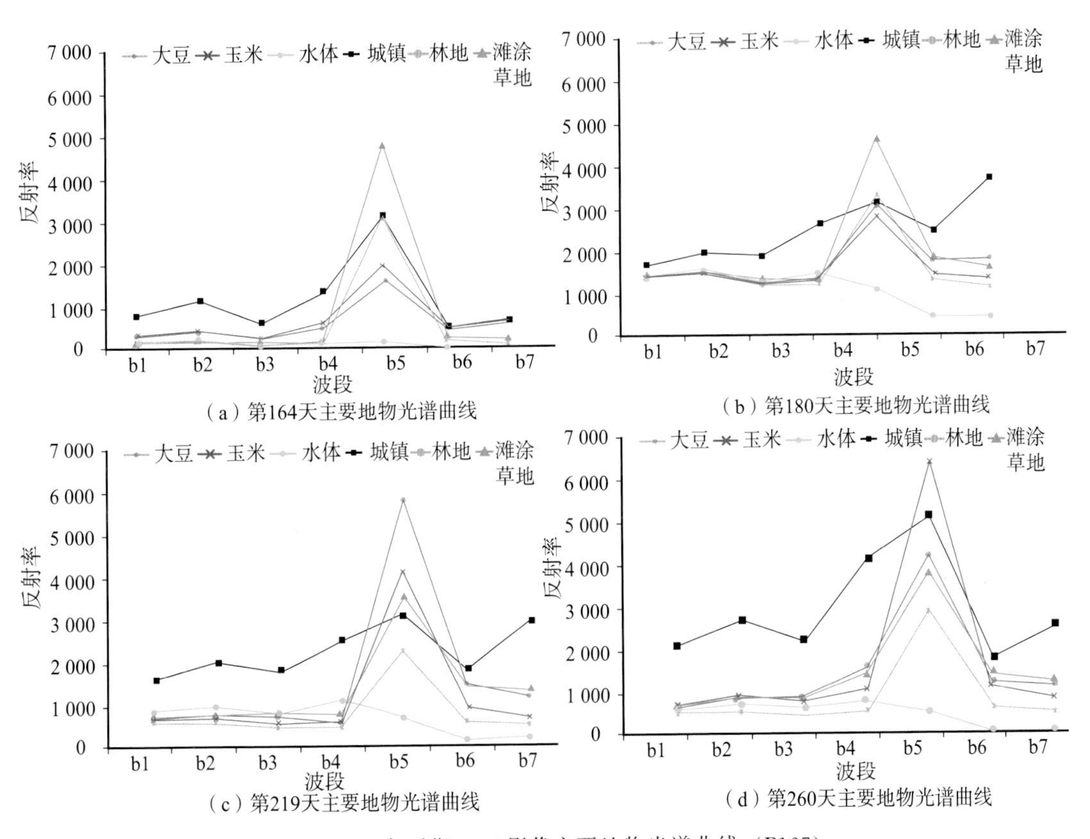


图 5－31 各时期 OLI 影像主要地物光谱曲线（P167）

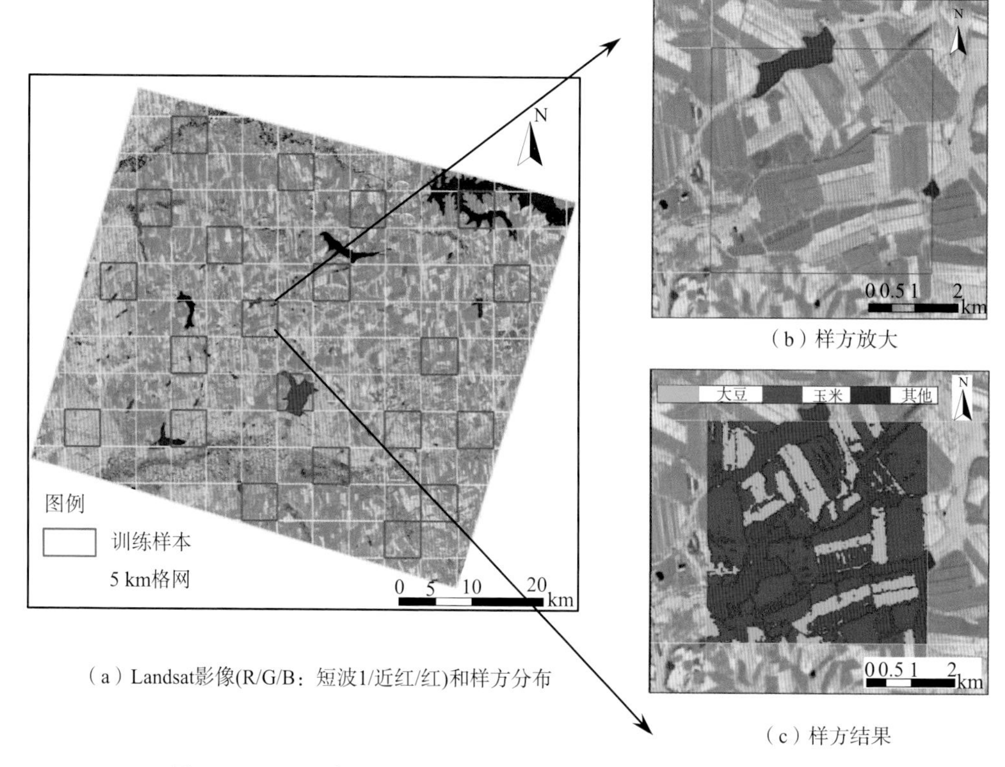


（a）Landsat影像(R/G/B：短波1/近红/红)和样方分布

（b）样方放大

（c）样方结果

图 5－32　2014 年 219 天 Landsat－8 OLI 影像和样方分布（P168）

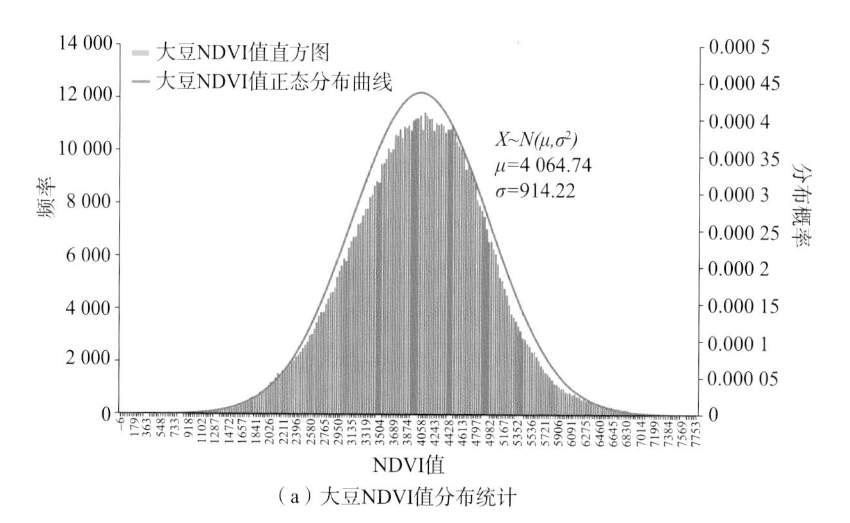


（a）大豆NDVI值分布统计

图 5－33　第 180 天 OLI 影像大豆、玉米和其他的 NDVI 值分布统计（P169）

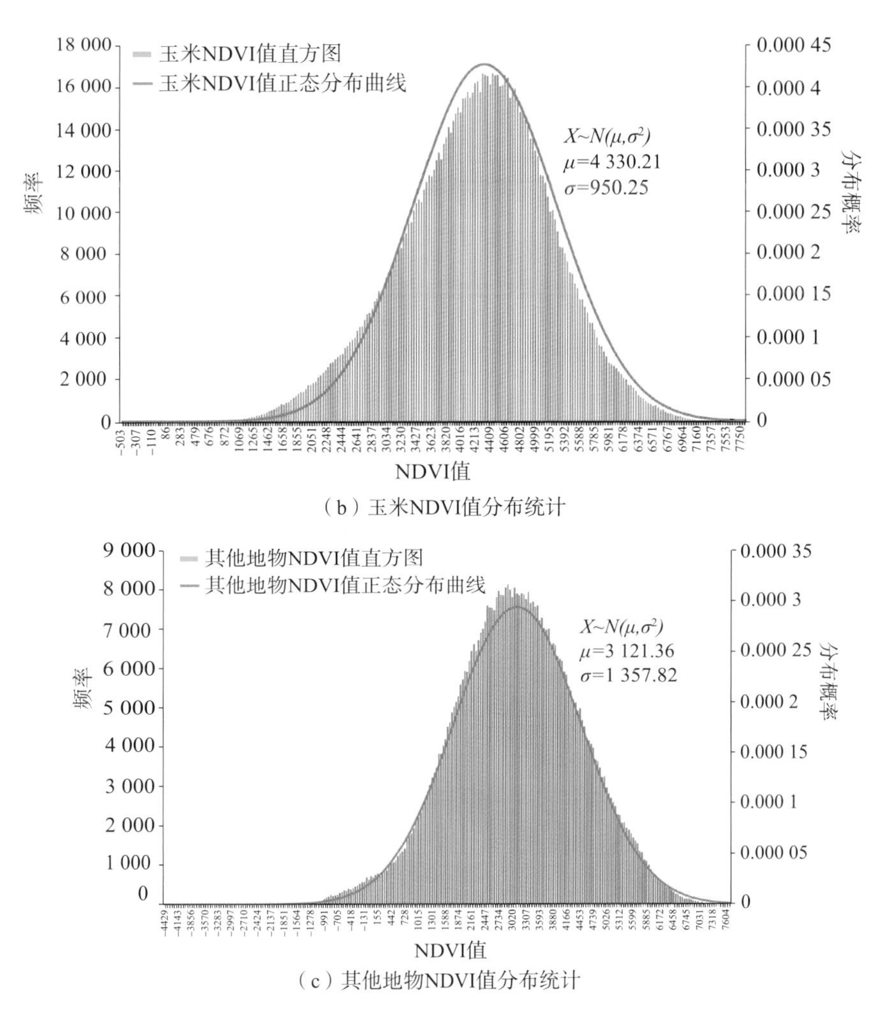


（b）玉米NDVI值分布统计



（c）其他地物NDVI值分布统计

图 5－33　第 180 天 OLI 影像大豆、玉米和其他的 NDVI 值分布统计（续）（P169）

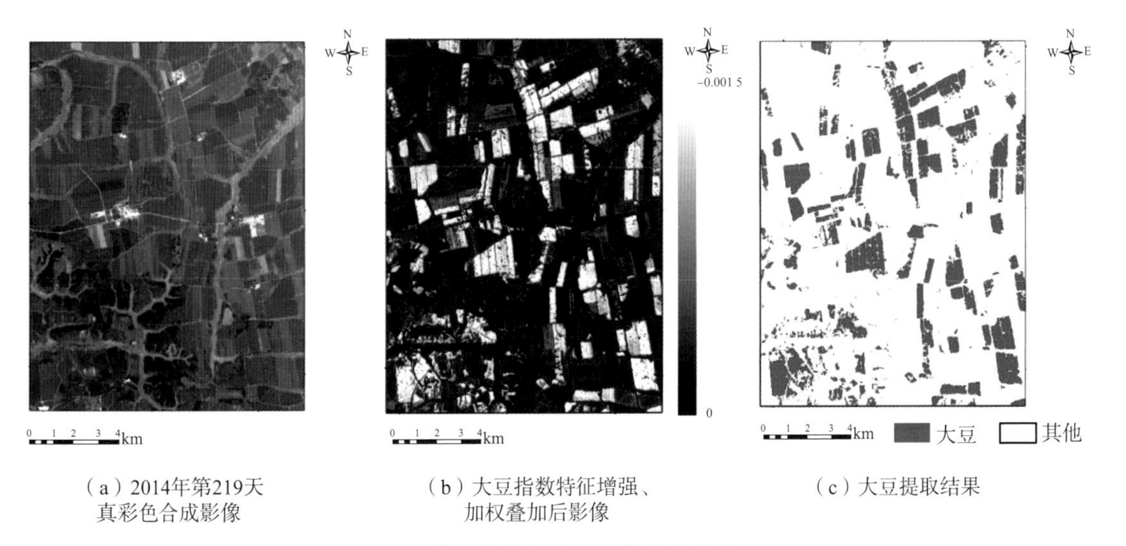


（a）2014年第219天真彩色合成影像

（b）大豆指数特征增强、加权叠加后影像

（c）大豆提取结果

图 5－36　影像指数特征增强及其分类结果（P174）

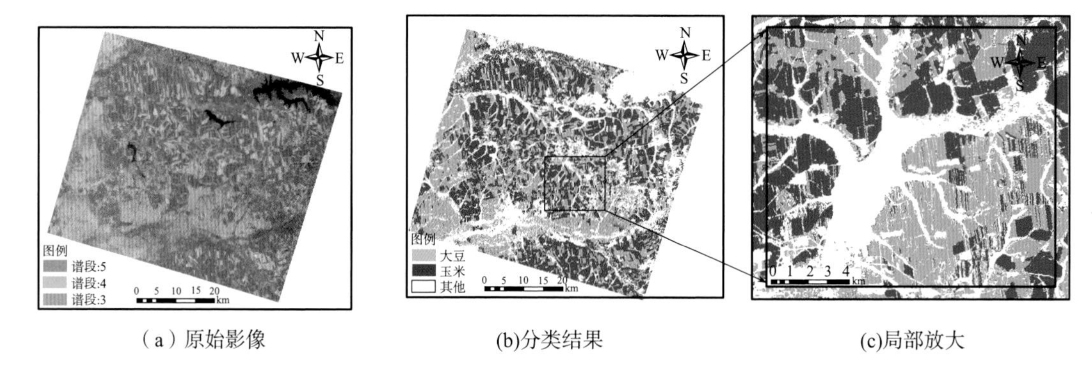


(a) 原始影像 (b)分类结果 (c)局部放大

图 5-37 基于 RapidEye 影像的目视判读修正结果（P174）

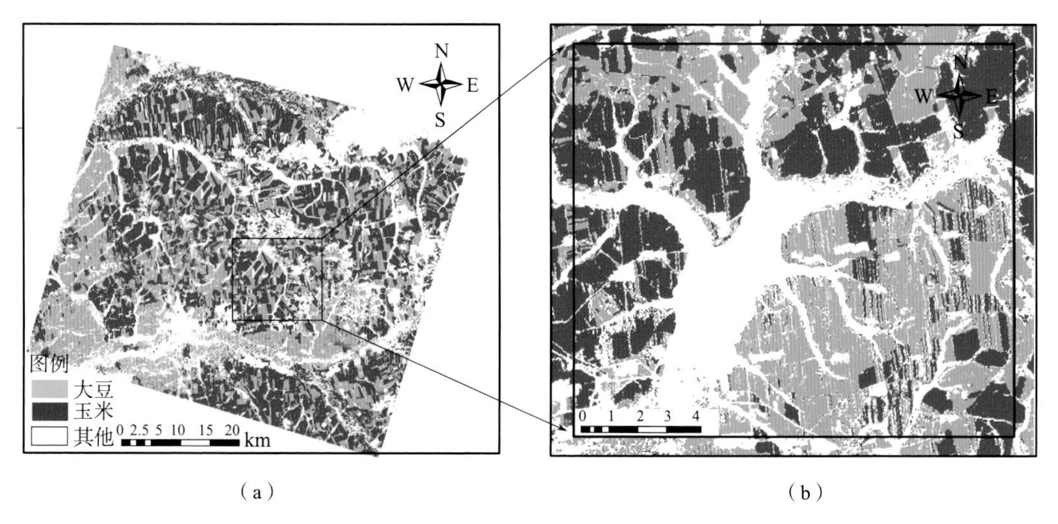


(a) (b)

图 5-38 基于 FFE 分类方法提取的研究区作物分类结果图（P175）

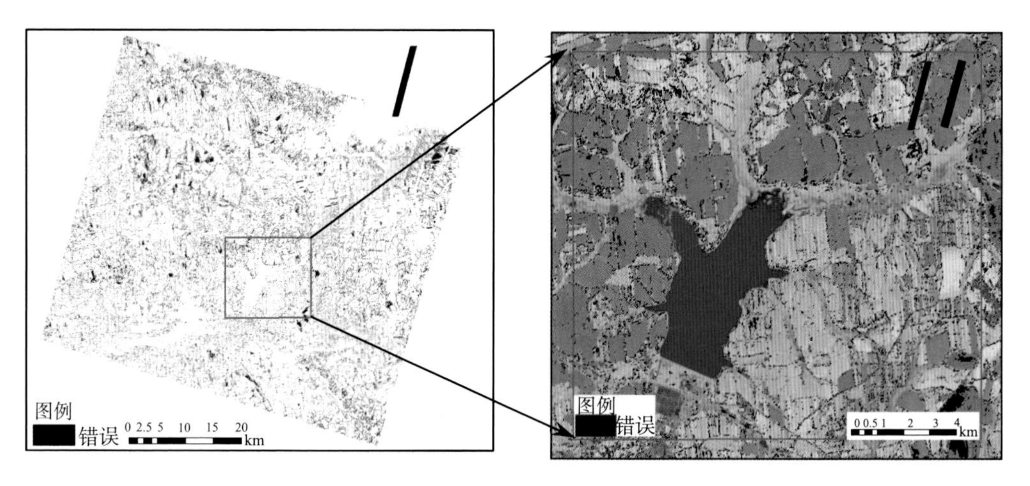


图 5-39 使用 FFE 分类方法产生的分类错误及示例（P176）

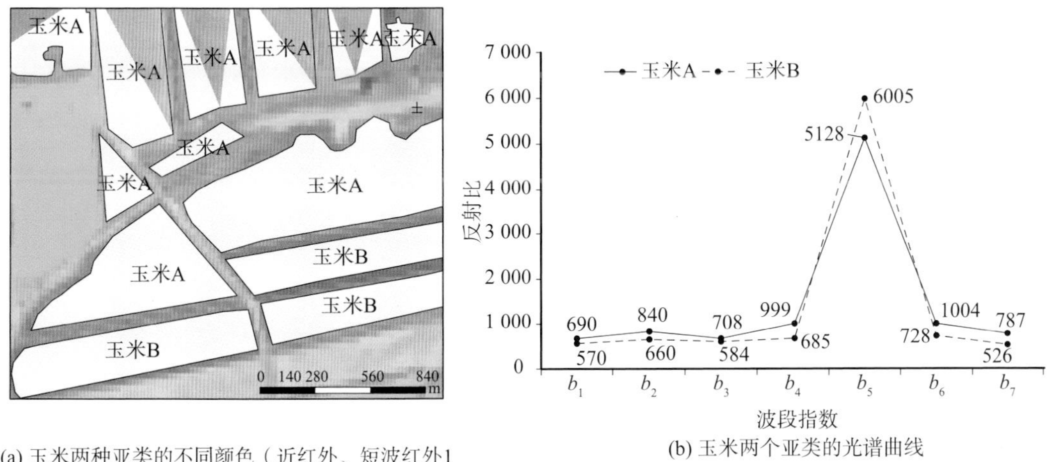


(a) 玉米两种亚类的不同颜色（近红外、短波红外1和红谱段假彩色合成）

(b) 玉米两个亚类的光谱曲线

图 5-40　同物异谱情况下造成的分类差异（P176）

图 5-43　北京市顺义区 GF-1/WFV 影像（P186）

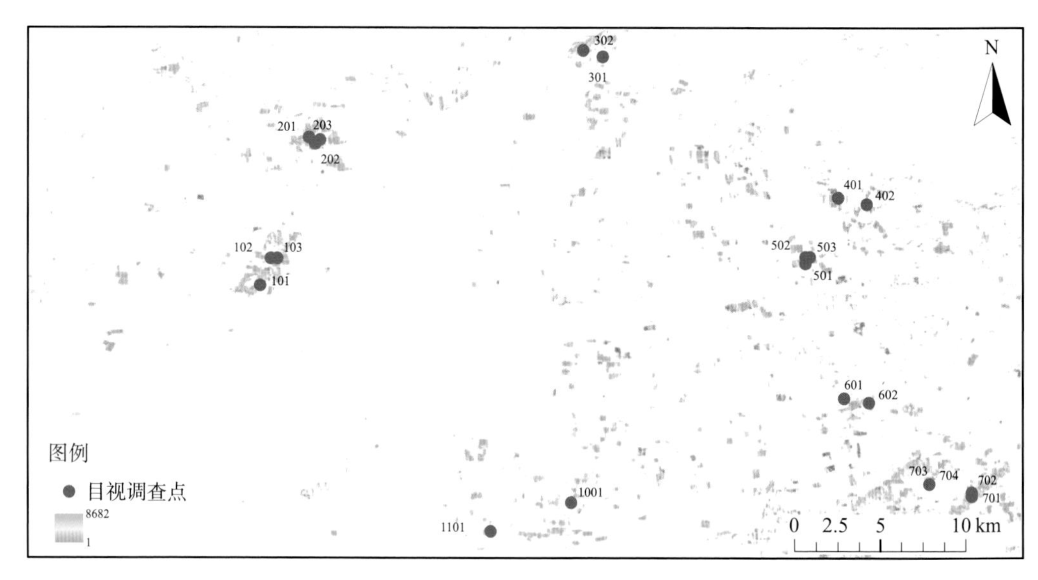


图 5-44　北京市顺义区冬小麦区域 NDVI 分布图（P187）

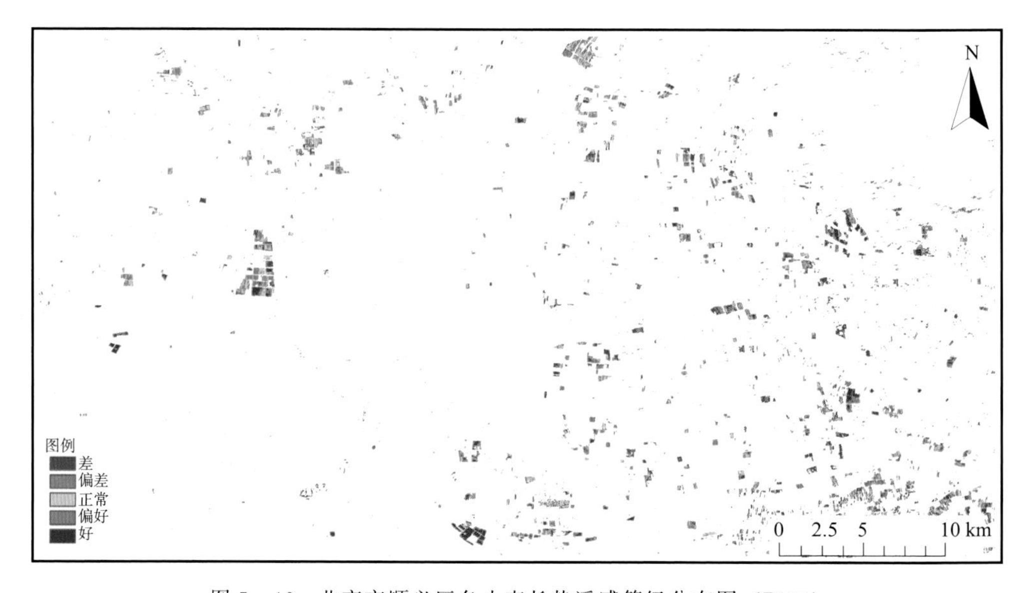


图 5-46　北京市顺义区冬小麦长势遥感等级分布图（P190）

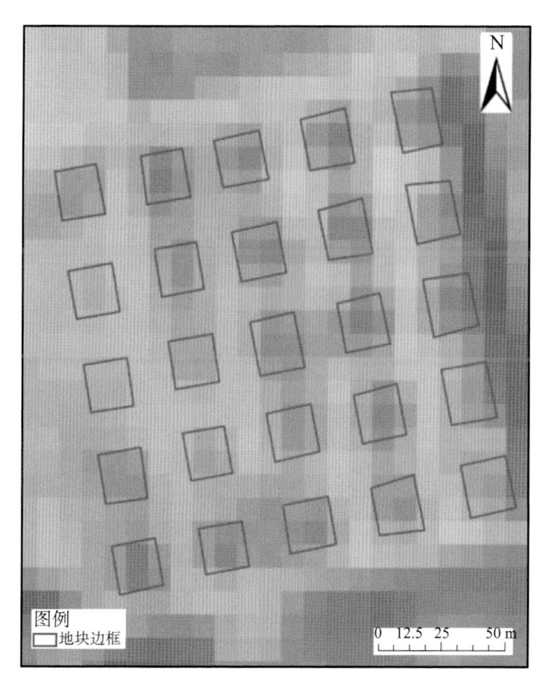


图 5-48 河北廊坊试验站冬小麦试验 Sentinel-2A 影像（P192）

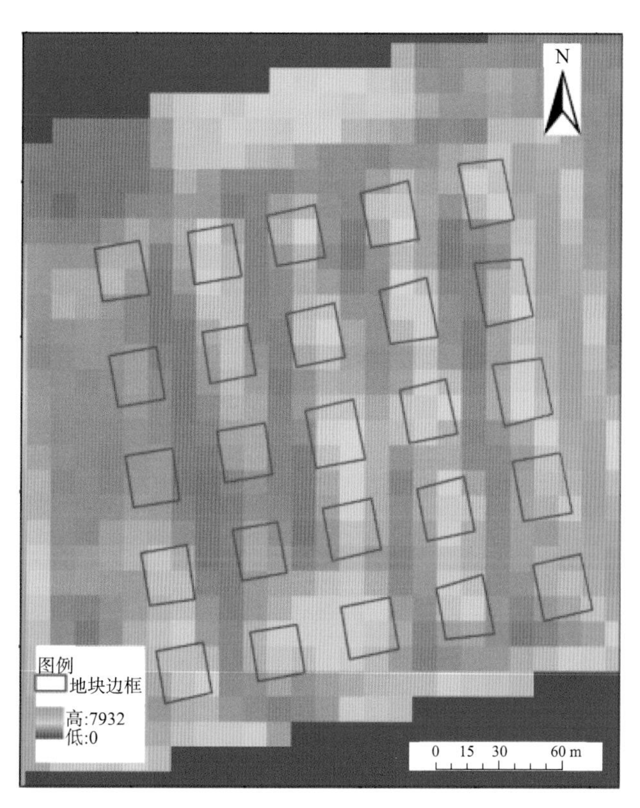


图 5-49 廊坊试验站冬小麦区域 NDVI 分布图（P193）

图 5-50　廊坊试验站冬小麦区域无人机影像（左）及冬小麦覆盖度提取结果（右）（P193）

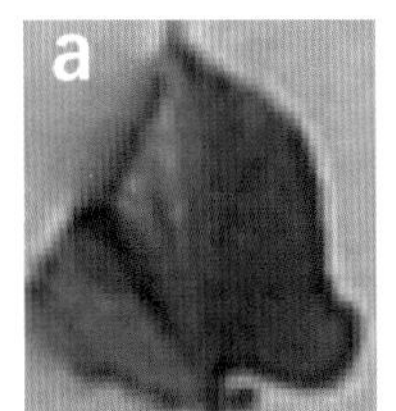

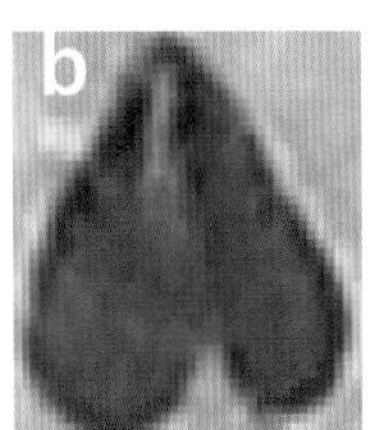

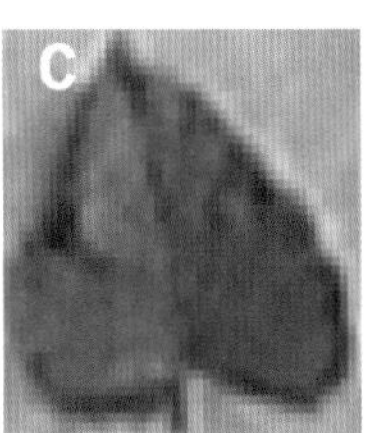

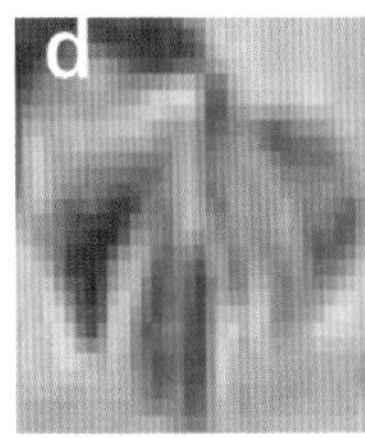

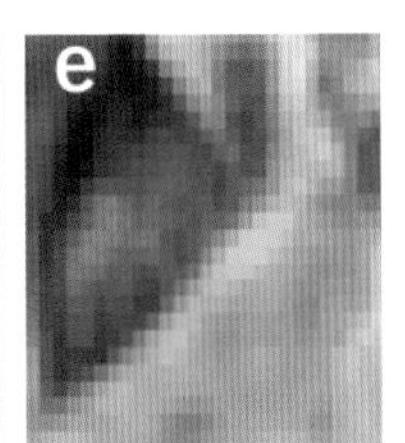


图 5-51　不同颜色花生叶片（P195）

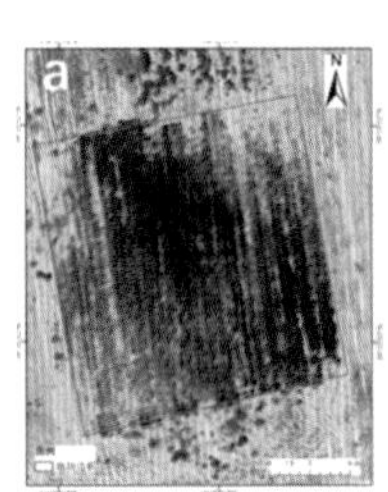

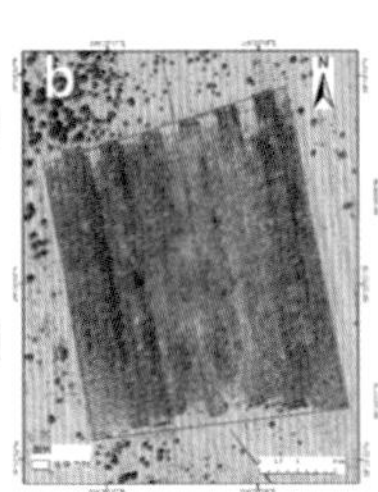

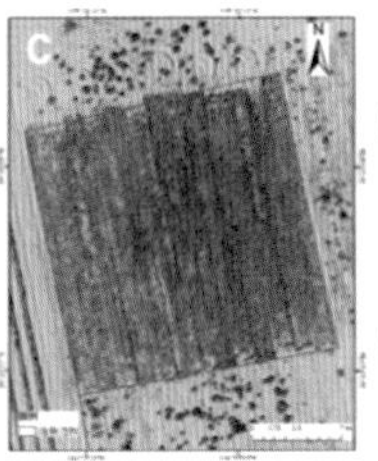

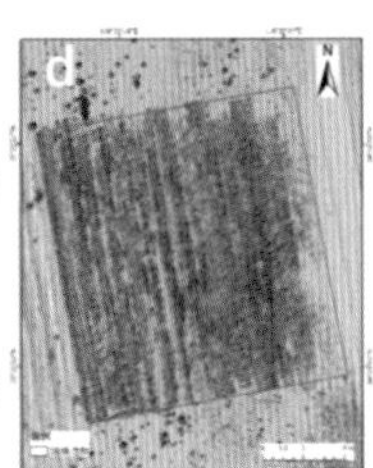

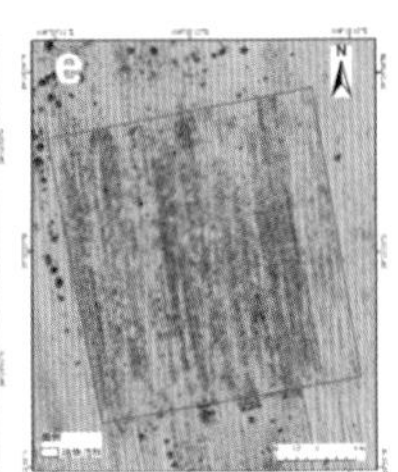


图 5-52　基于无人机影像的绿度目测结果（P195）

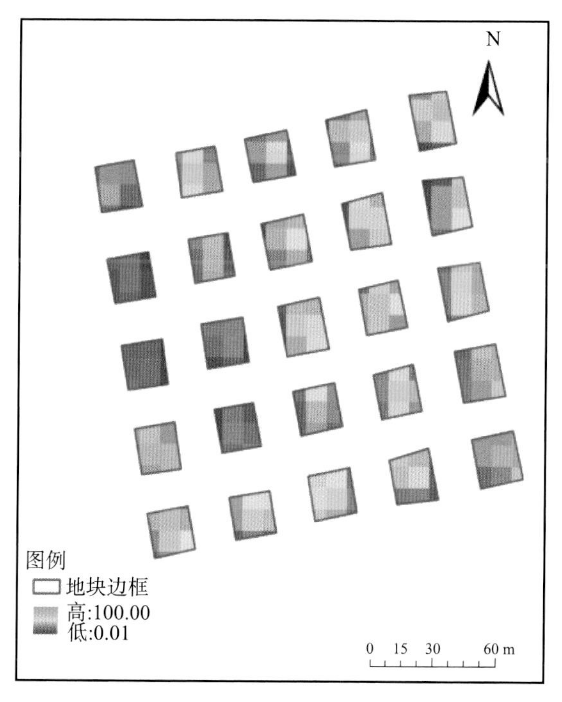


图 5-54 廊坊试验站冬小麦长势遥感指数分布图（P199）

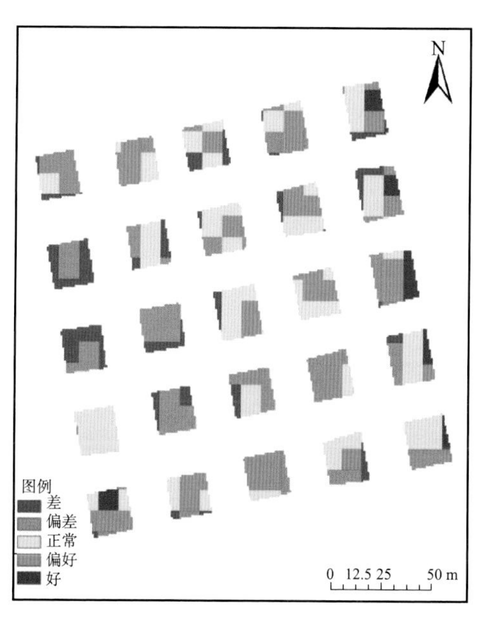


图 5-55 廊坊试验站冬小麦长势遥感等级分布图（P199）

图 5-58 黄淮海区域 2020 年冬小麦面积分区结果分布图（P203）

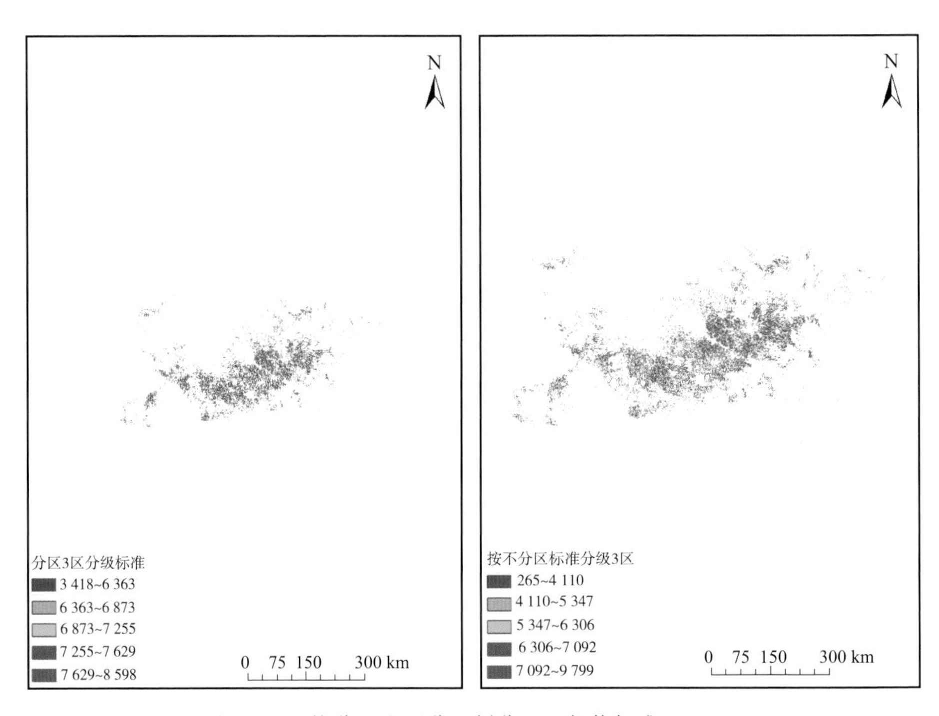


图 5-59 按分区和不分区划分 3 区长势标准（P204）

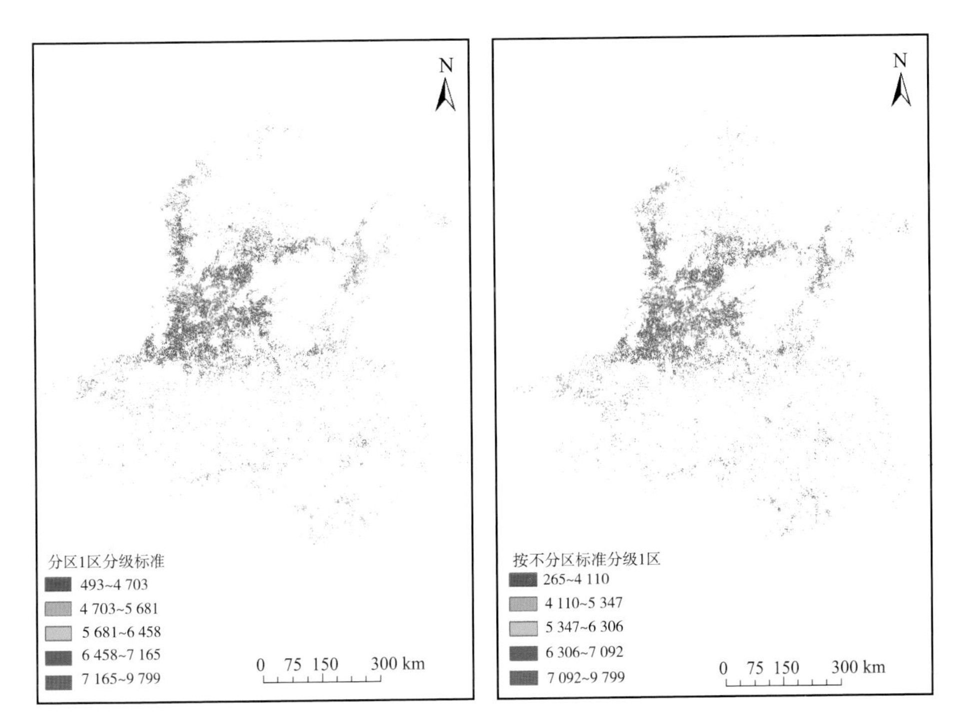


图 5-60 按分区和不分区划分 1 区长势标准（P205）

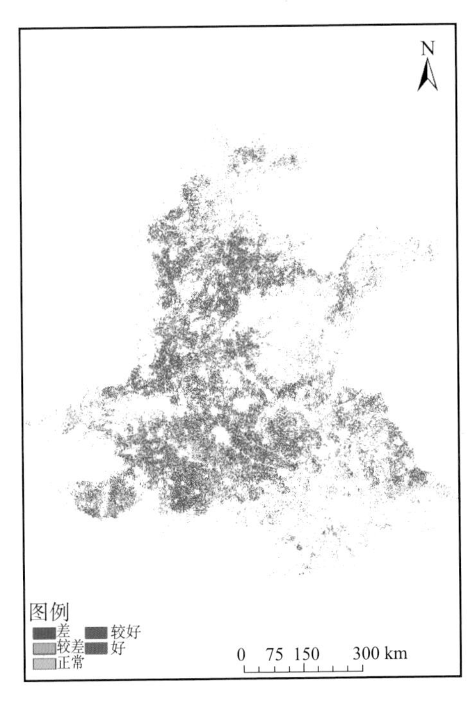


图 5-61 黄淮海区域 2020 年 121 期冬小麦长势分布图（P205）

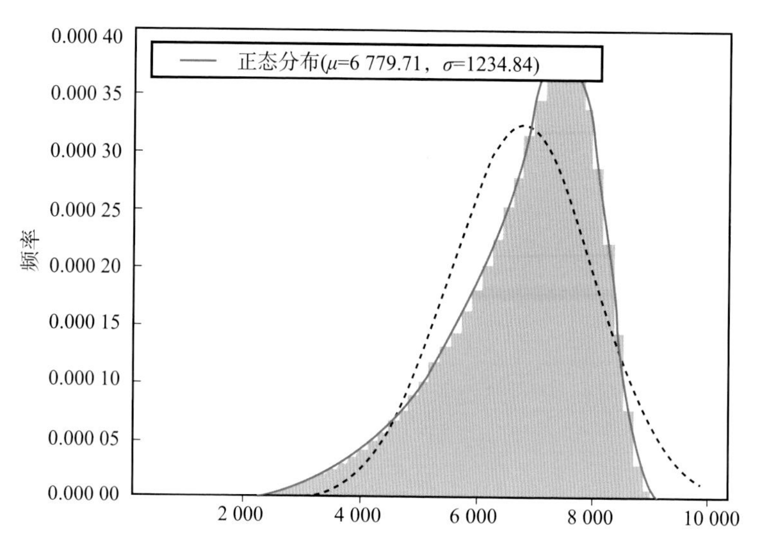


图 5-62　黄淮海区域 2020 年 121 期冬小麦长势不分区情况下正态分布曲线图（P206）

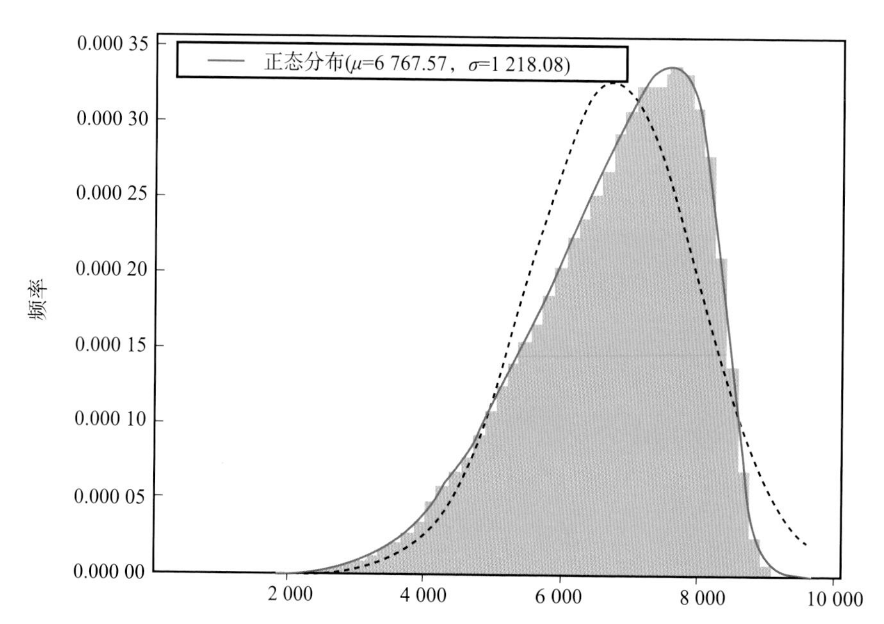


图 5-63　黄淮海区域 2020 年 121 期分区 1 区冬小麦长势情况下正态分布曲线图（P207）

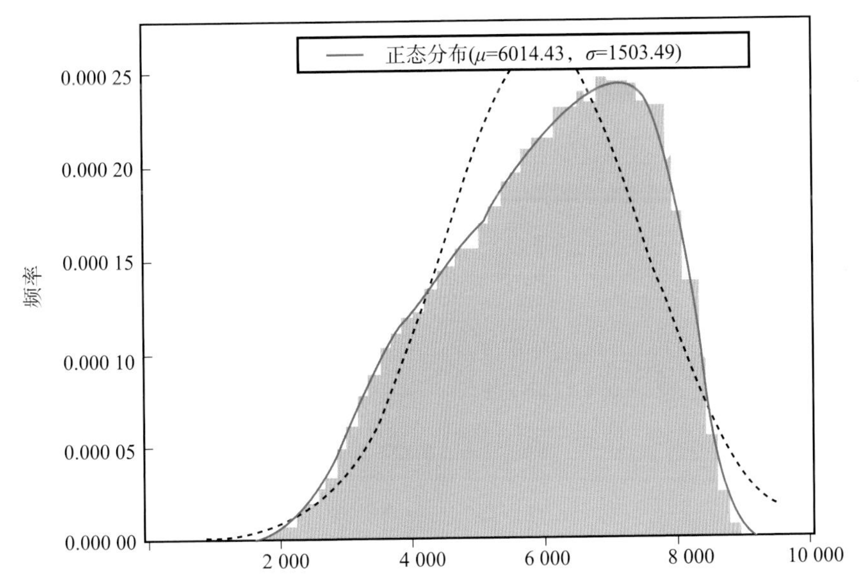

图 5 - 64　黄淮海区域 2020 年 121 期分区 2 区冬小麦长势情况下正态分布曲线图（P207）

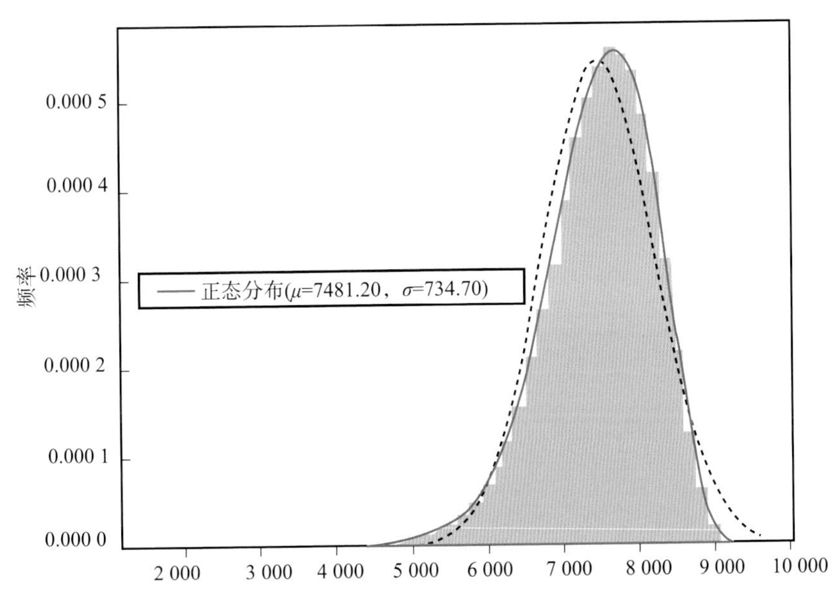

图 5 - 65　黄淮海区域 2020 年 121 期分区 3 区冬小麦长势情况下正态分布曲线图（P208）

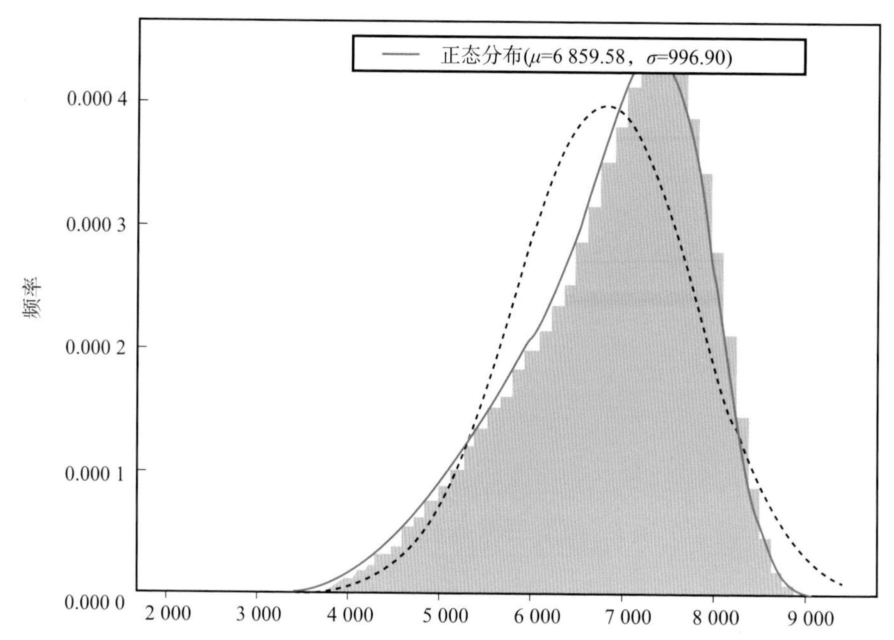


图 5-66　黄淮海区域 2020 年 121 期分区 4 区冬小麦长势情况下正态分布曲线图（P208）

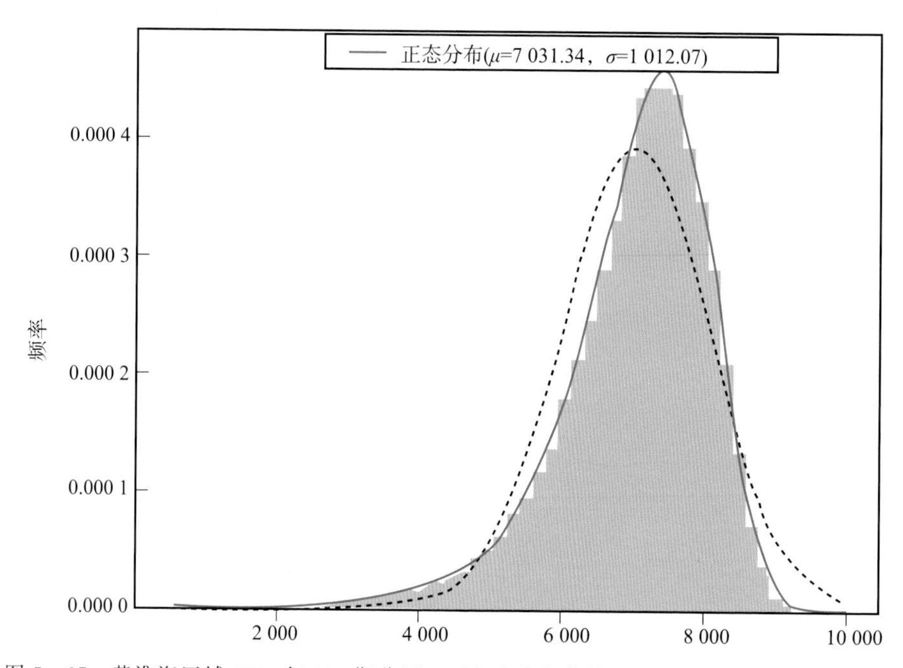


图 5-67　黄淮海区域 2020 年 121 期分区 5 区冬小麦长势情况下正态分布曲线图（P209）

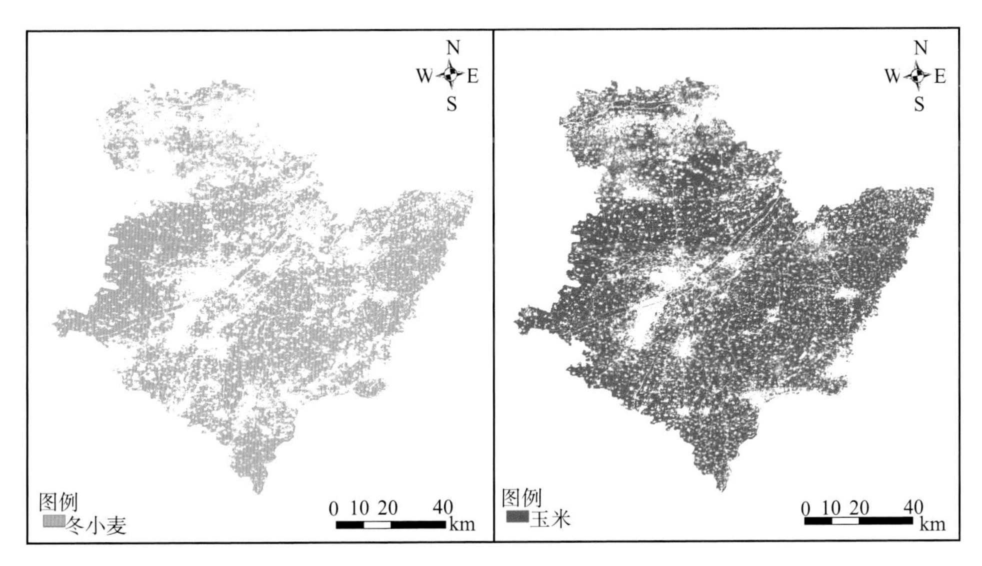


图 5-69　衡水市 2021 年冬小麦（左）和夏玉米（右）种植面积提取结果（P212）

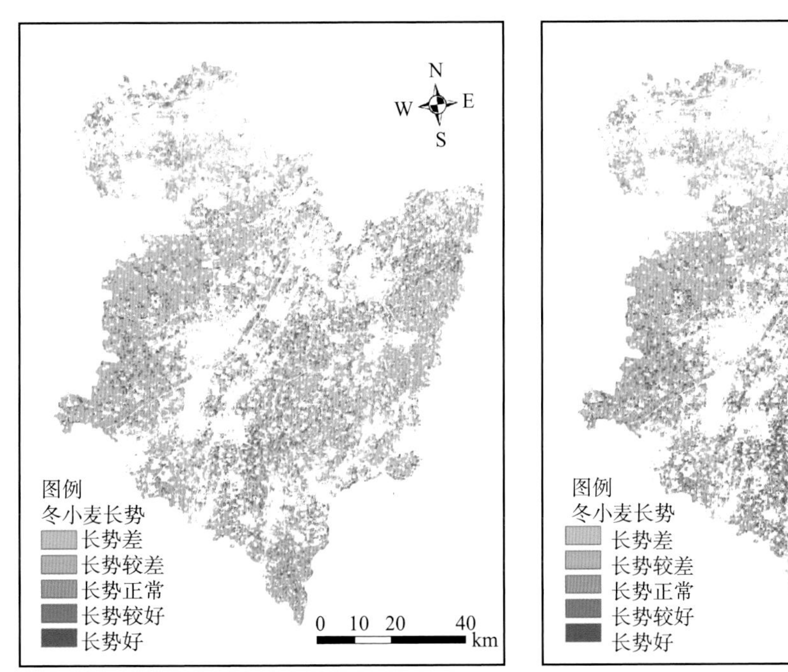


(a) 20210422衡水冬小麦长势

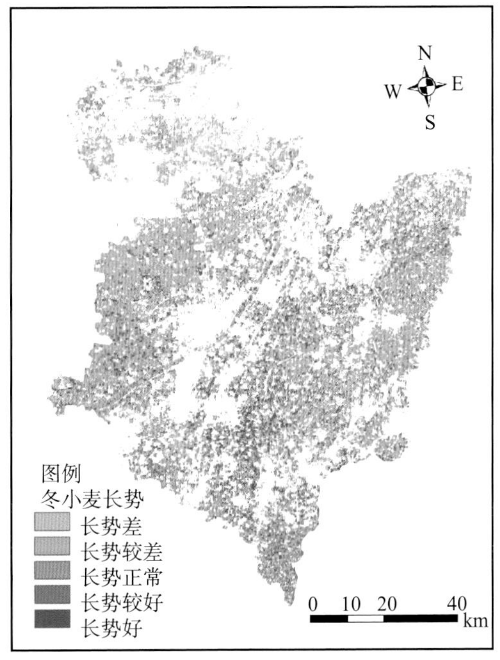


(b) 20210429衡水冬小麦长势

图 5-71　衡水市冬小麦长势监测结果（P217）

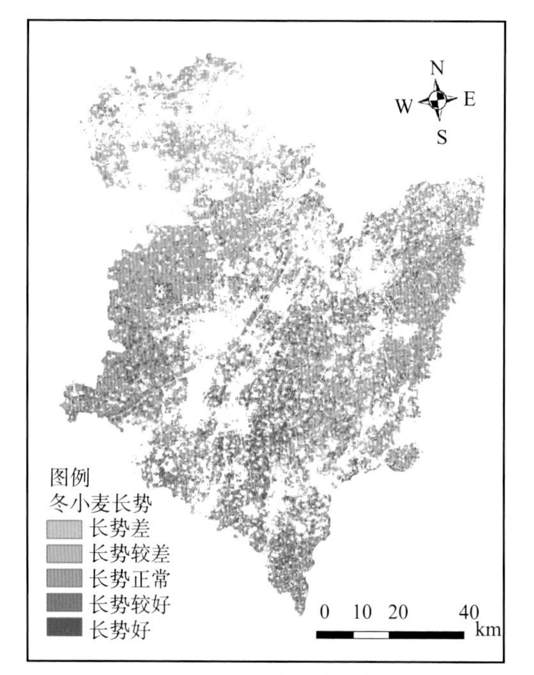


(c) 20210506衡水冬小麦长势

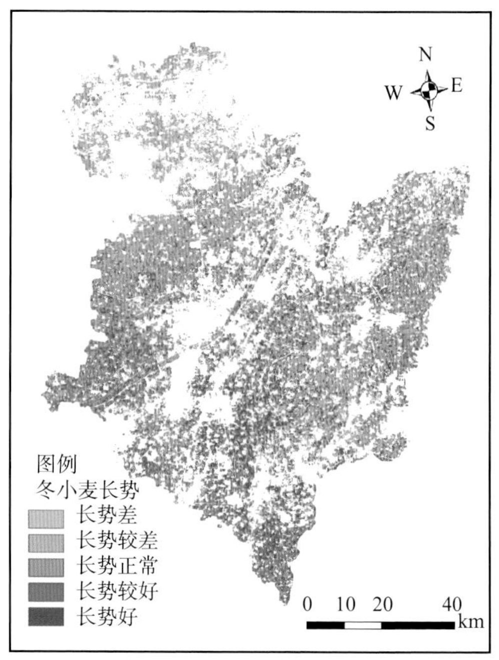


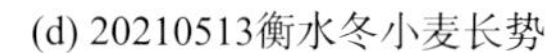

(d) 20210513衡水冬小麦长势

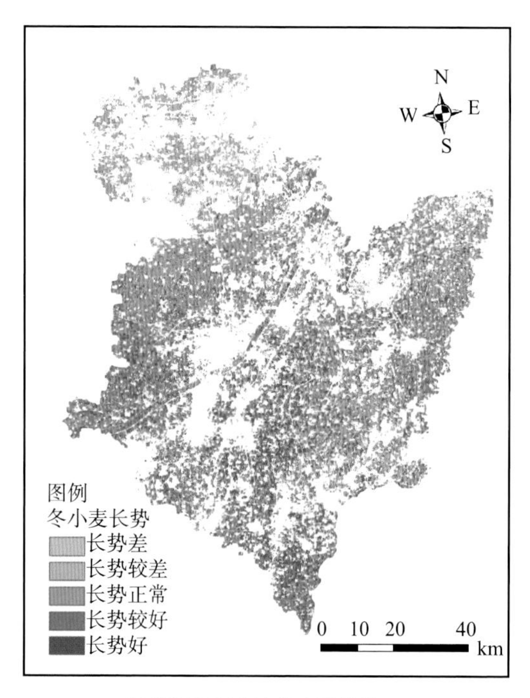


(e) 20210520衡水冬小麦长势

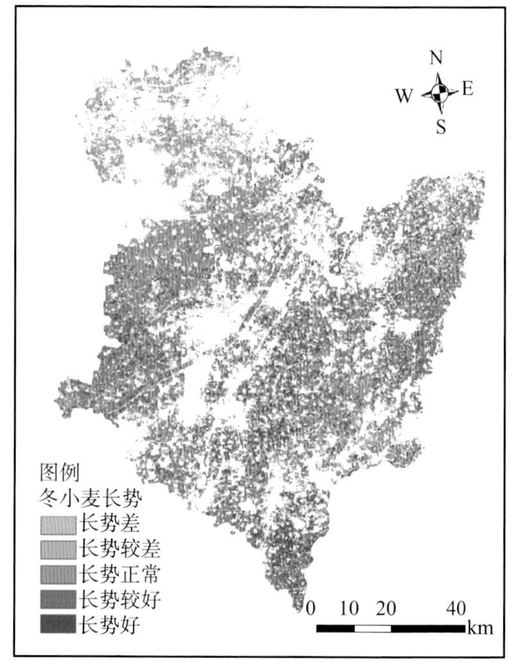


(f) 20210527衡水冬小麦长势

图 5－71　衡水市冬小麦长势监测结果（续）（P218）

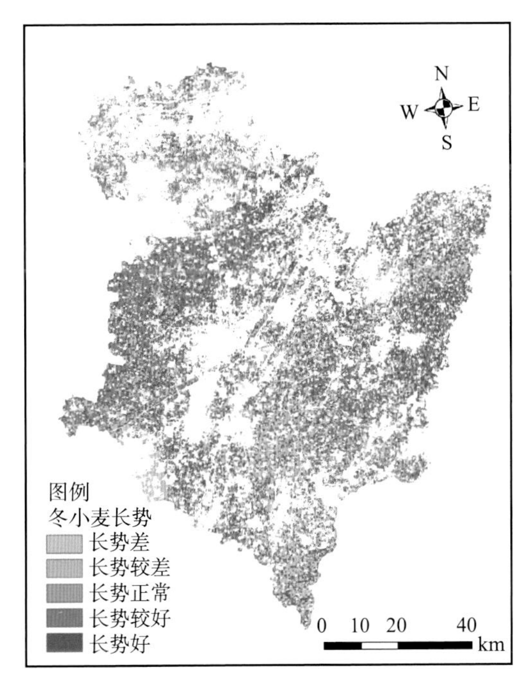


(g) 20210603衡水冬小麦长势

图 5－71　衡水市冬小麦长势监测结果（续）（P219）

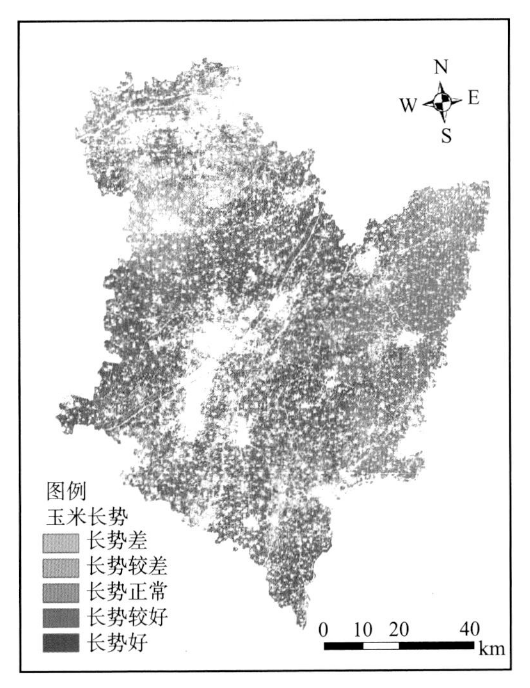


(a) 20210709衡水夏玉米长势

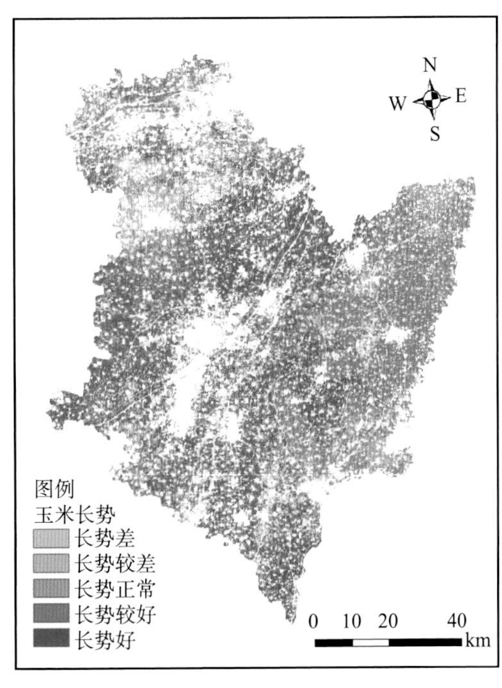


(b) 20210716衡水夏玉米长势

图 5－72　2021 年衡水夏玉米长势监测情况（P220）

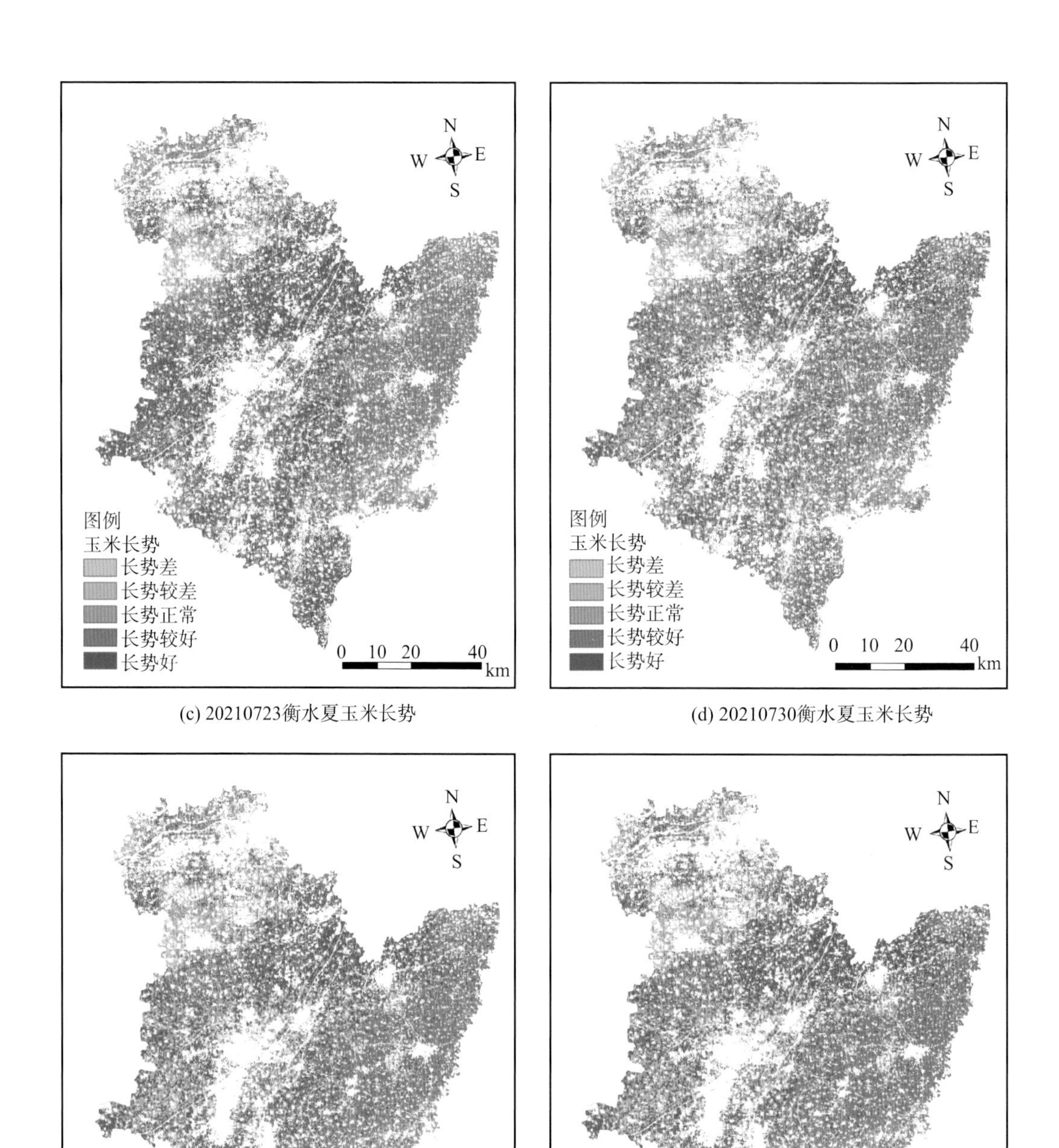


(c) 20210723衡水夏玉米长势

(d) 20210730衡水夏玉米长势

(e) 20210806衡水夏玉米长势

(f) 20210813衡水夏玉米长势

图 5－72　2021 年衡水夏玉米长势监测情况（续）（P221）

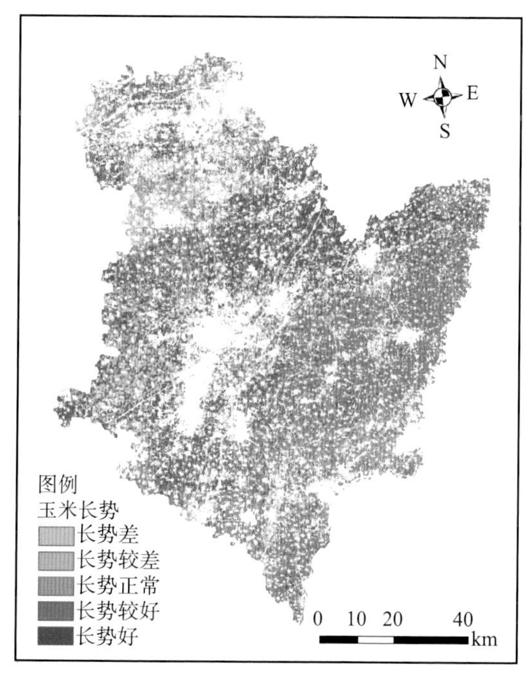


(g) 20210820衡水夏玉米长势

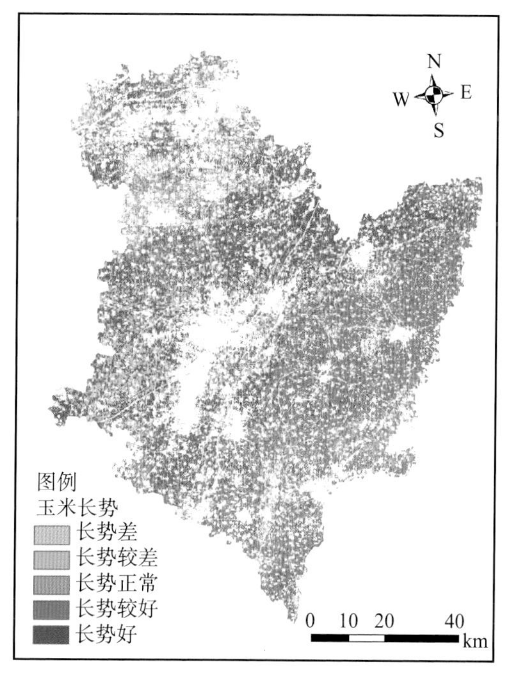

(h) 20210827衡水夏玉米长势

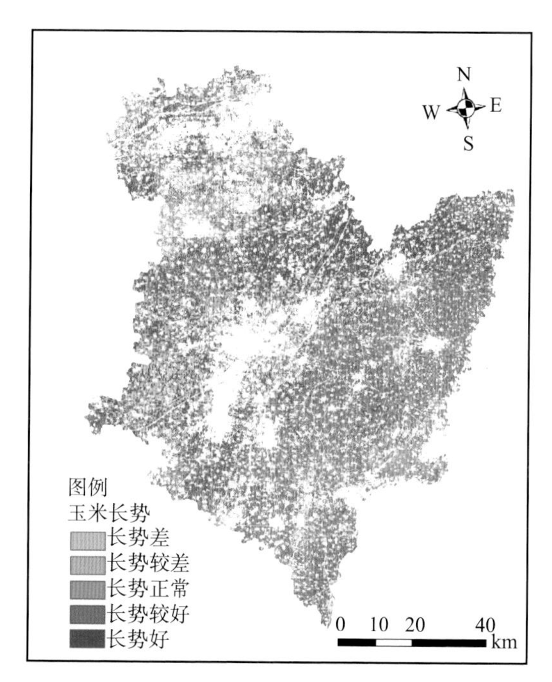


(i) 20210903衡水夏玉米长势

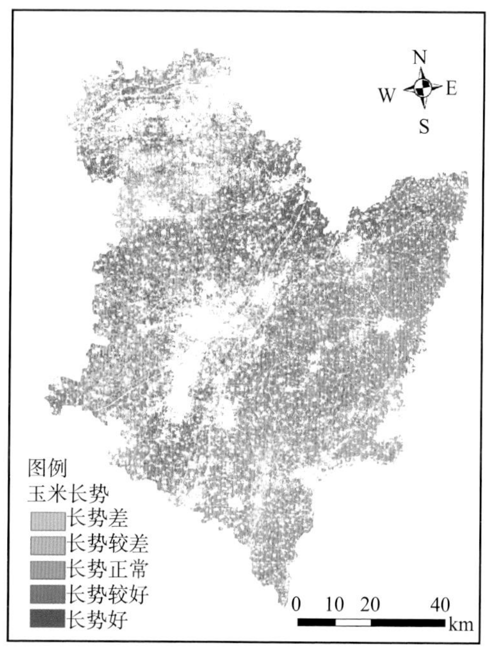


(j) 20210910衡水夏玉米长势

图 5－72　2021 年衡水夏玉米长势监测情况（续）（P222）

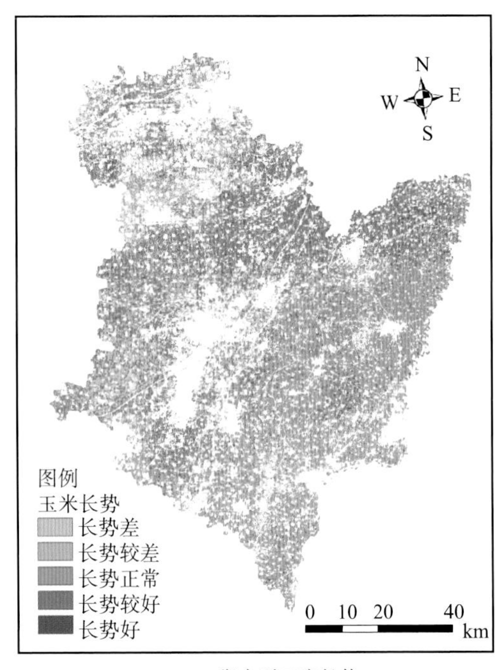


(k) 20210917衡水夏玉米长势

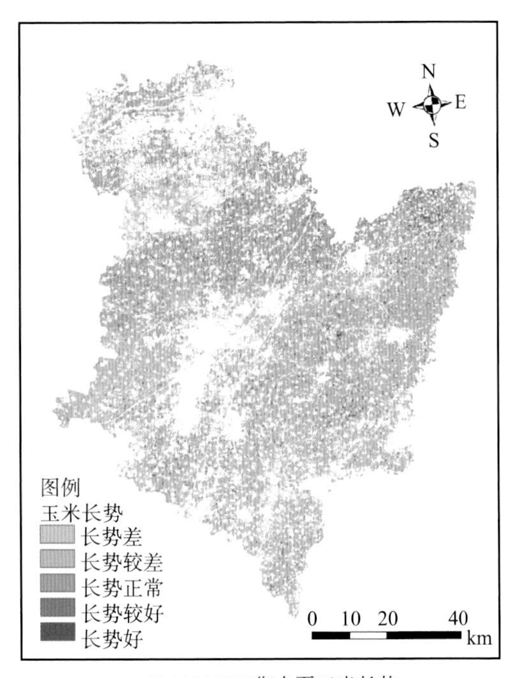


(l) 20210924衡水夏玉米长势

图 5-72 2021年衡水夏玉米长势监测情况（续）（P222）

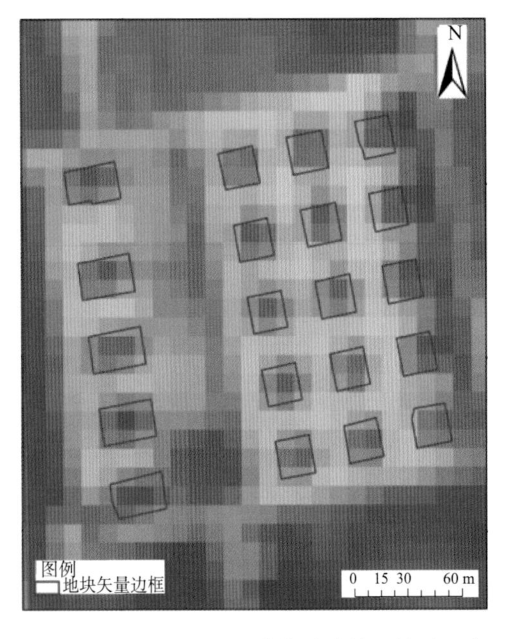


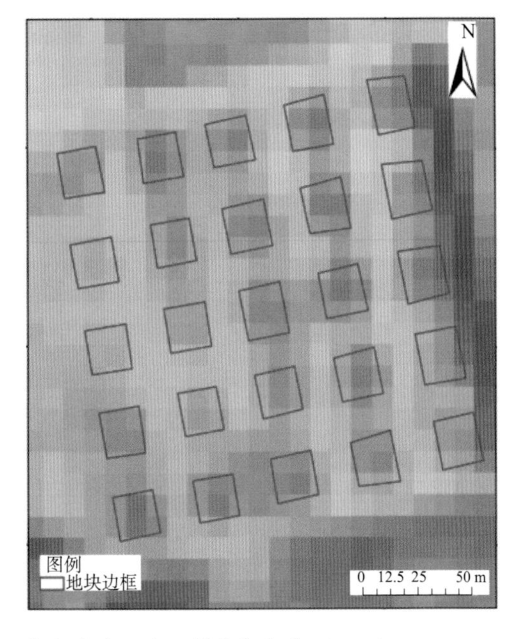


图 5-74 廊坊试验站区域夏玉米（左）与冬小麦（右）假彩色合成（P227）

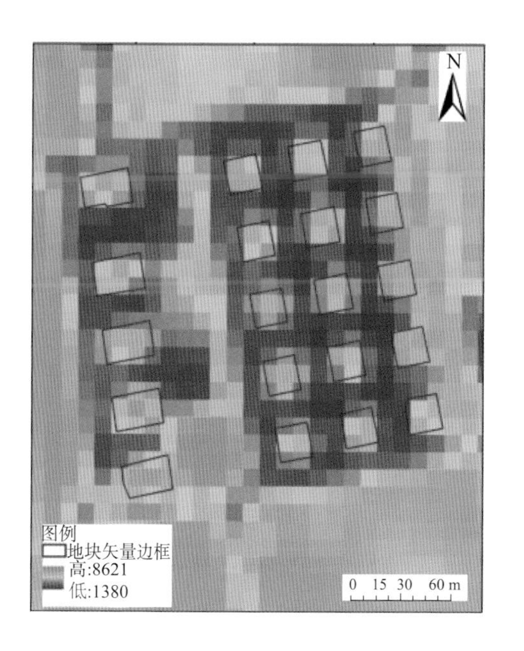

图 5-75　廊坊试验站区域夏玉米（左）与冬小麦（右）NDVI 分布图（P228）

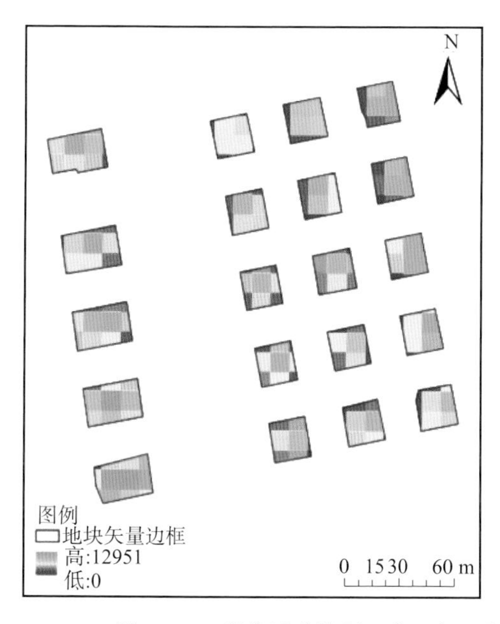


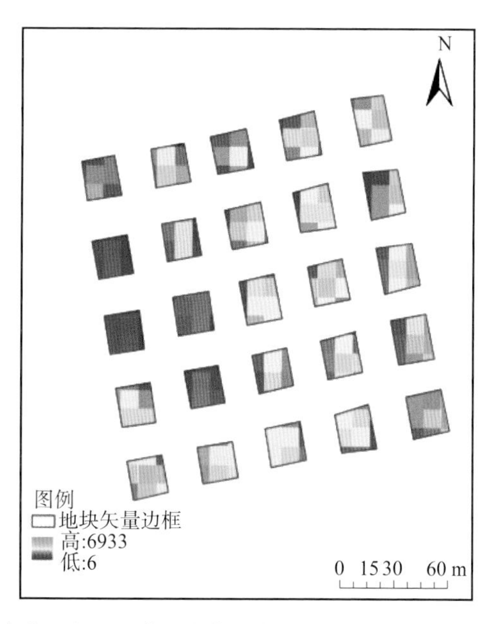


图 5-77　廊坊试验站夏玉米（左）和冬小麦（右）遥感反演作物产量（P231）

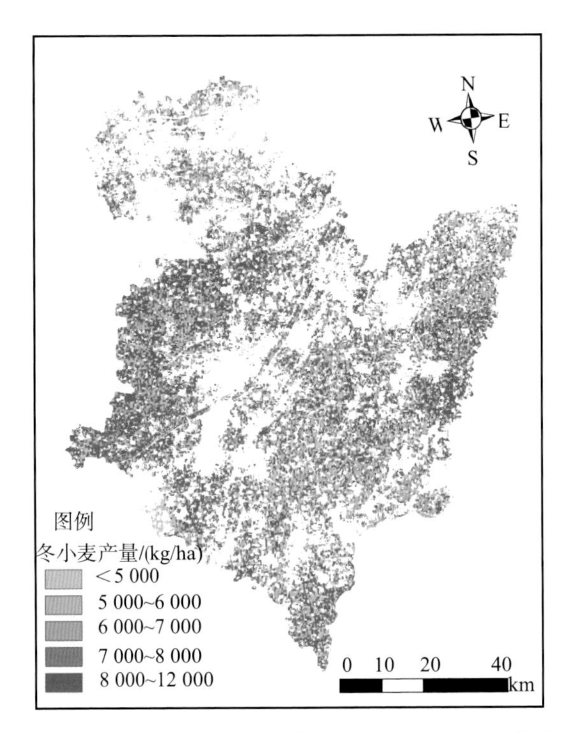


图 5-80 基于 GF-1、GF-6、MODIS 研究区 2021 年冬小麦产量监测图（P234）

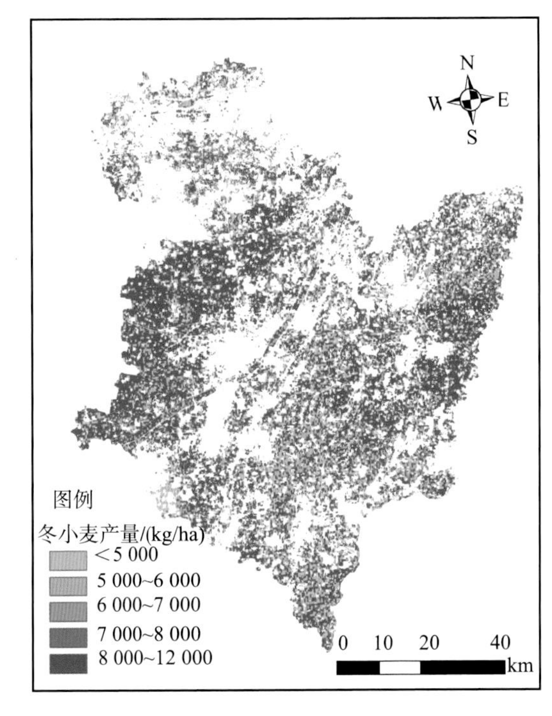


图 5-81 基于 GF-1、MODIS 影像数据的研究区 2021 年冬小麦产量监测图（P235）

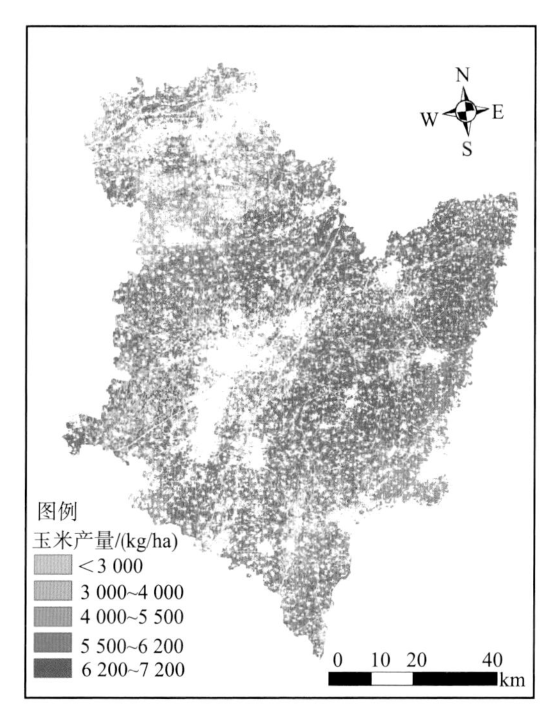


图 5-83　2021 年衡水市夏玉米产量监测情况（P236）

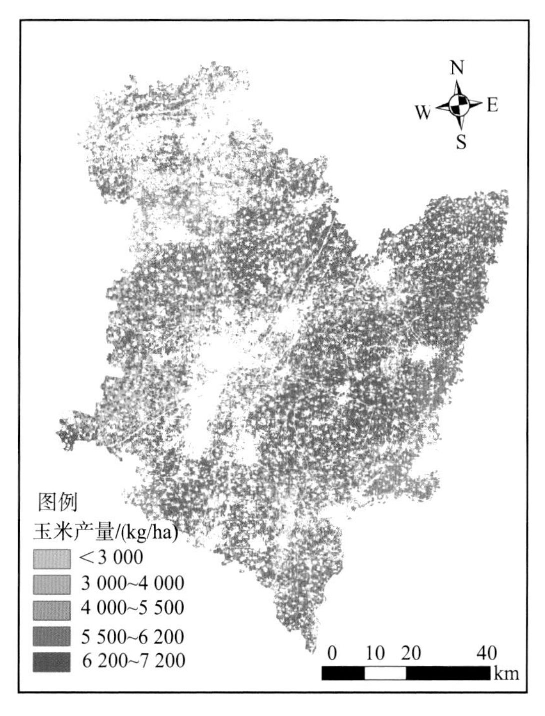


图 5-84　基于 GF-1、MODIS 数据监测的衡水地区夏玉米产量（P236）

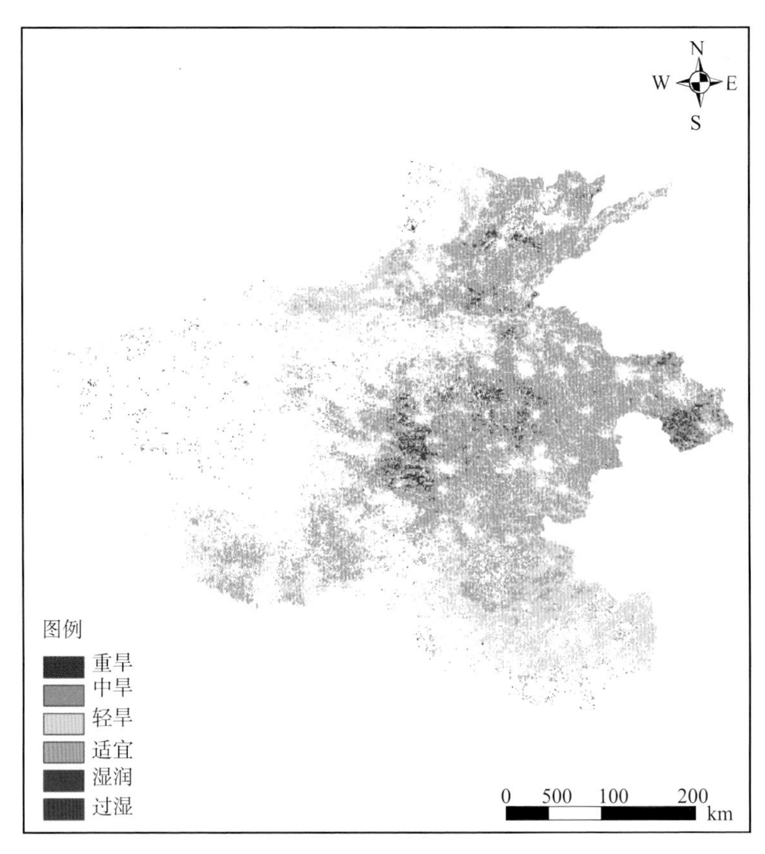


图 5-91　基于 HY-1D/OCT 数据的河南省夏玉米种植区土壤墒情监测结果分布图（P249）

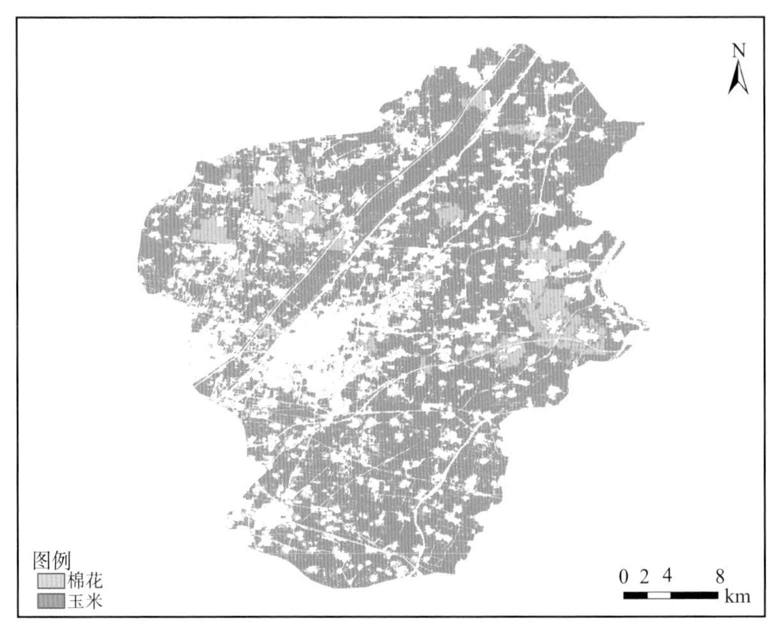


图 5-93　研究区玉米、棉花空间分布（P251）

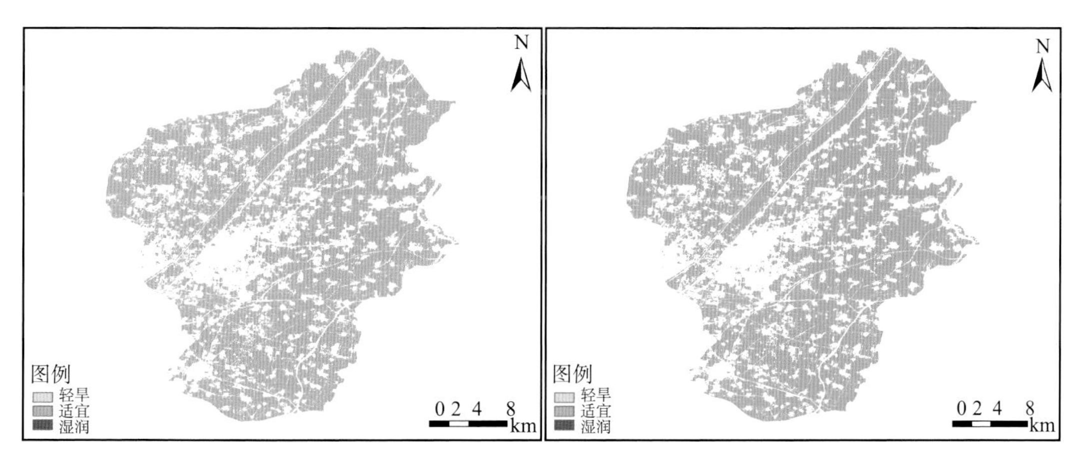


图 5 - 94　基于 GF - 3C（左）和 Sentinel - 1（右）数据的作物种植区土壤墒情（P252）

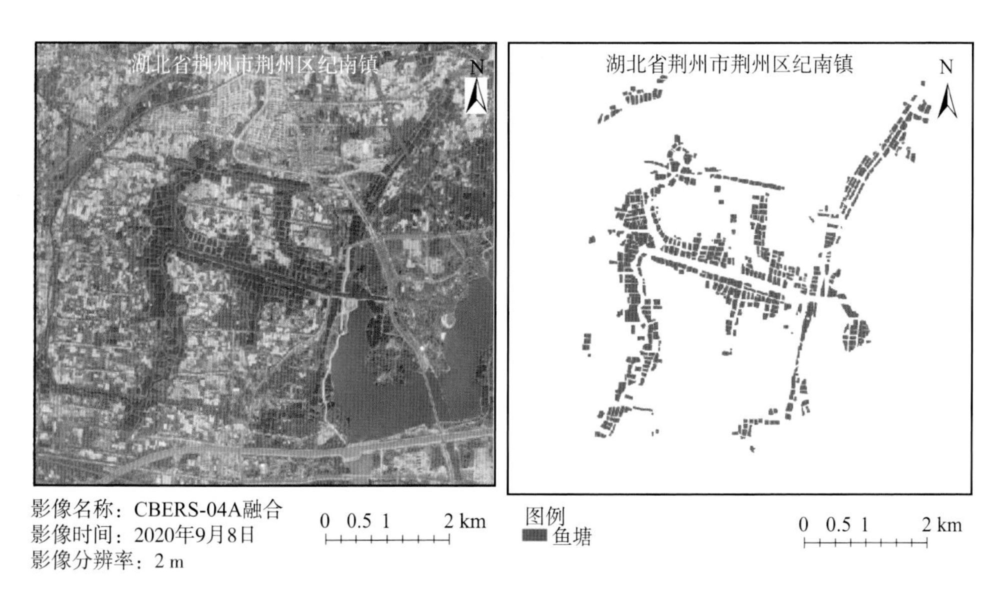


图 5 - 96　湖北省荆州市荆州区纪南镇鱼塘养殖水面监测 CBERS - 04A 影像结果（P255）

图 5－97 湖北省潜江市浩口镇稻田养殖监测 CBERS－04A 影像结果（P255）

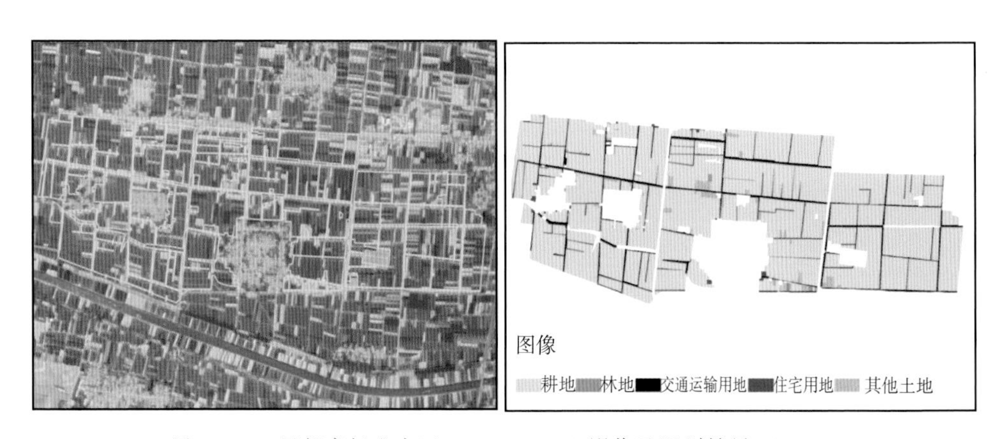


图 5－99 局部高标准农田 CBERS－04A 影像及识别结果（P257）

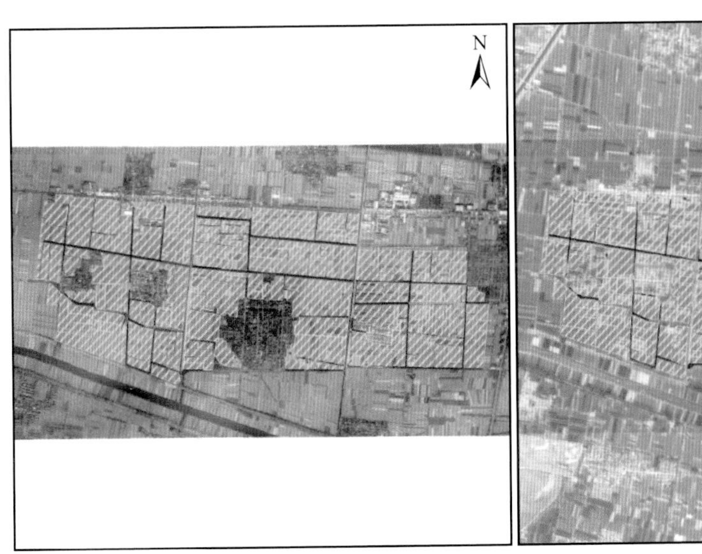

图例
耕地 林地 住宅用地 交通运输用地 其他土地

0 0.900 1.800 m

影像信息：GE，2015年12月15日，0.3 m
耕地面积：5 647.21亩
其他面积：534.19亩

影像信息：CB04A，2020年4月26日，2 m
耕地面积：5 615.45亩
其他面积：565.94亩

图 5－100　局部高标准农田 2015 年 GE 影像对比 2020 年 CBERS－04A 影像土地利用（P257）

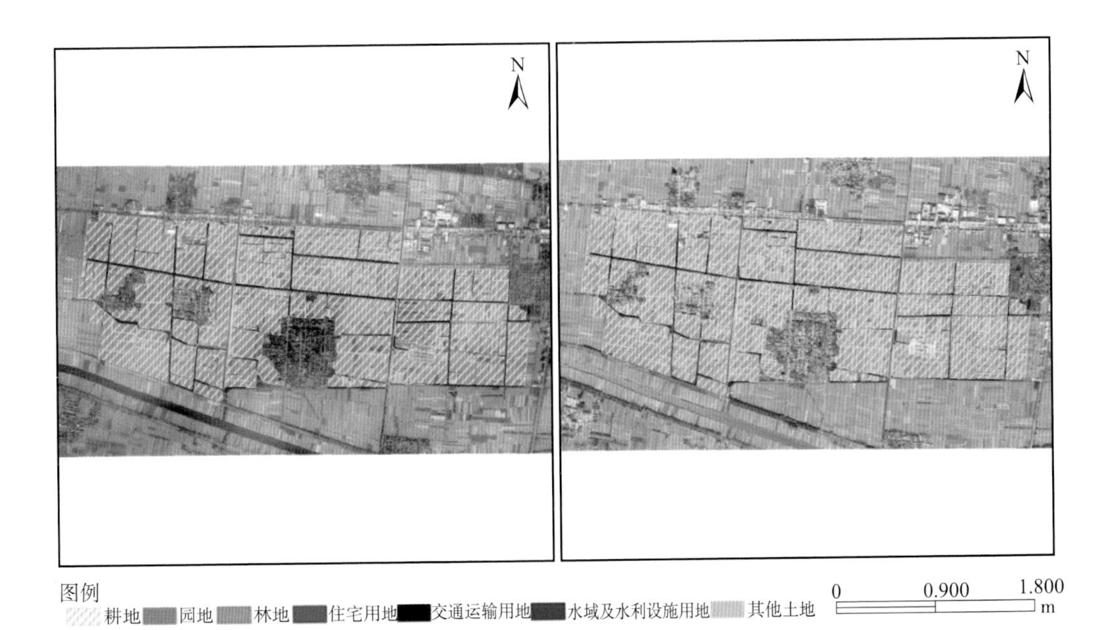

图例
耕地 园地 林地 住宅用地 交通运输用地 水域及水利设施用地 其他土地

0 0.900 1.800 m

影像信息：GE，2015年12月15日，0.3 m
耕地面积：5 647.21亩
其他面积：534.19亩

影像信息：GE，2019年11月10日，0.3 m
耕地面积：5 579.02亩
其他面积：602.37亩

图 5－101　局部高标准农田 2015 年 GE 影像和 2019 年 GE 影像土地利用对比（P258）

图 5－103　山东省莘县妹冢镇设施农业样方及提取结果图（P261）

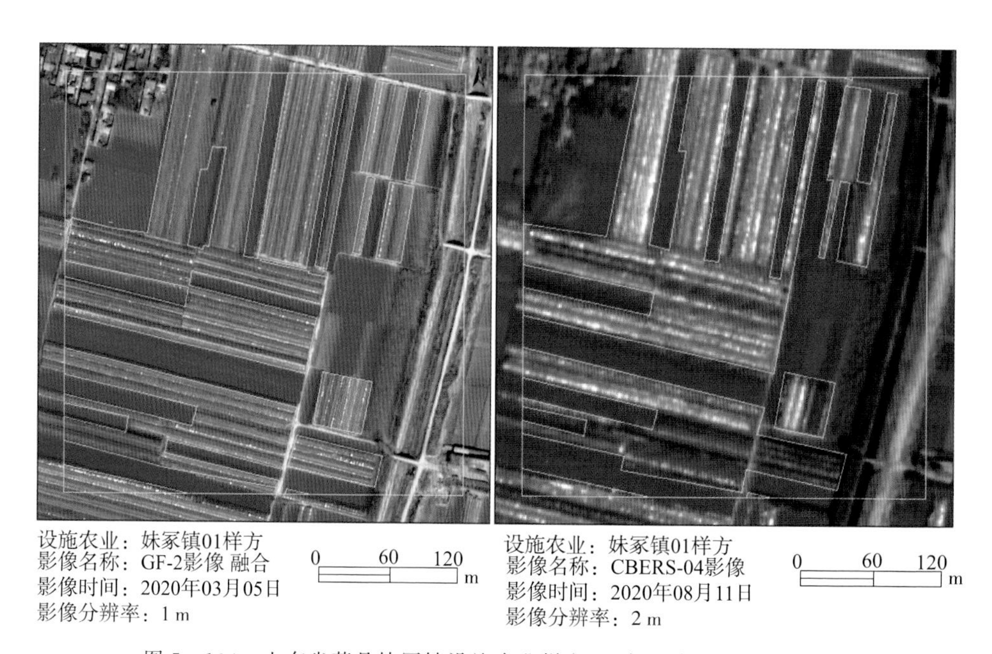


图 5－104　山东省莘县妹冢镇设施农业样方 01 各影像对比图（P261）

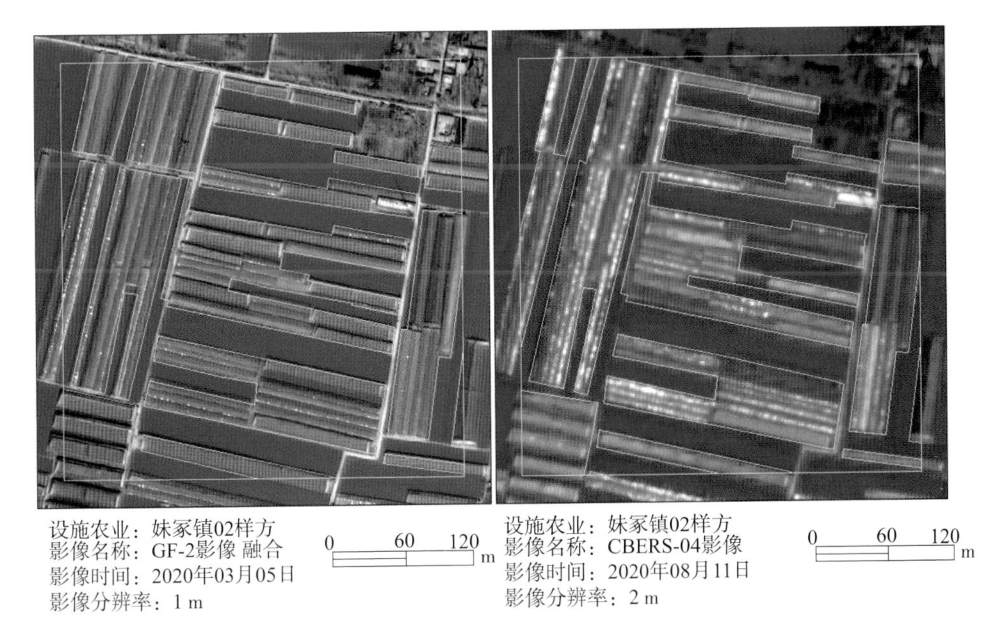


图 5-105　山东省莘县妹冢镇设施农业样方 02 各影像对比图（P262）

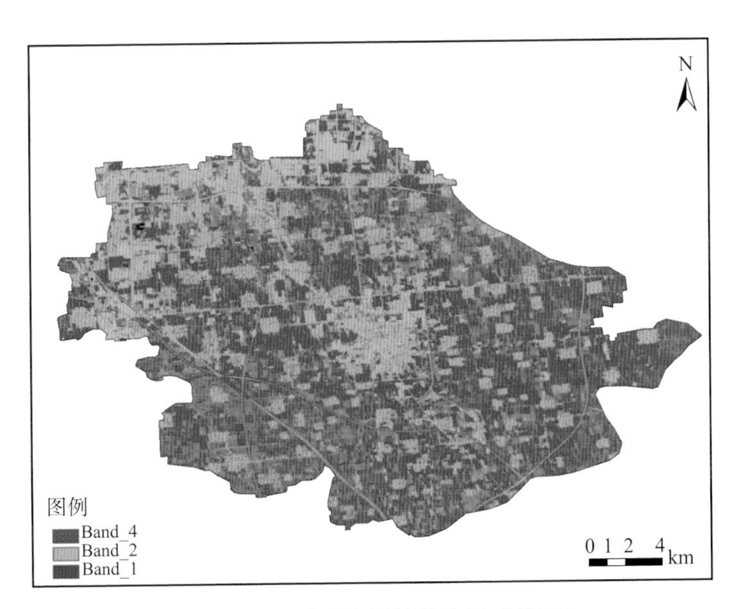


图 5-107　融合和滤波后数据（P264）

**表 5－58　目视判读标志（P265）**

| 一级分类 | 二级分类 | 影像特征 | 说明 |
|---|---|---|---|
| 农田骨干设施 | 道路 |  | 长条形分布，形状规则，呈蓝白色，纹理清晰 |
| | 河流 |  | 长条形分布，多弧度，呈黑色，纹理清晰 |
| | 田间路 | | 长条形分布，形状较为规则，常伴随作物分布 |
| 其他 | 作物 | 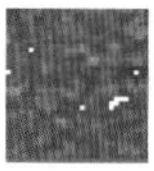 | 呈红色，内部纹理一致，边界多不规则 |
| | 城镇 | 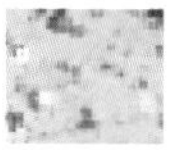 | 呈亮白色，内部点状纹理，呈团状分布 |
| | 裸地 | | 颜色以墨绿色为主，内部纹理一致 |

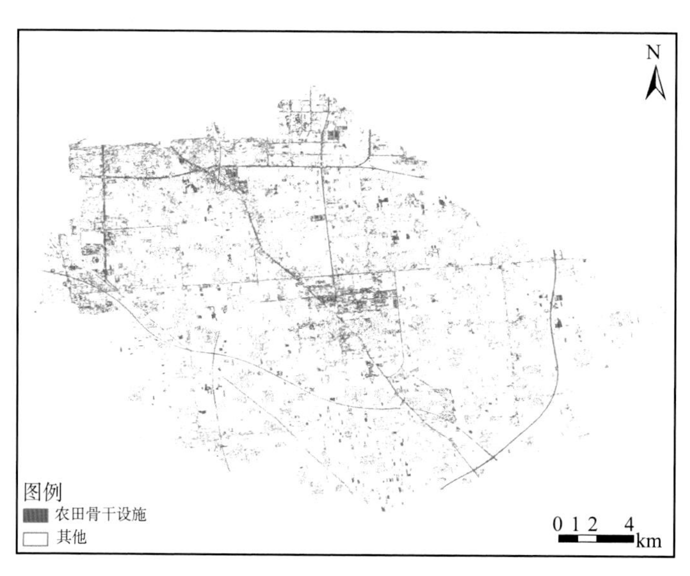


图 5－108　农田骨干设施监测图（P265）

图 5-110　研究区 CBERS-04A 卫星识别农村村庄分布结果（P268）

图 5-111　研究区 GF-2 卫星识别农村村庄分布结果（P268）

图 5-114　研究区黄家店村样本点分布（P272）

图 5-115　研究区孙吉屯村样本点分布（P273）

图 5-116　示范区样本点分布（P273）

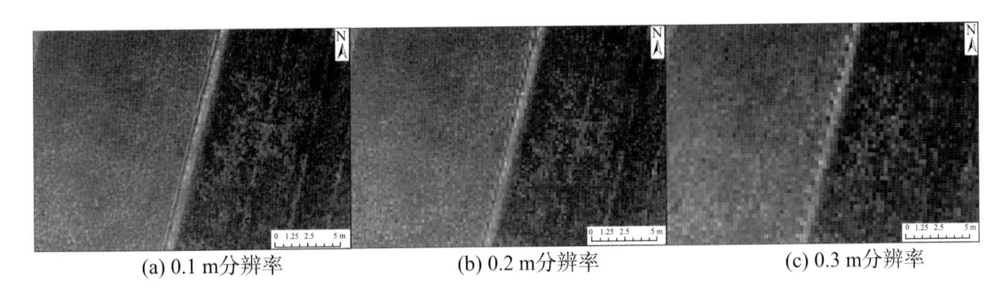


(a) 0.1 m分辨率　(b) 0.2 m分辨率　(c) 0.3 m分辨率

图 6-1　不同空间分辨率无人机影像对 0.3 m 宽度田埂识别能力的比较（P283）

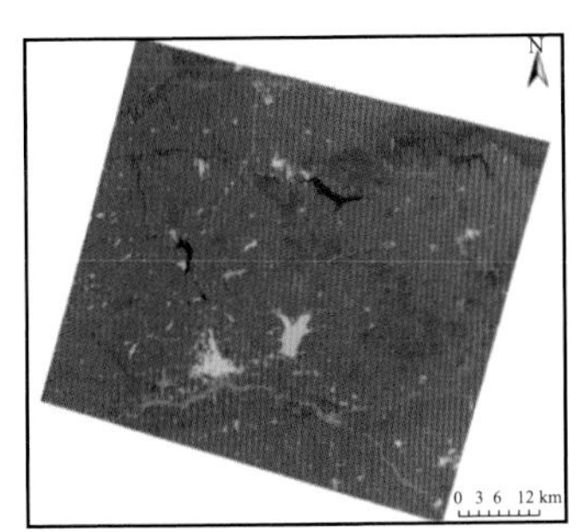


(a) OLI近红外、红光、绿光谱段合成

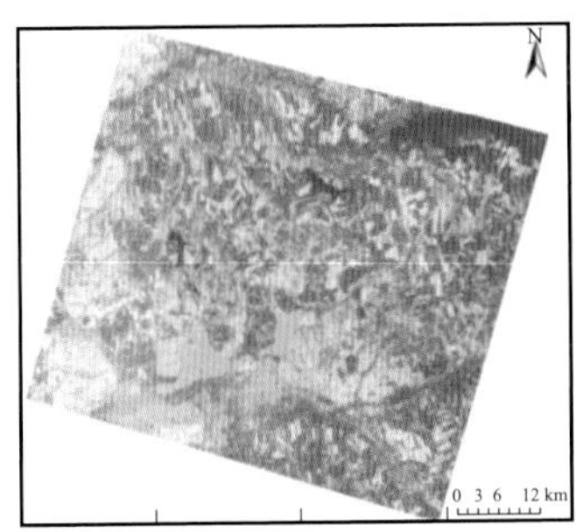


(b) RapidEye近红外、红边、红光谱段合成

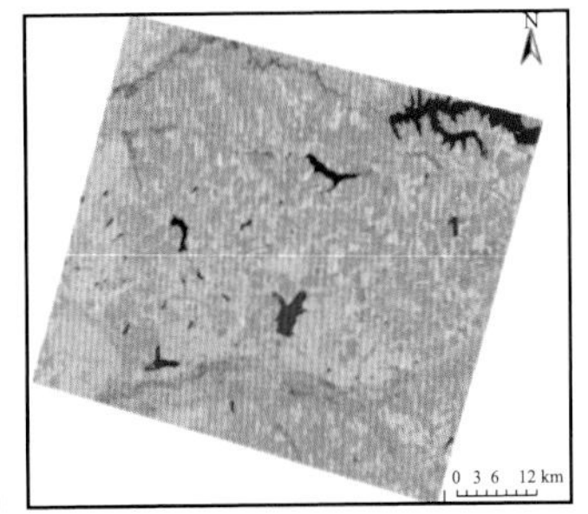


(c) OLI短波、近红外、红光谱段合成

图 6-2　OLI 和 RapidEye 不同波段组合效果比较（P284）

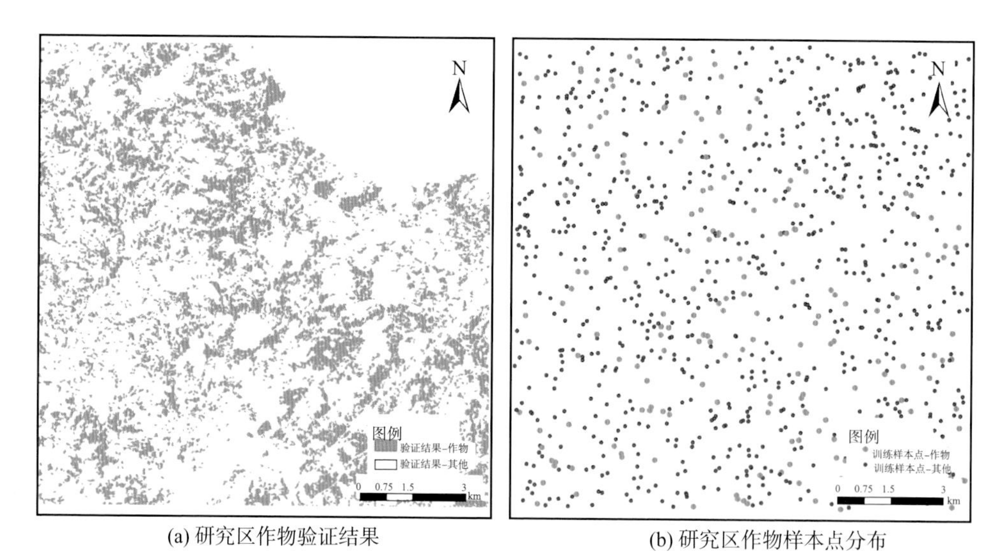


(a) 研究区作物验证结果　　(b) 研究区作物样本点分布

图 6-3　目视判读结果及样本点数据分布（P287）

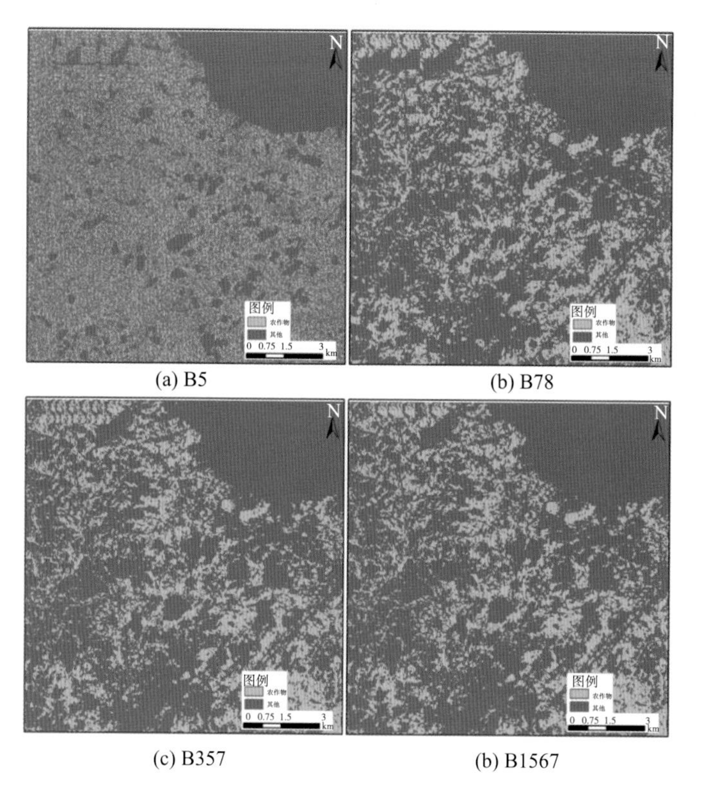


(a) B5　　(b) B78

(c) B357　　(b) B1567

图 6-4　不同谱段组合方案农作物识别结果（P288）